黄艳　总主编

变化环境下流域超标准洪水综合应对关键技术研究丛书

变化环境下流域水文气象极端事件演变规律及超标准洪水致灾机理

■ 李国芳　郝振纯　等　著

长江出版社
CHANGJIANG PRESS

图书在版编目（CIP）数据

变化环境下流域水文气象极端事件演变规律及超标准洪水致灾机理 /
李国芳等著 . —武汉 ： 长江出版社，2021.12
（变化环境下流域超标准洪水综合应对关键技术研究丛书）
ISBN 978-7-5492-8167-1

Ⅰ.①变… Ⅱ.①李… Ⅲ.①流域－水文气象学－气象灾害－研究
②流域－洪水－水灾－研究 Ⅳ.① P339 ② P426.616

中国版本图书馆 CIP 数据核字 (2022) 第 015479 号

变化环境下流域水文气象极端事件演变规律及超标准洪水致灾机理

BIANHUAHUANJINGXIALIUYUSHUIWENQIXIANGJIDUANSHIJIANYANBIANGUILÜJICHAOBIAOZHUNHONGSHUIZHIZAIJILI

李国芳等 　著

选题策划： 赵冕 郭利娜
责任编辑： 李春雷
装帧设计： 刘斯佳
出版发行： 长江出版社
地 　　址： 武汉市江岸区解放大道 1863 号
邮 　　编： 430010
网 　　址： http://www.cjpress.com.cn
电 　　话： 027-82926557（总编室）
　　　　　　 027-82926806（市场营销部）
经 　　销： 各地新华书店
印 　　刷： 湖北金港彩印有限公司
规 　　格： 787mm×1092mm
开 　　本： 16
印 　　张： 21.75
彩 　　页： 4
字 　　数： 533 千字
版 　　次： 2021 年 12 月第 1 版
印 　　次： 2023 年 7 月第 1 次
书 　　号： ISBN 978-7-5492-8167-1
定 　　价： 198.00 元

流域超标准洪水是指按流域防洪工程设计标准调度后，主要控制站点水位或流量仍超过防洪标准（保证水位或安全泄量）的洪水（或风暴潮）。

流域超标准洪水具有降雨范围广、强度大、历时长、累计雨量大等雨情特点，空间遭遇恶劣、洪水峰高量大、高水位历时长等水情特点，以及受灾范围广、灾害损失大、工程水毁严重、社会影响大等灾情特点，始终是我国灾害防御的重点和难点。在全球气候变暖背景下，极端降水事件时空格局及水循环发生了变异，暴雨频次、强度、历时和范围显著增加，水文节律非平稳性加剧，导致特大洪涝灾害的发生概率进一步增大；流域防洪体系的完善虽然增强了防御洪水的能力，但流域超标准洪水的破坏力已超出工程体系常规防御能力，防洪调度决策情势复杂且协调难度极大，若处置不当，流域将面临巨大的洪灾风险和经济损失。因此，基于底线思维、极限思维，深入研究流域超标准洪水综合应对关键科学问题和重大技术难题，对于保障国家水安全、支撑经济社会可持续发展具有重要的战略意义和科学价值。

2018年12月，长江勘测规划设计研究有限责任公司联合河海大学、长江水利委员会水文局、中国水利水电科学研究院、中水淮河规划设计有限责任公司、武汉大学、长江水利委员会长江科学院、中水东北勘测设计研究有限责任公司、武汉区域气候中心、深圳市腾讯计算机系统有限公司等10家产、学、研、用单位，依托国家重点研发计划项目"变化环境下流域超标准洪水及其综合应对关键技术研究与示范"（项目编号：2018YFC1508000），围绕变化环境下流域水文气象极端事件演变规律及超标准洪水致灾机理、高洪监测与精细预报预警、灾害实时动态评估技术研究与应用、综合应对关键技术、调度决策支持系统研究及应用等方面开展了全面系统的科技攻关，形成了流域超标准洪水"立体监测—预报预警—灾害评估—风险调控—应急处置—决策支持"全链条综合应对技术体系和成套解决方案，相关成果在长江和淮河沂沭泗流域 2020 年、嫩江 2021 年流域性大洪水应对中发挥了重要作用,防洪减灾效益显著。原创性成果主要包括:揭示了气候变化和工程建设运用等人类活动对极端洪水的影响规律,阐明了流域超标准洪水致灾机理与损失突变和风险传递的规律,提出了综合考虑防洪工程体系防御能力及风险程度的流域超标准洪水等级划分方法,破解了流域超标准洪水演变规律与致灾机理难题,完善了融合韧性理念的超标准洪水灾害评估方法,构建了流域超标准洪水风险管理理论体系;提出了流域超标准洪水天空地水一体化应急监测与洪灾智能识别技术,研发了耦合气象—水文—水动力—工程调度的流域超标准洪水精细预报模型,提出了长—中—短期相结合的多层次分级预警指标体系,建立了多尺度融合的超标准洪水灾害实时动态评估模型,提高了超标准洪水监测—预报—预警—评估的时效性和准确性;构建了基于知识图谱的工程调度效果与风险互馈调控模型,研发了基于位置服务技术的人群避险转移辅助平台,提出了流域超标准洪水防御等级划分方法,提出了堤防、水库、蓄滞洪区等不同防洪工程超标准运用方式,形成了流域超标准洪水防御预案编制技术标准;研发了多场景协同、全业务流程敏捷响应技术及超标准洪水模拟发生器,构建了流域超标准洪水调度决策支持系统。

本套丛书是以上科研成果的总结,从流域超标准洪水规律认知、技术研发、策略研究、集成示范几个方面进行编制,以便读者更加深入地了解相关技术及其应用环节。本套丛书的出版恰逢其时,希望能为流域超标准洪水综合应对提供强有力的支撑,并期望研究成果在生产实践中得以应用和推广。

2022 年 5 月

　　研究表明,自 1980 年代以来,全球气温持续升高。全球变暖使地表蒸散发加剧,大气保持水分能力增强,全球水循环加剧,尽管不同区域降水的增减幅度有差异,但是极端降水的频率和强度都呈增加的趋势。在气候变化与高强度人类活动的综合作用下,极端洪水的发生频次和强度加剧,变化环境下流域极端洪水演变和时空组合规律呈现新的特点。国内外对极端水文气象事件的研究较多,也取得了一系列成果,但针对流域超标准洪水的研究很少,大多还停留在防洪断面超标准洪水应急处理措施和对策的定性描述阶段,并对超标准洪水演变规律及其致灾机理认识不足。本书围绕"变化环境下流域水文气象极端事件演变规律""流域超标准洪水响应机理与致灾机理"两个重大科学问题,开展气候变化下流域极端降水和极端洪水演变规律与发展趋势、变化环境非一致性条件下流域设计洪水、气候变化和水利工程综合作用下流域超标准洪水响应机理和发展趋势以及流域超标准洪水孕灾环境变化及致灾机理等方面的研究,揭示了流域超标准洪水定义及其征兆识别方法、多模式集成的动力降尺度模拟和误差订正技术方案、非平稳水文极值序列频率分析及设计洪水计算方法,以历史典型超标准洪水为研究对象,按照"源→路径→承灾体"灾害链理论,提出超标准洪水致灾机理。

　　本书是在国家重点研发计划项目"变化环境下流域超标准洪水及其综合应对关键技术研究与示范"课题一"变化环境下流域水文气象极端事件演变规律及超标准洪水致灾机理"(2018YFC1508001)资助下完成。本书可分为 5 个部分,第 1 部分包括第 1~5 章,阐述了研究背景与意义以及国内外研究进展,研究了气候变化下流域极端降水事件演变规律及影响因素;第 2 部分包括第 6~8 章,针对流域极端洪水演变规律及影响因子进行了研究;第 3 部分为第 9 章,研究了变化环境非一致性条件下流域设计洪水;第 4 部分为第 10 章,研究了气候变化与水利工程综合作用下流域超标准洪水响应机理和发展趋势；第5部分包括第11～12章，研究了流域超标准洪水孕灾环境变化与致灾机理。

全书由黄琴和袁飞飞负责汇总和整理，郝振纯教授和李国芳教授负责全书审核。武汉区域气候中心刘敏、王苗、方思达、秦鹏程、王凯和中国气象局武汉暴雨研究所杨浩，河海大学李国芳、胡义明、袁飞飞、王军、陈素洁、曹晴，武汉大学李美华、熊丰，南京信息工程大学曹青，南京水利科学研究院郝洁，浙江大学王路，瑞典SMHI研究所杜一衡，西藏阿里水文水资源分局尼玛扎西等参加了本书的研究和撰写工作。

长江设计集团有限责任公司、长江水利委员会水文局、中水淮河规划设计研究有限公司、淮河水利委员会水文局、中水东北勘测设计研究有限责任公司等单位提供了许多资料和技术支撑，在此一并致谢。

由于作者水平有限，编写时间仓促，书中还存在不完善和需要改进的地方，有些问题还有待进一步深入研究，希望与国内外有关专家学者共同探讨，恳请读者批评指正，以便更好地完善和进步。

作　者

2022年5月

目 录

第 1 章　绪　论

1.1　研究背景与意义

　　大范围强降雨产生的流域洪水灾害自古以来便威胁着流域经济社会的可持续发展,特别是超过流域防洪标准的洪水,可能会给社会带来毁灭性的影响。在气候变化与高强度人类活动综合作用下,极端气象和水文事件时空格局发生了变异,极端洪水的发生频次增加,强度加剧,变化环境下流域超标准洪水演变和时空组合规律呈现新的特点,应对难度加大。因此,如何在已有防洪工程体系条件下应对超标准洪水,最大限度地实现减灾,是不可回避的问题。然而,超标准洪水致灾机理作为超标准洪水应对众多关键技术的基础,学界研究相对较少,尚未形成体系性成果。尤其是在气候变化及人类活动的复合影响下,孕灾环境、致灾因子、承灾体以及抗灾能力均发生了持续且不均匀性的变化,致使超标准洪水形成及致灾机制向越来越复杂的方向不断演化。

　　全球变暖导致水循环加剧,改变了全球水循环的现状,进而影响了全球和区域的降水(以各种形式存在的水,如雨、雪、霰等,本书中降水指降雨的情况)、蒸发、径流等水文要素。联合国政府间气候变化专门委员会(IPCC)自 1988 年成立以来,已陆续针对全球气候变化对社会、经济的潜在影响以及如何适应和减缓气候变化的可能对策做过 6 次评估,其中第 5 次评估(AR5)指出 1880—2012 年全球平均温度已升高 0.85℃。2018 年 10 月 8 日,IPCC 发布了《IPCC 全球升温 1.5℃特别报告》(简称 SR1.5)及决策者摘要,报告显示目前全球平均气温较工业化前已升高 1℃[1]。报告同时强调将全球平均气温控制在 1.5℃而不是 2℃或更高,可以避免一系列气候变化影响[2-3],1.5℃温升阈值也已成为气候预估和影响研究的热点话题[4]。

　　第 6 次评估报告第 1 工作组报告于 2021 年 8 月 9 日发布,该报告汇集了全球气候变化研究的最新成果。报告指出,自 20 世纪中叶以来,全球地表平均气温已上升约 1℃,且从未来 20a 的平均气温变化来看,全球温升预计将达到或超过 1.5℃。人为辐射强迫可以通过调整能量收支和大气环流驱动全球水循环变化,自 20 世纪中叶以来,人类活动造成的气候变化显著地改变了全球水循环[5]。观测表明,伴随全球地表升温,大气湿度和降水强度整体上有所增强,陆地蒸发量加大。全球平均气温每增加 1℃,近地面大气持水能力即增加约 7%,

由此推断强降水事件(从日内到季节尺度)强度增加,与之相随的洪涝灾害亦相应变得严重。倘若不大规模减少温室气体排放,预计全球变暖将在全球和区域范围内引起水循环的巨大变化,全球水循环将进一步增强,水循环季节差异增大,相比于 1995—2014 年,2081—2100 年全球陆地上的年降水量在 SSP1-1.9 低排放情景(全球二氧化碳排放量在 2050 年左右被削减为净零)下将增加 2.4%(很可能的范围是 0.2%~4.7%),在 SSP5-8.5 高排放情景(世界经济运行模式不考虑控制温室气体排放,到 2100 年,温室气体导致的地面辐射通量增加 $8.5W/m^2$)下为 8.3%(0.9%~12.9%)。全球日降水强度增加,极端降水事件出现的频次增加,容易引起洪涝灾害,不仅会影响国民经济的可持续发展,更可能威胁到人民的生命财产安全。

气候变化和人类活动影响所引起的洪水灾害已成为影响全球和区域安全与发展的重大挑战[6]。在气候变化与高强度人类活动的综合作用下,极端气象和水文事件时空格局发生了变异,极端洪水的发生频次和强度加剧,变化环境下流域洪水演变和时空组合规律呈现新的特点[7-8]。在全球气候持续异常的背景下,中国洪涝灾害损失有逐年上升的趋势[9-10]。开展气候变化对洪水灾害影响的研究和探索极端水文灾害对气候变化的响应,一方面有利于促进对水文物理规律的认识,深化气候变化影响的研究;另一方面对保障社会可持续发展也有着重要意义。然而,洪水灾害系统十分复杂,土地利用变化等非气候要素的混合作用及当前气候变化预估较高的不确定性阻碍了气候变化对洪水灾害影响的研究[11-12]。大气环流系统的异常(如南方涛动现象 ENSO、季风变化等)对全球大尺度水汽分布和降水格局带来深远影响[13-14]。这种大尺度降水格局的变化将对区域极端降水和洪水变化造成一定的影响。

在工程水文计算中,无论是基于流量系列进行设计洪水计算的直接途径,还是通过耦合设计暴雨与水文模型的间接途径,都需要采用水文频率分析方法对流量或降水的极值样本进行分析。现行水文频率分析方法的理论前提是:水文极值系列具有一致性(或平稳性),即水文极值的概率分布或统计规律在过去、现在和未来保持不变。然而,受气候变化及人类活动的影响,在流域层面上已形成了较为复杂的气候—人类活动影响链,改变了区域的降水特性、流域下垫面的产汇流规律及河道洪水的天然时空分配模式,导致诸多站点洪水系列呈现非平稳性变化,理论上现行的基于平稳性假定的工程水文计算理论与方法难以适用。至2018 年底,我国已建成各类水库 98822 座,在大部分河流已经形成梯级水库群格局。受上游水库调度的影响,下游断面的洪水量级和时空分配发生了显著变化。下游水库的设计洪水及水库特征水位、运行调度方式都应随之改变。我国《水利水电工程设计洪水计算规范》(SL 44—2006)(简称《规范》)针对单一工程并依据天然年最大洪水系列推求设计洪水(称为"建设期设计洪水"),但建设期设计洪水未考虑上游水库调度影响,无法适应上游水文情势的变化。同时,二氧化碳浓度的不断上升导致自然环境变化显著,大量研究均指出全球气候变暖趋势明显。气候变化将改变全球水循环的现状,导致河川径流情势、洪水强度和频率变化,许多地区洪水的风险上升。

为更好地应对流域极端降水事件引起的超标准洪水过程,揭示气候变化背景下流域极端降水事件变化规律,本书选取长江监利以上、沂沭泗及嫩江3个示范防洪重点流域作为研究对象,利用气象站点历史降水观测资料,应用多种极端降水指数,采用百分位方法确定流域极端降水阈值,分析历史极端降水事件的强度和频次的时空变化特征。利用海温及大气环流资料开展3个示范防洪重点流域典型洪涝年气候成因分析,揭示了前兆信号和同期大气环流特征。并利用最新气候模式产品,研发了多模式降尺度模拟结果误差订正技术,开展未来极端降水事件发展趋势的预估,为流域未来极端洪水的演变和应对策略的制定提供一定的科学参考依据。

气候变化及人类活动的影响导致不同时期的洪水孕育环境发生改变。其中,流域内水利工程的修建与运行将会改变流域的生态、环境和水资源分布等。如三峡工程投入使用后,大坝在调洪抗旱方面发挥着重要的角色,有可能会导致运行初期阶段内长江河道、江湖关系发生重大改变。本书选择3个气候背景以及人类活动影响均不同的示范流域,以揭示流域极端洪水演变规律为目标开展研究。研究流域天然极端洪水趋势性、突变点及周期性演变规律,解析极端洪水事件统计规律及其与影响因素之间的关系,揭示流域极端洪水演变规律。分析典型流域极端洪水与大气环流因子、海平面温度的显著相关性,揭示大气循环对流域极端洪水的影响。

变化环境导致不同时期(或年份)的水文极值事件的统计特征或概率分布发生变化,最直接的外在表现即为水文极值系列发生趋势性或跳跃性变异,而不再满足一致性要求。原则上,当水文极值系列不满足一致性要求时,已不能采用现行的一致性框架下的水文频率分析方法进行水文设计值计算。因此,本书开展变化环境下非一致性水文设计值计算方法研究,特别是综合考虑规划水平年不同水利工程的调度能力,研究长江主要控制断面受气候变化、人类活动联合作用下的极端暴雨洪水响应规律,评估未来气候变化及水利工程建设共同影响下极端洪水的发展趋势以及超标准洪水时空分布格局,对补充完善规范、提高梯级水库群的防洪和兴利效益意义重大。

流域内超标准洪水可能造成较大社会经济损失,需要研究孕灾环境演变规律、孕灾环境超标准洪水驱动响应关系、超标准洪水致灾机理。本书分别采用遥感反演、统计规律分析、分布式水文模型、情景模拟、归因分析等多种手段,揭示典型流域孕灾环境演变规律,分析不同情景下孕灾环境超标准洪水驱动响应关系,分别从宏观和微观两个尺度研究超标准洪水致灾链式反应机制。在以上研究的基础上,总结提出超标准洪水致灾的发生机制、灾害链主要形式、致灾敏感因子等成果,并最终揭示超标准洪水致灾机理,为其他研究提供理论支撑。

在气候变化与高强度人类活动的综合作用下,极端气象和水文事件时空格局发生了变异,极端洪水的发生频次和强度加剧,变化环境下流域超标准洪水演变和时空组合规律呈现新的特点,水文序列的不一致性导致流域超标准洪水难以界定,应对难度加大。国内外对极端水文气象事件的研究比较多,但针对流域超标准洪水的研究很少,大多还是停留在防洪断面超标准洪水应急处理措施和对策的定性分析,在气候变化下流域极端降水事件演变规律方面,虽然前人在流域的极端降水方面做了大量的研究,但是对未来气候预测仍存在许多不确定性,模式模拟的系统性偏差仍然较大。如何改进传统的预估计算方法,开发多模式降尺度模拟结果误差订正技术,客观揭示气候变化下极端降水事件的演变规律与发展趋势,减少不确定性,是本书研究目的之一;目前,国内外对流域超标准洪水的演变规律及其致灾机理认识不足,对极端洪水已有系统研究,但对气候变化、下垫面变化特别是水利工程群等综合影响下的流域超标准洪水机理研究仍然欠缺,针对流域超标准洪水高强度、长历时等特征,其致灾机理需进一步研究。在此背景下,通过研究气候变化下流域极端降水事件的演变规律与发展趋势、流域极端洪水的演变及驱动机制、变化环境非一致性条件下的流域设计洪水研究、水利工程综合作用下流域超标准洪水的响应机理和发展趋势、流域超标准洪水的孕灾环境变化及致灾机理,揭示在气候变化和人类活动影响下流域极端降水事件的演变规律,建立多模式集成的动力降尺度模拟方案,预估流域未来极端降水事件的发展趋势;揭示流域极端洪水演变规律以及响应机理,预测未来气候变化下流域极端洪水事件发生的可能性及量级;解析非一致性条件下洪峰与洪量、上游与下游等多维时空组合下的流域设计洪水特性,辨识流域超标准洪水;从洪水灾害链出发,揭示流域超标准洪水的孕灾环境变化与致灾机理。开展"变化环境下流域水文气象极端事件演变规律及超标准洪水致灾机理"计算理论和方法研究,对补充完善规范、提高梯级水库群的防洪和兴利效益意义重大。

1.2 国内外研究进展

1.2.1 气候变化背景下极端降水事件的演变规律

极端天气事件的确认可以根据经验,或对社会、经济是否有重大影响来判断,但为了定量研究,还是要从气象要素上给定一个阈值来判别[15]。对于我国极端降水阈值的定义,目前常用的方法有:

(1)分级法

将降水分为小雨、中雨、大雨、暴雨、大暴雨多个等级进行考虑。Gong 等[16]将我国北方的降水分成 4 个等级进行研究:弱降水(小于 10mm/d)、中等降水(10~25mm/d)、强降水(25~50mm/d)和极端降水(大于等于 50mm/d),范围取值包含下限。

(2)标准差法

取距平值大于标准差一定倍数的值作为极端事件阈值,比如将降水距平大于 0.5σ(标准方差)定义为异常强降水事件等[17]。

(3)百分位法

这是目前运用最为广泛的一种方法,翟盘茂是我国最早利用百分位法确定极端降水阈值并将文章发表到国外的一位学者[18]。他指出,我国通常把日降水量超过 50mm 的降水事件称为暴雨,将日降水量 25~50mm 的降水事件称为大雨,在我国北方暴雨和大雨都可以看作是强降水。但对于不同地区而言,极端降水事件不能用统一固定的日降水量来简单定义。因此可根据每一个测站的日降水量确定不同地区的极端降水事件的阈值:将气候基准时段(如 1971—2000 年)逐日降水序列的第 95 个百分位值的 30a 平均值定义为极端降水事件的阈值,当某站某日降水量超过这一阈值时,称之为极端降水事件发生[19]。参照 Bonsal 等[20]的计算方法,把日降水序列的 n 个值按升序排列,$x_1, x_2, \cdots, x_m, x_n$,某个值小于或等于 x_m 的概率为 $P = (m - 0.31)/(n + 0.38)$。其中,$m$ 为 x_m 的序号,第 95 个百分位值是指 $P = 95\%$ 所对应的 x_m 值。Folland 等[21]将公式 $P = (m - 0.31)/(n + 0.38)$ 与其他公式进行了比较,论证了该公式的合理性,指出不同方法的结果在 m 小值一端几乎无差别,但在 m 大值一端则有较明显的差异,该公式的结果和基于正态分布与 Gamma 分布的公式结果较接近,而直接取升序序列百分位数值的方法则与之差异稍大一些。

2002 年,Frich 等[22]提出了 10 个相对"弱极端,低噪音,希望更可靠"的极端指数,其中 5 个指数与极端降水有关:中雨以上日数(R10)、连续干日(CDD)、最大 5d 降水量(R5d)、平均日降水强度(SDII)、超过 95% 百分位降水占总降水量的百分率(R95T)。2003 年,ETCCDI[23] (Expert Team on Climate Change Detection and Indices)定义了 27 个代用气候指数,主要集中在对极端事件的描述上,其中包括 11 个降水指数。Frich 等提出的极端降水指数比较经典,具有很好的指示意义,为很多研究所用。大多数研究在着重于极端降水时空变化特征分析时采用前文提到的百分位方法确定极端降水阈值。

我国极端降水事件的变化极其复杂,具有明显的区域性和局地性。黄荣辉等[24]通过观测资料分析我国旱涝灾害的年代际变化特征,表明从 1976 年迄今,我国华北地区发生持续干旱,长江、淮河流域夏季季风降水明显增加。钱维宏等[25]利用多年平均逐日降水资料研究指出:我国极端强降水有增多的趋势。与东亚季风气流和西风带气流异常对应的我国有效降水在区域分布上发生了显著变化,东部季风区的"北涝南旱"从 1970 年代末转型为"南涝北旱",与华南偏干特征一起形成了东部季风区降水从华南、长江到华北的"一、十、一"异常分布型,但华南在 1991 年出现了转湿的突变;东北和西北先后从 1983 年和 1987 年前后转为暖湿气候。翟盘茂[26-28]、任福民[29]、潘晓华[30]系统地对我国的极端降水事件进行了研究,其大量的结果表明我国华北地区强降水事件趋于减少,西北大部分地区极端降水事件呈明显的增多趋势,极端降水事件在近期比早期增多了近 1 倍,东北西部地区极端降水事件也趋于增多,但东北东部到华北大部极端降水事件发生的日数明显趋于减少,并发现近 40 年中国东部年均降水强度极端偏强的趋势较为显著[31],同时进一步指出夏半年极端降水频率在长江流域增加,全年平均华北地区降水量减少主要是由于降水频率减小,而长江流域降水增多主要是由于降水强度加大且极端强降水事件增多。长江流域极端强降水量、降水强度与日数在长江流域中下游地区呈现显著的增加趋势,长江流域极端强降水量变化的空间分布存在明显的差异[32]。

为了得到未来全球和区域的降水预估结果,需要提供未来温室气体和硫酸盐气溶胶的排放情况,即排放情景。排放情景通常是根据一系列因子假设而得到(包括人口增长、经济发展、技术进步、环境条件、全球化、公平原则等)。对应于未来可能出现的不同社会经济发展状况,通常要假设不同的排放情景。此前 IPCC 先后假设的两套温室气体和气溶胶排放情景(IS92a,SRES)被分别应用于 IPCC 第 3 次和第 4 次评估报告[33]。第 5 次评估报告采用最新的辐射强迫方案,称为"典型浓度目标"(Representative Concentration Pathways,RCP),主要包括 RCP8.5、RCP6.0、RCP4.5 和 RCP2.6 共 4 种情景。第 6 次评估报告采用了 5 个新的排放情景 SSP1-1.9、SSP1-2.6、SSP2-4.5、SSP3-7.0 和 SSP5-8.5(SSPx-y,其中"SSP"指共享社会经济途径或"SSP","x"描述了该情景背后的社会经济趋势,"y"指近似的 2100 年情景产生的辐射强迫水平来探索未来的气候响应)[34],与第 5 次评估报告相比,这些情景对温室气体(GHG)、土地利用和空气污染物进行了更多的假设。利用这组情景驱动气候模型,以预估气候系统的未来变化,这些预估考虑了未来太阳活动和火山活动背景。

冯婧[35]利用 CMIP5 的 5 个全球模式预估了中国区域未来气候变化,模式集合对 2006—2099 年降水在 2 种排放情景下(RCP4.5 和 RCP8.5)的线性趋势范围分别是[0.01,0.04]mm/(d·10a)和[0.02,0.07]mm/(d·10a)。极端气候的预估是未来气候变化最受关注的内容之一。Chen 等[36]基于 CMIP3 的 28 个全球气候系统模式研究发现中国地区在 21 世纪的降水极端气候事件将出现增多趋势,并且强度可能增加,导致洪涝、干旱加重。Li 等[37-38]利用 CMIP3 多模式集合对 CO_2 加倍情景下未来中国区域的极端温度、降水事件的变化进行了预估,指出极端降水的变化较平均降水更具有空间一致性。江志红等[39]探讨了 SRES A2、A1B 和 B1 等多种情景下中国地区的极端降水变化。Jiang 等[40]选取 CMIP3 的 7 个全球模式并用多模式集合对中国地区未来不同排放情形下的极端气候事件变化进行预估发现,极端降水的强度和频率都将增加,且位于长江中下游,东南沿海增加明显,最显著地区集中在青藏高原。

Jiang 等[40]利用 CMIP5 提供的 31 个气候模式预估结果,分析发现在 21 世纪初期(2016—2035 年),极端降水贡献率的总体趋势是东增西减,新疆地区减少最为显著,极值中心达到 25%,东部地区增加幅度较小,约为 5%;最大 5d 降水量全国一致表现为增加,西部和东北地区是增加的大值区;最大连续干日则呈现由南向北减小幅度逐渐加大,说明未来北方降水增加程度强于南方。到 21 世纪末,极端降水量和连续大雨日数增加的幅度远大于前期,其中在我国西部、江淮流域以及东北区增加最为显著,局部地区增幅达到 30%,全国的连续干旱日数也进一步减少,洪涝加剧。

Murakami H 等[41]将全球气候模式大气分量的水平网格间距从 50km 减小到 25km,在基本不改变次网格尺度物理参数化的情况下,得到比该模式在低分辨率下更为真实的热带气旋结构、全球分布、季节和年际变化特征。Mahajan S 等[42]、Rajendran K 等[43]也发现高分辨率气候模式在极端事件(尤其是极端降水)的模拟上表现出强度更大、频次更多的特点,复杂地形结构下气候状况的模拟性能也得到了相应的提高。同时,高学杰等[44-45]利用区域气候模式,通过更详细的地形描述以及不同的参数化方法,使对区域气候的模拟能力也得到一步提高,如高学杰等[45]利用区域气候模式对中国降水的模拟结果表明,高分辨率区域气候模式对于青藏高原东部的虚假降水中心有很明显的改进。吴佳等[46]、陈晓晨等[47]通过比较发现,全球气候模式分辨率的提高使陡峭地形的描述更加细致,从而使对陡峭地区的降水模拟能力也得到了提高。

郎咸梅等[48]利用区域气候模式(RegCM3)的模拟分析发现,未来(2025—2033年)中国区域极端降水事件总体呈增多趋势,且强度增大,中国区域年均最大5d降水量、降水强度、极端降水贡献率和大雨日数分别增加了5.1mm、0.28mmd、6.6%和0.4d,而连续干日减少了0.5d。吉振明[49]选用BCC_CSM1.1驱动一个区域气候模式RegCM4.0,对中国地区进行了RCP4.5和RCP8.5排放情景下50km水平分辨率的1950—2099年的连续积分模拟,得到的结果表明,与嵌套的全球模式相比,区域模式分辨率提高后的全球模式能更好地模拟降水事件。Zhang等[50]和Li[51]等研究对比了1.5℃和2℃增温背景下全球不同地区极端降水事件以及其他灾害发生的差异和概率大小。

以上全球和区域模式模拟结果的差异表明,中国区域的未来气候预估仍存在许多不确定性。研究指出,未来气候变化的不确定性包括:①内部自然变率;②模式不确定性;③情景不确定性。这三种不确定性是随着时间和空间的尺度变化而变化的[52]。研究发现,在较短时间尺度内(10~20a),内部自然变率的不确定性占主导,随着时间尺度的增加,排放情景的不确定性迅速增大,并且在越小的空间范围内,内部变率的不确定性越重要[53-54]。减小不确定性,目前大多采取多模式集合的方法[18,22,23,55],但这也仅仅是消减了模式间的差异,因为以往在利用模拟结果进行未来气候变化预估时,多是直接将单个模式或者多模式集成结果的未来时段减去模拟历史时段,从而得到未来气候变化幅度[18,22]。这种算法假设模式在长时间积分过程中系统误差保持不变,即误差的变化与变量值的变化无关,未来时段的系统偏差与历史时段一致。然而,真实情况并非如此,Christensen等[56]和Boberg[57]发现温度和降水的模拟偏差是呈非线性变化的。未来在全球变暖背景下,中国区域气温将进一步升高,那么系统性偏差也将进一步增大。国际上进行误差订正的研究已开展了不少工作,其中一种思路是传递法。国内对偏差订正方法的研究主要集中在天气预报以及短期气候数值预测中,对长期气候模式预估的订正方法研究较少,并且传统的预估计算方法也存在不足。

1.2.2 流域极端洪水的演变及驱动机制

极端降水变化的研究取得了较大的进展。随着观测资料的日益丰富和模型方法的逐渐完善,人们对于气候变化下极端降水的变化趋势和未来演变取得了一定的认识。研究表明,极端降水对气候变化的响应更加敏感;极端降水的变化呈现总体趋势性和区域差异性两大特征。极端径流变化的归因是自然气候变异与人类活动导致的气候变化;非气候要素包括分洪、筑坝、蓄水等河道工程的直接影响以及土地利用变化改变产汇流的间接影响。只有通过变化归因研究,剔除非气候要素的干预,才能正确评估气候变化对极端径流的影响。

全球大尺度气候因子是通过影响降水和气温等气象要素从而改变大气、陆地和海洋之间的水分循环,并影响地表径流和地下径流等水文径流过程的[58-60]。全球大尺度气候因子的周期性循环会引起区域水循环要素在时间上的丰枯周期以及空间上的分配发生变化。人类活动通过土地利用、堤坝建设等方式改变流域的下垫面,直接改变产流机制[9,61]。例如,具有防洪功能的水利设施在汛期会直接影响上下游的水资源分配,从而达到人类防洪和抗旱的目的。利用水利工程降低自然灾害的影响,能为当地经济和居民生活带来福利。

气候因子对流域水资源的分配以及流量的年际和年内变化的影响能够引起能量水分交换过程的时空变化,导致水循环和水资源的变化[62-64]。一方面,大尺度的气候因子往往携带大量的水分游走在各个大陆的上空,从而影响降水、温度、蒸散发等气候因素,造成极端水文事件的发生。另一方面,一般大尺度气候因子的活动较慢,从一个地区转移到另一个地区往往需要很长的时间,有的需要几天的时间(比如海平面气压),而有的能够持续几个月的时间(比如厄尔尼诺现象)。如果能够建立大尺度气候因子与径流之间的相关关系,并深入了解水分循环的机理,无疑会为河流洪水与干旱事件的应对延长预警时间。全球海面的温度变化异常,通过大气和海洋输送到中国的水分就会使降水发生变化,而我国河流的径流量变化与降水呈现一致性,并且有直接的关系,因此流域径流的丰枯变化也多与这些气候因子相关[59,63,65]。

流域内水利工程的修建与运行将会改变流域的生态、环境和水资源分布等。三峡工程投入使用后,大坝在调洪抗旱方面发挥着重要的角色,有可能导致运行初期长江河道、江湖关系发生重大改变。因此,本书将揭示流域天然极端洪水趋势性、突变点及周期性演变规律,解析极端洪水事件统计规律及其与影响因素之间的关系,揭示流域极端洪水演变规律,分析典型流域极端洪水与大气环流因子、海平面温度的显著相关性,揭示大气循环对流域极端洪水的影响。

长江流域受到季节性气候的影响,流量的变化也呈现季节性变化[66]。冬春季节的河道流量相对来说偏低,往往会引起河道的干旱,从而对中下游地区的经济发展和居民的生活产生影响。而夏季往往是洪水发生的时段,历史上大多数极端洪水也都发生在夏季[67]。以宜昌站为例,从大坝建成之前的100多年的历史资料分析可以看出,约有9年洪水和干旱同时出现在同一年。洪水和干旱的关系及同时发生的频率可以从气候变化的角度出发去分析。另外,由于洪水的发生,下垫面和河道的条件也会发生改变,洪水持续时间延长以及滞留在河道里的水量增加都会直接使后面的河道流量发生改变[68]。

国内外的很多河流都建有不同规模的水利工程,许多学者对这些水利工程的影响进行了大量的研究。长江上游地区建设了大量的用于防洪抗旱以及水资源开发的水利工程设施。三峡大坝以及跨越半个中国的南水北调工程显著地改变了长江的水、沙动态及营养物质的输移特征,不仅直接影响下游河道的水文水环境条件,而且对远离工程的河口生态环境也产生了显著或潜在的影响。Kim 等[69]对韩国的多功能大坝 Chungju Dam 在气候变化影响下的洪水和干旱风险进行了分析,选用 RegCM3(区域气候模式)的 A2 气候变化情景,研究了不同水资源利用情景下的蓄水容量变化。为了研究大坝在未来气候变化情景下的洪水风险变化,研究人员基于目前的大坝管理运行措施,分析了未来汛期水位的变化。结果发现,未来的洪水和干旱风险都可能增加,主要是因为气候变化对汛期径流的影响时间从七八月份转移到了八九月份,所以在未来气候变化适应性的政策制定上,不仅应该定量考虑水文特征的变化,也应该同时考虑时间特征的变化。在过去的两个世纪内,为了调控洪水流量,美国在整个大陆范围修建了大量的水利大坝。Mei 等[70]对 38 条河流上的年最大洪峰流量进行了分析,结果表明,对于大部分坝址站点来说,大坝有效地减小了洪水的规模,年均最大洪峰减少率为 7.5%~95.14%。大坝对洪水特征的潜在影响力与其地理位置和功能、年均径流量和蓄水容量的曲线斜率、库区蓄水容量与集水面积的曲线斜率有关。

国内很多学者对三峡大坝运行后产生的影响也进行了大量的分析。从 2003 年大坝开始运行以来,长江流域的河流流量和水位都受到了不同程度的影响。Guo 等[71]的研究表明,大坝运行后的影响程度在不同的季节不同,对河流不同位置影响效果也不同,影响效果最明显的是靠近大坝的位置,大约是下游区域的 5 倍。大坝对下游影响力的减弱主要是受下游的支流对河流的稀释作用影响。其对长江流量的影响已经改变了河流与下游鄱阳湖的交互关系。长江的流量和水位的变化可以改变河流对鄱阳湖出流量的阻力,进而影响湖泊水位、水容量和季节变化特点。研究表明,2000—2011 年,长江流域的湖泊表面面积累计减少了 10%左右。Wang 等[72]分析了三峡大坝对近 10a 湖泊水位下降及气候变化和人类活动的影响,即长江流域三峡大坝对流量和泥沙以及农业用水、工业用水和居民生活用水的消耗量的影响。结果表明,气候变化是近 10a 湖泊水位下降的主要原因,而人类活动对年际变化的影响却十分有限(贡献率为 10%~20%,甚至更少)。尽管如此,人类活动产生的影响也越来越明显。三峡工程投入使用后,对整个长江流域的影响既有积极的一面,也有消极的一面。大坝在调洪抗旱方面发挥着重要的作用,但是由于水沙平衡在工程运行前期还无法立即达到——特别是对中游地区,因此,可能导致运行初期阶段内长江河道、江湖关系发生重大改变。这些变化带来的双重影响应当得到研究学者们的慎重对待。

大气—陆地—海洋耦合系统对全球各地的降水具有重要的影响。很多研究侧重于大洋周期振荡等大尺度自然循环对降水时空分布特征的影响[73-74]。海平面温度可以对世界各地水文的变异性提供可预报信息。例如,厄尔尼诺南方涛动现象同很多区域的洪水和干旱有紧密的联系,并通过遥相关影响区域气候[75-77]。Fu 等[78]研究了厄尔尼诺年和拉尼娜年黄河流域降水的差异性,发现年降水量在拉尼娜年比厄尔尼诺年高出 18.8%。Lau 等研究了全球海平面温度与中国 1997—1998 年洪水的显著相关性,发现黄河源区的夏季降水和太平洋中部的海平面温度有 0~4 个月滞后的负相关,而和南印度洋及南大西洋的海平面温度具有 5~8 个月滞后的负相关,从而证明厄尔尼诺南方涛动现象对黄河源区的夏季降水具有显著的影响,海平面温度的负相关性表明,太平洋中部较高的海平面温度相对应的厄尔尼诺现象会引起黄河源区较少的夏季降水[79-80]。可利用相关的海平面温度对黄河中游的降水进行预测。因此,海平面温度和遥相关模式与示范区的降水显著相关使区域降水机理的研究成为可能[81]。

1.2.3 变化环境非一致性条件下的流域设计洪水

工程水文计算是水利工程规划和建设的基础,国内外现行的工程水文计算理论与方法要求水文极值系列具有平稳性。但气候变化及人类活动的影响改变了流域降水时空分配模式、产汇流规律及河道洪水的天然过程,进而导致诸多站点水文系列呈现非平稳性变异。理论上,现行的基于平稳性假定的工程水文计算理论与方法已不再适用于变化环境下的非平稳性情形[81-85]。

变化环境下非平稳性水文频率分析根据研究变量数目可以分为非平稳性单变量频率分析和非平稳性多变量频率分析。目前的研究主要集中在单变量方面,而关于非平稳性多变量洪水频率分析的研究还较少。变化环境下的单变量水文频率分析大体上可分为三大途径:①基于水文极值系列重构途径;②基于分布函数加权综合途径;③基于变参数概率分布模型途径[86]。由于水文事件(过程)通常包含多个特征属性,如一场洪水过程包含洪峰和不同时段洪量特征等,采用单一水文变量(如洪峰或时段洪量)通常很难描述水文事件(过程)的真实特征。为此,近年来关于变化环境下非平稳性多变量洪水频率分析研究受到越来越多的关注[87-91]。

1.2.3.1 水文极值系列重构途径的变化环境下的水文设计值计算

水文极值系列重构途径的变化环境下的水文设计值计算是通过对非一致性水文极值系列进行重构,使重构后的系列满足一致性要求后,再采用现行的一致性水文频率分析方法进行水文设计值计算。

用于系列重构的方法大体上可归纳为以下四大类[86]:

①建立变异点前后序列的降水—径流关系,并以此对变异后/变异前的系列进行修正。

②时间序列的分解和合成法。将水文序列分解为相对一致的随机性成分和非一致性的确定性成分。首先采用确定性模型对确定性成分进行拟合计算并预报,然后将其与随机性成分进行合成得到新的序列,进而可以得到过去、现在和未来不同时期的合成序列以及不同时期对应的概率分布函数[82]。

③基于振动中心对应均值的重构技术。该法假定变异性水文序列存在理想化的平稳性状态,且此平稳性状态所具有的振动中心(即均值)是序列某分割点前后子样本序列均值的线性组合,通过综合变异点前后两段系列特征,对趋势性/跳跃性变异系列进行一致性重构[93]。

④基于水文模型的"间接法"。建立不同时期的下垫面特征与模型参数间的定量统计关系,进而用模型参数的变化来反映下垫面的变异;将不同时期的降雨系列资料与某一给定时期的水文模型结合(体现在参数上),从而达到洪水系列还原/还现[93]。

1.2.3.2 **基于分布函数加权综合途径的变化环境下水文设计值计算**

基于分布函数加权综合途径的变化环境下水文设计值计算是对整个观测样本系列中的

样本进行分类,使每一类中的样本系列(子样本系列)满足一致性要求,通过加权方法对各个子样本系列对应的分布函数进行综合,进而获得一个综合的分布函数,再推求给定标准的水文设计值。

基于分布函数加权综合途径的非一致性水文设计值计算方法大体上可以归为两类:

(1)混合分布函数法

根据变异点位置将整个系列分为若干子系列,假定每个子系列样本满足一致性要求,通过加权方法对各个子系列分布函数进行综合,得到表征整个系列分布的一个混合分布函数,用以描述整个系列的分布特征[94-95]。

(2)条件概率分布法

根据洪水形成机理的差异性将年内洪水划分成多个时期,假定同一时期内的极值洪水样本服从同一分布、不同时期内的样本相互独立,且极值洪水事件以不同的概率发生在不同时期,通过对不同时期的条件概率分布函数进行加权综合,进而获得一个综合的分布函数,以进行洪水设计值计算[96]。

1.2.3.3　基于变参数概率分布模型途径的变化环境下水文设计值计算

基于变参数概率分布模型途径的变化环境下水文设计值计算方法是目前研究较多的一种方法。该方法通过建立概率分布函数中的参数与某些协变量(如时间、降雨等)之间的统计关系,以驱动分布函数中的参数随着协变量变化,来刻画未来环境变化对极值分布函数的影响[97-100]。尽管变参数概率分布模型可以刻画水文极值变量在未来条件下的分布特征,但由于未来每一年的分布函数不同,对于给定的工程水文设计标准(重现期 T),每一年对应的水文设计值(X_T)也将不同,即重现期和对应设计值之间不是唯一的对应关系,那么,采用哪一个 X_T 作为工程的设计值成为当前国内外工程水文计算中亟待解决的难题。为解决上述难题,期望等待时间法[101]、期望发生次数法[102-103]、设计寿命水平法[104]、年平均可靠度法[105]和等可靠度法[86,100]被相继提出。

(1)期望等待时间法

该法是基于一致性条件下 T 年重现期的定义"直到第一次发生超过给定阈值 X_T 事件的期望等待时间为 T 年"推导而获得。然而该计算方法未能考虑工程设计寿命对设计值计算的影响,且对于呈减少趋势的系列而言,可能导致无数值解或需要将已建的趋势模型随着时间无限外延。

(2)期望发生次数法

该法是基于一致性条件下 T 年重现期的另一种定义方式"在 T 年重现期内,水文极值事件 X_T 的期望发生次数为 1 次"而获得,此处表述为"重现期内的期望发生次数法"[102]。随后,Obeysekera 等[103]基于"在工程设计寿命周期内,某种水文极值事件的期望发生次数为 N"这一思想,也推导出用于非一致性条件下水文设计值 X_T 的计算公式,但是该方法的计算结果不能采用重现期概念去解释,此处将其表述为"设计寿命期内的期望发生次数法"。

(3)设计寿命水平法

该方法由 Rootzén 等人于 2013 年提出,即在给定设计寿命周期内,设计标准对应设计值被超过的概率或风险。该方法的计算结果不能采用重现期概念去解释,此外,由于可靠度值的大小受工程设计寿命和重现期大小的综合影响,这使得可靠度值大小的确定存在难度,而关于如何确定风险值大小也未做明确说明。

(4)年平均可靠度法(年均超过概率法)

该方法由 Read 等提出,是指在工程的设计寿命期或一定的规划期 n 年内,对于给定事件 X_T,n 年的平均年超过概率 EP 和一致性条件下重现期 T 对应的超过概率 $1/T$ 相等。以此推导出变化环境下 T 年重现期对应的水文设计值 X_T。

(5)等可靠度法

该方法是梁忠民[106]等提出的一种非一致性水文设计值估计方法,即虽然环境变化导致了水文的非一致性,但根据非一致水文极值系列推求的水文设计值,其具有的水文设计可靠度不应该被降低,至少应与一致性条件下的设计值具有相同的可靠度。在等可靠度概念中,有效地考虑了变化环境下工程设计寿命长短对工程水文设计值计算的影响,提供了一种确定可靠度值大小的方法,同时也为非一致性条件下设计成果与现有工程建设标准的协调与衔接提供了技术途径,解决了变化环境下工程水文设计值中的两类问题:

①待建水利工程的水文设计值计算,即如何根据非一致性的观测系列,推求指定标准的水文设计值。

②已建成水利工程的水文设计值调整/协调,即对于已建成且运行多年的水利工程,如何调整其原有的水文设计值,使调整后工程所具有的水文设计可靠度与当初设计阶段的可靠度一致。

Yan 等[107]基于设计寿命水平法、期望发生次数法、年平均可靠度法和等可靠度法,分析对比了不同方法在推求设计洪水时结果的差异性。结果表明,后 3 种方法的计算结果较为相近。在实践应用中,作者建议采用年平均可靠度法和等可靠度法进行设计洪水推求。2017 年,Hu 等[108]基于贝叶斯理论,研究了在考虑参数估计不确定性的条件下,基于期望等待时间法和期望发生次数法估计的水文设计值间的差异性。结果表明,无论是从设计值的期望估计还是置信区间估计来看,两种方法估计结果的差异性明显,且同等设计标准(重现期)对应的工程水文设计可靠性也不同。哪一种设计值计算方法更适合工程应用,还需要进一步研究。

1.2.3.4　变化环境下多变量水文设计值计算

相较于平稳性条件下多变量频率分析问题,非平稳性多变量频率分析问题要复杂得多。在平稳性条件下,多变量联合分布函数被假定是唯一且不随时间变化的。然而在非平稳性条件下,不同水文变量间的相关关系随着时间在变化,即不同变量间的联合分布函数在不同年份是不同的,这导致指定重现期对应洪峰—洪量组合设计值求解困难[86,89]。多维水文极值变量的非平稳性包含两个方面的内容:①各个变量自身对应的边缘分布的非平稳性;②不同变量间相关结构的非平稳性。Bender 等[109]和 Sarhadi 等[88]通过假定边缘分布函数中的参数及 Copula 函数中的结构参数随时间变化,构建了可综合考虑边缘分布不一致性和结构参数不一致性的变参数联合分布函数模型,分析了二维非平稳性水文极值变量情形下联合分布函数的演变规律及分布函数中各个参数的变化情况。联合分布函数中的参数随时间变化使联合分布函数在不同时间(年份)不同,从而导致平稳性条件下多变量重现期/设计值计算的方法无法直接应用于非平稳性条件下的多变量情景。为此,Hu 等[90]基于等可靠度法和条件期望组合/条件最可能组合法,提出了变化环境下非平稳性两变量组合设计值计算方法。但总体来看,关于非平稳性条件下多变量重现期/设计值组合的计算问题仍缺乏有效研究。

1.2.4 气候变化与人类活动对流域洪水的影响

至 2019 年底,我国已建成各类水库 98112 座,其中大型水库 744 座,中型水库 3978 座,总库容 8983 亿 m^3。我国大部分河流已经形成梯级水库群格局,受上游水库调度的影响,下游断面的洪水量级和时空分配发生了显著变化[110-111],下游水库的设计洪水及水库特征水位、运行调度方式都应随之改变。我国《水利水电工程设计洪水计算规范》(SL 44—2006)(简称《规范》)[112]针对单一工程并依据天然年最大洪水系列推求设计洪水(称为"建设期设计洪水")[113],但建设期设计洪水未考虑上游水库调度的影响及上游水文情势的变化。同时,二氧化碳浓度的不断上升导致自然环境变化显著[114-115],大量研究[116-122]指出全球气候变暖趋势明显。气候变化和人类活动影响(主要是水库运行调度)作为影响环境变化的两个最重要的组成部分,对水文过程产生的影响受到国内外的广泛关注。但目前大多数研究仍聚焦于单一气候变化或水库运行调度对水文过程变化的影响,很少有研究同时考虑两种变化对径流极值产生的综合影响。

郭生练等[122]论述了考虑梯级水库调度影响的设计洪水理论和方法,其核心是推求控制断面以上各分区洪水的地区组成。《规范》推荐的同频率地区组成法目前应用最广泛,但该方法只是一种人为假设,是否符合洪水地区组成规律要视分区与设计断面洪水的相关性密切程度而定。此外,随着水库数目增加,该方法需拟定的方案数呈指数增长,具体选用何种方案具有较大的不确定性。在工程设计中,通常关心最可能发生且对下游防洪偏不利的地区组成。谭维炎和黄守信[123]提出的最可能地区组成因以下特征而具有较强代表性:

①在所有可能的地区组成方案中,其发生的可能性最大。

②其方案数唯一,不随水库数目的增加而增加。

受当时计算方法的限制,他们仅推求了单一库断面与区间洪水相互独立时最可能的地区组成。Copula 函数在水文多变量分析计算中的成功应用[124]使其推求设计洪水的最可能地区组成成为可能。闫宝伟等[125]应用 Copula 函数推求了上游断面与区间洪水最可能地区组成;李天元等[126]以 Copula 函数理论为基础,构造了水库断面洪量与区间洪量的联合分布,推求了条件概率函数的显式表达式,提出了基于 Copula 函数的改进离散求和法,通过直接对条件概率曲线进行离散,克服了《规范》中离散求和法需要进行变量独立性转换的问题。刘章君等[127]利用 Copula 函数推导了梯级水库最可能地区组成法的计算通式,为设计洪水地区组成分析计算提供了一条新途径。然而,当梯级水库维度较高时,该方法存在两个问题:

①非对称 Archimedean Copula 嵌套方式的不确定性以及误差显著增大,会对分析结果产生较大影响。

②求解高维通式的解不稳健。

为解决上述问题,熊丰等[128]基于 t-Copula 函数构建各分区洪水的联合分布,并采用蒙特卡罗法(MC)和遗传算法(GA)优化最可能地区组成。

当发生超标准设计洪水时,可能会引起小型水库工程溃坝。溃坝洪水一般发生时间短,洪峰流量大,淹没范围广,具有低概率、高风险的特征。坝体一旦溃决,将对下游人民生命财产安全造成极大的威胁。众多学者亦研究了水库溃坝引起的超标准洪水影响。于子波等[129]通过构建超标准洪水、管涌作用下双库连溃的贝叶斯网络模型,并综合 Breach 溃坝模型、HEC-RAS 二维水动力学模型的溃坝和洪水演进模拟方法,以寒葱沟水库和定国山水库为例,推求水库大坝溃坝概率、评估连溃风险和模拟洪水演进过程。结果表明,超标准洪水工况和管涌工况下,因两水库连溃,洪水抵达 CS1~CS6 断面的时间为 0.8~3.0h;1000 年一遇洪水工况下,寒葱沟水库敞泄但未溃坝,仅定国山水库漫顶溃坝,洪水抵达 CS1~CS6 断面的时间为 21.5~26.5h。邵晨和黄剑峰[130]基于格子 Boltzmann 方法(LBM)采用壁面适应局部涡流黏度的大涡模拟模型,引入自由滑移法处理固壁边界条件,模拟瞬时全溃坝以及瞬时局部溃坝水流的流动过程,并对瞬时全溃坝时两种消能坎的消能效果进行比较。数值模拟结果表明:基于 LBM 方法可以准确模拟瞬时全溃坝水流演进过程中流体自由表面的流动情况以及分析速度变化规律。杨盼[131]等以深圳市小型水库头陂水库为研究对象,采用经验公式估算入库洪水和最终溃口参数,基于改进的 DAMBRK 原理和二维模型计算溃坝下泄流量和分析洪水演进过程,调查淹没范围内受灾人口并制定转移方案,系统性地研究了典型城市地区小型水库头陂水库的溃坝全过程。徐云乾等[132]以数字高程地图为基础,建立了 HEC-GeoRAS 模型;结合水库的漫顶溃决工况,模拟阳江市大河水库主坝和副坝溃决后洪水沿下游河道的演进过程,并联合 QGIS 生成洪水风险图、最大水流流速,最大水面高度等成果。研究成果对山区河流下游的人员疏散转移避险决策具有重要的参考意义。李政鹏等[133]以河南省汝阳县前坪水库为例,基于库区高精度地形图和数字高程模型(DEM),采用BIM技术、GIS技术结合MIKE软件建立水库溃坝一维、二维耦合数值模型,模拟水库大坝在5000a一遇校核洪水位下溃坝及洪水下泄过程,计算水库溃口流量过程及溃决后洪水在下游的演进过程,获得水库下游淹没区范围、淹没区流态等洪水风险信息。结果表明,大坝溃口流量过程与经验公式计算结果较吻合,数值模型可有效反映溃坝后洪水下游演进风险特征。

1.2.5 流域极端洪水孕灾环境变化与致灾机理

国内学者围绕洪涝灾害成因分析、灾害理论开展了大量的研究,如熊平生等对洞庭湖从气象、水文、地形、人类活动等方面进行分析,得到洞庭湖区洪涝灾害是自然因素与人为因素综合影响的结果,全球气候变暖、森林覆盖率降低等都是洞庭湖区洪涝灾害频次增加的原因。彭涛等分析珠江三角洲近几十年的资料,揭示了三角洲的孕灾环境变化主要为气温上升、降水变率增大、河系简化、地表不透水面积增大等,同时珠江三角洲河网也产生了相应变化,加大了防洪压力。李衡以长江三角洲的土地覆盖变化为对象,对孕灾环境理论及孕灾环境、孕灾因子、承灾体三者的辩证关系进行了初步探讨,结果表明,三者综合作用决定了洪涝灾害的发生、强度和进程,相关因子分析表明,苏州河网结构受到快速城镇化的影响,整体结构趋于简化,并由模型预测区域洪灾风险将加大。纵观国内外研究,围绕超标准洪水致灾机理的研究相对较少,难以为超标准洪水应对提供支撑。

总体而言,国内外对极端水文气象事件的研究比较多,但针对流域超标准洪水的研究很少,大多还停留在防洪断面超标准洪水应急处理措施和对策的定性分析,在气候变化下流域极端降水事件演变规律方面,虽然前人在流域的极端降水方面进行了大量的研究,但是对未来气候预估仍存在许多不确定性,模拟的系统性偏差仍然较大。改进传统的预估计算方法,开发多模式降尺度模拟结果误差订正技术,客观揭示气候变化下极端降水事件演变规律与发展趋势,减少不确定性,是本书研究目的之一。同时,国内外对流域超标准洪水演变规律及其致灾机理认识不足,虽然对极端洪水已有系统研究,但对气候变化、下垫面变化特别是水利工程群组应用等综合影响下的流域超标准洪水机理研究仍然欠缺,针对流域超标准洪水高强度、长历时等特征,其致灾机理需进一步研究。

本章主要参考文献

[1] IPCC. Special report on global warming of 1.5℃ [M]. UK:Cambridge University Press,2018.

[2] 姜克隽.IPCC1.5℃特别报告发布,温室气体减排新时代的标志[J].气候变化研究进展,2018,14(6):640-642.

［3］ Schleussner C F，Lissner T K，Fischer E M，et al. Differential climate impacts for policy-relevant limits to global warming：The case of 1.5℃ and 2℃［J］. Earth System Dynamics，2016，7(2)：327-351.

［4］ 王胜，许红梅，刘绿柳，等. 全球增温 1.5℃和 2.0℃对淮河中上游径流影响评估［J］. 自然资源学报，2018，33(11)：1966-1978.

［5］ 姜大膀，王娜. IPCC AR6 解读：水循环变化［J］. 气候变化研究进展，2021，17(6)：699-704.

［6］ Cui X，Graf H F，Langmann B，et al. Climate impacts of anthropogenic land use changes on the Tibetan Plateau［J］. Global and Planetary Change，2006，54(1-2)：33-56.

［7］ IPCC. Climate Change 2007：Synthesis Report［R］. 2007.

［8］ Dibike Y B，Coulibaly. Hydrologic impact of climate change in the Saguenay watershed：comparison of downscaling methods and hydrologic models［J］. Journal of Hydrology，2005，307(1-4)：145-163.

［9］ Li Y F，Guo Y，Yu Y. An analysis of extreme flood events during the past 400 years at Taihu Lake，China［J］. Journal of Hydrology，2013(500)：217-225.

［10］ Tu T，Carr K J，Trinh T，et al. Assessment of the effects of multiple extreme floods on flow and transport processes under competing flood protection and environmental management strategies［J］. Science of the Total Environment，2017(607)：613-622.

［11］ Lau W K M，Kim K M. The 2010 Pakistan flood and Russian heat wave：teleconnection of hydrometeorological extremes［J］. Journal of Hydrometeorology，2012，13(1)：392-403.

［12］ Szeto K，Peter Gysbers，Julian Brimelow，et al. The 2014 extreme flood on the southeastern Canadian prairies［J］. Bulletin of the American Meteorological Society，2015，96(12)：20-24.

［13］ Yuan F，Liu J H，Berndtsson R，et al. Changes in precipitation extremes over the source region of the Yellow River and its relationship with teleconnection patterns［J］. Water，2020，12(4)：978.

［14］ Qing Cao，Zhenchun Hao，Feifei Yuan，et al. ENSO influence on rainy season precipitation over the Yangtze River Basin［J］. Water，2017，9(7)：469.

［15］ 翟盘茂，任福民，张强. 中国降水极值变化趋势检验［J］. 气象学报，1999，57(2)：208-216.

［16］ Gong D Y，Shi P J，Wang J A. Daily precipitation changes in the semi-arid region over northern China［J］. Journal of Arid Environments，2004，59：771-784.

[17] 龚道溢,王绍武,朱锦红. 北极涛动对我国冬季日气温方差的显著影响[J]. 科学通报,2004,49(5):487-492.

[18] 钱维宏,符娇兰,张玮玮,等. 近40年中国平均气候与极端气候变化的概述[J]. 地球科学进展,2007,22(7):673-683.

[19] 翟盘茂,潘晓华. 中国北方近50年温度和降水极端事件变化[J]. 地理学报,2003,58(9):1-10.

[20] Bonsal B R,Zhang X B,Vincent L A,et al. Characteristic of daily and extreme temperature over Canada[J]. Climate,2001,5(14):1959-1976.

[21] Folland C,Anderson C. Estimating changing extremes using empirical ranking methods[J]. Climate,2002(15):2954-2960.

[22] Frich P,Alexander L V,Della-Marta P M,et al. Observed coherent changes in climatic extremes during the second half of the twentieth century[J]. Climate Research,2002(19):193-212.

[23] Kiktev D,Sexton D M H,Alexander L,et al. Comparison of modeled and observed trends in indices of daily climate extremes[J]. Journal of Climate,2003,16(22):3560-3570.

[24] 黄荣辉,陈际龙,周连童,等. 关于中国重大气候灾害与东亚气候系统之间关系的研究[J]. 大气科学,2003,27(4):770-788.

[25] 钱维宏,符娇兰,张玮玮,等. 近40年中国平均气候与极端气候变化的概述[J]. 地球科学进展,2007,22(7):673-683.

[26] 翟盘茂,任福民. 中国近40年最高最低温度变化[J]. 气象学报,1997,55(4):418-429.

[27] Zhai P M,Pan X H. Trends in temperature extremes during 1951—1999 in China[J]. Geophysical Research Letters,2003,30(17):1913-1916.

[28] Zhai P M,Zhang X B,Wan H,et al. Trends in total precipitation and frequency of daily precipitation extremes over China [J]. Journal of Climate,2005,18(7):1096-1108.

[29] 任福民,翟盘茂. 1951—1990年中国极端温度变化分析[J]. 大气科学,1998,22(2):217-226.

[30] 潘晓华,翟盘茂. 气候极端值的选取与分析[J]. 气象,2002,28(10):28-31.

[31] Zhai Panmao,Ren Fumin,Zhang Qiang. Detection of trends in China's precipitation extremes[J]. Acta Meteorologica Sinica,1999,57(2):208-216.

[32] 翟盘茂,邹旭恺. 1951—2003年中国气温和降水变化及其对干旱的影响[J]. 气候变化

研究进展,2005,1(1):16-18.

[33] IPCC. Climate change 2007:the physical science basis:contribution of working group I to the fourth assessment report of the Intergovernmental Panel on Climate Change [M]. Cambridge:Cambriage University Press,2007.

[34] 周天军,陈梓明,陈晓龙,等. IPCC AR6 解读:未来的全球气候——基于情景的预估和近期信息 [J]. 气候变化研究进展,2021,17(6):652-663.

[35] 冯婧. 多全球模式对中国区域气候的模拟评估和预估[D]. 南京:南京信息工程大学,2012.

[36] Chen Weilin,Jiang Zhihong,Li Laurent. Probabilistic projections of climate change over China under the SRES A1B scenario using 28 AOGCMs[J]. Journal of Climate,2011(24):4741-4756.

[37] Li H,Sheffield J,Wood E F. Bias correction of monthly precipitation and temperature fields from intergovernmental panel on climate change AR4 models using equidistant quantile matching[J]. Journal of Geophysical Research,2010,115(D10):27-35.

[38] Jiang Zhihong,Song Jie,Li Laurent. Extreme climate events in China:IPCC-AR4 model evaluation and projection[J]. Climatic Change,2012,110:385-401.

[39] 江志红,陈威霖,宋洁,等. 7 个 IPCC AR4 模式对中国地区极端降水指数模拟能力的评估及其未来情景预估[J]. 大气科学,2009,33(1):109-120.

[40] Jiang Z,Li W,Xu J J,et al. Extreme precipitation indices over China in CMIP5 models Part 1:Models evaluation[J]. Journal of Climate,2015,28(21):8603-8619.

[41] Murakami H,Vecchi G A,Underwood S,et al. Simulation and prediction of category 4 and 5 hurricanes in the high-resolution GFDL HiFLOR coupled climate model[J]. Journal of Climate,2015,28(23):9058-9079.

[42] Mahajan S,Evans K J,Branstetter M,et al. Fidelity of precipitation extremes in high resolution global climate simulations[J]. Procedia Computer Science,2015(51):2178-2187.

[43] Rajendran K,Kitoh A,Srinivasan J,et al. Monsoon circulation interaction with Western Ghats orography under changing climate[J]. Theoretical & Applied Climatology,2012,110(4):555-571.

[44] 高学杰,石英,Giorgi F. 中国区域气候变化的一个高分辨率数值模拟[J]. 中国科学:地球科学,2010,40(7):911-922.

[45] 高学杰,石英,张冬峰,等. RegCM3 对 21 世纪中国区域气候变化的高分辨率模拟

[J]. 科学通报，2012，57(5)：374-381.

[46] 吴佳，周波涛，徐影. 中国平均降水和极端降水对气候变暖的响应：CMIP5 模式模拟评估和预估[J]. 地球物理学报，2015(9)：32-44.

[47] 陈晓晨，徐影，许崇海，等. CMIP5 全球气候模式对中国地区降水模拟能力的评估[J]. 气候变化研究进展，2014，10(3)：217-225.

[48] 郎咸梅，隋月. 全球变暖 2℃情景下中国平均气候和极端气候事件变化预估[J]. 科学通报，2013(58)：734-742.

[49] 吉振明. 新排放情景下中国气候变化的高分辨率数值模拟研究[D]. 北京：中国科学院，2012.

[50] Zhang W，Zhou T，Zou Liwei，et al. Reduced exposure to extreme precipitation by 0.5℃ less warming for global land monsoonregions[J]. Nature Communications，2018(9)：3153.

[51] Li D，Zou L，Zhou T，Extreme climate event changes in China in the 1.5℃ and 2℃ warmer climates：Results from statistical and dynamical downscaling[J]. JGR，2018，123(18)：10215-10230.

[52] Räisänen J. CO_2-induced climate change in CMIP2 experiments：Quantification of agreement and role of internal variability[J]. Jounnal of Climate，2001(14)：2088-2104.

[53] Zhou Tianjun，Lu Jingwen，Zhang Wenxia，et al. The sources of uncertainty in the projection of global land monsoon precipitation[J]. Geophysical Research Letters，2020(47)：436.

[54] Chen Ziming，Zhou Tianjun，Zhang Lixia，et al. Global land monsoon precipitation changes in CMIP6 projections[J]. Geophysical Research Letters，2020(47)：2730-2748.

[55] Rowlands D J，Frame D J，Ackerley D，et al. Broad range of 2050 warming from an observationally constrained large climate model ensemble[J]. Nature Geoscience，2012(5)：256-260.

[56] Christensen J H，Boberg F，Christensen O B，et al. On the need for bias correction of regional climate change projections of temperature and precipitation[J]. Geophysical Research Letters，2008(35)：207091-207096.

[57] Boberg F，Christensen J H. Overestimation of Mediterranean summer temperature projections due to model deficiencies[J]. Nature Climate Change，2012(2)：433-436.

[58] Uvo C B. Analysis and regionalization of northern European winter precipitation

based on its relationship with the North Atlantic oscillation[J]. International Journal of Climatology, 2003, 23(10):1185-1194.

[59] Lau K, Weng M H. Coherent modes of Global SST and summer rainfall over China: an assessment of the regional impacts of the 1997-1998 El Niño[J]. Journal of Climate, 2001, 14(6):1294-1308.

[60] Lu A, Jia S, Zhu W, et al. El Nino-Southern Oscillation and water resources in the headwaters region of the Yellow River: links and potential for forecasting [J]. Hydrology and Earth System Sciences, 2011, 15(4):1273-1281.

[61] Marchi L, Borga M, Preciso E, et al. Characterisation of selected extreme flash floods in Europe and implications for flood risk management[J]. Journal of Hydrology, 2010, 394(1-2):118-133.

[62] Tank A M G K, Peterson T C, Quadir D A, et al. Changes in daily temperature and precipitation extremes in central and South Asia[J]. Journal of Geophysical Research D Atmospheres, 2006, 111(D16):1051-1058.

[63] Wang W G, Shao Q X, Yang T, et al. Changes in daily temperature and precipitation extremes in the Yellow River Basin, China[J]. Stochastic Environmental Research and Risk Assessment, 2013, 27(2): 401-421.

[64] Hu Y, Maskey S, Uhlenbrook S. Expected changes in future temperature extremes and their elevation dependency over the Yellow River source region[J]. Hydrology and Earth System Sciences, 2013, 17(7):2501-2514.

[65] Liu H, Duan K Q, Li M, et al. Impact of the North Atlantic oscillation on the dipole oscillation of summer precipitation over the central and eastern Tibetan Plateau [J]. International Journal of Climatology, 2015, 35(15):4539-4546.

[66] Bing L F, Shao Q Q, Liu J Y. Runoff characteristics in flood and dry seasons based on wavelet analysis in the source regions of the Yangtze and Yellow rivers[J]. Journal of Geographical Sciences, 2012, 22(2):261-272.

[67] Birkinshaw S J, Guerrieiro S B, Nicholson A, et al. Climate change impacts on Yangtze River discharge at the Three Gorges Dam[J]. Hydrology and earth system seience, 2017, 21(4):1911-1927.

[68] Chen Z, Yang G. Multiscale variability of historical meteorological droughts and Floods in the Middle Yangtze River Basin, China[J]. Natural Hazards Review, 2020, 21(4):4020036.1-4020036.11.

[69] Kim S, Kuak J, Noh H S, et al. Evaluation of drought and flood risks in a multipur-

pose dam under climate change:A case study of Chungju Dam in Korea[J]. Natural Hazards，2014，73(3):1663-1678.

[70] Mei X F，Van Gelder，Dai Z J，et al. Impact of dams on flood occurrence of selected rivers in the United States[J]. Frontiers of Earth Science，2017,11(2):268-282.

[71] Guo H，Hu Q，Zhang Q，et al. Effects of the Three Gorges Dam on Yangtze River Flow and River Interaction With Poyang Lake，China：2003—2008[J].Journal of Hydrology，2012,416-417：19-27.

[72] Wang J，Sheng Y，Wada Y. Little impact of Three Gorges Dam on recent decadal lake decline across China's Yangtze Plain. Water Resources Research，2017，53（5）:3854-3877.

[73] Armstrong W H，Collins M J，Snyder N P. Hydroclimatic flood trends in the northeastern United States and linkages with large-scale atmospheric circulation patterns [J]. Hydrological Sciences Journal，2013,59(9):1636-1655.

[74] Kucharski F，Bracco A，Yoo J H，et al. A Gill-Matsuno-type mechanism explains the tropical Atlantic influence on African and Indian monsoon rainfall[J]. Quarterly Journal of the Royal Meteorological Society，2009,135(640):569-579.

[75] Ronghui H，Chen W，Yan B L，et al. Recent advances in studies of the interaction between the East Asian winter and summer monsoons and ENSO cycle[J]. Advances in Atmospheric Sciences，2004,21(3):407-424.

[76] Ropelewski C F，Halpert M S. Precipitation Patterns Associated with the High Index Phase of the Southern Oscillation[J]. Journal of Climate，1989,2(3):268-284.

[77] Ropelewski C F，Halpert M S. Quantifying Southern Oscillation-Precipitation Relationships[J]. Journal of Climate，1996,9(5):1043-1059.

[78] Fu G，Stephen P，Nei R，et al. Impacts of climate variability on stream-flow in the Yellow River[J]. Hydrological Processes，2007,21(25):3431-3439.

[79] Yuan F F，Yasuda H，Berndtness R，et al. Regional sea-surface temperatures explain spatial and temporal variation of summer precipitation in the source region of the Yellow River[J]. Hydrological Sciences Journal-Journal Des Sciences Hydrologiques，2016,61(8):1383-1394.

[80] Yasuda H，Berndtsson R，Saito T，et al. Prediction of Chinese Loess Plateau summer rainfall using Pacific Ocean spring sea surface temperature[J]. Hydrological Processes，2009,23(5):719-729.

[81] Milly P C D，Betancourt J，Falkenmark M. Stationarity is dead：whither water man-

agement［J］. Science，2009，319：573-574.

［82］谢平，陈广才，夏军. 变化环境下非一致性年径流序列的水文频率计算原理［J］. 武汉大学学报（工学版），2005，38(6)：6-9,15.

［83］梁忠民，胡义明，王军. 非一致性水文频率分析的研究进展［J］. 水科学进展，2011，22(6)：864-871.

［84］熊立华，江聪，杜涛，等. 变化环境下非一致性水文频率分析研究综述［J］. 水资源研究，2015，4(4)：310-319.

［85］胡义明，梁忠民. 变化环境下的水文频率分析方法及应用［M］. 南京：河海大学出版社，2017.

［86］胡义明，梁忠民，姚轶，等. 变化环境下水文设计值计算方法研究综述［J］. 水利水电科技进展，2018，38(4)：89-94.

［87］Bender J，Wahl T，Jensen J. Multivariate design in the presence of non-stationarity［J］. Journal of Hydrology，2014(514)：123-130.

［88］Sarhadi A，Burn D H，Concepcion A M，et al. Time-varying nonstationary multivariate risk analysis using a dynamic Bayesian copula［J］. Water Resources Research，2016，52(3)：2327-2349.

［89］Jiang C，Xiong L H，Yan L，et al. Multivariate hydrologic design methods under nonstationary conditions and application to engineering practice［J］. Hydrology & Earth System Sciences，2019，23(3)：1683-1704.

［90］Hu Y M，Liang Z M，Huang Y X，et al. A nonstationary bivariate design flood estimation approach coupled with the most likely and expectation combination strategies［J］. Journal of Hydrology，2022(605)：127325.

［91］François B，Schlef K E，Wi S，et al. Design considerations for riverine floods in a changing climate—A review［J］. Journal of Hydrology，2019(574)：557-573.

［92］胡义明，梁忠民，杨好周，等. 基于趋势分析的非一致性水文频率分析研究［J］. 水力发电学报，2013，32(5)：21-25.

［93］王忠静，李宏益，杨大文. 现代水资源规划若干问题及解决途径与技术方法（一）——还原"失真"与"失效"［J］. 海河水利，2003(1)：13-16.

［94］Alila Y，Mtiraoui A. Implications of heterogeneous flood-frequency distributions on traditional stream-discharge prediction techniques［J］. Hydrological Processes，2002(16)：1065-1084.

［95］成静清，宋松柏. 基于混合分布非一致性年径流序列频率参数的计算［J］. 西北农林科技大学学报（自然科学版），2010(2)：229-234.

［96］ Singh V P，Wang S X，Zhang L. Frequency analysis of nonidentically distributed hydrologic flood data ［J］. Journal of Hydrology，2005(307):175-195.

［97］ Du T，Xiong L H，Xu C Y，et al. Return period and risk analysis of nonstationary low-flow series under climate change ［J］. Journal of Hydrology，2015（527）:234-250.

［98］ Lopez，J，Frances F. Non-stationary flood frequency analysis in continental Spanish rivers，using climate and reservoir indices as external covariates ［J］. Hydrology Earth System Sciences，2013，10(3):3103-3142.

［99］ 叶长青，陈晓宏，张家鸣，等. 水库调节地区东江流域非一致性水文极值演变特征，成因及影响［J］. 地理科学，2016，33(7):851-858.

［100］ 梁忠民，胡义明，黄华平，等. 非一致性条件下水文设计值估计方法探讨［J］. 南水北调与水利科技，2016，14(1):52-55.

［101］ Olsen J R，Lambert J H，Haimes Y Y. Risk of extreme events under nonstationary conditions ［J］. Risk Anal，1998，18(4):497-510.

［102］ Parey S，Hoang T T H，Dacunha-Castelle D. Different ways to compute temperature return levels in the climate change context ［J］. Environmetrics，2010(21):698-718.

［103］ Obeysekera J，Salas J D. Frequency of recurrent extremes under nonstationarity ［J］. Journal of Hydrologic Engineering，2016，21(5):1-9.

［104］ Rootzen H，Katz R W. Design life level:Quantifying risk in a changing climate ［J］. Water Resource Research,2013，49(9):5964-5972.

［105］ Read L K，Vogel R M. Reliability，return periods，and risk undernonstationarity ［J］. Water Resources Research，2015，51(8):6381-6398.

［106］ 梁忠民，胡义明，王军，等. 基于等可靠度法的变化环境下工程水文设计值估计方法［J］. 水科学进展，2017，28(3):399-406.

［107］ Yan L，Xiong L H，Guo S L，et al. Comparison of four nonstationary hydrologic design methods for changing environment ［J］. Journal of Hydrology，2017(551):132-150.

［108］ Hu Y，Liang Z，Chen X，et al. Estimation of design flood using EWT and ENE metrics and uncertainty analysis under non-stationary conditions［J］. Stochastic Environmental Research and Risk Assessment，2017，31(10):2617-2626.

［109］ Bender J，Wahl T，Jensen J. Multivariate design in the presence of non-stationarity ［J］. Journal of Hydrology，2014(514):123-130.

[110] 张建云,王国庆,金君良,等.1956—2018 年中国江河径流演变及其变化特征[J].水科学进展,2020,31(4):1-10.

[111] 段唯鑫,郭生练,王俊.长江上游大型水库群对宜昌站水文情势影响分析[J].长江流域资源与环境,2016,25(1):120-130.

[112] 中华人民共和国水利部.水利水电工程设计洪水计算规范:SL 44—2006[S].北京:中国水利水电出版社,2006.

[113] 郭生练,刘章君,熊立华.设计洪水计算方法研究与展望[J].水利学报,2016,47(3):302-314.

[114] IPCC. Climate change 2014:Impacts adaptation and vulnerability and climate change 2014:mitigation of climate change. Contribution of working group Ⅱ and working group Ⅲ to the fifth assessment report of the IPCC[M].Cambridge:Cambridge University Press,2014.

[115] Allen M,Ingram W. Constrains on future changes in climate and the hydrologic cycle[J]. Nature,2002(419):224-232.

[116] Milly P,Dunne K,Vecchia A. Global pattern of trends in streamflow and water availability in a changing climate[J]. Nature,2005(438):347-350.

[117] Chen J,Li X,Martel J,et al. Relative importance of internal climate variability versus anthropogenic climate change in global climate change[J]. Journal of Climate,2021,34(2):465-478.

[118] Yin J,Guo S,He S,et al. A copula-based analysis of projected climate changes to bivariate flood quantiles[J]. Journal of Hydrology,2018(566):23-42.

[119] Min S,Zhang X,Zwiers F,et al. Human contribution to more-intense precipitation extremes[J]. Nature,2011(470):378-381.

[120] 张利平,杜鸿,夏军,等.气候变化下极端水文事件的研究进展[J].地理科学进展,2011,30(11):1370-1379.

[121] Labat D,Goddéris Y,Probst J,et al. Evidence for global runoff increase related to climate warming[J]. Advances in Water Resources,2004,27(6):631-642.

[122] 郭生练,熊丰,尹家波,等.水库运用期设计洪水理论和方法[J].水资源研究,2018,7(4):327-339.

[123] 谭维炎,黄守信.水库下游城市防洪风险的估算[J].水利学报,1983(7):37-40.

[124] 郭生练,闫宝伟,肖义,等.Copula 函数在多变量水文分析计算中的应用及研究进展[J].水文,2008,28(3):1-7.

[125] 闫宝伟,郭生练,郭靖,等.基于 Copula 函数的设计洪水地区组成研究[J].水力发

电学报,2010,29(6)：60-65.

[126] 李天元,郭生练,刘章君,等．梯级水库下游设计洪水计算方法研究[J]．水利学报,2014,45(6)：641-648.

[127] 刘章君,郭生练,李天元,等．梯级水库设计洪水最可能地区组成计算通式[J]．水科学进展,2014,25(4):575-584.

[128] 熊丰,郭生练,陈柯兵,等．金沙江下游梯级水库运行期设计洪水及汛控水位[J]．水科学进展,2019,30(3):401-410.

[129] 于子波,向衍,孟颖,等．梯级水库连溃风险分析及洪水演进模拟[J]人民珠江,2021,42(8):11-16.

[130] 邵晨,黄剑峰．基于格子Boltzmann方法的三维溃坝数值模拟[J]．中国农村水利水电,2021(9):1-8.

[131] 杨盼,卢路,卢秉彦,等．典型城市地区小型水库溃坝洪水计算方法研究[J]．水力发电,2021,47(7):55-59.

[132] 徐云乾,袁明道,史永胜,等．QGIS和HEC-RAS在二维溃坝洪水模拟中的联合应用研究[J]．水力发电,2021,47(4):108-111.

[133] 李政鹏,皇甫英杰,李宜伦,等．基于BIM＋GIS技术的前坪水库溃坝洪水数值模拟[J]．人民黄河,2021,43(4):160-164.

第 2 章　气候变化背景下典型流域极端降水事件变化规律

2.1　典型流域气候背景和变化特征分析

　　气候平均态的微小变化可能会导致极端气候出现很大的变化,极端气候的改变往往会产生更严重的影响。因此,在研究极端降水事件前有必要对区域的基本气候特征及其变化规律进行分析。选取长江监利以上、沂沭泗及嫩江 3 个示范防洪重点流域,利用流域内气象站点(长江监利以上 320 个站点、沂沭泗 56 个站点、嫩江 35 个站点)1961—2017 年气温、降水逐日观测资料,采用趋势分析法、合成分析法、Mann-Kendall 非参数检验等方法开展各个流域气温、降水时空变化规律特征分析。

2.1.1　长江监利以上流域气候背景特征分析

2.1.1.1　气温变化特征

　　长江监利以上流域 1961—2017 年年均气温为 14.9℃,整体呈现每 10a 增加 0.17℃ 的明显变暖趋势。气温最高值出现在 2013 年,为 15.8℃,最低值出现在 1976 年,为 14.1℃,1960 年代至 1990 年代初期,气温多以偏低为主,气温变化趋势不明显,从 1990 年代末期开始,气温多维持偏高状态,且呈现显著的上升趋势(图 2-1)。

　　年平均气温空间分布整体为东高西低,金沙江流域上游、岷沱江(岷江、沱江)流域上游气温为 −5℃〜10℃,其他大部地区气温为 10℃〜21℃,其中金沙江流域下游、上游干流区间大部气温为 16℃〜21℃(图 2-1)。

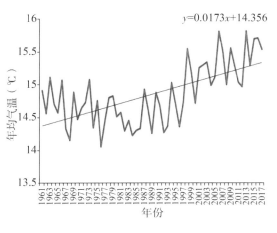
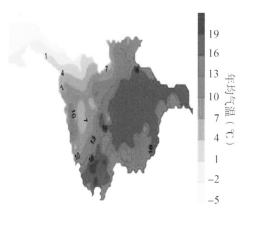

（a）年均气温逐年变化　　　　　　　　　　（b）年均气温空间分布

图 2-1　长江监利以上流域 1961—2017 年年均气温逐年变化和空间分布

2.1.1.2　降水变化特征

长江监利以上流域 1961—2017 年年均降水量为 980.9mm，整体无明显变化趋势，但年代际变化特征较显著（图 2-2）。长江监利以上流域在 1960 年代—1990 年代以及 21 世纪第二个十年以偏多为主，在 21 世纪最初十年偏少，年际变率大，流域降水最多的年份出现在 1998 年（1113.1mm），降水最少的年份出现在 2006 年，最多年份为最少年份降水量的 1.35 倍。其中降水量最多的 5 年为：1998 年（1113.1mm）、1983 年（1094.2mm）、1973 年（1080.4mm）、1964 年（1078.9mm）、1967 年（1055.4mm）；最少的 5 年为：2006 年（823.0mm）、2011 年（826.8mm）、1997 年（876.4mm）、2009 年（888.4mm）、1972 年（888.5mm）。

2005—2011 年共有 3 年降水量排后 5 位，说明该段时间为降水量偏少的一段时期；此外，出现过 1972—1973 年以及 1997—1998 年 2 次相邻的两年里流域降水枯丰急转的情形。

长江监利以上流域降水年内分配不均，7 月降水量最多，为 186.3mm；1 月降水量最少，为 13.1mm；5—9 月降水量占全年降水量的 75.5%（图 2-3）。

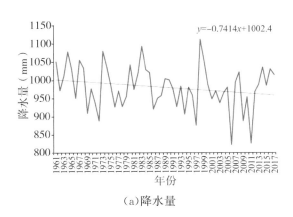
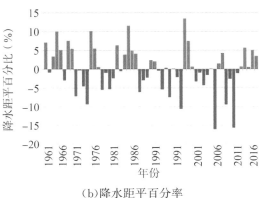

（a）降水量　　　　　　　　　　　　　（b）降水距平百分率

图 2-2　长江监利以上流域 1961—2017 年降水量及降水距平百分率逐年变化

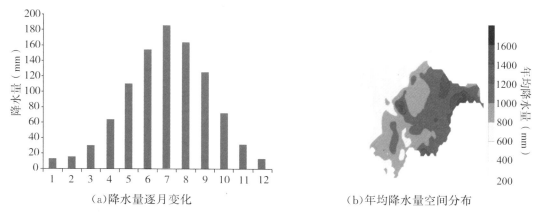

（a）降水量逐月变化　　　　　　　　　　（b）年均降水量空间分布

图 2-3　长江监利以上流域降水量逐月变化和年均降水量空间分布

长江监利以上流域年均降水量空间分布不均，由西向东逐渐增多，流域大部地区年降水量为 600～1500mm，其中上游干流区间、四川盆地降水量在 1000mm 以上。峨眉山、绿葱坡、雅安 3 站年均降水量大于 1600mm（图 2-3）。

2.1.2　沂沭泗流域气候背景特征分析

2.1.2.1　气温变化特征

沂沭泗流域 1961—2017 年年均气温为 14.0℃，整体呈现每 10a 增加 0.27℃的变化趋势（图 2-4）。气温最高值出现在 2017 年，为 15.3℃，最低值出现在 1969 年，为 12.6℃，1960 年代—1990 年代初期，气温以偏低为主，从 1990 年代末期开始，气温多维持偏高状态，且呈现波动增加的趋势。

气温空间分布整体呈南高北低的分布型，除沂沭河区北部气温为 12.2℃～13℃外，其他大部地区气温为 13℃～15℃，南四湖区南部、邳苍分区大部及沂沭河下游区大部气温超过 14℃。

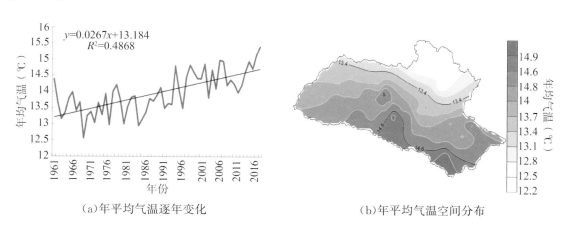

（a）年平均气温逐年变化　　　　　　　　（b）年平均气温空间分布

图 2-4　沂沭泗流域 1961—2017 年年均气温逐年变化和空间分布

2.1.2.2 降水量变化特征

沂沭泗流域 1961—2017 年年均降水量为 768.9mm,整体无明显变化趋势(图 2-5)。年代际变化特征明显,1960 年代初期降水偏多,1960 年代末期至 1990 年代,流域降水以偏少为主,21 世纪最初十年降水量以偏多为主,进入 21 世纪第二个十年后,降水又转为以偏少为主。降水量最小值为 484.1mm(1966 年)。降水量最大值为 1183.0mm(2003 年),其后依次是 1036.0mm(2005 年)、1004.3mm(1990 年)、959.3mm(1998 年)、935.6mm(1997 年),年均降水量排名前 10 的年份中有 5 年出现在 21 世纪最初十年。

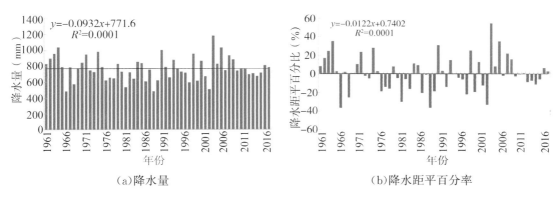

图 2-5 沂沭泗流域 1961—2017 年降水量及降水距平百分率逐年变化

沂沭泗流域降水年内分配极其不均,7 月降水量最大,达 200.8mm,远大于其他月;1 月降水量最小,仅为 9mm;5—9 月降水量占全年降水量的 78.9%,尤其是 7—8 两月降水量占全年降水量的 48.8%(图 2-6)。

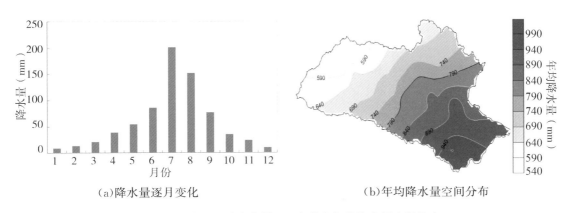

图 2-6 沂沭泗流域降水量逐月变化和年均降水量空间分布

沂沭泗年均降水量空间分布不均,整体呈现由东南向西北递减的格局,流域大部地区为590~900mm,其中沂沭河下游区南部大部地区降水量超过 900mm,南四湖区西北部不足590mm(图 2-6)。

2.1.3 嫩江流域气候背景特征分析

2.1.3.1 气温变化特征

嫩江流域 1961—2017 年年均气温为 3.3℃,整体呈现每 10a 增加 0.34℃的变化趋势(图 2-7)。气温年际波动较为剧烈,气温最高值出现在 2007 年,为 5.2℃,气温最低值出现在 1969 年,为 1.0℃。1960 年代—1980 年代、21 世纪最初十年中期至 21 世纪第二个十年初期,流域气温以偏低为主,1990 年代至 21 世纪最初十年及 2014 年至今,流域气温以偏高为主。气温空间呈自南向北逐渐降低的分布型,流域中、上游大部地区气温低于 0℃,下游地区气温 0℃~6.5℃,其中东南地区高于 5℃,低温区位于大兴安岭地区北部,高温区位于松嫩平原西南部。

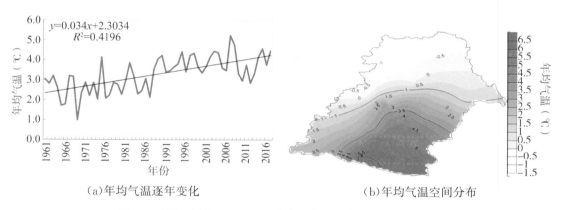

(a)年均气温逐年变化 　　　　　　　　(b)年均气温空间分布

图 2-7　嫩江流域 1961—2017 年年均气温逐年变化及空间分布

2.1.3.2 降水变化特征

嫩江流域 1961—2017 年年均降水量为 435.6mm,整体呈每 10a 增加 11.2mm 的变化趋势(图 2-8)。流域降水年际和年代际变化特征明显,降水量最小值为 285.1mm(2004 年),降水量最大值为 750.6mm(1998 年),其后分别是 593.1mm(2013 年)、578.6mm(1991 年)、560.1mm(1988 年)、560.0mm(1993 年)。

1960 年代至 1970 年代,嫩江流域降水以偏少为主,1970—1979 年连续 10a 降水偏少;1980 年代至 1990 年代初期,流域降水以偏多为主,其中 1983—1988 年持续 6a 降水偏多;1990 年代中期开始至 21 世纪最初十年,降水以偏少为主,继 1998 年降水量达到峰值后,1999—2011 年有 11a 降水偏少,其中 1999—2002 年、2006—2011 年持续偏少;在 21 世纪第二个十年,降水又转为以偏多为主,其中 2012—2015 年持续 4a 降水距平百分率超过 15%。可见,嫩江流域易出现连续丰水年和连续枯水年,是一个洪涝、旱灾共存且频发的区域。

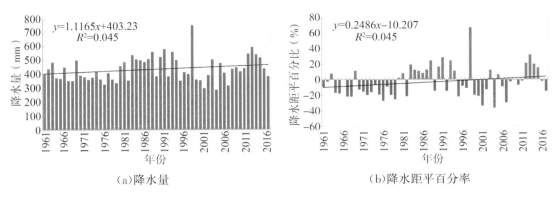

（a）降水量　　　　　　　　　　　　　（b）降水距平百分率

图 2-8　嫩江流域 1961—2017 年降水量及降水距平百分率逐年变化

嫩江流域年内降水分布极其不均，各月降水量差别较大，7 月降水最多，为 139.0mm；其次是 8 月，为 96.3mm；冬季 1、2、12 月降水量不足 3mm，夏季 6—8 月降水量占全年降水总量的 72%，5—9 月降水量占全年降水量的 90%（图 2-9）。

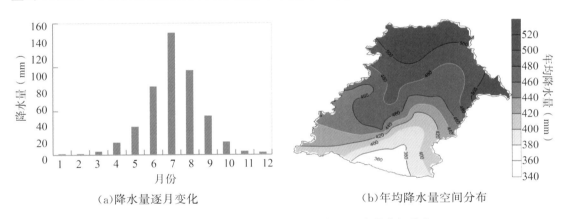

（a）降水量逐月变化　　　　　　　　　　（b）年均降水量空间分布

图 2-9　嫩江流域降水量逐月变化和年均降水量空间分布

从嫩江流域年均降水量空间分布图来看，流域年均降水量空间整体呈现北多南少的格局，上游大部地区降水量超过 500mm，中游大部地区降水量为 480～500mm，下游地区降水量随纬度变化差别较大，其中北部降水量 440～480mm，南部大部分地区降水量小于400mm，降水量高值区位于大兴安岭北部，低值区位于松嫩平原西南部。

2.2　典型流域极端降水事件变化特征分析

选用表 2-1 极端降水指标，运用 Mann-Kendall 非参数检验、MTM-SVD 方法、Morlet 小波分析法等统计方法，分析流域极端降水事件的强度和频次空间分布特征及其时间变化特征（趋势、变化、周期变化等）。基于百分位方法确定流域极端降水指数阈值，开展了 3 个示范流域极端降水事件变化规律分析。此外还分析了长江监利以上流域降水集中度和集中期变化、沂沭泗和嫩江流域极端降水发生时间变化及集中程度特征。

表 2-1   极端降水指数定义

序号	缩写	单位	指数	指数定义
1	RX1d	mm	最大 1d 降水量	年最大 1d 降水量
2	RX3d	mm	最大 3d 降水量	年最大连续 3d 降水量
3	RX5d	mm	最大 5d 降水量	年最大连续 5d 降水量
4	R25	d	强降水日数	年日降水量≥25mm 的日数
5	R50	d	暴雨日数	年日降水量≥50mm 的日数
6	R95(90)p	mm	极端降水量	年日降水量>第 95(90)百分位值（1981—2010 年均值）的降水总量
7	R95(90)d	d	极端降水日数	年日降水量>第 95(90)百分位值（1981—2010 年均值）的降水日数
8	PM	mm	极端面雨量	>第 95、90 百分位值的流域面雨量

2.2.1 长江监利以上流域极端降水特征分析

2.2.1.1 长江监利以上流域极端降水特征分析

图 2-10 为长江监利以上流域基于百分位方法得出的极端降水阈值分布情况，可以看到，流域极端降水阈值为 10.2～46.1mm，由西向东逐渐增大，金沙江流域南部、嘉陵江中南部及上游干流区间为高值区，大部分地区极端降水阈值大于等于 35mm。

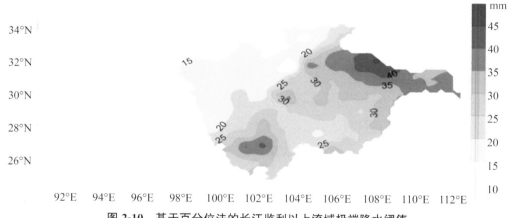

图 2-10   基于百分位法的长江监利以上流域极端降水阈值

1961—2017 年年均极端降水日数和暴雨日数分别为 7.5d 和 2.4d，年均极端降水量为 353.3mm，三者均无明显的变化趋势（图 2-11）。流域极端降水日数最多的 5 年分别为：1998 年、1973 年、1984 年、1983 年、1999 年；暴雨日数最多的 5 年分别为：1998 年、1983 年、2014 年、1984 年、1963 年。流域极端降水量最多的 5 年分别为：1998 年、1983 年、1984 年、2014 年、1973 年。

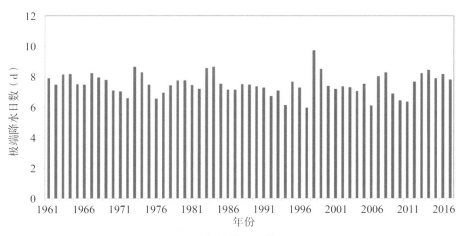

（a）极端降水日数

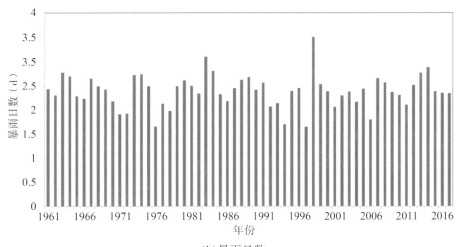

（b）暴雨日数

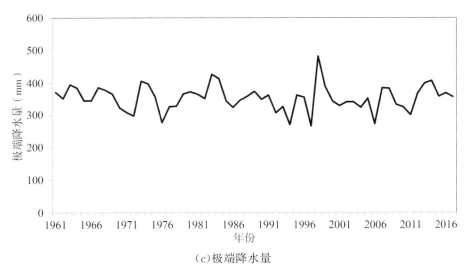

（c）极端降水量

图 2-11　1961—2017 年长江监利以上流域变化

基于百分位法的长江监利以上流域年均极端降水量及年均极端降水日数空间分布见图
2-12。极端降水量整体呈现东多西少的分布格局,嘉陵江流域中南部、岷沱江流域南部、上
游干流区间、乌江流域极端降水量为 350～772mm,其余大部分为 100～350mm。极端降水
日数与极端降水量的空间分布有所不同,流域西北—东南方向为极端降水日数较多的地区,
其中乌江流域上游、上游干流区间西部为高值区,年均极端降水日数为 8.5～9.5d。

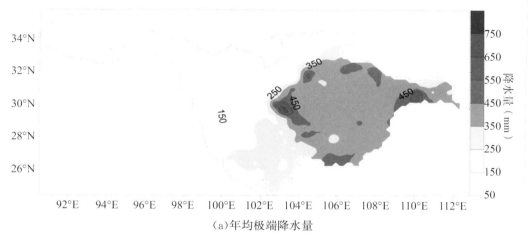

（a）年均极端降水量

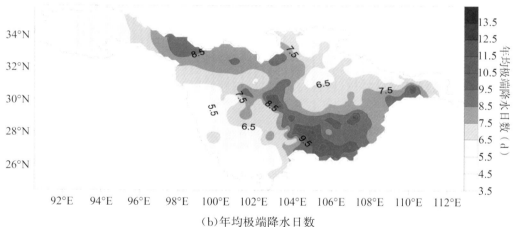

（b）年均极端降水日数

图 2-12 基于百分位法的长江监利以上流域年均极端降水量
及年均极端降水日数空间分布

1961—2017 年流域各站连续 3d(a)、7d(b)最大降水量变化趋势空间分布见图 2-13,金
沙江流域大部、嘉陵江流域中下游、乌江流域大部连续 3d、7d 最大降水量都呈增多变化趋
势,其他流域以减少为主。值得注意的是两个邻近流域(嘉陵江流域中下游和岷沱江流域下
游)表现出相反的变化趋势,连续 7d 最大降水量也体现出相似特征,说明流域内部的极端降
水变化规律较复杂,具有很强的局地变化特征。

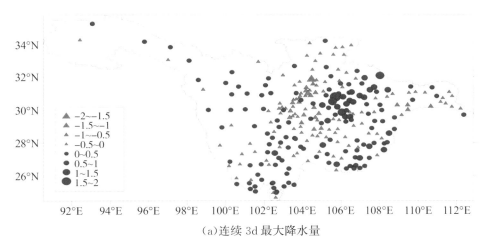

（a）连续 3d 最大降水量

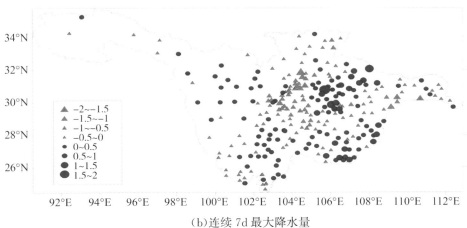

（b）连续 7d 最大降水量

图 2-13　1961—2017 年流域各站连续 3d(a)、7d(b)最大降水量变化趋势空间分布(mm/a)

2.2.1.2　长江监利以上流域降水集中度和集中期变化分析

PCD 和 PCP 分别为研究时段内的降水集中度和集中期，PCD 能够反映降水总量在研究时段内各个候的集中程度，如果在研究时段（如汛期）中，降水量集中在某一候内，则它们合成向量的模与降水总量之比为 1，即 PCD 为极大值；如果每个候的降水量都相等，则它们各个分量累加后为 0，即 PCD 为极小值。PCP 就是合成向量的方位角，它指示每个候降水量合成后的总体效应，也就是向量合成后重心所指示的角度，反映了一年中最大候降水量出现在哪一个时段内。

表 2-2 给出了 1961—2017 年长江上游各子流域降水集中时期 PCP 和集中度 PCD 的均值。金沙江上游降水集中度（PCD）最高，其后依次为金沙江中下游和岷沱江流域，乌江、宜昌—监利长江干流区间降水集中度相对较低。从降水集中时期来看，重庆—监利区间、乌江流域多年平均降水集中期出现时间比宜宾—重庆区间、岷沱江和嘉陵江流域要早 7~15d，比金沙江上中游早 20d 左右。

表 2-2   1961—2017 年长江上游各子流域降水集中期 PCP 和集中度 PCD 的均值

流域	金沙江上游	金沙江中下游	岷沱江	乌江	嘉陵江	宜宾—重庆	重庆—宜昌	宜昌—监利
PCP	205	207	202	188	202	198	191	183
PCD	0.81	0.66	0.61	0.46	0.55	0.50	0.45	0.44

表 2-3 给出了 1961—2017 年长江上游各子流域集中期 PCP 与集中度 PCD 的变化趋势。上游各子流域集中期变化趋势均减小,说明流域降水集中期呈现提前的趋势。而降水集中度除乌江有弱的增加趋势外,其他流域均呈减小趋势,流域降水集中程度减弱。

表 2-3   1961—2017 年长江上游各子流域降水集中期 PCP 和集中度 PCD 的变化趋势

流域	金沙江上游	金沙江中下游	岷沱江	乌江	嘉陵江	宜宾—重庆	重庆—宜昌	宜昌—监利
PCP	−0.096	−0.094	−0.08819	−0.097	−0.091	−0.13	−0.08	−0.094
PCD	−0.0025	−0.00057	−0.00064	0.00013	−0.00026	−0.00046	−0.00038	−0.00021

2.2.2   沂沭泗流域极端降水特征分析

2.2.2.1   极端降水时空分布特征

从图 2-14 可以看出沂沭泗流域基于百分位法得出的极端降水阈值分布情况,整个流域极端降水阈值均为大雨标准,各站阈值为 37.1～48.7mm,南四湖区大部、流域东北部极端降水阈值较小,南四湖区与沂沭河区交界处、邳苍分区、独流入海区和沂沭河下游片区交界处极端降水阈值较大。流域年均极端降水量分布图显示,极端降水量整体呈现东南多、西北少的分布型,邳苍分区南部及沂沭河下游片区年均极端降水量超过 320mm,流域北部大部地区不足 300mm;流域中部及南部极端降水较为频发,频发区主要位于东北部、邳苍分区南部和沂沭河下游片区南部,年均极端降水日数超过 4.3d,部分站点超过 4.5d。

从时间序列来看,自 1961 年以来,沂沭泗流域年均极端降水量整体呈每 10a 减少 2.8mm 的变化趋势[图 2-15(a)]。流域年均极端降水量占降水量的比例为 35.7%,呈每 10 年减少 2.3% 的变化趋势[图 2-15(b)]。流域年均极端降水量排名前 10 的是 2003 年、2005 年、1971 年、2007 年、1963 年、1990 年、1974 年、2000 年、1964 年、1962 年,均超过 350mm;其中 4 年出现在 21 世纪最初十年。

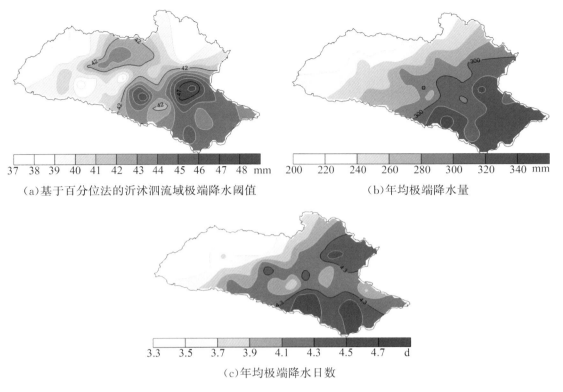

(a)基于百分位法的沂沭泗流域极端降水阈值 (b)年均极端降水量

(c)年均极端降水日数

图 2-14 沂沭泗流域极端降水分布情况

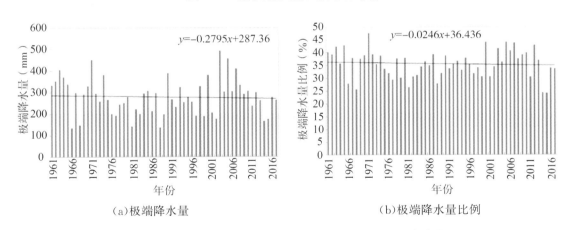

(a)极端降水量 (b)极端降水量比例

图 2-15 沂沭泗流域极端降水量和极端降水量比例逐年变化

从图 2-16 可以看出沂沭泗流域不同持续天数最大降水量多年平均值空间分布情况,各个指数空间分布格局整体表现为东南高西北低,沂沭河区和独流入海区由南向北逐渐减小,南四湖区由东向西逐渐减小,邳苍分区和沂沭河下游片区分布情况较为复杂。流域最大 1d 降水量均值为 97.1mm,流域最大 3d、5d、7d、10d 降水量均值分别为 126.9mm、145.8mm、162.5mm、185.3mm,这 4 个指数空间分布格局较为相似,流域最大 15d、30d、60d 降水量均值分别为 218.6mm、298.8mm、429.2mm,这 3 个指数空间分布格局较为相似。

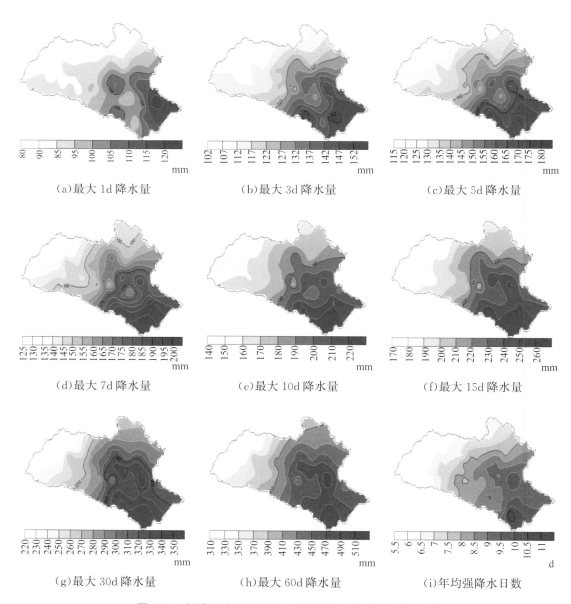

图 2-16　沂沭泗流域极端降水指数多年平均值空间分布图

　　具体来看,最大 1d 降水量高值中心位于沂沭河下游片区东部,超过 110mm,另外,邳苍分区北部和南部各出现一个次高值区,均超过 105mm,南四湖区大部、沂沭河区大部最大 1d 降水量均值不超过 100mm;流域最大 3d、5d、7d、10d 降水量高值区主要位于邳苍分区南部和沂沭河下游片区南部,此外,沂沭河下游片区和独流入海区交界处出现次高值区,邳苍分区东部和沂沭河下游片区西部各出现一个低值区,其中高值区最大 3d 降水量大多超过147mm,最大 5d 降水量超过 165mm,最大 7d 降水量超过 180mm,最大 10d 降水量超过210mm;流域最大 15d、30d、60d 降水量高值区主要位于沂沭河下游片区北部和南部,分别超过 260mm、340mm、490mm,低值区主要位于邳苍分区中部。

沂沭河年均暴雨日数 2.5d,大部地区为 2~4d(图略),年均强降水日数为 8.1d,北部大部地区为 5~8d,南部大部地区为 8~11d,频发地区位于下游片区南部、沂沭河下游片区和独流入海区交界处,年均强降水日数超过 10d。

2.2.2.2 极端降水发生时间、集中程度特征

沂沭泗流域 1961—2017 年夏季极端降水平均发生时间为 7 月 21 日,发生时间最早的是 6 月 28 日(1989 年),发生时间最晚的是 8 月 7 日(1997 年)。历史上单站平均发生时间最早的是 6 月 6 日(1987 年),最晚的是 8 月 31 日(1975 年)。从平均发生时间序列线性变化趋势来看,近 60a 来沂沭泗流域夏季极端降水平均发生时间整体呈提前趋势,每 10a 提前 0.4d,2000 年至今,平均发生时间提前速率增加至 2.4d/10a。

从发生时间的年际和年代际变化特征来看,1980 年代和 1990 流域夏季极端降水发生时间波动明显,21 世纪最初十年较为平稳,其中 1970 年代、21 世纪最初十年平均发生时间均为 7 月 21 日,和历史平均一致,1960 年代、1990 年代平均发生时间推后,均为 7 月 24 日,1980 年代、2010—2017 年平均发生时间提前(图 2-17),分别为 7 月 17 日、7 月 19 日。

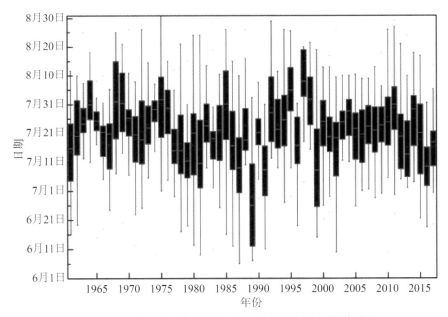

图 2-17 沂沭泗流域夏季极端降水发生时间序列的箱型图

沂沭泗流域夏季极端降水平均集中指数为 0.94,极端降水发生日期高度集中,最高值出现在 1977 年,为 0.97,最低值出现在 1987 年,为 0.88,整体无明显变化趋势,但是 2000 年之后集中程度指数呈现波动上升趋势(图 2-18),上升速率为 0.015d/10a。

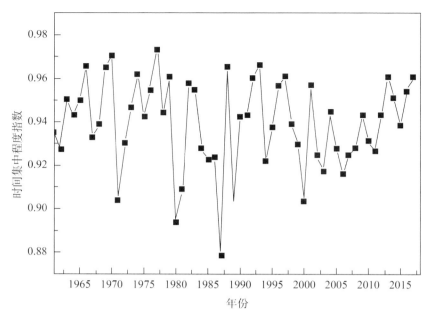

图 2-18　沂沭泗流域夏季极端降水集中程度指数序列图

2.2.3 嫩江流域极端降水特征分析

2.2.3.1 极端降水时空特征

嫩江流域极端降水阈值以中到大雨标准为主,其中中下游中部大部地区及南部局部地区以大雨标准为主,其他地区以中雨标准为主,阈值偏小地区位于中下游交界处西北部;流域年均极端降水量 160mm,高值区主要位于流域下游西北部,年均极端降水量超过172mm,流域东南部出现两个低值中心,年均极端降水量少于 144mm,此外流域东北部还有一个次低值中心,年均极端降水量小于 168mm。从年均极端降水日数分布图来看,嫩江流域大部地区年均极端降水日数为 3~5d,整体呈北多南少的分布型,流域南部出现一个低值中心,年均极端降水日数不足 4d(图 2-19)。

从时间序列来看,流域极端降水量自 1961 年以来呈每 10a 增加 2.6mm 的变化趋势,流域年均极端降水量占降水量的 36%,整体呈每 10a 减少 0.4% 的变化趋势。1998 年年均极端降水量为 367.7mm,远超过其他年份,其后依次是 2013 年、1991 年、1988 年、1994 年、2014 年、1969 年、1977 年、2012 年、2003 年,以上年份年均极端降水量排名前 10 且均超过200mm,见图 2-20。

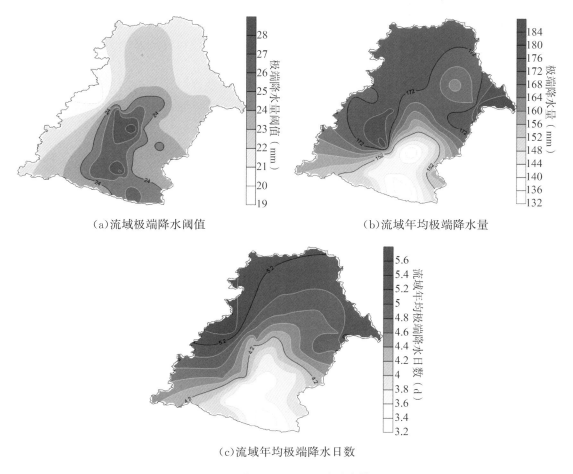

（a）流域极端降水阈值 （b）流域年均极端降水量

（c）流域年均极端降水日数

图 2-19 嫩江流域极端降水分布情况

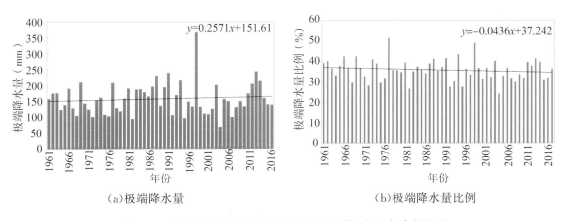

（a）极端降水量 （b）极端降水量比例

图 2-20 嫩江流域极端降水量和极端降水量比例逐年变化序列

嫩江流域单日最大降水量平均值为 53mm，中上游呈南多北少的分布型，下游分布较为复杂，下游中部和东部各出现一个高值中心，单日最大降水量超过 55mm，低值中心位于流域下游西北区；流域年均最大 3d、5d、7d、10d、15d、30d、60d 降水量分别为 72.6mm、

85.0mm、95.8mm、110.8mm、133.3mm、189.3mm、278.5mm,空间分布较为一致,高值中心位于下游中部,次高值中心位于中上游西部,出现 3 个低值中心,分别位于中上游东北部、下游西北部及下游东南部(图 2-21)。

嫩江流域暴雨较少发生,各站点年均暴雨日为 1d,年均强降水日数为 3.5d。从强降水日数年均分布图来看,大兴安岭东侧、流域中游和下游交界处西部地区为强降水频发地区,年均强降水日数超过 3.9d。流域北部及西部极端降水较为频发。

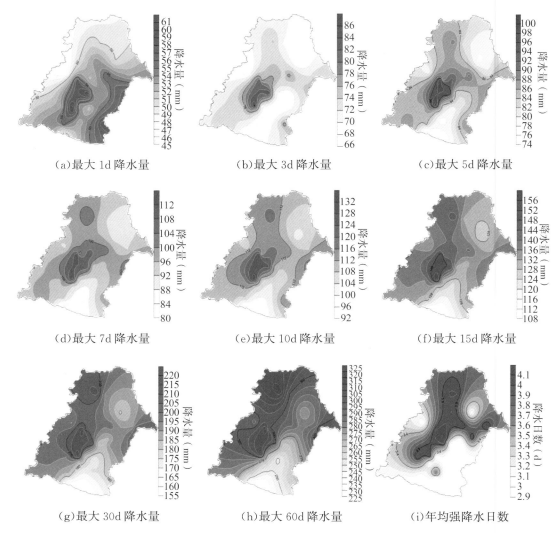

(a)最大 1d 降水量   (b)最大 3d 降水量   (c)最大 5d 降水量

(d)最大 7d 降水量   (e)最大 10d 降水量   (f)最大 15d 降水量

(g)最大 30d 降水量   (h)最大 60d 降水量   (i)年均强降水日数

图 2-21　嫩江流域极端降水指数多年平均值空间分布图

2.2.3.2　极端降水发生时间、集中程度特征

嫩江流域极端降水在 7 月最为频繁,1961—2018 年 7 月年均极端降水达 62 站次,年均极端降水发生日期为 7 月 19 日,年均极端降水发生日期最早出现在 2002 年 6 月 29 日,最晚出现在 1987 年 8 月 8 日。1961—2018 年年均极端降水发生日期整体趋于提前,每 10a 提前 1.31d(通过 95%的置信度检验)。从年代际变化特征来看,1960 年代至 1980 年代初极端

降水平均发生时间较为波动,1980年代末至1990年代随时间波动较为平缓,2000年后发生时间偏早年份居多(图2-22)。

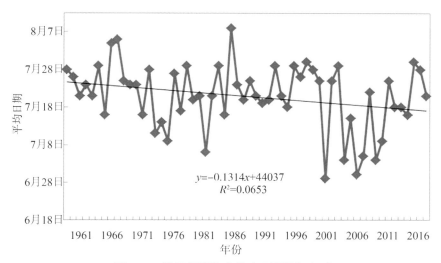

图 2-22　嫩江极端降水发生日期逐年序列

通过计算嫩江流域各年份平均极端降水发生时间的集中程度指数,可以看出历年均值均高于0.75,主要位于0.8~0.9,1961—2018平均值为0.87,表明嫩江流域极端降水发生时间具有高度集中性,其中2001年集中程度最大,为0.95;2002年集中程度最小,为0.77。可以看出,嫩江年际时间集中程度波动比较大,整体集中程度呈下降趋势,表明极端降水发生时间更为分散(图2-23)。

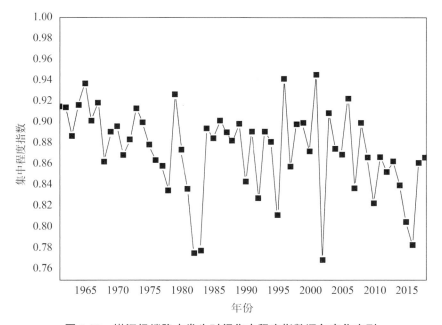

图 2-23　嫩江极端降水发生时间集中程度指数逐年变化序列

计算流域内各站点嫩江夏季极端降水发生时间平均值,给出流域平均的极端降水发生时间历年变化箱型图(图 2-24)。嫩江流域夏季极端降水平均发生时间为 7 月 20 日,发生时间最早的是 7 月 4 日(2016 年),发生时间最晚的是 8 月 7 日(1969 年)。自有历史记录以来单站发生时间最早的是 6 月 3 日(1992 年),最晚的是 8 月 31 日(1970 年、1989 年)。从平均发生时间序列线性变化趋势来看,1961—2018 年来嫩江夏季极端降水平均发生时间整体呈提前的趋势,每 10a 提前 1.1d。

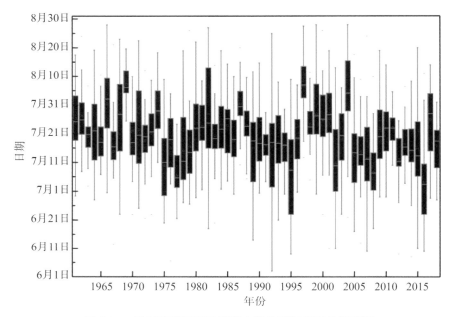

图 2-24　嫩江流域夏季极端降水发生时间序列的箱型图

从发生时间的年代际变化特征来看,嫩江流域 1960 年代—1970 年代、21 世纪前 20 年极端降水平均出现时间波动比较明显,1960 年代、1970 年代平均发生时间为 7 月 24 日、7 月 17 日,1980 年代至 1990 年代变化较为平稳,1960 年代、1980 年代、1990 年代平均发生时间推后,分别为 7 月 24 日、7 月 22 日、7 月 21 日,1970 年代、21 世纪前 20 年平均发生时间提前,分别为 7 月 17 日、7 月 18 日、7 月 16 日,总体看来,发生时间最早的是 21 世纪第二个十年,最晚的是 1960 年代。

嫩江流域夏季极端降水平均集中指数为 0.94,极端降水发生日期高度集中,最高值出现在 2011 年,为 0.97;最低值出现在 2009 年,为 0.89,整体呈现弱减小趋势,表明嫩江流域夏季极端降水发生时间和年均发生时间一样,都更趋于分散(图 2-25)。2000 年之后集中程度指数年际波动与之前相比更加剧烈,从 2010 年开始,历年极端降水集中程度指数均高于 0.90。

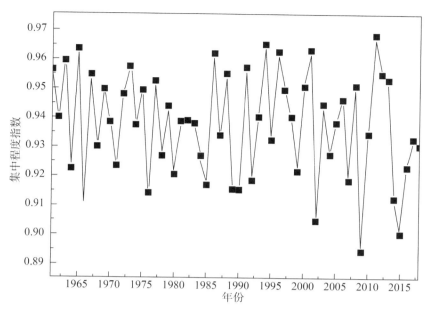

图 2-25　嫩江流域夏季极端降水集中程度指数序列

2.2.3.3　典型年极端降水过程

嫩江流域 2013 年累计 226 站次发生极端降水,其中 7 月出现 112 站次,远超过其他月份。极端降水平均发生日期为 7 月 18 日,最早出现在 4 月 29 日(3 站),最晚出现在 10 月 23 日(1 站),其中 7 月 16 日 31 站出现极端降水,且有 8 站达暴雨标准。6 月 26 日至 7 月 4 日、7 月 16 日至 8 月 9 日出现 2 段极端降水频发期,此外 9 月 19 日流域出现 13 站极端降水,见图 2-26。

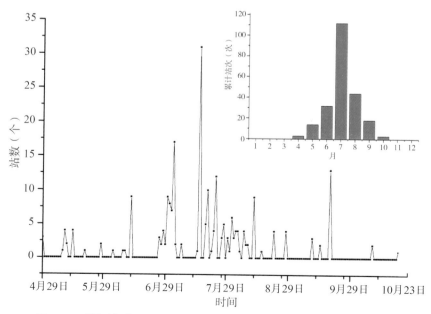

图 2-26　嫩江流域 2013 年 4 月 29 日至 10 月 23 日极端降水出现站次

1998 年累计出现 324 站次极端降水,极端降水平均发生日期为 7 月 26 日,最早日期出现在 5 月 28 日(9 站次),最晚出现在 10 月 14 日(6 站次),8 月 11 日有 20 站出现极端降水,6 站出现暴雨,其中 6 月 14 日至 6 月 24 日、7 月 2 日至 7 月 10 日、7 月 13 日至 8 月 19 日出现 3 段极端降水频发期,见图 2-27。

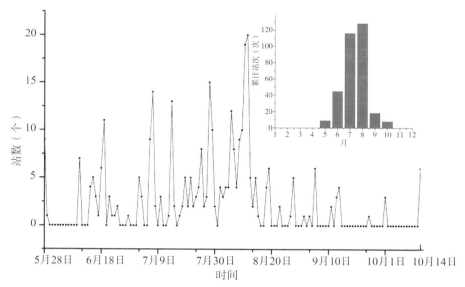

图 2-27　嫩江流域 1998 年 5 月 28 日至 10 月 14 日极端降水出现站次

2.3　典型流域极端面雨量变化特征分析

流域超标准洪水可能更多将流域整体作为关注对象,为了更客观地反映整个流域的降水情况,本节利用流域内及周边国家气象台站逐日降水资料,选取泰森多边形法计算流域面雨量,以流域面雨量为研究对象,采用百分位法确定流域极端面雨量阈值,开展流域极端面雨量特征分析,并将其与前文研究中站点平均法计算得到的面雨量和极端面雨量进行了比较。此外,还使用 MTM-SVD 方法对 1961—2017 年长江流域的极端面雨量进行了周期分析。

2.3.1　长江监利以上流域面雨量及极端面雨量特征

2.3.1.1　流域面雨量特征

使用泰森多边形法和站点平均法计算流域面雨量逐年变化序列(图 2-28),两者变化趋势基本一致,相关系数达 0.94,总体无明显变化趋势,但具有明显的年代际特征。使用泰森多边形法计算的面雨量整体较站点平均法少 162mm,可能主要是金沙江流域尤其是上游站点分布较稀疏,而该地降水量相对较少,使用泰森多边形法导致该地区降水总量被低估。

长江监利以上流域各子流域空间分布见图2-29,使用泰森多边形法计算了各个子流域的面雨量(图2-30)。对比各个子流域年平均面雨量可以看到,上游干流域区间、宜昌—监利以及乌江流域年均面雨量较大,在1000mm以上,金沙江上游最小,为487mm。

图 2-28 基于泰森多边形法和站点平均法计算的流域面雨量逐年变化趋势

图 2-29 长江监利以上流域各子流域空间分布

表2-4给出了基于百分位方法(95%)定义的长江监利以上流域以及各个子流域极端连续1~7d面雨量阈值情况。上游干流域区间、宜昌—监利以及乌江流域极端日面雨量阈值在20mm以上,高于其他流域,金沙江流域上游不足10mm,其他流域在10~20mm。整个流域极端日面雨量阈值为9.56mm,低于大部分子流域。这是因为流域面积较大,同时出现极端降水的可能性较小,所以极端逐日面雨量较小。

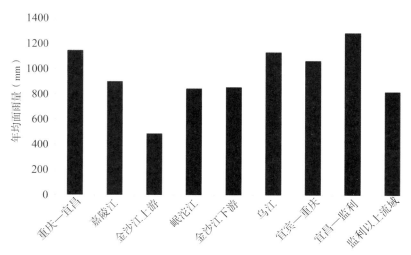

图 2-30 长江监利以上流域及各子流域 1961—2017 年年均面雨量

表 2-4 长江监利以上各子流域极端连续 1～7d 面雨量阈值 单位:mm

流域名称	RX1d	RX2d	RX3d	RX4d	RX5d	RX6d	RX7d
金沙江上游	7.34	12.38	17.1	21.62	26.03	30.1	34.09
金沙江下游	14.55	23.21	31.04	38.49	45.55	52.4	59.42
乌江	21.76	31.17	38.43	45.42	52.23	59.19	65.61
岷沱江	13.85	21.33	27.87	33.95	40.09	45.94	51.65
嘉陵江	18.86	27.49	34.97	41.56	48.27	54.86	61.13
宜宾—重庆	21.4	29.62	36.85	44.1	50.69	57.00	64.48
重庆—宜昌	26.53	37.31	45.33	52.74	59.33	65.64	72.81
宜昌—监利	30.68	42.65	51.93	60.00	67.66	75.03	83.10
总流域	9.56	16.28	22.24	28.03	33.59	39.12	44.6
总流域(去除金沙江上游)	11.64	19.27	26.04	32.34	38.62	44.92	51.01

2.3.1.2 泰森多边形法和站点平均法计算的极端日面雨量事件对比分析

对比泰森多边形法和站点平均法计算的极端日面雨量事件出现次数及总量(图 2-31)可以看到,两种方法得到的逐年变化序列存在一定的差异,但变化趋势存在较好相关,分别为0.50 和 0.59,通过 0.001 信度检验。

1961—2017 年长江监利以上流域极端日面雨量事件呈现明显的年际变化特征。泰森多边形法出现次数较站点平均法的结果更为离散,最多次数多于站点平均法,最少次数少于站点平均法。由表 2-5 可以看出,基于泰森多边形法计算的极端日面雨量事件出现次数最多的年份有 1984 年、1974 年、1993 年、1998 年、2007 年、2012 年等,而基于站点平均法计算的年份为 1998 年、1973 年、1984 年、1983 年、1999 年、2014 年等,对比两种方法挑选的前 10

位,共同确定的年份共 5a,分别为 1974 年、1983 年、1984 年、1998 年、2013 年。

1961—2017 年长江监利以上流域极端日面雨量事件出现次数和极端日面雨量呈现明显的年际变化特征。泰森多边形法计算的极端日面雨量低于站点平均法计算的结果,这与上文所述面雨量计算方法有关。二者的相关性好于极端日降水事件发生次数,基于泰森多边形法计算的极端日面雨量最多的年份有 1984 年、1989 年、2012 年、1974 年、1998 年、1967年等;而基于站点平均法计算的年份为 1998 年、1983 年、1984 年、2014 年、1973 年、2013 年等,对比两种方法挑选的前 10 位,共同确定的年份共 6a,分别为 1967 年、1974 年、1983 年、1984 年、1998 年、2013 年。详见表 2-5。

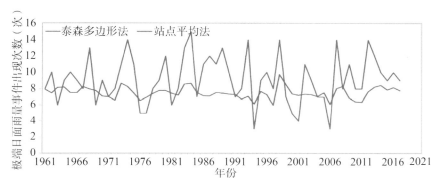

（a）流域极端日面雨量事件出现次数对比（泰森多边形法和站点平均法）

（b）流域极端日面雨量事件总量对比（泰森多边形法和站点平均法）

图 2-31　1961—2017 年长江监利以上流域极端日面雨量事件出现次数和总量两种方法对比

表 2-5　　　　　　　　　　基于两种方法计算的极端日面雨量事件对比

类别	方法	历史前 10 位
极端日面雨量（共 6a 一致）	泰森多边形	1984 年、1989 年、2012 年、1974 年、1998 年、1967 年、2007 年、1993 年、1983 年、2013 年
	站点平均	1998 年、1983 年、1984 年、2014 年、1973 年、2013 年、1974 年、1963 年、1999 年、1967 年

类别	方法	历史前10位
极端日面雨量事件出现次数 （共5a一致）	泰森多边形	1984年、1974年、1993年、1998年、2007年、2012年、1968年、1983年、1989年、2013年
	站点平均	1998年、1973年、1984年、1983年、1999年、2014年、2008年、1974年、1967年、2013年

2.3.1.3　各子流域极端日面雨量特征

图2-32给出了1961—2017年长江监利以上流域及各个子流域极端日面雨量事件发生次数及年平均极端面雨量情况。可以看到，长江监利以上流域年平均发生9.2次极端日面雨量事件，高于各子流域。8个子流域中，乌江、宜宾—重庆区间最易出现极端日面雨量事件，年平均出现8次以上。

图2-32　长江监利以上流域及各子流域极端日面雨量事件发生次数及年平均极端面雨量

长江监利以上流域年均极端面雨量为108mm，各子流域间的差异明显，宜昌—监利区间年均极端面雨量最大，达292mm，重庆—宜昌以及宜宾—重庆也都在250mm以上，金沙江上游年均极端面雨量不足50mm，其他流域在100～250mm。区域间差异基本与地区间降水量的差别一致，但也体现出一些不同的特征，从年均极端面雨量占总面雨量的比例来看，上游干流域区间要高于宜昌—监利，说明上游干流区间发生极端降水的概率更大。

各子流域中，岷沱江流域年均极端面雨量、发生次数呈较明显的减小趋势，上游干流区间（宜宾—重庆—宜昌）、乌江流域年均极端面雨量、发生次数总体呈增加趋势（图2-33、图2-34）。

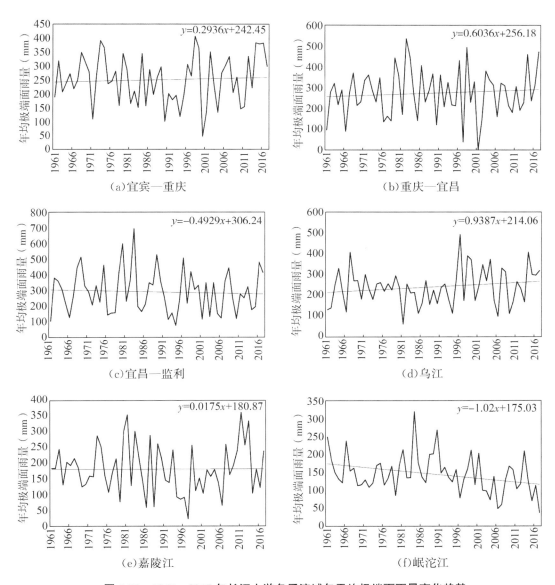

图 2-33　1961—2017 年长江上游各子流域年平均极端面雨量变化趋势

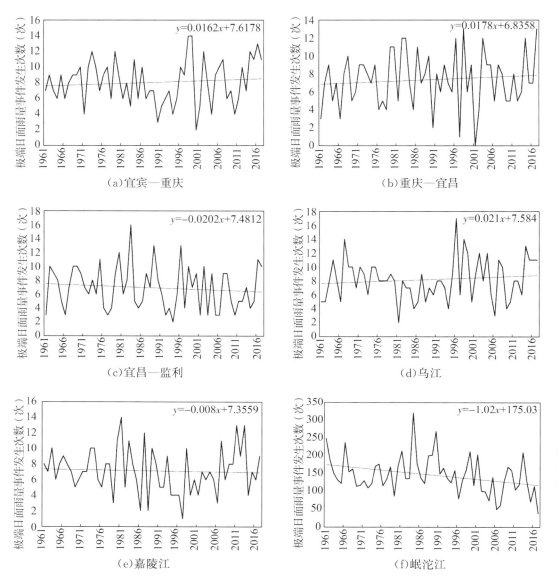

图 2-34　1961—2017 年长江上游各子流域极端日面雨量发生次数变化趋势

对长江上游各子流域 6—9 月极端日面雨量进行分析(图 2-35、表 2-6)。总体而言,上游各子流域极端日面雨量在不同月份的变化趋势表现出一定差异,部分月份存在阶段性的变化规律,尤其是 2000 年以后,大部分子流域各个月份的极端日面雨量呈现较明显的增加趋势。金沙江流域和岷沱江流域在 6 月呈弱的减小趋势,其他流域均呈增加趋势,其中重庆—宜昌段极端日面雨量增加幅度为 36.1mm/10a。7 月乌江流域呈减少趋势,而其他流域呈增多趋势。8 月,各子流域极端日面雨量变化趋势不一致,金沙江下游、乌江、宜宾—宜昌干流段增多,而岷沱江、嘉陵江、金沙江上游、宜昌—监利呈减小趋势,但并不显著。9 月,岷沱江和嘉陵江减小,其他流域呈增加趋势,其中长江干流段增加趋势最为显著。

长江上游各子流域6—9月极端日面雨量事件发生次数分析结果表明,各月未有明显的变化趋势。6月共出现120次,最多的年份出现5次,发生在1967年、1971年、1990年和2016年;7月共出现168次,最多的年份出现7次,发生在1996年和2007年;8月共出现123次,最多的年份出现5次,发生在1968年、1974年、1998年和2014年;9月出现次数明显少于6—8月,共出现67次,但在1973年和2012年也出现了4次。

极端连续3d面雨量在6—9月分布特征与1日相似。嘉陵江流域7月极端降水较为严重的年份为2007年、2010年和1981年,8月最为严重的年份为1981年,极端连续3d面雨量为678.7mm,出现14次极端连续3d降水事件。

计算重点关注时段内的流域极端日面雨量情况,结果见表2-7,夏季(6—8月)是长江监利以上流域出现极端日面雨量事件最主要的季节,占全年的78.0%,秋季次之,占13.8%左右,除1970年外,极端日面雨量均发生在9—10月;其他时段仅占8.2%,1961年以来有近一半的年份在该时段未出现过极端日面雨量事件。

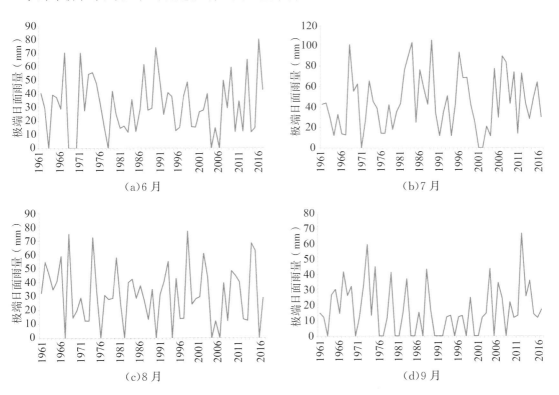

图 2-35 1961—2017年长江上游流域6—9月极端日面雨量逐年变化

表 2-6　　　　　　　　长江流域上游各子流域 6—9 月极端日面雨量变化趋势　　　　　单位：mm/10a

流域 时段		金沙江 上游	金沙江 下游	岷沱江	乌江	嘉陵江	宜宾— 重庆	重庆— 宜昌	宜昌— 监利
6 月	变化趋势 (1961—2017 年)	−0.4	0.5	0.0	1.0	3.7	3.5	6.0	−0.5
	变化趋势 (2001—2017 年)	−4.8	−9.5	−0.6	29.8	17.5	31.0	36.1	32.6
7 月	变化趋势 (1961—2017 年)	0.6	1.8	−3.8	6.1	0.8	−4.7	−3.2	−2.0
	变化趋势 (2001—2017 年)	14.3*	0.3	15.0	−11.4	30.4	10.6	11.7	27.0
8 月	变化趋势 (1961—2017 年)	1.5	−2.2	−5.3	1.1	−2.8	−3.4	0.5	−0.8
	变化趋势 (2001—2017 年)	−1.1	3.9	−16.1	13.4	−3.7	4.2	2.1	−7.8
9 月	变化趋势 (1961—2017 年)	0.8	2.0	−1.6	0.1	−2.4	4.1	0.6	−3.5
	变化趋势 (2001—2017 年)	3.9	10.9	−9.7	5.3	−4.2	38.9*	31.1	26.7

注：* 为通过 $\alpha=0.05$ 的显著性水平检验。

表 2-7　　　　　　　　长江监利以上流域不同时段极端日面雨量特征比较

项目	夏季	秋季	冬、春季	6—10 月
极端日面雨量事件 发生次数（次） （占全年比重）	7.2 (78.0%)	1.3 (13.8%)	0.8 (8.2%)	8.4 (91.6%)
极端日面雨量 （mm） （占全年比重）	84.8 (78.7%)	14.5 (13.4%)	8.5 (7.9%)	99.1 (91.9%)

图 2-36 给出了不同时段极端日面雨量事件发生次数的逐年变化情况，1961—2017 年长江监利以上流域夏季、秋季和 6—10 月极端日面雨量事件发生次数和极端日面雨量呈现波动性变化特征。由于 6—10 月极端日面雨量事件出现次数占年总次数 9 成以上，6—10 月与年变化特征基本一致，历史上极端日面雨量事件发生次数较多的年份有 1974 年、1998 年、1968 年、1989 年、1993 年、1983 年、1984 年、2012 年等。

夏季极端日面雨量也存在波动性变化特征，1980 年代、1990 年代中后期及 2007 年后为相对较多时期,但年际变率较大。历史上夏季极端日面雨量事件发生次数较多的年份有1974年、1993年、1998年、1984年、1968年、1987年、1989年等。

秋季极端日面雨量特征与夏季有所差异,与夏季相比,其年际差异更为离散,另外秋季极端日面雨量事件发生次数较多的时期为1960年代至1970年代,1980年代至1990年代相对较少,2000年以后表现出较强的波动性。历史上秋季极端日面雨量事件发生次数最多的年份有2004年、1973年、1988年、1964年、1967年、1975年、1979年、2012年等。

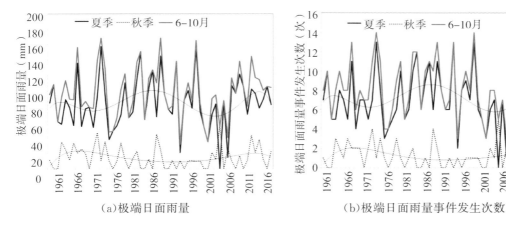

(a)极端日面雨量　　　　　　　　　(b)极端日面雨量事件发生次数

图 2-36　1961—2017 年长江监利以上流域夏季、秋季和 6—10 月极端日面雨量及事件发生次数逐年变化趋势

2.3.1.4　极端面雨量周期变化特征

使用 MTM-SVD 方法对 1961—2017 年长江流域的极端面雨量进行周期分析。MTM-SVD 方法是一种多变量频域分解技术,该方法将谱分析的多窗谱分析法(Multi-TaperMethod,MTM)和变量场的奇异值分解(Singular Value Decomposition,SVD)方法结合在一起进行气候信号检测。该方法的主要特点是:

①MTM-SVD 方法的分析对象可以是多维或多站点的气候变量场,它可以非常便利地分析气候变量场整体所具有的谱特征。

②MTM-SVD 方法中包含 MTM 方法,通过变量场时间序列与多个锥度相乘,在谱解析度和谱的变异之间达到了一个最佳的平衡,可有效防止谱泄漏现象。

③通过 MTM-SVD 方法得到的 LFV(Local Fractional Variance)谱在频域中为信号检测提供了一个有效的参数,它以频率函数的形式表明了由"每个频率波段"中的主要振动解释的方差百分比。LFV 谱中,在一个给定频率处的波峰预示着数据表中在此频率处振荡。这样更加直观、简便地显示变量场不同时间尺度的变化特征。

④MTM-SVD 方法可以为所有时间和区域重建时空信号。这种信号的重建可以更直观地分析和描述不同时间尺度振动的时间—空间演变特征和过程。

⑤MTM-SVD 技术在其应用上可扩展到耦合的区域,即在同一时刻多于一个的区域的耦合。近年来 MTM-SVD 被广泛应用在气象科研领域中。

图 2-37 给出了 1961—2017 年长江监利以上流域极端日面雨量周期分析结果。从图 2-37(a)中可以看到,长江监利以上流域极端日面雨量发生频次的 LFV 谱频率在准 4a 周期附近存在一个显著(99%)峰值;准 5a 周期的峰值也通过了 95% 的信度检验;年代际变化周期和变化趋势没有通过较高的显著性检验。

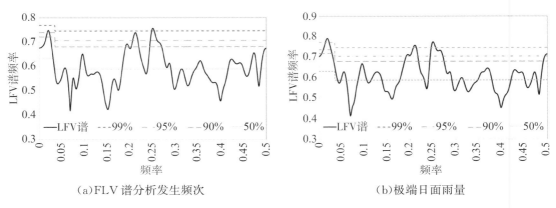

(a)FLV 谱分析发生频次　　　　　　　(b)极端日面雨量

图 2-37　1961—2017 年长江监利以上流域极端日面雨量周期分析结果

对各子流域进行准 4a 周期的时间重建,分析 1961—2017 年各子流域的周期变化特征。对极端日面雨量事件出现较多的重庆—宜昌区间、乌江流域两个典型子流域重建结果见图 2-38。可以看到这两个子流域的准 4a 周期演变规律十分相似,在 1960 年代至 1970 年代,表现出明显的准 4a 周期,1980 年代至 1990 年代呈现调整状态,之后准 4a 周期又开始显著,但是振幅相对于 1960 年代至 1970 年代明显变小。

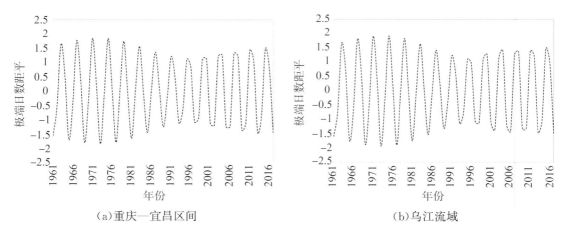

(a)重庆—宜昌区间　　　　　　　　(b)乌江流域

图 2-38　长江监利以上重庆—宜昌区间、乌江流域在准 4a 周期上的时间重建

2.3.2　沂沭泗流域极端面雨量特征

流域面雨量计算采用泰森多边形法,计算得到流域不同时间尺度面雨量序列,采用百分位法取 95% 位对应面雨量作为流域极端面雨量阈值。基于沂沭泗流域内站点逐日降水数据,参考百分位方法,在年、夏季、日时间尺度分别定义极端降水事件,沂沭泗流域年、夏季、极端日面雨量阈值分别为 1049.9mm、716.2mm、29.5mm,年面雨量序列显示 2003 年、1964 年、2005 年达到年极端面雨量阈值,夏季面雨量序列显示 1971 年、2003 年、1957 年达到夏季极端面雨量阈值。年面雨量排名前 10 的还包括 1974 年、1963 年、1990 年、1971 年、1998 年、1962 年、1957 年,夏季面雨量排名前 10 的还包括 1963 年、1974 年、1965 年、2007 年、1960 年、2005 年、1990 年。

沂沭泗流域 1961—2017 年年均面雨量为 795.0mm,夏季平均面雨量为 483.1mm,占年均面雨量的 60.5%,年及夏季面雨量近 68a 均无明显变化趋势,呈现年代际变化特征(图 2-39)。1980 年代至 1990 年代、21 世纪第二个十年面雨量偏少,1960 年代至 1970 年代、21 世纪最初十年面雨量偏多,尤其是 21 世纪最初十年。

表 2-8　　　　　　　　沂沭泗流域不同时间尺度极端面雨量阈值　　　　　　　单位:mm

年	夏季	RX1d	RX2d	RX3d	RX4d	RX5d	RX6d	RX7d
1049.9	716.2	29.5	40.4	48.5	56.3	62.4	68.8	75.9

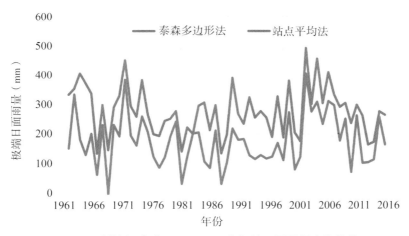

图 2-39　沂沭泗流域 1961—2017 年极端日面雨量变化趋势

沂沭泗流域年平均极端日面雨量为 187.4mm,年均发生频次为 4 次,二者均无明显变化趋势,呈现波动变化特征(图 2-40)。1960 年代初期、1970 年代初期及 21 世纪最初十年极端日面雨量事件发生较多,1968 年未出现极端日面雨量事件,1956 年、1962 年及 2003 年极端日面雨量事件均达到 9 次,为历年最多。

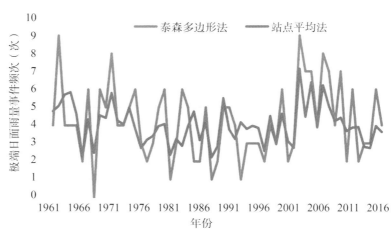

图 2-40 沂沭泗流域 1961—2017 年极端日面雨量事件频次

沂沭泗流域夏季各月极端日面雨量无明显变化。2000 年之后夏季及各月极端面雨量呈减少趋势,其中 6 月及夏季极端日面雨量分别呈现每 10a 减少 20.7mm、51.9mm 的变化趋势(通过 $\alpha=0.01$ 的显著性水平检验)。此外,统计了沂沭泗单日面雨量极大值不同时间尺度的逐年变化,同样无明显变化趋势。

对比泰森多边形法计算的沂沭泗面雨量、极端面雨量及站点平均法计算降水量、极端降水量,可以看到,两种方法得到的逐年变化序列波动趋势基本一致。但是年面雨量较年均降水量值略大,年极端面雨量较年均极端降水量明显偏小。基于泰森多边形法计算的年平均极端面雨量确定的排名前 10 的年份有 2003 年、1971 年、1962 年、2007 年、2005 年、2008 年、2004 年、2000 年、2012 年、1974 年,而基于站点平均法计算的年份为 2003 年、2005 年、1971 年、2007 年、1963 年、1990 年、1974 年、2000 年、1964 年、1962 年,对比两种方法挑选的前 10 位,共同确定的年份共 7a,分别为 2003 年、1971 年、1962 年、2007 年、2005 年、2000 年、1974 年,详见表 2-9。

表 2-9   **沂沭泗流域降水量排名前 10 年份一览表**

类别	方法	历史前 10 位
年降水量 (共 9a 一致)	泰森多边形	2003 年、1964 年、2005 年、1974 年、1963 年、1990 年、1971 年、1998 年、1962 年、1957 年
	站点平均	2003 年、1964 年、2005 年、1990 年、1974 年、1998 年、1963 年、1971 年、2007 年、1962 年
年均极端面雨量 (共 7a 一致)	泰森多边形	2003 年、1971 年、1962 年、2007 年、2005 年、2008 年、2004 年、2000 年、2012 年、1974 年
	站点平均	2003 年、2005 年、1971 年、2007 年、1963 年、1990 年、1974 年、2000 年、1964 年、1962 年

2.3.3 嫩江流域极端面雨量特征

用同样的方法确定嫩江流域极端面雨量阈值,嫩江流域年、夏季、极端日面雨量阈值分别为 585.2mm、428.2mm、13.8mm,其中年、夏季面雨量序列显示 1998 年、2013 年、1991 年均达到流域极端面雨量阈值标准。

嫩江流域 1961—2018 年年均面雨量为 465.8mm,夏季平均面雨量为 322.3mm,占年均面雨量的 69%,年均、夏季平均面雨量 1961—2018 均无明显变化趋势,但是 2000 年后二者均呈现明显增加趋势,增加速率分别为 92.4mm/10a、47.8mm/10a(图 2-41)。从各年代来看,1960 年代、1970 年代及 21 世纪最初十年面雨量偏少,1950 年代、1980 年代、21 世纪第二个十年面雨量偏多,尤其是 21 世纪第二个十年、1990 年代,年均、夏季平均面雨量排名前 10 中均有 6a 出现在 21 世纪第二个十年、1990 年代。

嫩江流域年均极端日面雨量为 82.1mm,年均极端日面雨量发生频次为 4 次,整体均无明显变化趋势,呈现波动变化特征(图 2-42)。1980 年代、1990 年代后期及 21 世纪第二个十年极端日面雨量事件偏多,1964 年、1982 年、1995 年未出现极端面雨量事件,而 1983 年、1998 年分别达到 10 次、13 次。分析嫩江夏季(6—8 月)极端日面雨量逐年变化特征可以看出,7、8 两月呈现弱的减少趋势,但 6 月呈现显著的增加趋势(通过 $\alpha=0.001$ 的显著性水平检验),这表明嫩江流域虽然夏季极端降水变化不显著,但是极端降水更集中于 6 月发生,且有增加趋势。

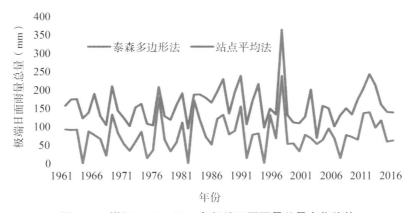

图 2-41 嫩江 1961—2017 年极端日面雨量总量变化趋势

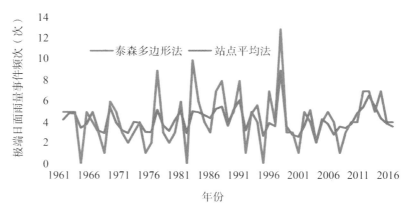

图 2-42　嫩江流域 1961—2017 年极端日面雨量事件频次

对比泰森多边形法计算的嫩江面雨量、极端面雨量及站点平均法计算的降水量、极端降水量，可以看到，和沂沭泗流域一样，两种方法得到的逐年变化序列波动趋势基本一致。但是年面雨量较年均降水量值略大，年极端面雨量较年均极端降水量明显偏小。基于站点平均法计算的年极端面雨量确定的排名前 10 的年份有 1998 年、1977 年、1983 年、1991 年、2013 年、2012 年、1969 年、1988 年、1996 年、1987 年，而基于泰森多边形法计算的年份为 1998 年、2013 年、1991 年、1988 年、1994 年、2014 年、1969 年、1977 年、2012 年、2003 年，对比两种方法挑选的前 10 位，共同确定的年份共 7a，分别为 1998 年、1977 年、1991 年、2013 年、2012 年、1969 年、1988 年，详见表 2-10、表 2-11。

表 2-10　　　　　　　　　　　嫩江流域不同时间尺度极端面雨量阈值　　　　　　　　　单位：mm

年	夏季	RX1d	RX2d	RX3d	RX4d	RX5d	RX6d	RX7d
585.2	428.2	13.8	20.5	25.8	30.6	35.3	39.7	44.7

表 2-11　　　　　　　　　　　　　嫩江流域降水量排名前 10 年份一览表

类别	方法	历史前 10 位
年降水量 （共 9a 一致）	泰森多边形	1998 年、2013 年、1991 年、1988 年、1993 年、2012 年、2014 年、1983 年、1990 年、2015 年
	站点平均	1998 年、2013 年、1991 年、1988 年、1993 年、2012 年、1983 年、1990 年、2014 年、1969 年
年极端面雨量 （共 7a 一致）	泰森多边形	1998 年、2013 年、1991 年、1988 年、1994 年、2014 年、1969 年、1977 年、2012 年、2003 年
	站点平均	1998 年、1977 年、1983 年、1991 年、2013 年、2012 年、1969 年、1988 年、1996 年、1987 年

2.4 基于GEV统计模型的典型流域不同重现期极端降水估算

本小节主要是利用历史时期或预估时段各观测站逐日降水观测资料(或面雨量),基于年最大值取样法,统计历年最大1d、2d、3d、5d、7d、10d、15d、30d降水量,选择广义极值模型(GEV),采用矩估计法对不同历时极端降水序列进行概率分布拟合,通过Kolmogorov-Smirnov和Anderson-Darling检验法进行拟合显著性检验,基于最优拟合参数分别计算3个流域不同历时2a、3a、5a、10a、20a、25a、30a、50a、100a重现期极端降水阈值。

2.4.1 长江监利以上流域不同重现期极端降水估算

图2-43给出了长江监利以上流域50a一遇和100a一遇最大1d降水估计值的空间分布,可以看到,流域最大1d降水量的高值区分布在嘉陵江中南部、上游干流区间,50a一遇的最大1d降水量可达200～400mm,100a一遇的最大1d降水量可达250～500mm。长江监利以上流域不同重现期不同持续天数的极端降水量见表2-12。

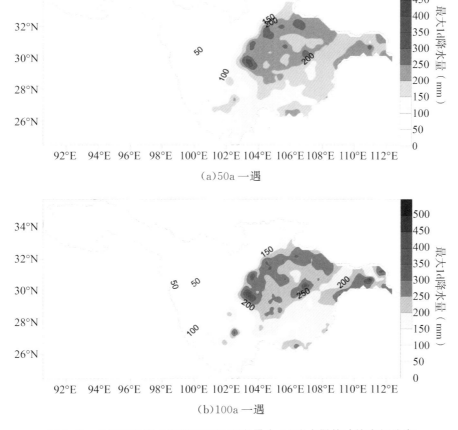

(a)50a一遇

(b)100a一遇

图2-43 长江监利以上流域不同重现期最大1d降水量估计值空间分布

表 2-12   长江监利以上流域不同重现期不同持续天数的极端降水量

持续天数 \ 重现期	2a 一遇	3a 一遇	5a 一遇	10a 一遇	20a 一遇	25a 一遇	30a 一遇	50a 一遇	100a 一遇
RX1d	74.1	85.8	99.5	117.7	136.9	143.4	148.8	165.0	189.4
RX2d	91.8	106.3	122.8	144.7	167.3	174.9	181.3	199.9	227.7
RX3d	103.0	119.0	137.2	161.2	185.8	194.1	200.9	221.0	250.5
RX5d	121.7	139.8	160.3	186.9	213.9	222.8	230.2	251.6	282.6
RX7d	138.2	158.5	181.1	210.1	238.8	248.2	255.9	278.2	309.9
RX10d	161.2	183.9	209.1	241.0	272.2	282.3	290.6	314.4	347.9
RX15d	195.5	221.9	250.7	286.6	321.2	332.3	341.4	367.3	403.5
RX30d	285.5	321.0	359.7	406.7	450.9	464.9	476.2	508.0	551.3

2.4.2 沂沭泗流域不同重现期极端降水估算

图 2-44 给出了沂沭泗流域不同重现期最大 1d 降水量估计值的空间分布，5 种重现期极值空间分布形态相似，主要差别为估计值的大小。高值区主要位于沂沭河下游片区东部，邳苍分区北部和南部各出现一个次高值区，但是随着重现期的增长，不仅高值区的值越来越大，且高值区和次高值区的差值越来越大。5a 一遇、10a 一遇、25a 一遇、50a 一遇、100a 一遇 5 种重现期沂沭河下游片区东部高值区的估计值分别为 142mm、180mm、250mm、365mm、500mm。

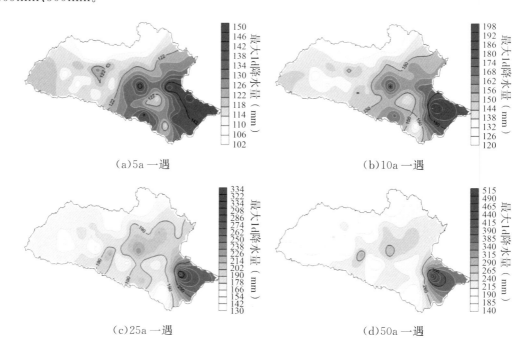

（a）5a 一遇   （b）10a 一遇

（c）25a 一遇   （d）50a 一遇

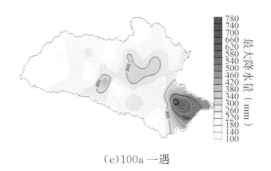

（e）100a 一遇

图 2-44 沂沭泗流域不同重现期极值最大 1d 降水量估计值空间分布

2.4.3 嫩江流域不同重现期极端降水估算

图 2-45 给出了嫩江流域不同重现期最大 1d 降水量的空间分布，其中 5a 一遇、10a 一遇、25a 一遇三种重现期极值空间分布形态相似，主要差别为估计值的大小，中上游呈现为南高北低的分布型，下游中部和东部各出现一个高值中心，低值中心位于流域下游西北区和中东部高值区之间；对于高值中心而言，5a 一遇、10a 一遇、25a 一遇重现期估计值分别为 68mm、83mm、102mm；50a 一遇、100a 一遇两种重现期空间分布形态相似，下游北部、南部出现高值中心，估计值分别为 115mm 和 130mm。

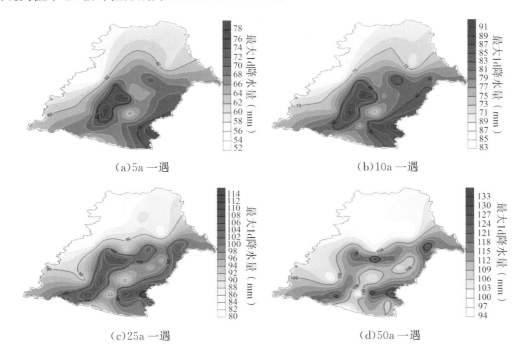

（a）5a 一遇 （b）10a 一遇

（c）25a 一遇 （d）50a 一遇

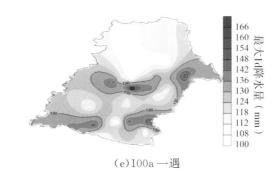

(e)100a一遇

图 2-45　嫩江流域不同重现期最大 1d 降水量估计值空间分布

2.5　典型流域典型洪涝年极端降水特征及气候成因分析

为了更好地提取流域超标准洪水的前兆信息,为流域超标准洪水预判、识别提供条件,本节开展 3 个典型流域典型洪涝年极端降水特征及海温、大气环流和下垫面特征分析。典型洪涝年的选择主要是依据各示范流域年均极端降水量排位、历史洪涝灾情、水利部门认定的超标准洪水年情况,长江监利以上流域典型洪涝年为 1954 年、1983 年、1998 年,沂沭泗流域为 1957 年和 1974 年,嫩江流域为 1998 年和 2013 年,此外补充了 2020 年 3 个流域极端降水特征。

2.5.1　长江监利以上流域典型洪涝年极端降水特征及气候成因

基于极端面雨量数据,使用极端连续 7d 面雨量(RX7d)极端事件作为指标,对长江监利以上流域超标准洪水的典型年份 1954 年、1998 年和 2020 年进行分析,结果如下:

1954 年,流域极端连续 7d 面雨量事件主要出现在 5—9 月,7 月为范围最广、次数最多的月份,9 月仅金沙江和岷沱江流域出现极端连续 7d 面雨量事件(图 2-46)。1954 年 7 月长江监利以上各子流域均发生了极端连续 7d 面雨量事件,其中乌江流域、宜宾—重庆区间出现频次最高,乌江流域主要出现在 6—7 月,宜宾—重庆区间主要出现在 7—8 月。1954 年共出现了 23 次极端面雨量事件,极端面雨量累计值 260.8mm,为极端面雨量最大的一年。

1998 年各子流域的极端连续 7d 面雨量事件从 5 月开始,至 10 月结束(图 2-47)。5 月上旬上中游干流区间发生极端事件;6 月极端事件出现在上中游干流区间和金沙江下游;7—8 月全流域均发生了极端事件且频次最高;9 月中旬仅嘉陵江发生;10 月的极端事件出现在上中游干流区间和乌江流域。综合整个汛期来看,极端连续 7d 面雨量出现频次最高的流域是金沙江下游以及中上游干流区间,中上游干流区间影响时段长于金沙江下游,但频次低于金沙江下游。

2020 年各个子流域极端连续 7d 面雨量事件集中出现在 6—9 月(图 2-48)。6—7 月除金沙江下游外全流域均出现了极端事件,其中乌江及上游干流区间出现极端次数最多;8 月极端降水事件覆盖除上游干流区间的流域,极端事件发生频次最高的区域移至嘉陵江、岷沱江流域;9 月极端事件出现在乌江流域、上游干流区间以及金沙江下游等区域;10 月以后仅重庆—宜昌区间出现极端事件。

发生超标准洪水的年份 5—10 月极端面雨量事件频次和极端面雨量总量明显高于其他年份,其中乌江流域、宜宾—重庆区间极端面雨量事件频次最高。

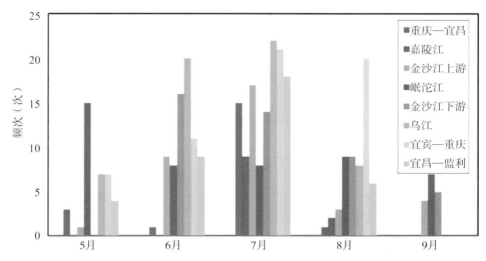

图 2-46　1954 年长江监利以上各子流域极端连续 7d 面雨量事件频次逐月变化

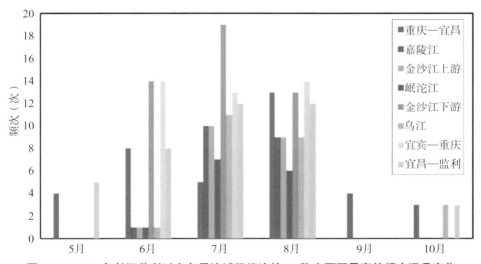

图 2-47　1998 年长江监利以上各子流域极端连续 7d 降水面雨量事件频次逐月变化

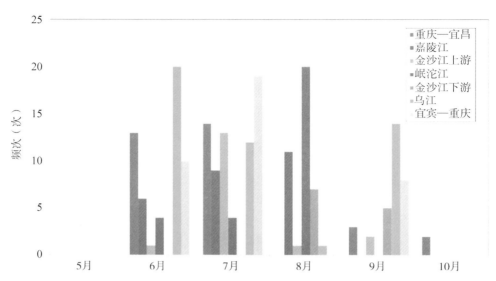

图 2-48　2020 年长江监利以上各子流域极端连续 7d 降水面雨量事件频次逐月变化

从厄尔尼诺、印度洋海温、前冬积雪、西太平洋副高等海洋、下垫面背景、大气环流等因子综合分析典型洪涝年发生的可能性。

1954 年汛期大气环流异常,从 5 月上旬至 7 月下旬,副热带高压脊线一直停滞在北纬 20°～22°;7 月份鄂霍次克海维持着一个阻塞高压,使江淮流域上空成为冷暖空气长时间交绥地区,造成持久的降水过程,长江中下游整个梅雨期长达 60 多天,5—7 月出现了 12 次强降水过程,其中 6 月中旬至 7 月中旬集中出现 5 次范围广、强度大的暴雨过程。1998 年在超强厄尔尼诺事件、高原积雪偏多、西太平洋副热带高压异常、亚洲中纬度环流异常等海洋、大气环流背景下,主汛期长江流域降水频繁、强度大、覆盖范围广、持续时间长,先后出现 14 次大范围暴雨过程。

长江监利以上流域典型洪涝年海温、大气环流和下垫面等有以下共同特征(表 2-13):

表 2-13　　　　　　　　　　1983 年、1998 年、2020 年海温和下垫面背景

年份	前冬 ENSO	春季印度洋海温指数距平	前冬青藏高原积雪指数距平	前冬欧亚积雪指数距平
1983	超强东部型 El Nino 结束年	0.15	33	0.36
1998	超强东部型 El Nino 结束年	0.74	38	0.16
2020	弱中部型 El Nino 结束年	0.53	56	−0.91

①多出现于厄尔尼诺的结束年,如 1983 年、1998 年均是东部型超强厄尔尼诺结束年,2020 年为弱中部型 El Nino 结束年。前期的厄尔尼诺过程使暖池附近对流活动偏弱,加上副热带高压强,位置偏南,在某种程度上抑制了热带系统台风的生成。由于缺少台风的顶托作用,雨带长期稳定少动。

②春季印度洋海温多高于平均值。春季印度洋海温表明,1998 年是 1951 年以来的第二暖年。

③前冬青藏高原积雪和欧亚积雪偏多。1983 年后和 1998 年前冬青藏高原积雪和欧亚积雪均偏多,2020 年前冬青藏高原积雪偏多明显,但欧亚积雪偏少。

④夏季副热带高压偏强,夏季风强度偏弱。西太平洋副热带高压是向我国大陆输送水汽的重要系统,西太平洋副高西侧的暖湿气流与中高纬南下的冷空气交汇的地带往往形成大范围的降水天气。副热带高压的强度和位置是决定降水落区的主要因素。1983 年、1998 年和 2020 年夏季副热带高压异常偏强(图 2-49),有利于副热带高压稳定,且水汽输送强,同时夏季风强度均偏弱。

⑤夏季中高纬呈"两脊一槽"。两脊分别位于乌拉尔山和鄂霍次克海地区,槽区位于贝加尔湖,阻塞高压稳定少动,利于冷空气从贝湖南下(图 2-50)。

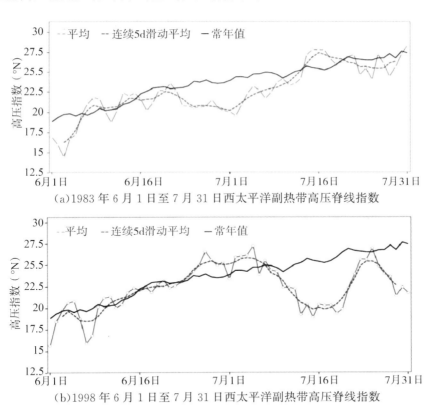

(a)1983 年 6 月 1 日至 7 月 31 日西太平洋副热带高压脊线指数

(b)1998 年 6 月 1 日至 7 月 31 日西太平洋副热带高压脊线指数

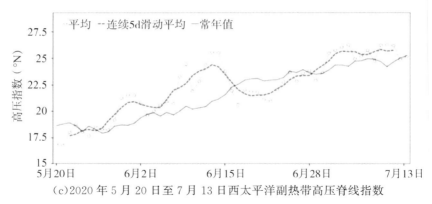

(c)2020年5月20日至7月13日西太平洋副热带高压脊线指数

图2-49 1983年、1998年、2020年西太平洋副热带高压脊线指数(NCEP[*])

注:[*]为美国国家环境预测中心。

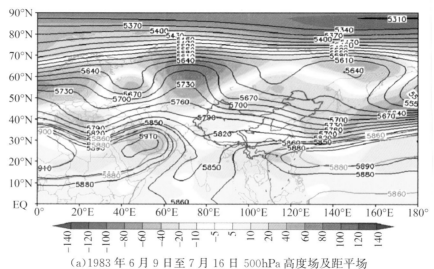

(a)1983年6月9日至7月16日500hPa高度场及距平场

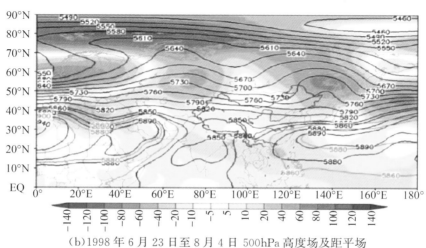

(b)1998年6月23日至8月4日500hPa高度场及距平场

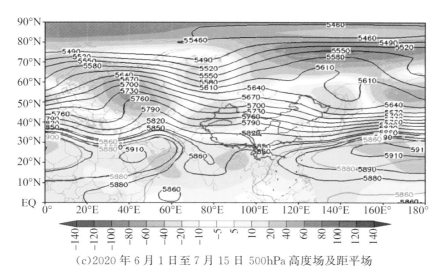

（c）2020 年 6 月 1 日至 7 月 15 日 500hPa 高度场及距平场

图 2-50 1983 年、1998 年、2020 年梅雨期 500hPa 高度场及其距平场

2.5.2 沂沭泗流域典型洪涝年极端降水特征及气候成因

1957 年 2—3 月、5—6 月降水量均偏少，7 月降水量偏多 1 倍；出现 7 次极端日面雨量事件，均集中在 7 月。1974 年上半年降水以偏多为主，其中春季 3—5 月偏多 3 成，6 月偏少近 6 成，7、8 月偏多；5—8 月共出现 5 次极端日面雨量事件（图 2-51）。

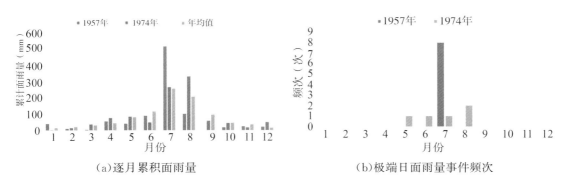

（a）逐月累积面雨量　　　　　　　　　　　（b）极端日面雨量事件频次

图 2-51 1957 年、1974 年逐月累积面雨量、极端日面雨量事件频次

沂沭泗流域 1957 年自 7 月 6 日开始至 7 月 27 日持续 22d 降水，其中 7 月 6 日面雨量达 55.09mm，7 月 6—7 日、10—15 日、18—22 日累计面雨量分别达 85.43mm、222.67mm、127.81mm。

1974 年 8 月 10—14 日累计面雨量 155.67mm，其中 13 日面雨量 96.38mm，且上旬已出现持续降水，8 月 1 日面雨量 51.84mm。

2020 年流域极端日面雨量事件出现时间提前，5 月 8 日面雨量达 32.3mm，此外 6 月 12 日、6 月 17 日、7 月 12 日、7 月 22 日、8 月 6—7 日、8 月 14 日均出现极端日面雨量事件，其中日面雨量最大值出现在 7 月 22 日，为 89.2mm。8 月 13—14 日，沂沭泗河出现强降水过程，沂河发生 1960 年以来最大洪水,洪水重现期约 15a;沭河发生 1974 年以来最大洪水,洪水重现期约 22a,为有历史记录以来的实测最大洪水;泗河发生超警戒水位洪水(图 2-52)。

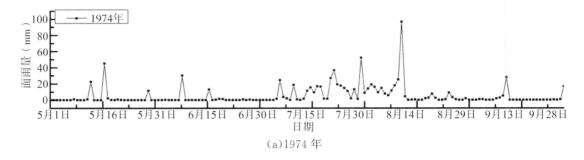

(a)1974 年

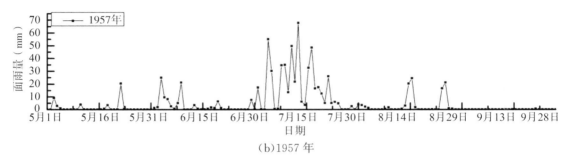

(b)1957 年

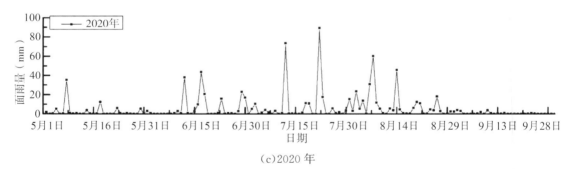

(c)2020 年

图 2-52 1974 年、1957 年、2020 年沂沭泗流域 5—9 月逐日面雨量

1957 年为厄尔尼诺事件发生年,7 月降水中心位置相对稳定在流域中北部山丘地区,为产生大洪水创造了条件。西欧环流稳定少动,但波动频繁,乌拉尔山地区阻塞高压稳定维持,冷空气不断从贝加尔湖西部分裂南下。整个 7 月西太平洋副热带高压面积偏小、偏弱,西伸脊点偏东,脊线偏北,自 7 月 6 日开始至 7 月 27 日持续 22d 降水,造成了沂沭泗大洪水(图 2-53)。

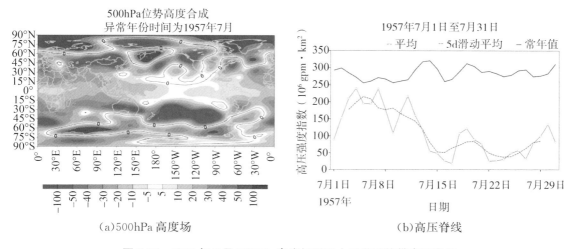

图 2-53　1957 年 7 月 500hPa 高度场及西太平洋副热带高压脊线

　　1974 年为拉尼娜事件发生年,8 月 10—13 日沂沭泗强降水主要由 12 号台风"露微"在福建登陆后变为台风低压并继续北上造成,500hPa 东亚沿海维持一个槽区,槽前盛行偏南气流;850hPa 110°E～120°E 出现一支强劲的西南风急流,台风倒槽与西风槽相连,导致沂沭泗连续出现 3d 暴雨(图 2-54)。

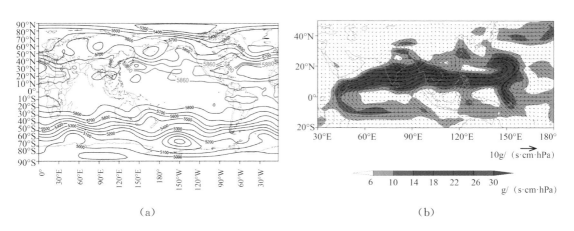

图 2-54　1974 年 8 月 10—13 日 500hPa 高度场及 850hPa 水汽输送场

2.5.3　嫩江流域典型洪涝年极端降水特征及气候成因

　　1998 年前期冬、春季降水均偏少,夏季降水偏多超过 7 成,其中 8 月偏多 1 倍;夏季共出现 11 次极端日面雨量事件,7、8 月各出现 5 次。2013 年夏季降水偏多 3 成,加上前期冬季降水异常偏多,春季偏多近 6 成,底水高,土壤含水量高,容易达到饱和而形成径流;夏季共出现 6 次极端日面雨量事件,7 月最多,达 4 次(图 2-55)。

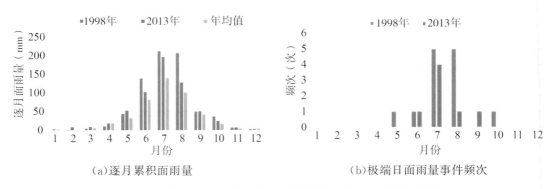

（a）逐月累积面雨量　　　　　　　　　　（b）极端日面雨量事件频次

图 2-55　1998 年、2013 年嫩江流域逐月累积面雨量、极端面雨量事件频次

1998 年 7 月 6—7 日、14 日、27—29 日，8 月 5—6 日、8—11 日出现极端日面雨量事件，其中 8 月 8—11 日累计面雨量 89.1mm。

2013 年 7 月 1—3 日、15—16 日、18—20 日、22—24 日、27—28 日，8 月 7—9 日、12 日出现极端日面雨量事件，其中 7 月 16 日面雨量达 37.7mm。

2020 年极端面雨量事件出现时间有所提前，6 月 3 日出现第一次极端降水，6 月 23 日、8 月 3 日、8 月 9 日、8 月 13 日、8 月 28—29 日、9 月 4 日、9 月 16 日出现极端日面雨量事件，其中 9 月 4 日面雨量达 50.2mm，超过 2013 年 7 月 16 日的面雨量记录（37.7mm），排历史第一位，9 月 4 日 2 时嫩江尼尔基水库入库流量 3510m³/s，嫩江出现"2020 年第 1 号洪水"（图 2-56）。

1998 年为厄尔尼诺事件结束年，夏季东亚阻塞高压持续强盛位置偏西，乌拉尔山到西西伯利亚维持长波高压脊，和西太平洋副热带高压与东亚阻高在 130°E 附近同位相叠加，是形成嫩江流域大暴雨的大尺度环流主要特征，东北冷涡在蒙古东部滞留少动是形成嫩江流域持续性大暴雨的主要原因。而 2013 年前期冬、春季海温情形则和 1998 年完全不同（图 2-57），前期冬、春季和夏季在赤道东太平洋海温基本维持冷水位相，夏季东北冷涡活动频繁且路径偏北，850hPa 水汽输送充足，200hPa 东亚高空西风急流位置异常，东亚夏季风偏强；500hPa 欧亚纬向环流弱，西太平洋副热带高压阶段性异常偏北，鄂霍次克海地区阻塞高压明显，来自南海、孟加拉湾、西太平洋副高外围的水汽与南下冷空气在嫩江流域交汇，嫩江出现大洪水。

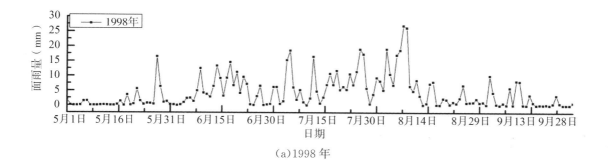

（a）1998 年

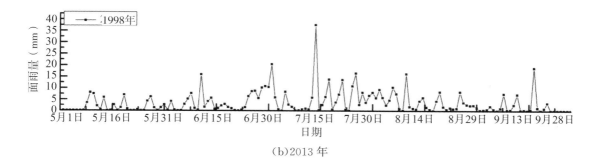

（b）2013 年

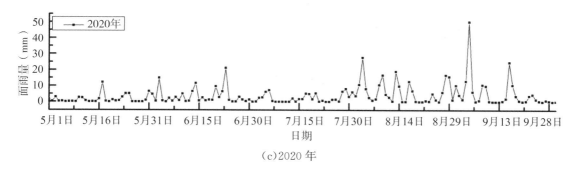

（c）2020 年

图 2-56　1998 年、2013 年、2020 年嫩江流域 5—9 月逐日面雨量

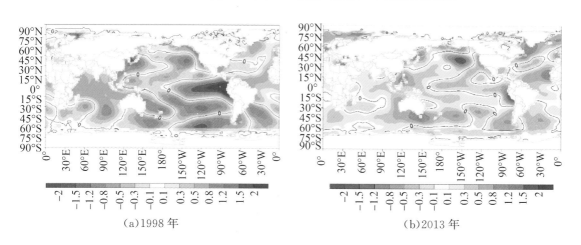

图 2-57　1998 年、2013 年春季海温距平图

2.6 本章小结

本章主要揭示了 3 个示范流域极端降水事件历史演变规律,作为对流域历史水文气象极端事件的认知补充,为后续研究提供基础资料,所得结论主要如下:

①3 个示范流域年气温均呈较明显增加的变化趋势,年降水量具有明显的年代际变化特征。长江监利以上流域在 20 世纪 60—90 年代以及 21 世纪第二个十年间降水以偏多为主,仅在 21 世纪最初十年偏少,年代际变率大;沂沭泗流域在 21 世纪第二个十年以后以偏少为主;嫩江流域易出现连续丰水年和连续枯水年,是一个洪涝、旱灾共存且频发的区域。

②1961—2017 年,沂沭泗极端降水量呈略减小趋势,嫩江流域呈弱增加趋势,长江监利以上流域无明显的变化趋势,年际变率较大;从空间分布看,长江监利以上流域极端降水整体为东多西少,乌江流域南部、长江上游干流区间西部为极端降水发生高值区,流域连续 3d 和 7d 最大降水量在金沙江大部、嘉陵江中南部、乌江大部呈增加趋势,其他流域以减小为主;沂沭泗流域极端降水东南多、西北少,流域中部及南部极端降水较为频发;嫩江流域极端降水量高值区主要位于流域下游西北部,流域北部及西部极端降水较为频发。3 个流域极端降水事件发生频率整体无明显变化趋势,沂沭泗、嫩江极端降水发生时间提前。

③1961—2017 年,长江监利以上、沂沭泗和嫩江流域年极端日面雨量事件出现次数和极端面雨量呈现波动变化特征。长江监利以上流域乌江、宜宾—重庆区间最易出现极端日面雨量事件,年均出现 8 次以上;各子流域中,岷沱江流域年极端日面雨量总量、发生日数呈较明显的减少趋势,上游干流区间(宜宾—重庆—宜昌)、乌江流域年极端日面雨量总量、发生日数总体呈增加趋势;各子流域 6—9 月极端日面雨量在不同月份的变化趋势上体现出一定差异,部分月份存在阶段性的变化规律,尤其是 2000 年以后,大部分子流域各个月份的极端日面雨量呈现出较明显的增加趋势。沂沭泗流域夏季各月极端日面雨量无明显变化,2000 年之后夏季及各月极端日面雨量呈减小趋势,其中 8 月及夏季极端日面雨量分别呈现每 10a 减小 35mm、77mm 的变化趋势。嫩江夏季 7—8 月极端日面雨量呈现弱的减小趋势,但 6 月呈现显著增加的趋势。长江监利以上流域年极端日面雨量发生频次的 LFV 谱值在准 4a 周期附近存在一个显著(99%)峰值;准 5a 周期的峰值也通过了 95%的信度检验。

④长江监利以上流域典型洪涝年 5—10 月极端面雨量事件频次和极端面雨量总量明显高于其他年份,其中乌江流域、宜宾—重庆区间极端面雨量事件频次最高。前期海洋、下垫面背景场有一些共性特征,均处于厄尔尼诺的结束年,春季印度洋海温偏高、前冬青藏高原积雪和欧亚积雪偏多。夏季风强度偏弱,夏季副高偏强,加上中高纬呈"两脊一槽",利于冷空气从贝湖南下,致使雨带长期稳定少动。

沂沭泗流域典型洪涝年前期信号并无共同特征,但是夏季西太平洋副热带高压面积偏小、强度偏弱,西伸脊点偏东,脊线偏北,同时乌拉尔山地区阻塞高压稳定维持及冷空气的不断南下,加上流域特殊地形作用,流域易产生持续降水并发生洪水。

  嫩江流域 1998 年、2013 年洪涝年,两者前期海洋、下垫面背景场也不太一致。1998 年为厄尔尼诺事件结束年,夏季东亚阻塞高压持续强盛,位置偏西,乌拉尔山到西西伯利亚维持长波高压脊,和西太平洋副热带高压与东亚阻高在 130°E 附近同位相叠加,是形成嫩江流域大暴雨的大尺度环流主要特征;而 2013 年前期冬、春季赤道东太平洋海温基本维持冷水位相,东亚夏季风偏强,夏季东北冷涡活动频繁且路径偏北,西太平洋副热带高压阶段性异常偏北,鄂霍次克海地区阻塞高压明显,来自南海、孟加拉湾、西太平洋副高外围的水汽与南下冷空气在嫩江流域交汇,最终导致嫩江出现大洪水。

第 3 章　未来气候变化背景下流域极端降水事件预估

未来气候预估仍存在许多不确定性,目前模式模拟的系统性偏差仍然较大。为了客观揭示气候变化背景下 3 个示范防洪重点流域未来极端降水事件的发展趋势,本节使用 LM-DZ4 变网格大气环流模式分别单向嵌套 3 个全球模式,得到多模式动力降尺度结果,研发了未来多模式降尺度模拟结果误差订正技术,改进了传统的预估计算方法,减少了未来气候预估的不确定性,预估了 RCP4.5 情景下 3 个流域 21 世纪初期(2021—2040 年)和中期(2041—2060 年)(日降水量>90%分位数的阈值)以及 1.5℃ 和 2℃ 升温阈值下长江监利以上流域极端降水变化趋势,为超标准洪水应对提供气候依据。

3.1　气候多模式集成的动力降尺度模拟方案和误差订正技术方法

3.1.1　气候多模式集成的动力降尺度模拟

本书使用 LMDZ4 动力降尺度模式进行研究。LMDZ4 模式是法国国家科研中心动力气象实验室(LMD)发展的一个具有变网格能力的大气环流模式。近几年,该模式在原有基础上增加了一个新的功能,即可以利用观测资料或全球模式的环流场来强迫模式中加密区域之外的大气变量,使模式对加密区域的模拟类似于一个区域气候模式。该模式能较好地再现东亚季风的基本特征,对中国东部地面气温和降水的年际变率和年代际变化都具有较好的模拟能力。为了提高模式对东亚复杂地形的刻画能力,本书将全球尺度经纬向网格数设为 120×120,模式的加密倍数在经度和纬度方向分别设为 5 和 2.5。将东亚加密区的水平分辨率设置为 0.5°(经度)×0.5°(纬度),选取(30°N,110°E)为模式中心点,加密区范围(5～55°N,85～135°E),见图 3-1,覆盖了东亚大部分地区(本书的 3 个研究区域均在加密区范围内),垂直方向共分为 19 层。为确保环流模拟的有效性,模式加密内没有外部资料强迫作用,加密区外松弛过程时间尺度为 0.5h,加密区域内的模式相当于是独立运行,而在加密区以外的模式几乎完全依赖于强迫场的变化。

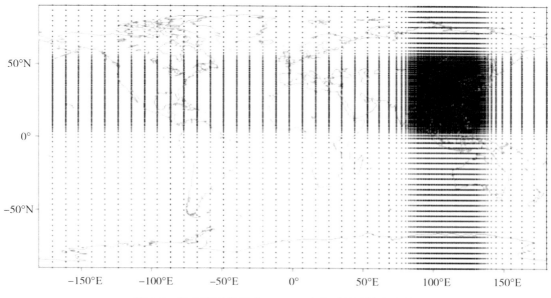

图 3-1　动力降尺度模式 LMDZ4 在全球的网格点分布

大气环流模式 LMDZ4 自身不能提供未来预估时段全球范围的大气要素产品,因此需要其他全球模式提供较为可靠的背景场数据用于降尺度模拟。本书用于嵌套的 3 个全球模式均来自 CMIP5 耦合模式比较计划。BCC_CSM1.1(m)和 FGOALS-g2 分别是中国气象局国家气候中心、中国科学院大气物理研究所大气科学和地球流体力学数值模拟国家重点实验室(IAP-LASG)研发的气候系统模式。这两个模式已经通过全面有效评估,各指标处于 CMIP5 多模式模拟范围内。其中,与 FGOALS 的早期版本相比,FGOALS-g2 在很多方面都有明显改进,能更好地模拟大尺度三维海洋环流结构,并且在环流强度方面也有一定的改善,在热带东太平洋季节变化和年际变化的模拟方面也有显著改进。就全球平均温度年际变化而言,这两个模式已经达到较好的模拟效果。IPSL-CM5A-MR 是法国 IPSL 气候模式中心(ICMC)研发的第五代全球气候模式,该模式多次参加 CMIP 模式比较计划,对全球尤其是东亚区域具有较好的模拟能力。

LMDZ4 模式的强迫环流场来自上述 3 个全球模式,强迫变量包括纬向风(u)、经向风(v)、温度(t)和比湿(q),时间间隔为 6h。下边界由具有季节变化的观测气候 SST 和海冰进行强迫,有效积分时间为 1961—2005 年。这里降尺度采用单向嵌套技术,即粗网格模式的模拟结果为细网格模式提供初始条件和边界条件,而细网格的模拟结果不对粗网格的模拟产生任何影响,GCM 和 LMDZ4 之间没有相互反馈的过程。降尺度后的模拟结果分别表示为 LMDZ/BCC、LMDZ/FGOALS、LMDZ/IPSL。为对比检验模拟结果,本书观测气温和降水分别使用 Xu(2009)和 Chen(2010)等[1-2]由观测站点插值得到的中国区域格点数据,分辨率均为 $0.5° \times 0.5°$。实际站点地形数据来自中国气象局提供的 753 站气象要素资料。各模式及观测数据信息见表 3-1。

表 3-1　　　　　　　　　　　　各模式和观测资料信息

项目	资料	来源	时间	分辨率
模式	LMDZ4	法国,LMD	1961—2005 年	0.5°×0.5°
	BCC_CSM1.1(m)	中国,BCC	1961—2005 年	1.125°×1.125°
	FGOALS-g2	中国,IAP	1961—2005 年	2.8125°×2.8125°
	IPSL-CM5A-MR	法国,IPSL	1961—2005 年	2.5°×1.2676°
观测	降水	Chen,2010	1961—2005 年	0.5°×0.5°
	温度	Xu,2009	1961—2005 年	0.5°×0.5°

动力降尺度对气候模拟的改善不仅在于分辨率的提高,下垫面地形特征描述更加细致也是重要因素。图 3-2 给出了各模式在东亚区域的水平分辨率和下垫面地形分布。东亚地区由东往西大致具有三级地形,第 1 级是沿海平原和小山脉,地形海拔高度小于 500m;第 2 级是山区丘陵,海拔 500～3000m;第 3 级地形则位于青藏高原,海拔高度超过 3000m。相比于 3 个全球模式,LMDZ4 模式分辨率较高,能够更细致和精确地描述海岸线和地形分布,武夷山、祁连山、柴达木盆地和准格尔盆地等地形特征都更加明显,尤其是四川盆地,在降尺度模式中得到了很好的描述。

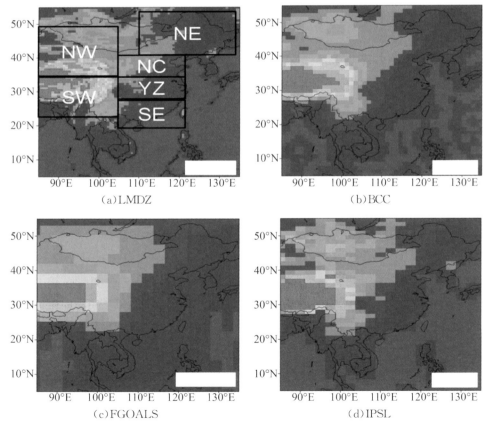

图 3-2　模式加密区及各模式在该区域的地形分布

3.1.2　多模式动力降尺度模拟误差订正技术方法

在气候变化预估中,通常以在某一排放情景下全球气候模式(GCM)的输出结果作为区域气候模式(RCM)的初始和边界条件,例如,LMDZ、PRECIS 以及 RegCM3 等是在中国应用较为广泛的 RCM。相关研究表明,这些 RCM 能较好地模拟我国气温和降水的年尺度、季尺度的地理分布和变化特征。然而,利用 RCM 对 GCM 进行动力降尺度仍存在较大误差,一方面来自驱动的 GCM,因为 GCM 的输出结果本身具有较大的不确定性;另一方面来自RCM 本身,如模式误差和参数化过程。如果模式的输出值不经过订正便应用于评估模式,则可能使结果偏离实际,因此,应用 RCM 产生的气候情景进行未来气候变化的影响评估时,必须对 RCM 预测的气候变量的误差进行订正。

对于区域气候模式(RCM),其可信度取决于模式本身的质量和边界条件[3]。最近的研究表明,无论是全球模式还是区域模式,在全球变暖背景下,气候模拟的系统性偏差均随时间变化[4-5],即模式在区域尺度上的模拟偏差是非线性的[5-6],Christensen 等[7]发现,在暖湿气候条件下,模拟的系统性偏差将显著增大,通常温度越高,偏差越大,降水量越大,偏差越大,这就会直接导致在未来气候变暖背景下,模拟会对温度更加高估。因此,进行模拟偏差订正对未来气候变化的预估具有重要意义。

进一步完善模拟是一个比较直接的减小预估偏差的方法,例如,改善模拟的物理过程和参数化方案。然而,目前对大气运动过程认识不完全以及数值预估存在众多随机过程,仅仅改善气候模式模拟水平对实际预估来说仍然不够,因此,通过统计订正方法进一步减小模拟偏差是目前提高气候模拟预估水平的一个重要途径。

国际上对误差订正的研究已开展了不少工作,其中一种思路是传递法,通过统计观测值和模拟值的累积概率分布函数(Cumulative Distribution Function,CDF)构建传递函数(Transfer Function,TF)来订正模拟变量[8-13]。Piani 等[11]基于经验概率分布校正的非参数化方法拟合日降水量,订正了欧洲地区未来的日降水量变化。由于这种订正方法的计算量比较大,之后 Piani 等[12]利用线性方法和幂指数分别拟合温度和降水的 TF,利用参数化方法构建 TF。Dosio 等[13]利用这一方法研究了多个高分辨率模式在欧洲地区的模拟结果,订正了日平均、最低、最高温度以及日降水的预估结果,同时对比了基于概率分布调整的参数化和非参数化两种方案,发现参数化方案能够在不影响订正效果的基础上降低计算成本。

由于温度和降水分别服从正太分布和 Gamma 分布,Yang 等[8]利用基于以上分布的拟合参数法对瑞士三大流域历史和未来的日降水量与日平均温度进行订正,同时把订正变量推广到流域水文模型,提高了该区域气候变化预估的准确性。基于分位数转换的偏差订正法[14-16]近几年应用较多,Amengual 等[17]在此基础上提出一种改进的分位数调整法(Quantile-quantile Adjustment),并将该方法应用到西班牙帕尔马地区的多模式动力降尺度模拟订正中,发现该方法对气候变量的均值、变率和概率分布均有较好的订正效果。上述偏差订正均是针对单个变量分别订正,Piani 等[11]研究发现,单个变量的订正效果没有同时订正多个不同变量的效果好,可能是忽略了不同变量间的相关性。Holger 等[18]针对多变量订正的一致性问题,提出一致性偏差订正方法,即在单变量统计订正的基础上通过最优化方法进行一致性订正;而 Dosio 等[13]则认为,单变量偏差订正并不会影响变量之间的相关性。

以上的研究思路都是基于同一种方法,即偏差法(Bias Correction)。另一种订正方法基于"模式完美地模拟出了气候变化"的假设,即扰动法(Change Factor,CF)[18]。这是两种不同的订正思路。除了以上针对单个站点或格点的误差订正方法,对气候变量的空间模态进行订正则考虑了整个场的空间一致性。例如,Feddersen 等[20]提出一种利用奇异值分解(SVD)对模拟变量场进行订正的方案,并且 Kharin 等[21]对其做了进一步的改进。Yun 等[22]对 Zeng 等[23]提出的经验正交函数(EOF)订正方法进行了改进。

国内开展短期气候预测或者天气预报的统计订正研究相对较早,例如,Zeng 等[23]早在 1994 年就系统地提出了一系列订正理论和方法,其中一部分已经应用到实际的预测业务中。当前的数值预报订正方法主要包括比值法、差值法、两步法、逐步回归法、一元回归法、移动平均值法等,其中最简单且最常用的比值法与差值法都是基于"偏差法"的订正思路,即将当前模拟结果与观测值的偏差平移到未来的模拟结果中。

针对短时临近预报,周邵毅等[24]对日平均气温进行差值法订正,对日降水进行比值线性内插,利用全概率法和分量回归法分别订正每天、每个时次的风向与风速数据,设计了一套小气候资料订正系统。郑祚芳等[25]针对年均温度和降水资料,首先对观测值和模拟值进行归一化处理,进而构建二者的二次关系式并进行订正。Chen 等[26]利用分类订正的思想,分析了中国降水对 ENSO 冷、暖位相年的非线性响应特征。此外,Zeng 等[23]利用经验正交分解进行预报修正,研究了空间模态订正方法。秦正坤[27]检验了 EOF 和 SVD 模态订正方法对中国区域短期气候数值预测各季节降水的改进效果,并提出基于集合 Kalman 滤波的超级集合方法。周林等[28]引入概率分布订正方法,检验了该方法对区域气候模式 PRECIS 在未来情景下模拟的各季节中国日降水量订正上的适用性。

综上所述,国内对偏差订正方法的研究主要集中在天气预报以及短期气候数值预测,对长期气候模式预估的订正方法研究较少,并且传统的预估计算方法存在不足。因此,需要探索基于概率分布(PDF)、分位数调整等偏差订正方法在中国动力降尺度模拟结果中的适用性,对不同区域、不同季节的气象要素进行有效订正,以得到中国地区未来气候变化更多、更精确的信息,并最终为气候变化的影响评估和适应服务。

温度和降水的模拟偏差随气候呈非线性变化,不同的量级偏差不同,因此偏差订正不仅要调整均值的偏差,更要针对不同量级的模拟值进行校正。分位数调整法是将模拟的未来变率与历史观测数据结合,从而推演未来气候变化。该方法的特点是考虑了模式在未来模拟中变率的情况,并且将观测数据作为未来变化的基准值,同时考虑了变量本身的自然变率。因此,基于分位数调整法得到的未来预测值可用如下关系式表达:

$$p_t = o_t + a\overline{\Delta} + b\Delta_t'$$

(3-1)

式中：p——订正后的预测值；

　　　o——观测值；

　　　a，b——订正参数；

　　　t——逐日时次。

$$\Delta_t = m_{ft} - m_{ht} \tag{3-2}$$

$$\overline{\Delta} = \frac{1}{T}\sum_{t=1}^{T}\Delta_t = \frac{1}{T}\sum_{t=1}^{T}(m_{ft} - m_{ht}) = \overline{m_f} - \overline{m_h} \tag{3-3}$$

$$\Delta'_t = \Delta_t - \overline{\Delta} \tag{3-4}$$

$$a = \frac{\dfrac{1}{T}\sum_{t=1}^{T}o_t}{\dfrac{1}{T}\sum_{t=1}^{T}m_{ht}} = \frac{\overline{o}}{\overline{m_h}} \tag{3-5}$$

$$b = \frac{Q_o}{Q_{m_h}} = \frac{(Q_{0.75} - Q_{0.25})_o}{(Q_{0.75} - Q_{0.25})_{m_h}},b\ \text{表示气温}；\text{或}\ b = \frac{Q_o}{Q_{m_h}} = \frac{(Q_{0.9} - Q_{0.1})_o}{(Q_{0.9} - Q_{0.1})_{m_h}},b\ \text{表示降水} \tag{3-6}$$

式中：m_f——模拟的未来结果；

　　　m_h——模拟的历史结果；

　　　Q——分位数值。

由于气温基本服从正态分布，而降水服从 Γ 分布，因此在计算系数 b 时，温度选取 25％ 和 75％ 分位数阈值，降水选取 10％ 和 90％ 分位数阈值（图 3-3）。

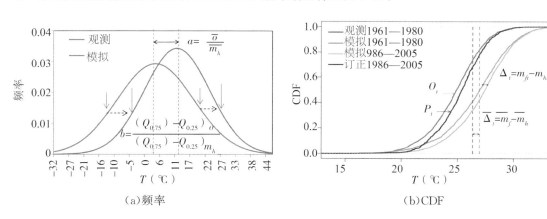

（a）频率　　　　　　　　　　　　（b）CDF

图 3-3　分位数调整法示意图

在对降水进行订正时，考虑到模式模拟产生大量虚假的极小量降水，首先要对降水日数进行订正，公式如下：

$$z_p = \frac{z_{m_f}}{z_{m_h}}z_o \tag{3-7}$$

式中：z_p——订正后的无降水日数；

　　　z_o——观测的无降水日数；

z_{mf}/z_{mh}——模式模拟的未来和历史无降水日数比例。

为细致讨论分位数调整法的订正效果,基于试验设计结果,选取 1966—1985 年(20a)作为控制时段,选取 1986—2005 年(20a)作为验证时段检验订正效果。在计算过程中,首先对 LMDZ/BCC、LMDZ/FGOALS 和 LMDZ/IPSL 三个模式分别进行偏差订正,然后将三个模式和订正值的平均值作为最终的分析结果,表达式为:

$$V = \frac{1}{3}(V^{\text{LMDZ/BCC}} + V^{\text{FGOALS/BCC}} + V^{\text{IPSL/BCC}}) \tag{3-8}$$

$$V_{\text{corr}} = \frac{1}{3}(V_{\text{corr}}^{\text{LMDZ/BCC}} + V_{\text{corr}}^{\text{FGOALS/BCC}} + V_{\text{corr}}^{\text{IPSL/BCC}}) \tag{3-9}$$

式中:V、V_{corr}——动力降尺度模拟值和偏差订正值[29-30]。

3.2 误差订正前后效果对比分析

3.2.1 降水日数模拟误差订正效果比较分析

无论是全球模式还是区域降尺度模式,都无法避免大量虚假性微量降水模拟误差。本书计算了 1986—2005 年观测和模拟的年降水日数百分比(100%×降水日数/总日数),结果表明降水日数的分布与我国雨带分布基本一致,由东南向西北递减。东南部和东北北部的降水日数百分比超过 50%,最多的降水日数集中在四川盆地周围以及喜马拉雅山脉附近,降水日数百分比超过 60%。环渤海地区和内蒙古中西部以及中国西北地区的降水日数百分比低于 30%。模拟的降水日数百分比在全国范围内普遍偏大,尤其是西部少雨区的模拟降水日数远远大于观测值,很多地区超过了 90%[31]。

控制时段和验证时段订正前后的降水日数偏差由式(3-10)给出,将降水日数偏差定义为:

$$R = (d_{\text{sim}} - d_{\text{obs}})/d_{\text{obs}} \times 100\% \tag{3-10}$$

式中:d_{sim}——模拟或订正后的降水日数;

d_{obs}——观测的降水日数。

通过对比两个时段模拟和订正的降水日数偏差发现,模拟输出的各季节中无降水日数(降水量为 0)远小于观测值,原因是模拟会产生大量虚假性的微量降水。经过订正,降水日数在控制时段与观测偏差为 0,因为订正比例是由该时段得出的。

为验证该订正比例的准确性,将该比率用于验证时段。结果显示(表 3-2),订正后全年和冬、夏季降水日数偏差均显著减小。全年的模拟偏差达到 62.4%,订正后减小到 3.9%;冬季的模拟降水日数偏差最大(247.5%),订正后减小到 2.4%;夏季模拟降水日数偏差最小(17.8%),订正后减小到 1.2%。总体而言,比例订正法效果十分显著。

表 3-2　　　　　　　　控制时段和验证时段的降水日数订正前后结果比较　　　　　　　单位:%

时段	全国降水日数偏差			
	控制时段(1966—1985年)		验证时段(1986—2005年)	
	订正前	订正后	订正前	订正后
全年	58.7	0.0	62.4	3.9
夏季	18.1	0.0	17.8	1.2
冬季	258.3	0.0	247.5	2.4

通过进一步从验证时段降水日数订正的空间分布得出,全年降水日数模拟偏差由南向北增大,东南沿海地区偏差最小(22.2%),东北、西北地区偏差较大,分别为92.3%、99.8%,其中柴达木盆地附近超过了200%,四川盆地的降水日数与观测较为接近。订正后的降水日数偏差显著减小,全国基本都低于10%,东北和西南地区减小到2%以下。在夏季模拟的降水日数偏差中,江淮地区平均较大(32.3%),最大偏差中心位于祁连山附近(60%),天山山脉呈现负偏差(-40%),模拟降水日数偏少,青藏高原地区的偏差较小。订正后降水日数较观测仍略微偏多,但普遍低于5%,模拟偏差较大的江淮地区的偏差减小到0.2%。在冬季模拟的降水日数中,除了南方部分地区和四川盆地呈现负偏差以外,全国其他地区均表现为大幅度偏多,塔里木盆地及其以东地区偏差超过600%。订正后东北和西北地区的降水日数略偏少,分别减小到-1.7%和-13%,较模拟值有极大改善(表3-3)。

表 3-3　　中国各区域全年、夏季和冬季控制时段和验证时段的降水日数订正前后结果比较　　单位:%

时段	降水日偏差			
	控制时段(1966—1985年)		验证时段(1986—2005年)	
(全年)分区	订正前	订正后	订正前	订正后
NE	90.4	0.0	92.3	2.0
NC	78.3	0.0	90.0	8.4
YZ	19.6	0.0	26.4	7.7
SE	15.8	0.0	22.2	6.6
NW	105.8	0.0	99.8	-3.0
SW	42	0.0	43.9	1.7
(夏季)分区	订正前	订正后	订正前	订正后
NE	11.1	0.0	12.0	4.3
NC	26.0	0.0	29.6	5.1
YZ	33.3	0.0	32.3	0.2
SE	30.3	0.0	27.7	-1.4
NW	0.3	0.0	-2.3	-1.4
SW	7.9	0.0	7.6	0.7

(冬季)分区	订正前	订正后	订正前	订正后
NE	331.1	0.0	334.3	−1.7
NC	341.6	0.0	385.7	9.9
YZ	20.8	0.0	29.0	5.8
SE	11.9	0.0	15.7	9.4
NW	663.1	0.0	556.2	−13.0
SW	189.4	0.0	164.2	3.7

注:表中"NE"表示东北,"NC"表示华北,"YZ"表示长江中下游,"SE"表示东南,"NW"表示西北,"SW"表示西南,下同。

3.2.2 日降水量订正效果比较分析

所有动力降尺度基本能模拟出平均日降水量西北小、东南大的空间分布,同时在青藏高原东南地区存在一个降水大值区(图略)。但模拟值存在较大偏差(图略),主要特征为湿偏差,多模式动力降尺度的全国平均偏差为 31.66%(表 3-4),主要集中在华北、西北以及青藏高原东南地区,湿偏差最大区域位于塔里木盆地和青藏高原东南侧,偏差超过 300%;干偏差主要位于准噶尔盆地、青藏高原中西部、四川盆地以及云南地区。可以看出,降水的大偏差区主要位于地形环境比较复杂的地区。

分位数调整法对平均降水空间分布的订正非常显著,特别是对大偏差值的订正。除了内蒙古部分地区以外,全国各地区干、湿偏差均降低到 20% 以内,平均偏差减小到 1.04%。华北、东南和西南地区由湿偏差变为干偏差。

表 3-4 各区域全年验证时段(1986—2005 年)的平均日降水量订正前后结果

全年日平均降水偏差			
分区	观测值(mm/d)	模拟值的偏差(%)	订正值的偏差(%)
ALL	1.77	31.66	3.04
NE	1.02	18.17	2.92
NC	1.04	31.84	−5.90
YZ	2.88	20.49	8.32
SE	4.03	8.06	−7.75
NW	0.39	78.17	12.47
SW	1.42	33.26	−3.84

注:表中"ALL"表示全国,下同。

由于分位数调整法的订正是基于变量的不同分位数,订正值对平均降水的不同季节改善效果并不完全一样。春季,模拟的全国平均偏差为 62.1%(表 3-5),西北地区湿偏差最严重,达到 170.5%,东南部表现为干偏差(−29.48%),订正后全国平均偏差降低到 17.65%,

西北地区偏差仍最大(44.31%)。夏季,全国平均模拟表现为干偏差(−15.32%),模拟偏多的区域主要集中在东北、华南沿海以及青藏高原周边地区。订正后偏差减小到−6.22%,且高原地区的偏差明显减小。秋季和冬季的降水量较少,但是模拟偏差较大,全国平均偏差分别达到82.83%和295.08%,越干旱的地方湿偏差越大,订正后各个区域的偏差都明显减小。

表 3-5　各区域全年验证时段(1986—2005 年)的平均日降水量订正前后偏差对比

分区	春季平均日降水量 (mm/d)		订正值的 偏差(%)	分区	夏季平均日降水量 (mm/d)		订正后 偏差(%)
	观测值	模拟值			观测值	模拟值	
ALL	1.36	62.11	17.65	ALL	3.27	−15.32	−6.22
NE	0.64	97.25	29.31	NE	3.15	−14.60	−8.49
NC	0.77	55.47	13.30	NC	3.09	−19.75	−11.02
YZ	3.26	16.80	10.53	YZ	5.58	−35.56	−19.71
SE	5.13	−29.48	−9.18	SE	7.43	−7.87	14.64
NW	0.28	170.50	44.31	NW	0.92	21.15	−16.82
SW	1.53	40.79	−3.31	SW	4.61	30.42	−4.47
分区	秋季平均日降水量 (mm/d)		订正后 偏差(%)	分区	冬季平均日降水量 (mm/d)		订正后 偏差(%)
	观测值	模拟值			观测值	模拟值	
ALL	1.39	82.83	−7.81	ALL	0.65	295.08	101.37
NE	0.81	69.66	9.33	NE	0.14	369.04	101.88
NC	0.95	66.38	−10.81	NC	0.15	260.65	113.43
YZ	2.26	52.43	−22.21	YZ	1.21	190.42	109.22
SE	2.65	35.57	−25.42	SE	1.70	140.23	−20.25
NW	0.28	188.85	10.06	NW	0.07	510.14	205.33
SW	1.94	35.24	5.97	SW	0.32	310.42	66.68

从全国及各区域观测、模拟以及订正的平均日降水量的年内循环分布曲线可看出,多模式动力降尺度模拟了与观测值一致的“降水夏季最大、冬季最小,呈单峰型”的分布趋势。

就全国平均而言,冬、春季偏多,夏、秋季与观测值相对接近。订正后各月的降水量与观测值更加接近,尤其是2、3、4月改善最显著。对于各分区,降水均为夏季最大、冬季最小,季节循环波动性除江淮地区以外均较全国平均更大,且干旱区域大于湿润地区。干旱地区冬、春季的模拟偏差最大,湿润地区的模拟偏差在夏季最大。东北地区观测的降水峰值出现在7月,而模拟最大值在8月,江淮地区和东南地区观测的降水峰值均在6月,而模拟最大值分别出现在4月和7月。订正后的降水峰值与观测值达到一致,且显著减小了西部地区冬、春季的湿偏差和东部地区的干偏差[31]。

3.2.3 极端降水指数订正效果对比

为了检验对极端降水指数的订正效果,本节主要以长江中上游区域为例进行订正前后的对比分析。受东亚季风和地形的影响,长江中上游年降水量整体呈现由东向西递减的空间分布,其中四川盆地降水量大于周边区域。图 3-4 给出了订正前后的偏差对比,动力降尺度模拟的极端降水指数偏差表现出明显的区域性差异。其中强降水日数(R25)在金沙江、雅砻江、岷江等流域模拟偏多 1~6d,长江中游、嘉陵江和乌江等流域偏少 1~6d,见图 3-4(a),经过订正,全区域偏差均减小到 1d 左右,见图 3-4(b)。95 百分位极端日降水量(R95p)的模拟偏差空间分布与强降水日数类似,金沙江、雅砻江、岷江等流域模拟偏多 10%~50%,长江中游、嘉陵江和乌江等流域偏少 10%~40%,见图 3-4(c),经过订正,全区域偏差均减小到 10%左右,见图 3-4(d)。此外,分位数调整法对其他极端降水指数均有显著的订正效果,特别是对大偏差值的订正[30]。

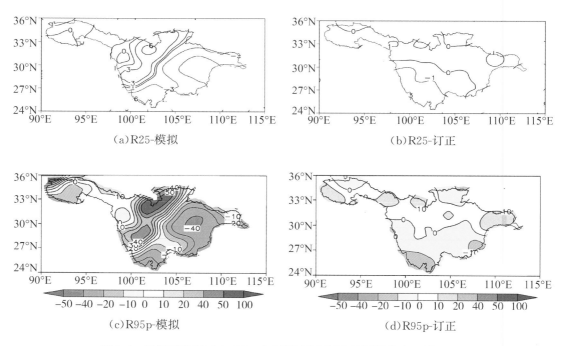

(a)R25-模拟   (b)R25-订正

(c)R95p-模拟   (d)R95p-订正

图 3-4 验证时段(1986—2005 年)长江监利以上流域强降水日数(a,b)

和极端日降水量订正(c,d)前(a,c)后(b,d)与观测值偏差对比

3.3 典型流域未来极端降水事件预估

为了预估未来全球和区域的气候变化,必须事先提供未来温室气体和硫酸盐气溶胶的"排放情况",即所谓的"排放情景"。IPCC 第 5 次评估报告强调的辐射强迫的变化,即"典型

浓度目标"(Representative Concentration Pathways, RCP),主要包括:RCP8.5W/m²、RCP6.0、RCP4.5 和 RCP2.6 共 4 种情景,到 2100 年辐射强迫分别为 8.5W/m²、6.0W/m²、4.5W/m² 和 2.6W/m²(图 3-5)。本章在对未来中国区域气候变化进行动力降尺度模拟时,分别嵌套 3 个全球模式在 RCP4.5 排放情景下(中等排放,与中国未来实际排放更接近)的模拟结果,预估模拟时段为 2006—2100 年,对极端降水事件的预估分别选取 21 世纪初期(2021—2040 年)和中期(2041—2060 年)。

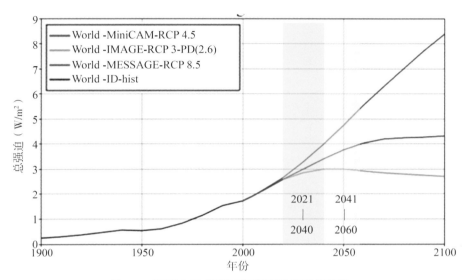

图 3-5 不同 RCP 情景下辐射强迫的时间变化

为订正模拟值,将 1961—2005 年观测的降水[32]数据作为参考标准,这套数据由观测站点插值得到,分辨率均为 $0.5° × 0.5°$,将模拟值统一插值到同一分辨率中。采用分位数调整法[17],将 1966—1985 年作为控制时段,分别对 1986—2005 年、2021—2040 年、2041—2060 年时段内每个格点的日降水量进行订正。将 1986—2005 年作为历史参照时段,2021—2040 年和 2041—2060 年分别为 21 世纪初期和中期,未来气候变化状态取 3 套动力降尺度订正结果的平均。

3.3.1 RCP4.5 情景下的长江监利以上流域未来预估

21 世纪初期(2021—2040 年)长江监利以上流域年均降水量空间分布不均,整体呈由西向东增加的分布型,流域大部分地区为 1~3mm/d,其中上游干流区降水量不足 2mm/d,四川盆地降水大值中心超过 3mm/d,见图 3-6(a)。90 百分位极端日降水量(R90p)的空间分布与年均降水量分布基本一致,四川盆地及其以东地区 R90p 超过 21mm/d,见图 3-6(c)。相比于 1986—2005 年,21 世纪初期长江监利以上流域西部年均降水量增加,其中金沙江、雅砻江下游区域超过 20%。东部减少,其中嘉陵江流域减小 15%,见图 3-6(b)。R90p 在 21 世纪初期金沙江上游、重庆等区域增加,超过 10%,嘉陵江中上游和宜昌等区域减小超过

10%,见图 3-6(d)。

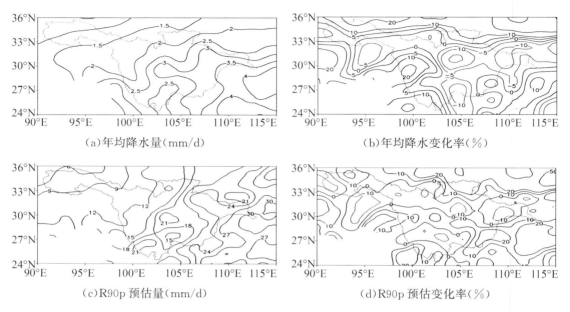

（a）年均降水量（mm/d） （b)年均降水变化率（%）

（c)R90p 预估量（mm/d） （d)R90p 预估变化率（%）

图 3-6 RCP4.5 情景下 2021—2040 年长江监利以上流域 21 世纪初期(2021—2040 年)预估图

21 世纪中期(2041—2060 年)长江监利以上流域年均降水量空间分布与初期基本一致,但略有减少。四川盆地区域降水量略高于周边区域,见图 3-7(a)。R90p 降水量在流域东北部和南部较大,其中东北部超过 27mm/d,见图 3-7(c)。相比于 1986—2005 年,21 世纪中期长江监利以上流域西部年均降水量增加,其中金沙江、雅砻江下游区域增加最明显,超过 20%。长江监利以上流域东部降水量减小,减小幅度大于 21 世纪初期,其中嘉陵江流域减小 20%,见图 3-7(b)。R90p 降水量在 21 世纪中期的变化幅度同样超过 21 世纪初期,流域西部、东北部和东南部增加超过 20%,宜昌等区域减小超过 20%,见图 3-7(d)。

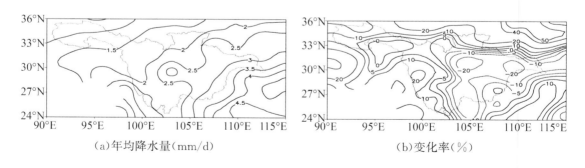

（a）年均降水量（mm/d） （b)变化率（%)

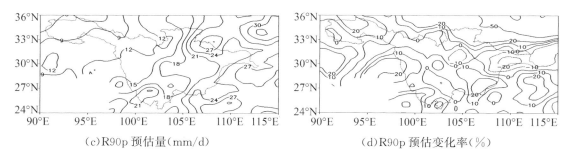

(c)R90p 预估量(mm/d)　　　　　　　　(d)R90p 预估变化率(%)

图 3-7　RCP4.5 情景下长江监利以上流域 21 世纪中期(2041—2060 年)预估图

3.3.2　RCP4.5 情景下的沂沭泗流域未来预估

图 3-8 给出了沂沭泗流域未来 21 世纪初期年均降水量空间分布。从图中可以看出,整个流域年均降水量东大西小,为 1.8～2.4mm/d,见图 3-8(a)。R90p 在流域西部和东部较大,其中西部超过 31mm/d,见图 3-8(c)。相比于 1986—2005 年,21 世纪初期沂沭泗流域年均降水量变化趋势表现为西部增加,东部减小,其中南四湖区和沂沭河区增加 15%,沂沭河下游区减小超过 10%,见图 3-8(b)。R90p 在 21 世纪初期整个流域均增加,其中西部增加最多,最大区域超过 50%,东部区域增加低于 10%,见图 3-8(d)。

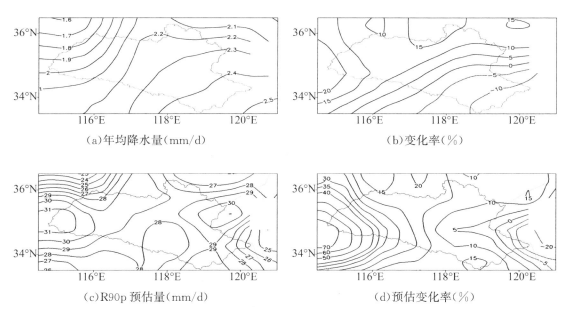

(a)年均降水量(mm/d)　　　　　　　　　(b)变化率(%)

(c)R90p 预估量(mm/d)　　　　　　　　(d)预估变化率(%)

图 3-8　RCP4.5 情景下沂沭泗流域 21 世纪初期(2021—2040 年)预估图

图 3-9 给出了沂沭泗流域未来 21 世纪中期年均降水量空间分布。从图中可以看出,整个流域年均降水量东南大、西北小,为 2.1～2.7mm/d,多于 21 世纪初期,见图 3-9(a)。R90p 降水量在流域西南部和中北部较大,大值中心超过 33mm/d,见图 3-9(c)。相比于 1986—2005 年,21 世纪中期沂沭泗流域年均降水量大部分区域表现为增加,仅沂沭河下游

局部减小,其中南四湖区和沂沭河区西部增加超过 30%,沂沭河下游区部分区域减小约 5%,见图 3-9(b)。R90p 降水量在 21 世纪中期变化幅度超过 21 世纪初期,其中西部增加最 多,最大区域超过 50%,东部部分区域略有减小,见图 3-9(d)。

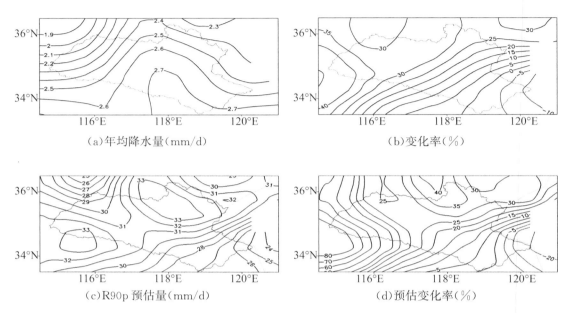

(a)年均降水量(mm/d)　　　　　　　　(b)变化率(%)

(c)R90p 预估量(mm/d)　　　　　　　　(d)预估变化率(%)

图 3-9　RCP4.5 情景下沂沭泗流域 21 世纪中期(2041—2060 年)预估图

3.3.3　RCP4.5 情景下的嫩江流域未来预估

图 3-10 给出了嫩江流域未来 21 世纪初期年均降水量空间分布。从图中可以看出,整 个流域年均降水量北大南小,量级为 0.9~1.5mm/d,见图 3-10(a)。R90p 降水量在流域和 中部相对较大,大值中心超过 15mm/d,见图 3-10(c)。相比于 1986—2005 年,21 世纪初期 嫩江流域年均降水量变化趋势表现为北部增加,南部减小,其中嫩江上游增加超过 10%,下 游中部区域减小超过 30%,见图 3-10(b)。R90p 降水量在整个流域范围基本上是减小,其 中南部减小幅度最大,超过 20%,见图 3-10(d)。

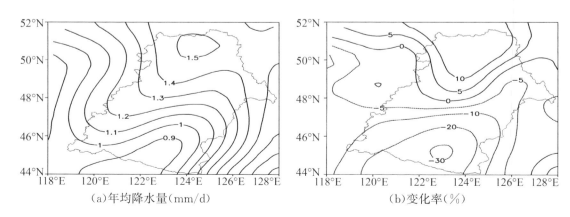

(a)年均降水量(mm/d)　　　　　　　　(b)变化率(%)

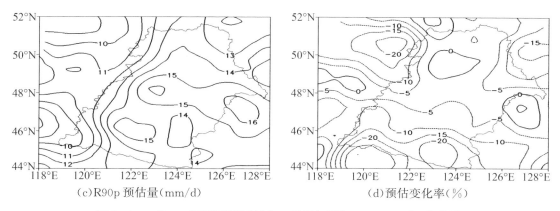

(c)R90p 预估量(mm/d)　　　　　　　　(d)预估变化率(%)

图 3-10　RCP4.5 情景下嫩江流域 21 世纪初期(2021—2040 年)预估图

　　图 3-11 给出了嫩江流域未来 21 世纪中期年均降水量空间分布。从图中可以看出,整个流域年均降水量北大南小,为 1.1~1.5mm/d,见图 3-11(a)。R90p 降水量在流域中部相对较大,大值中心超过 18mm/d,图 3-11(c)。相比于 1986—2005 年,21 世纪中期嫩江流域年均降水量变化趋势表现为北部增加,南部略微减小,其中嫩江上游、中游增加超过 30%,下游中部区域减少超过 5%,见图 3-11(b)。R90p 降水量在整个流域基本上是增加,其中中北部增加幅度最大,超过 20%,见图 3-11(d)。

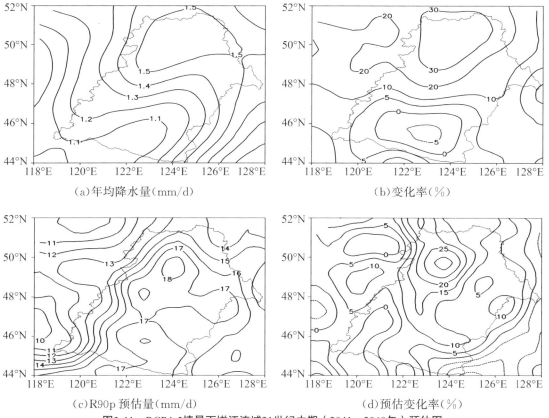

(a)年均降水量(mm/d)　　　　　　　　(b)变化率(%)

(c)R90p 预估量(mm/d)　　　　　　　　(d)预估变化率(%)

图3-11　RCP4-5情景下嫩江流域21世纪中期（2041—2060年）预估图

综上所述,3 个典型流域 RCP4.5 情景下未来 21 世纪初期和中期的年均降水量和 90 百分位极端日降水量(R90p)变化具有明显的区域性差异。相比于 1986—2005 年,长江监利以上流域年均降水量在 21 世纪初期和中期空间变化趋势基本一致,其中西部降水量增加,超过 20%,东部降水量减小,嘉陵江流域减小 20%;R90p 未来的变化幅度与年均降水量变化幅度接近,且空间分布也接近。沂沭泗流域降水量在 21 世纪中期增加幅度大于初期,流域西部增加幅度大于东;R90p 未来变化幅度大于年均降水量的变化幅度,变化趋势的空间分布接近。嫩江流域降水量在 21 世纪初期和中期均表现为北部增加南部减少,中期流域整体降水量较初期有所增加;R90p 未来变化幅度与年均降水量的变化幅度接近,但变化趋势的空间分布与年均降水量不同。

3.3.4 1.5℃和2℃升温阈值下的全球变暖发生时间预估

根据《联合国气候变化框架公约》(United Nations Framework Convention on Climate Change,UNFCCC)的定义,温升年份指全球年均气温相对于工业化前温度升高达到某一温度的年份。而在具体的温升定义上则有很多的讨论,包括稳定化(stablization)以后的温度、峰值温度、瞬时态(transient)的温度等。同时,相对于工业化前升温的计算,AR5 气候模式组在计算相对于 1986—2005 年升温的时候并没有考虑现代气候相对于工业化前的气温变化,所以在其第一和第三工作组报告中均采用了未来相对于 1986—2005 年模式的变化,再叠加基于 HadCRUT4 的观测资料得到现代气候相对于工业化前的 0.6℃升温。

$$T_{1.5℃/2.0℃} = T_{model(future)} - T_{model(1986—2005)} + 0.6 \tag{3-11}$$

这一计算方案的前提条件是假定现代气候与工业化前的气温变化是一样的,当前有很多关于升温 1.5℃的研究采用了这一方案[33]。但是,该方案也存在缺点,即在实际应用模式结果进行计算时,每个模式的现代气候相对于工业化前的升温和观测并不一样,而且在工业化早期缺乏大量的观测资料。

为了客观确定全球变暖发生年份,首先将 RCP4.5 和 RCP8.5 情景下全球模式所模拟的 2005—2100 年全球平均温度序列进行 20a 滑动平均处理,以便有效消除年际尺度温度变率的影响,进而对应查找各模式相对于 1986—2005 时段升温 0.9℃和 1.4℃的未来预估时段,结果见表 3-6。

表 3-6　　　　3 个全球模式相对于工业化前全球升温 0.9℃和 1.4℃阈值的时间窗口期

模式	RCP4.5		RCP8.5	
	1.5℃	2℃	1.5℃	2℃
BCC_CSM1.1(m)	2020—2039 年 (2030 年)	2030—2049 年 (2039 年)	2005—2024 年 (2014 年)	2022—2041 年 (2031 年)
FGOALS-g2	2029—2048 年 (2038 年)	2040—2059 年 (2049 年)	2021—2040 年 (2030 年)	2037—2056 年 (2046 年)
IPSL-CM5A-MR	2015—2034 年 (2025 年)	2025—2044 年 (2034 年)	2007—2026 年 (2016 年)	2022—2041 年 (2031 年)

注:括号中年份表示 20 年的中间年份。

3.3.5　1.5℃和 2℃升温阈值下长江监利以上流域极端降水变化的空间分布

为了更好地理解不同升温阈值下极端降水的变化幅度,首先给出基准期(1986—2005年)长江上游各极端降水指数的分布。整体而言,各极端降水指数在流域空间内分布不均,但均呈西低东高的分布型,并且四川盆地存在较大值中心(图 3-12)。降水强度(SDII)的气候平均值为 3~10mm/d,见图 3-12(a),极端降水贡献率(Pfl95)为 0.1~0.3,见图 3-12(b),大于 25mm 的强降水日数(R25)为 1~13d,见图 3-12(c),95 百分位极端日降水量(R95p)为5~40mm/d,见图 3-12(d),最大 1d 降水量(RX1d)为 10~100mm,见图 3-12(e),最大连续5d 降水量(RX5d)为 20~200mm,见图 3-12(f)。

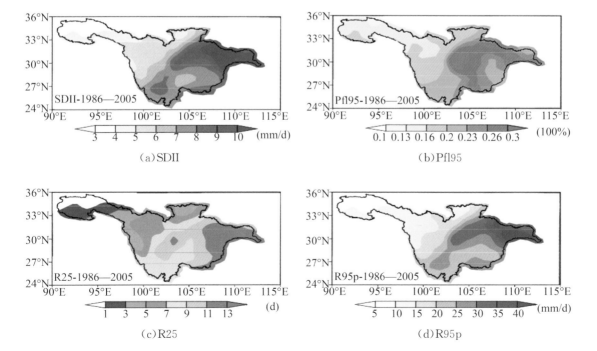

（a）SDII　　　　　　　　　　　　　　　　（b）Pfl95

（c）R25　　　　　　　　　　　　　　　　（d）R95p

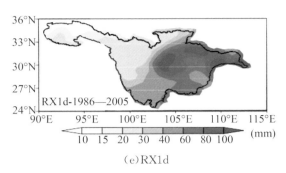
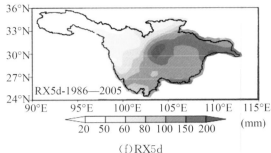

（e）RX1d　　　　　　　　　　　　　　　　（f）RX5d

图 3-12　基准期（1986—2005 年）极端降水指数

在 RCP4.5 排放情景 1.5℃全球变暖背景下，所有极端降水指数均表现为正增长趋势，但各指数在长江上游具有区域性差异。相比于 1986—2005 年，降水强度在金沙江上游和岷江上游增加幅度超过 5％，在嘉陵江上游、乌江流域和四川盆地增加幅度超过 10％，其他区域增加幅度较小，见图 3-13（a）。极端降水贡献率在四川盆地、乌江下游和宜昌附近增加幅度超过 2％，见图 3-13（b）。大雨日数在岷江上游和嘉陵江上游增加幅度超过 1d，在金沙江下游和雅砻江下游减少 0.5d 左右，见图 3-13（c）。95 百分位极端日降水量在乌江流域和嘉陵江上游增加幅度超过 10％，在金沙江下游南侧略有减小，见图 3-13（d）。最大 1d 降水量在四川盆地和嘉陵江上游增加幅度最大，超过 30％，最大 5d 降水量的变化趋势空间分布与最大 1d 降水量基本一致，增加幅度超过 20％，见图 3-13（e）、（f）。

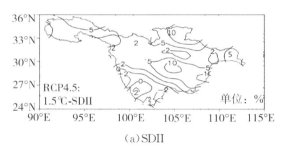
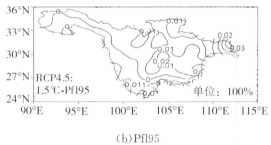

（a）SDII　　　　　　　　　　　　　　　　（b）Pfl95

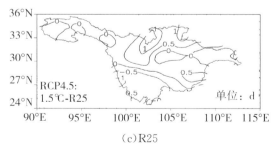
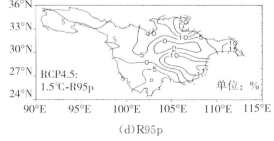

（c）R25　　　　　　　　　　　　　　　　（d）R95p

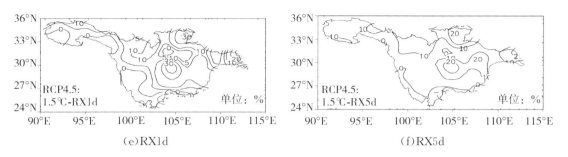

(e)RX1d   (f)RX5d

图 3-13　RCP4.5 排放情景 1.5℃ 全球变暖背景下长江上游极端降水指数

在 RCP4.5 排放情景 2℃ 全球变暖背景下,大部分极端降水指数的变化幅度超过 1.5℃
全球变暖背景下的变化幅度。降水强度在金沙江上游、嘉陵江上游、乌江下游和宜昌等区域
增加幅度超过 10%,大于 1.5℃ 全球变暖背景下的增加幅度,见图 3-14(a)。极端降水贡献
率在四川盆地南部、乌江下游和宜昌附近增加幅度超过 0.03,大于 1.5℃ 全球变暖背景下的
增加幅度,见图 3-14(b)。大雨日数在岷江西部的增加幅度超过 2d,在嘉陵江上游、乌江下
游和宜昌等地增加幅度超过 1d,见图 3-14(c)。95 百分位极端日降水量在嘉陵江上游、乌江
流域和宜昌等地增加幅度超过 20%,见图 3-14(d)。就整个区域来看,最大 1d 降水量大于
1.5℃ 的增加幅度,但在四川盆地南部小于 1.5℃ 全球变暖背景下的增加幅度,见图 3-14(e)。
最大 5d 降水量的增加幅度与 1.5℃ 全球变暖背景下类似,见图 3-14(f)。

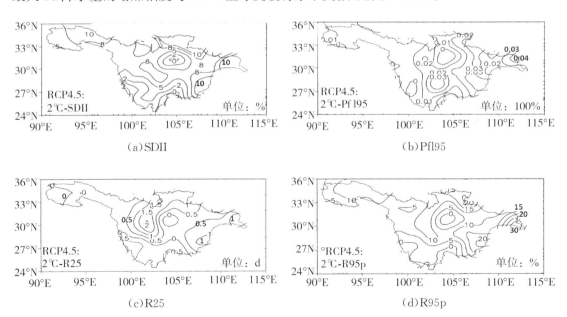

(a)SDII   (b)Pfl95

(c)R25   (d)R95p

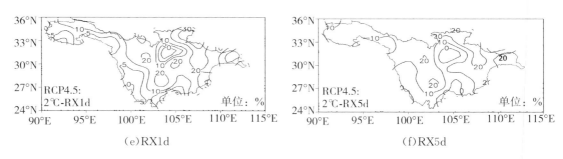

（e）RX1d   （f）RX5d

图 3-14　RCP4.5 排放情景 2℃全球变暖背景下长江上游极端降水指数

相比于 RCP4.5 中等排放情景，RCP8.5 高排放情景 1.5℃全球变暖背景下升温时间窗口提前到 2007—2026 年，极端降水指数的变化趋势有所差异。降水强度在金沙江上游、嘉陵江上游、四川盆地南部等区域同样表现为增加趋势，但在四川盆地北部和长江中游南侧表现为减小趋势，见图 3-15（a）。极端降水贡献率在四川盆地南部、嘉陵江上游增加幅度超过 0.02，在岷江上游、金沙江下游和长江中游南侧略有减小，见图 3-15（b）。大雨日数在嘉陵江上游、乌江流域等地增加幅度超过 0.5d，但在金沙江下游和长江中游南侧有所减小，见图 3-15（c）。95 百分位极端日降水量在金沙江上游、嘉陵江上游和乌江流域增加幅度超过 15%，在四川盆地西部、金沙江下游南侧和长江中游南侧减小，见图 3-15（d）。最大 1d 降水量在四川盆地和嘉陵江上游增加幅度超过 30%，在岷江上游减小幅度超过 10%，见图 3-15（e）。最大 5d 降水量的变化趋势空间分布与最大 1d 降水量类似，但幅度较小，见图 3-15（f）。

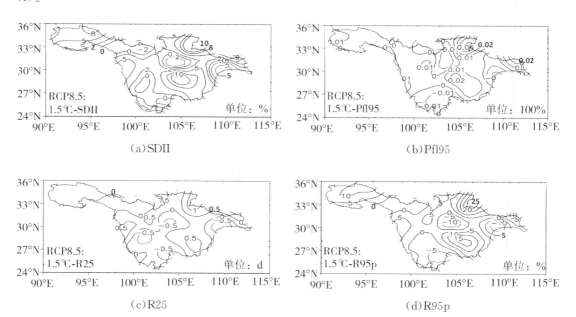

（a）SDII   （b）Pfl95

（c）R25   （d）R95p

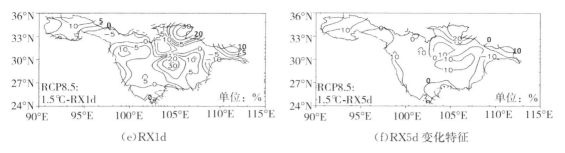

（e）RX1d   （f）RX5d变化特征

图 3-15 RCP8.5排放情景1.5℃全球变暖背景下长江上游极端降水指数

在 RCP8.5 排放情景2℃全球变暖背景下,降水强度在四川盆地南部和金沙江下游的增加幅度大于1.5℃全球变暖背景下的增加幅度,见图 3-16(a)。极端降水贡献率的变化幅度和空间分布与1.5℃全球变暖背景下基本一致,见图 3-16(b)。大雨日数在金沙江下游表现出 1d 左右的增加幅度,与1.5℃全球变暖背景下变化趋势相反,见图 3-16(c)。95 百分位极端日降水量变化趋势的空间分布与1.5℃全球变暖背景下基本一致,但整体增加幅度超过1.5℃,见图 3-16(d)。最大 1d 降水量和最大 5d 降水量变化趋势的空间分布与1.5℃全球变暖背景下基本一致,但最大 1d 降水量变化幅度小于1.5℃全球变暖背景,最大 5d 降水量变化幅度大于1.5℃全球变暖背景,见图 3-16(e)、(f)。

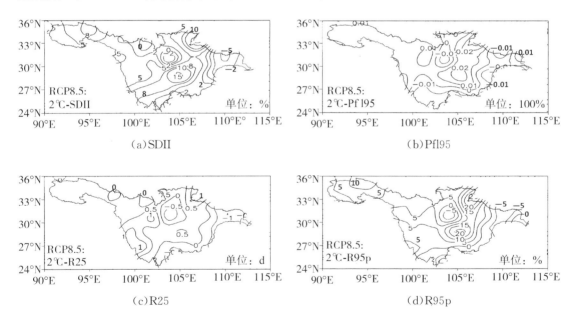

（a）SDII   （b）Pfl95

（c）R25   （d）R95p

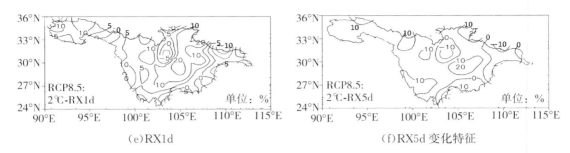

(e)RX1d   (f)RX5d 变化特征

图 3-16   RCP8.5 排放情景 2℃全球变暖背景下长江上游极端降水指数

3.3.6   1.5℃和2℃升温阈值下长江监利以上流域极端降水变化幅度

在全球变暖背景下,一些地区的极端降水事件的变化可能比气候平均态的变化更加显著,从而对自然环境和人类生活造成深远影响[34]。因此,有必要深入分析不同升温阈值下长江上游极端降水的变化幅度。

在全球平均升温达到 1.5℃和 2℃阈值时,这些指数均呈现增加趋势,即表现为未来长江上游的降水极端性在增强,不仅单次降水过程的量级(SDII)将增加,极端降水过程的量级(RX1d、RX5d)也有所增加,而且,极端降水事件所产生的总降水量(R95p、Pfl95)和大雨日数(R25)也将增加。但是,这些指数所描述的极端降水强度变化幅度差异较大,说明极端降水强度变化具有区域性特征(图 3-17)。

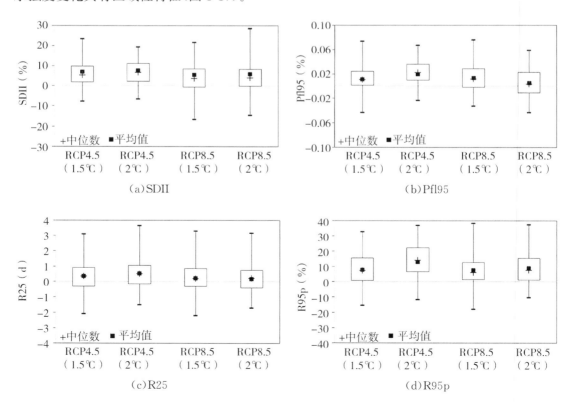

(a)SDII   (b)Pfl95

(c)R25   (d)R95p

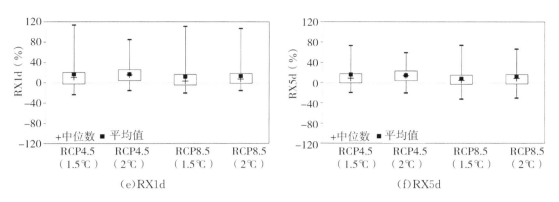

图 3-17　不同升温阈值下长江上游极端降水指数的变化图

在不同排放情景下达到相同升温阈值时,极端降水指数的预估结果无明显差异。当全球平均气温升高 1.5℃时,RCP4.5 和 RCP8.5 排放情景长江上游日降水强度相对参考时段的变化值平均数分别为 6.7%和 5.2%,最高增幅分别为 23.5%和 21.7%。最低增幅分别为 -7.8%和 16.7%,中位数略低于平均值,分别为 5.3%和 3.5%,见图 3-17(a)。极端降水贡献率在 RCP4.5 情景升温 2℃时变化值的平均值最大,为 0.019,RCP8.5 情景升温 2℃时变化值的平均值最小,仅为 0.5%,见图 3-17(b)。大雨日数在 RCP4.5 情景升温 2℃时平均值最大,为 0.51d,RCP8.5 情景升温 1.5℃时平均值最小,仅为 0.15d,最大增加幅度与最小增加幅度相差 5.53d,见图 3-17(c)。95 百分位极端日降水量在 RCP4.5 情景升温 2℃时平均值最大,为 12.5%,RCP8.5 情景升温 1.5℃时平均值最小,仅为 7.3%,见图 3-17(d)。最大 1d 降水量和最大 5d 降水量变化幅度在不同升温阈值情况下都表现为最大值的绝对值远大于最小值的绝对值,见图 3-17(e)、(f)。有研究表明,当前的气候模式预估未来不同升温阈值下极端降水强度的变化具有较大的不确定性,且这种模式间的不确定性随升温阈值的升高而增大。上述结果表明,同一模式在空间分布上也存在较大不确定性。

3.4　本章小结

①研发了流域多模式动力降尺度模拟结果分位数调整法误差订正技术,改进了传统的预估计算方法,减少了未来极端降水预估的不确定性。订正结果显示,全年和夏季降水日数偏差由订正前的 62.4%、17.8%减小到订正后的 3.9%、1.2%;全年和夏季日平均降水量偏差分别由订正前的 31.7%、-15.3%减小到订正后的 3.0%、-6.2%。对长江中上游强降水日数(R25)和极端日降水量(R95p)极端降水指数误差由订正前的 3.5d、30%左右减小到订正后的 1d 左右和 10%,对其他极端降水指数均有显著的订正效果,特别是对大偏差值的订正。

②3 个典型流域在 RCP4.5 情景下未来 21 世纪初期和中期的 90 百分位极端日降水量(R90p)变化具有明显的区域性差异。相比于 1986—2005 年,长江监利以上流域 R90p 初期在金沙江、金沙江上游、重庆、乌江上游等区域增加超过 10%,嘉陵江中下游和宜昌等区域减

小超过 10%；中期流域西部、东北部和东南部增加超过 20%，宜昌等区域减小超过 20%。沂沭泗全流域初期增加，西部增加最多，最大区域超过 50%，东部增加量低于 10%；中期变化幅度超过 21 世纪初期，东部部分区域略有减少。嫩江全流域初期基本都减少，其中南部减小幅度最大，超过 20%；中期整个流域基本都增加，中北部增加幅度最大，超过 20%。

　　③在 1.5℃和 2℃不同升温阈值下，长江上游地区降水的极端性体现为增强的趋势，不仅降水强度（SDII）将增加，最大 1d 降水量（RX1d）和最大 5d 降水量（RX5d）也有所增加。但是，这些极端降水指数所描述的极端降水强度变化幅度差异较大，说明具有区域性特征。在 RCP4.5 排放情景下，2℃升温阈值与 1.5℃升温阈值相比，降水强度、极端降水贡献率、大雨日数和 95 百分位极端日降水量增加幅度略大，而最大 1d 降水量和最大 5d 降水量增加幅度略小。RCP8.5 排放情景，2℃升温阈值与 1.5℃升温阈值相比，降水强度、95 百分位极端日降水量、最大 1d 降水量和最大 5d 降水量增加幅度略大，而极端降水贡献率和大雨日数增加幅度略小。从空间分布来看，极端降水指数未来变化表现出明显的区域性差异，2℃升温阈值和 1.5℃升温阈值变化的空间分布基本一致。嘉陵江上游、乌江流域和四川盆地南部等区域所有极端降水指数均表现为明显增加，95 百分位极端日降水量、极端降水贡献率、最大 1d 降水量和最大 5d 降水量在四川盆地北部呈减小趋势。

本章主要参考文献

[1] Xu Y，Gao X，Shen Y. A daily temperature dataset over China and its application in validating a RCM simulation[J]. Advance in Atmospheric Science，2009，26（4）：763-772.

[2] Chen D，Ou T，Gong L，et al. Spatial interpolation of daily precipitation in China：1951-2005[J]. Advance in Atmospheric Science，2010，27（6）：1221-1232.

[3] Dawson A，Palmer T N，Corti S. Simulating regime structures in weather and climate prediction models[J]. Geophysical Research Letters，2012，39：L21805.

[4] Buser C，Künsch H R，Lüthi D. Bayesian multi-model projection of climate：Bias assumptions and interannual variability[J]. Climate Dynamics，2009（33）：849-868.

[5] Christensen J H，Boberg F. Temperature dependent climate projection deficiencies in CMIP5 models[J]. Geophysical Research Letters，2012，39：2307-2308.

[6] Boberg F，Christensen J H. Overestimation of Mediterranean summer temperature projections due to model deficiencies[J]. Nature Climate Change，2012（2）：433-436.

[7] Christensen J H，Boberg F，Christensen O B，et al. On the need for bias correction of regional climate change projections of temperature and precipitation[J]. Geophysical Research Letters，2008，35：20701-20705.

[8] Yang W，Johan A，Phil G L，et al. Distribution-based scaling to improve usability of regional climate model projections for hydrological climate change impact studies[J].

Hydrology Research,2010,41(3-4):211-229.

[9] Ines A V M, Hansen J W. Bias correction of daily GCM rainfall for crop simulation studies[J]. Agriculture and Forest Meteorology,2006,138:44-53.

[10] Li H,Sheffield J,Wood E F. Bias correction of monthly precipitation and temperature fields from Intergovernmental Panel on Climate Change AR4 models using equidistant quantile matching[J]. Journal of Geophysical Research:Atmospheres,2010, 115:10101-10120.

[11] Piani C, Haerter J O, Coppola E. Statistical bias correction for daily precipitation in regional climate models over Europe[J]. Theoretical and Applied Climatology,2010, 99(1-2): 187-192.

[12] Piani C, Weedon G P, Best M, et al. Statistical bias correction of global simulated daily precipitation and temperature for the application of hydrological models[J]. Journal of Hydrology,2010, 395(3-4):199-215.

[13] Dosio A, Paruolo P. Bias correction of the ensembles high-resolution climate change projections for use by impact models:Analysis of the climate change signal[J]. Journal of Geophysical Research, 2012,117:1711001-1711024.

[14] Wood A W, Leung L R, Sridhar V, et al. Hydrologic implications of dynamical and statistical approaches to downscaling climate model outputs[J]. Climatic Change, 2004, 62(1-3): 189-216.

[15] Boé J, Terray L,Habets F, et al. Statistical and dynamical downscaling of the Seine basin climate for hydrometeorological studies [J]. International Journal of Climatology,2007,27, 1643-1655.

[16] Déqué M. Frequency of precipitation and temperature extremes over France in an anthropogenic scenario: Model results and statistical correction according to observed values[J]. Global Planet Change,2007,57, 16-26.

[17] Amengual A, Homar V, Romero R,et al. A statistical adjustment of regional climate model outputs to local scales:Application to Platja de Palma, Spain[J]. Journal of Climate, 2012,25:939-957.

[18] Holger H,Thomas R. Meteorologically consistent bias correction of climate time series for agricultural models[J]. Theoretical and Applied Climatology, 2012, 110: 129-141.

[19] Middelkoop H, Daamen K,Gellens D,et al. Impact of climate change on hydrological regimes and water resources management in the Rhine Basin[J]. Climatic Change, 2001,49: 105-128.

[20] Feddersen H, Navaira A,Ward M N. Reduction of model systematic error by statisti-

cal correction for dynamical seasonal predictions [J]. Journal of Climate,1999(12): 1074-1080.

［21］ Kharin V V,Zwiers F W. Skill as a function of time scale in ensembles of seasonal hindcasts[J]. Climate Dynamics,2001,17:127-141.

［22］ Yun W T，Stefanova L,Mitra A K,et al. Multi-model synthetic superensemble algorithm for seasonal climatre prediction using Demeter forcasts[J]. Tellus,2005,57A: 280-289.

［23］ Zeng Q C，Zhang B L,Yuan C Q,et al. A note on some methods suitable for verifying and correcting the prediction of climate anomaly [J]. Advances in Atmospheric Sciences,1994,11(2):121-127.

［24］ 周邵毅,苏志,黄梅丽. 小气候资料订正系统的设计与实现[J]. 广西气象，2006,27 （增刊1）:73-74.

［25］ 郑祚芳,张秀丽,曹鸿兴. 气候模拟数据的订正与应用——以北京为例[J].气候变化研究进展，2007,3(5):299-302.

［26］ Chen H, Lin Z H. A new correction method suitable for dynamical climate prediction [J]. Advances in Atmospheric Sciences, 2006,23(3):425-430.

［27］ 秦正坤.短期气候数值预测的误差订正和超级集合方法研究[D].南京:南京信息工程大学,2007.

［28］ 周林,潘婕,张镭,等.概率调整法在气候模式模拟降水量订正中的应用[J].应用气象学报,2014,25(3):302-311.

［29］ 杨浩,江志红,李肇新,等.分位数调整法在北京动力降尺度模拟订正中的适用性评估[J].气象学报,2017,7(3):460-470.

［30］ Yang H, Liu M, Wang M, et al. Projections of extreme precipitation in the middle and upper Yangtze River at 1.5℃ and 2℃ warming thresholds based on bias correction[J]，Theoretical and Applied Climatology,2022,147:1589.

［31］ 杨浩.多模式动力降尺度和分位数调整相结合的中国气候变化模拟及预估[D].南京:南京信息工程大学,2015.

［32］ Chen D，Ou T，Gong L，et al. Spatial interpolation of daily precipitation in China: 1951-2005[J]. Advances in Atmospheric Science,2010,27(6)：1221-1232.

［33］ Li W，Jiang Z H，Zhang X B,et al. Additional risk in extreme precipitation in China from 1.5°C to 2.0°C global warming levels[J]. Science Bulletin,2018,63(4): 228-234.

［34］ Zhang Q,Wang R,Jiang T,et al Projection of extreme precipitation in the Hanjiang River basin under different RCP scenarios[J]. Climate Change Research,2020,16 （3）:276-286.

第4章　ENSO 对中国雨季降水的影响

　　本章将在全国尺度上分析雨季特征(包括雨季开始时间、雨季结束时间和雨季降水量)的时空变化规律,并对中国进行雨季特征分区。从气象学角度解释大气环流和季风对雨季开始和结束的影响,深入分析雨季起讫的物理归因。建立了雨季开始时间、雨季结束时间和雨季降水量与海表温度之间的遥相关关系,进一步解释雨季出现提前或者延迟现象的物理成因。因雨季特征的变化趋势与海表温度 SST(尤其是 ENSO 区)密切相关,且 ENSO 类型众多,有传统 ENSO、ENSO Modoki、中太平洋暖温(CPW)、东太平洋冷温(EPC)、东太平洋暖温 EPW 共 5 种类型,深入探索了 5 种 ENSO 类型对全国尺度上雨季降水空间分布规律的影响,并结合北太平洋西部的大气环流和印度洋季风分析物理归因。

4.1　中国雨季特征时空分布

4.1.1　资料与方法

　　选取我国大陆地区作为研究区,使用从中国气象数据分享服务系统获得的 1960—2015 年 536 个气象站点的降水数据。针对所保留的时间序列长度超过 50a 的完整数据的气象站点,分析雨季特征的变化规律。

　　使用美国国家环境预测中心(NCEP)/美国国家大气研究中心(NCAR)再分析数据研究雨季特征和季风、大气环流的相关关系,其数据的具体网址可以在链接 https://www.esrl.noaa.gov/psd/data/gridded/data.ncep.reanalysis.html 查到。同时,美国国家海洋大气中心(NOAA)的重建海表温度数据也被用来探索雨季特征和海表温度之间的关系,该数据可以查询链接 https://www.ncdc.noaa.gov/data-access/marineocean-data/extended-recon-structed-sea-surface-temperature-ersst-v4。

　　气象站点在我国的空间分布不均,具体表现为东部和南部偏多、西部和北部偏少见图 4-1,因此需将站点降水数据通过空间插值的方法使数据分布均匀。统一采用协同克里金插值法对空间数据进行插值(插值成 $0.2° \times 0.2°$ 栅格)。使用多尺度滑动 t 检验法来确定雨季的开始时间和结束时间。该检验法是通过检测某突变点前后两段样本的变化幅度来确定雨季区间。其中,选取前后两段样本增加最明显时对应的突变点为雨季开始时间,减小最明显时对应的突变点为雨季结束时间。选取我国雨季开始时间、雨季结束时间和雨季降水量

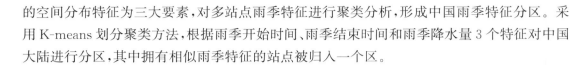

的空间分布特征为三大要素,对多站点雨季特征进行聚类分析,形成中国雨季特征分区。采用 K-means 划分聚类方法,根据雨季开始时间、雨季结束时间和雨季降水量 3 个特征对中国大陆进行分区,其中拥有相似雨季特征的站点被归入一个区。

4.1.2 中国雨季特征时空分布规律

中国雨季特征空间分布图可以宏观地展现中国大陆雨季特征(雨季开始时间、雨季结束时间和雨季降水量)的空间变化规律,其具体求取方法是利用滑动 t 检验确定每个站点每一年的雨季变化特征并求多年平均,再使用协同克里金插值法将分布不均的雨季变化特征插值成均匀的栅格(0.2°×0.2°)。中国雨季最早开始于中国的东南沿海地区(3 月中旬),随后雨带开始向长江流域中游和下游移动(4 月上旬至下旬),黄河流域和中国东北部的雨季开始时间晚于长江流域(5 月上旬和中上旬),雨季开始最晚的是中国的西部和西北部(5 月下旬和 6 月上旬)。与雨季开始时间相似,雨季最早结束于东南沿海地区(7 月下旬),其次结束于中国的东北部和西北部(8 月上旬),最后停留在长江流域和黄河流域所在地区(100°E~110°E,20°N~35°N),该地区的雨季约在 9 月和 10 月才结束。总体而言,中国雨季在东南沿海地区和西北地区先结束,于中部地区最后结束。中国雨季降水量具有明显的规律性,并与雨季开始时间的空间分布类似。雨季降水量最少的是中国西北部,并由西北向东南方向逐渐递增。黄河流域、长江上游和中国东北部的雨季降水量为 300~600mm,长江中游、下游以及淮河流域的雨季降水量为 600~1200mm,而雨季降水量最大的是中国的东南沿海地区,平均降水量为 1200~1800mm。综上所述,东南沿海地区的雨季最早开始、最早结束且雨季降水量最大;西北地区的雨季最晚开始、较早结束且雨季降水量最小;中部地区的雨季开始时间和雨季降水量位于东南和西北地区之间,但是雨季最晚结束。

中国雨季特征分布具有明显的空间异质性,且不同区域雨季有不同的提前或者延迟的变化趋势,根据中国雨季特征(雨季开始时间、雨季结束时间和雨季降水量)空间分布规律,利用 K-means 聚类法进行中国雨季特征分区。具体做法为:计算每个站点多年平均的雨季开始时间、雨季结束时间和雨季降水量,并将其作为该站点的属性值,同时为建立站点之间的空间相关性,将站点的经纬度和高程数据也作为属性值参与聚类,因此一个站点的属性值矢量表示形式为经度、纬度、高程、多年平均雨季开始时间、多年平均雨季结束时间和多年平均雨季降水量。确定各站点属性值以后,不断计算比较各种分区方案中站点属性值与区内平均属性值的平方误差的和,使各个分区内的平方误差的和均最小的聚类方案则为 K-means 聚类最后结果。

依据中国雨季开始时间、雨季结束时间和雨季降水量的空间分布规律,共将中国分为 5 个雨季特征变化区。其中,区域 1 包含青藏高原和西北诸河;区域 2 包括松花江流域、辽河流域、海河流域、黄河流域、长江流域上游和淮河流域北部;区域 3 包含淮河流域南部和长江流域中上游;区域 4 包含长江流域中游和下游;区域 5 包含珠江流域和东南流域。

通过计算多个气象站点 1960—2015 年的多年平均年降水量并以 200mm、400mm、600mm 和 800mm 等降水量为分区界限绘制得出中国多年平均年降水量分区图。多年平均年降水量分区规律与中国雨季特征分区规律总体相似,皆从西北方向朝东南沿海方向发展。具体来说,年降水量小于 200mm 的区域主要为西北诸河以及青藏高原地区,与中国雨季特征中的区域 1 所划分区域基本一致,而区域 3 则类似于年降水量集中在 600～800mm 的区域。年降水量分区和中国雨季特征分区的区别在于:

①中国雨季特征分区中的区域 2 横跨了两个年降水量的分区(200～400mm 以及 400～600mm)。

②年降水量超过 800mm 的区域则被雨季特征细分为区域 4 和区域 5,原因是中国雨季特征分区不仅考虑了雨季降水量,同时也考虑了雨季开始时间和雨季结束时间对分区的影响。

受气候变化影响,雨季特征的时间分布规律中可能会出现明显的突变点。Pettitt 检验可以用来检测雨季开始时间/雨季结束时间/雨季降水量时间序列中突变最大的点,从而判断气候变化对雨季特征的影响。图 4-1 展示了 5 个区域内雨季开始时间、雨季结束时间和雨季降水量 1960—2015 年的时间变化特性。区域 1 的雨季开始时间没有显著突变点,平均开始时间为日序第 132 天;但是在最近的 20a 间,区域 1 有雨季延迟开始的趋势。区域 2 有一个突变点,在 1997 年,并在 0.1 显著性水平上显著;1997 年之前雨季的平均开始时间是日序第 131 天,之后是日序第 126 天。从多年角度上看,区域 2 的雨季有提前开始的趋势。区域 3 的突变点在 1979 年,突变前区域 3 的雨季开始时间较为稳定,平均开始时间为日序第 121 天;突变后雨季开始时间的波动性变大,平均开始时间为日序第 128 天。从多年角度上可以看出,区域 3 的雨季有延迟开始的趋势。区域 4 的突变点在 1992 年,突变前区域 4 的雨季平均开始时间是日序第 103 天,突变后是第 106 天,总体存在延迟趋势。区域 5 的雨季开始时间变化较为稳定,不存在明显的突变点,平均开始时间是日序第 107 天。

根据图 4-1(b)可以分析 5 个区域雨季结束时间的时间变化规律。在区域 1 中,雨季结束时间存在一个明显的突变点(1983 年),并且在显著性水平 0.05 上显著,其具体表现为突变前区域 1 的雨季平均结束时间为日序第 252 天,突变后为日序第 240 天。中国西北地区的雨季结束时间的突变年份是 1983 年,雨季降水量的突变年份是 1991 年。由此可见,在气候变化显著的年份附近,雨季的特性也发生显著变化,不难看出中国区雨季特性的变化与气候变化密切相关。在区域 2 中,雨季结束时间存在一个明显的突变点(1976 年)。突变前的雨季平均结束时间为日序第 268 天,突变后为日序第 263 天,除此之外,随着时间的推移,雨季结束时间的波动范围逐渐减小并稳定在 9 月下旬。在区域 3 中,雨季结束时间存在明显突变(2001 年)。突变前的雨季平均结束时间为日序第 270 天,但其特征表现为波动较大;突变后为日序第 260 天,波动较突变前变小。区域 4 和区域 5 的雨季结束时间都没有显著的突变点和明显的变化趋势,其中区域 4 的雨季平均结束时间为日序第 249 天,区域 5 为日序第 246 天。

5 个区域雨季降水量的时间变化特征及规律表现见图 4-1(c)。由该图可见,在区域 1 中雨季降水量的变化非常明显并存在突变年份 2015 年,该突变点在 0.01 显著性水平上显著。突变前雨季平均降水量是 80mm,突变后是 98mm,可知区域 1 雨季降水量明显增大。区域 2～4 的雨季降水量都没有显著的突变点和变化趋势,表现得较为平稳。从多年角度上来看,区域2的雨季平均降水量为420mm,区域3为719mm,区域4为1013mm。由此可见,越靠近中国的东南部,雨季平均降水量越大。不同于区域2~4,区域5的雨季降水量存在明显的突变点1992年。突变前的雨季平均降水量为1300mm,突变后为1390mm,且降水量的波动随着时间的推移逐渐减小。综上所述,在多年尺度上尤其是最近20a中,中国很多地区的雨季都有推迟开始和提前结束的趋势,但只有中国沿海地区和西北地区的雨季降水量明显增大,其他大部分地区趋于平稳。因此,推迟发生、提前结束且降水量增大的雨季将会在某种程度上增大洪涝灾害发生的概率,需要引起足够的重视。

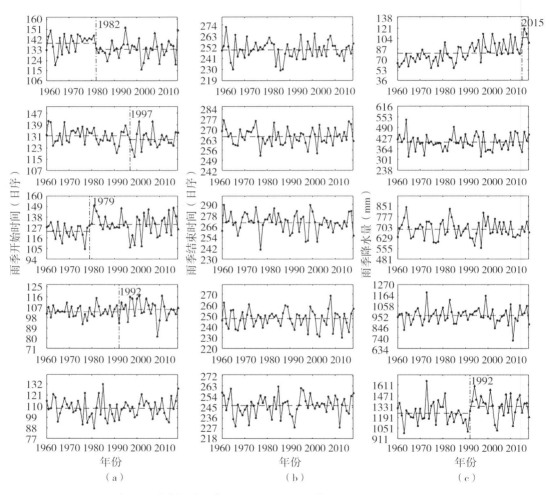

图 4-1　中国雨季特征分区内雨季开始时间、结束时间和雨季降水量时间变化图

注:第1列(a)代表了雨季开始时间(单位为日序)在5个分区内的时间变化特性;第2列(b)代表了雨季结束时间(单位为日序)在5个分区内的时间变化特性;第3列(c)代表了雨季降水量(单位为mm)在5个分区内的时间变化特性。其中,垂直的虚线代表由Pettitt检验检测出的突变年份;水平虚线代表着突变前后的雨季开始时间(a)/雨季结束时间(b)/雨季降水量(c)的平均值,如果在1960—2015年没有检测出突变点,那么水平虚线代表1960—2015年期间雨季开始时间(a)/雨季结束时间(b)/雨季降水量(c)的平均值。

4.1.3 雨季起讫的物理归因

中国降水的变化形态取决于 850hPa 风速场和从热带太平洋西部传送到亚热带地区的水汽。因此,850hPa 矢量风速场变化图也被用于探索中国雨季特征变化规律的大气物理归因。

图 4-2 反映了区域 1 雨季开始前后 20d 的平均风速场以及雨季开始后 20d 和雨季开始前 20d 风速场的差值。图 4-3 与图 4-2 相似,差别在于图 4-3 反映的是区域 4 而不是区域 1。因为区域 1~3、4~5 雨季开始时间的风速场非常相似,所以仅展示区域 1 和区域 4 的风速场。从图 4-2 可以看出,区域 1~3 雨季的发生与中国东部地区增强的气旋和中国南海地区增强的反气旋密切相关。并且来自印度洋的西风带也给中国地区带来了充足的水汽,区域 1~3 降水明显增多,这也标志着雨季的开始。从图 4-3 可以看出,区域 4~5 雨季开始时出现的气旋的位置与区域 1~3 相似。区别在于,区域 4~5 雨季开始时间主要受中国东部增强气旋的影响,而不是中国东部增强的气旋和中国南海地区增强的反气旋的综合影响。西风带对于区域 4~5 的影响也明显弱于区域 1~3。

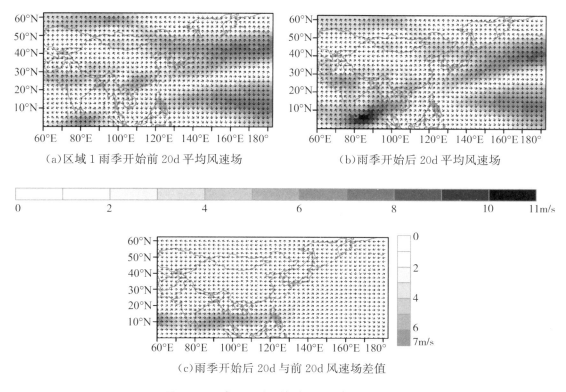

（a）区域 1 雨季开始前 20d 平均风速场　　　　（b）雨季开始后 20d 平均风速场

（c）雨季开始后 20d 与前 20d 风速场差值

图 4-2　区域 1 雨季开始时间物理归因分析图

注:(a)反映的是雨季开始前 20d 的平均值;(b)反映的是雨季开始后 20d 的平均值;(c)反映的是(b)与(a)的差值。图中箭头表示风速的方向;灰色阴影表示超过 1m/s 风速值的区域。

　　基于区域1～5雨季结束时间附近的风速场的相似性,仅展示区域1雨季结束前后20d的风速场图及它们的差值图(图4-4)。从该图可以看出,与雨季的开始相似,雨季的结束受东部地区的气旋和南海地区的反气旋影响较大。不同点在于,雨季的结束与减弱的气旋和反气旋以及减弱的西风带有关。综上所述,印度洋季风、中国南海地区的气旋和反气旋是影响中国雨季特征变化规律的3个重要因素。具体来说,在ENSO时期,主要是出现在赤道附近增强的大气环流和15°N附近减弱的大气环流影响着降水,并且大气环流的空间分布是对称的;但是在ENSO Modoki时期,大气环流的分布是非对称的,并且主要是10°N附近增强的大气环流和20°N附近减弱的大气环流影响着降水。

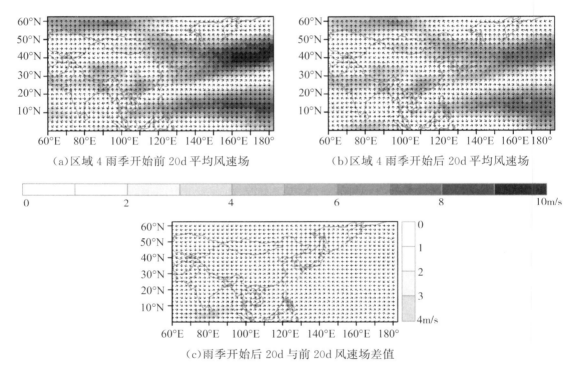

(a)区域4雨季开始前20d平均风速场　　　　(b)区域4雨季开始后20d平均风速场

(c)雨季开始后20d与前20d风速场差值

图4-3　区域4雨季开始时间物理归因分析图

注:(a)反映的是雨季开始前20d的平均值;(b)反映的是雨季开始后20d的平均值;(c)反映的是(b)与(a)的差值。图中箭头表示风速的方向;灰色阴影表示超过1m/s风速值的区域。

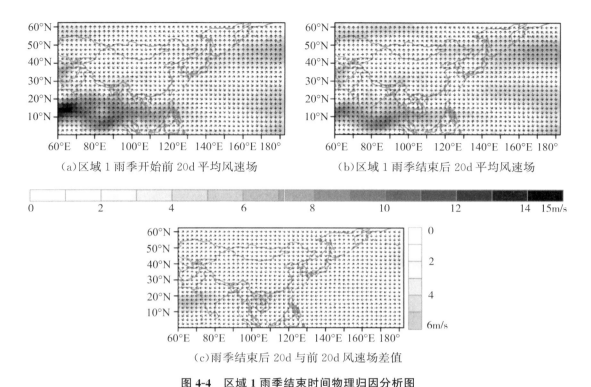

(a)区域1雨季开始前20d平均风速场　　　　　(b)区域1雨季结束后20d平均风速场

(c)雨季结束后20d与前20d风速场差值

图 4-4　区域 1 雨季结束时间物理归因分析图

注:(a)反映的是雨季结束前20d的平均值;(b)反映的是雨季结束后20d的平均值;(c)反映的是(b)与(a)的差值。图中箭头表示风速的方向;灰色阴影表示超过1m/s风速值的区域。

4.2　雨季特征与海表温度遥相关关系

大气环流和季风的变化会影响雨季的起讫,而海表温度(SST)的变化则是大气环流和季风强度发生改变的根本原因。从图 4-1 可以看出,雨季开始时间、雨季结束时间和雨季降水量在时间变化特性上通常存在突变点。为研究雨季特征与大尺度气候因子 ENSO 的关系,需分析雨季特征中存在的突变年份是否对应着 ENSO 发生年份。表 4-1 展示了图 4-1 中各雨季特征时间突变点所对应的 ENSO 类型,比如传统的厄尔尼诺(Conventional El Niño ,CEN)和拉尼娜(Conventional La Niña,CLN)。ENSO Modoki 是区别于传统 ENSO 的新型 ENSO,于 2007 年中 Ashok 等提出[1]。ENSO Modoki 包括 El Niño Modoki(MEN)和 La Niña Modoki(MLN)两种类型。总体而言,以上所有类型的 ENSO 都对中国降水有着重要的影响[2-4]。从表 4-1 可以看出,大部分突变点和 ENSO 有关。具体来说,传统厄尔尼诺发展期对应的年份有区域 2 雨季开始时间的突变年份 1997 年和区域 1 雨季结束时间的突变年份 1983 年;La Niña Modoki 发展期对应的年份有区域 2 雨季结束时间的突变年份 1976 年;传统 La Niña 衰减期对应的年份有区域 3 雨季结束时间的突变年份 2001 年;传统 El Niño 发展期对应的年份有区域 1 雨季降水量的突变年份 1991 年;El Niño Modoki 发展期对应的年份有区域 5 雨季降水量的突变年份 1992 年。

表 4-1   雨季特征分区内雨季开始时间、结束时间和雨季降水量时间变化突变年份对应的 ENSO 类型

突变年份	对应的 ENSO 类型
1976 年（区域 2 雨季平均结束时间）	MLN 发展期
1979 年（区域 3 雨季平均开始时间）	非 ENSO 年
1983 年（区域 1 雨季平均结束时间）	CEN 发展期
1991 年（区域 1 雨季平均降水量）	CEN 发展期
1992 年（区域 5 雨季平均降水量）	MEN 发展期
1996 年（区域 4 雨季平均开始时间）	非 ENSO 年
1997 年（区域 2 雨季平均开始时间）	CEN 发展期
2001 年（区域 3 雨季平均结束时间）	CLN 衰减期

为进一步分析雨季特征和 ENSO 之间的关系，需先对雨季开始时间与海表温度之间的相关性进行统计分析。首先分析了雨季开始前 1—12 月中相关的 3 个月平均海表温度和各个区域雨季特征的相关关系。研究结果表明，雨季开始前 1—12 月的海表温度均和雨季的开始密切相关且相关关系图也十分类似，说明海表温度和雨季开始时间之间展示了稳定的相关关系。在 12 个月中，相关关系最强的月份见图 4-5～4-9，图中彩色阴影区域从相关系数大于 0.2 开始，并且间隔为 0.1，以上所有的相关关系均在 0.05 显著性水平上显著。

图 4-5 展示了区域 1 的雨季开始时间和海表温度的相关关系。从该图可以看出，区域 1 的雨季开始时间和海表温度呈负相关关系，说明海表温度升高会使区域 1 雨季提前，并且在太平洋东部和中部地区（10°N～20°S，100°W～170°W）的前一年 6—8 月的海表温度对区域 1 的雨季开始时间影响最大。

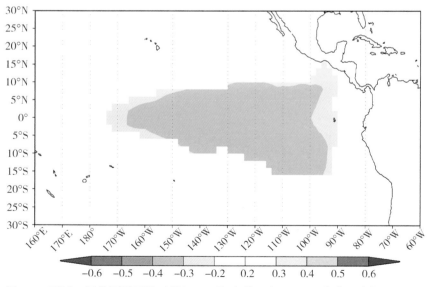

图 4-5   区域 1 平均雨季开始时间（4—6 月）和前一年 6—8 月海表温度相关关系图

图 4-6 展示了区域 2 的雨季开始时间和海表温度的相关关系。从该图可以看出,与区域 1 相似,区域 2 的雨季开始时间和海表温度也呈负相关关系,说明海表温度升高也会使区域 2 雨季提前。具体来说,在太平洋东部地区(20°N～20°S,80°W～140°W)的前一年 8—10 月海表温度(区域 2 雨季发生 8 个月前)对区域 2 雨季开始时间影响最大。

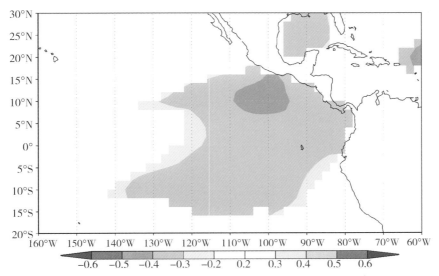

图 4-6　区域 2 平均雨季开始时间(4—6 月)和前一年 8—10 月海表温度相关关系图

图 4-7 展示了区域 3 的雨季开始时间和海表温度的相关关系,从该图可以看出,与区域 1～2 相似,区域 3 的雨季开始时间和海表温度也呈负相关关系,说明海表温度升高也会使区域 3 雨季提前。相比于区域 1～2,海表温度对区域 3 雨季开始时间的影响范围较小,主要位于区域(6°N～12°S,80°W～115°W),影响最大的海表温度为前一年 6—8 月。

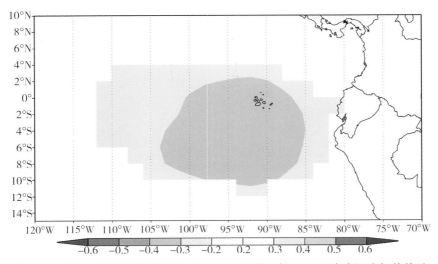

图 4-7　区域 3 平均雨季开始时间(3—5 月)和前一年 6—8 月海表温度相关关系

图 4-8 展示了区域 4 的雨季开始时间和海表温度的相关关系,从该图可以看出,与区域 1～3 不同,区域 4 的雨季开始时间和海表温度呈正相关关系,说明海表温度升高会使区域 4 雨季延迟。在 5 个区域中,区域 4 的雨季开始时间与海表温度的相关性最弱。其中,在地区 ($53°N～67°N,170°E～170°W$) 的前一年 5—7 月海表温度对区域 4 雨季开始时间影响最大。

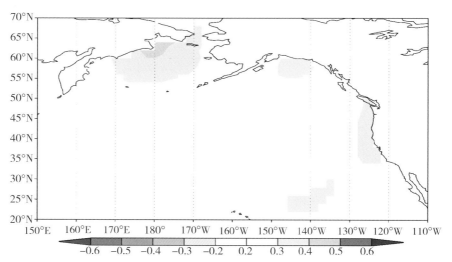

图 4-8 区域 4 平均雨季开始时间(3—5 月)和前一年 5—7 月的海表温度相关关系

图 4-9 展示了区域 5 的雨季开始时间和海表温度的相关关系,从该图可以看出,与区域 4 相同,区域 5 的雨季开始时间和海表温度呈正相关关系,说明海表温度升高也会使区域 5 雨季延迟。其中,在地区 ($25°N～30°N,160°W～180°W$) 的前一年 8—10 月海表温度对区域 5 雨季开始时间影响最大。

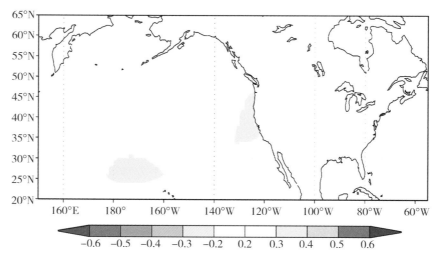

图 4-9 区域 5 平均雨季开始时间(3—5 月)和前一年 8—10 月海表温度相关关系

与雨季开始时间相似,图 4-10 至图 4-14 展示了区域 1～5 雨季结束时间和海表温度的相关关系,图中彩色阴影区域从相关系数大于 0.2 开始,并且间隔为 0.1,以上所有的相关关系均在 0.05 显著性水平上显著。图 4-10 展示了区域 1 的雨季结束时间和海表温度的相关关系，从图中可以看出，区域 1 的雨季结束时间和海表温度呈负相关关系，说明海表温度升高会使区域 1 雨季提前结束。其中，在区域(35°S～60°S,170°E～150°W)以及区域(15°S～28°S,90°W～180°W)，同年 1—3 月海表温度对区域 1 雨季结束时间影响最大。

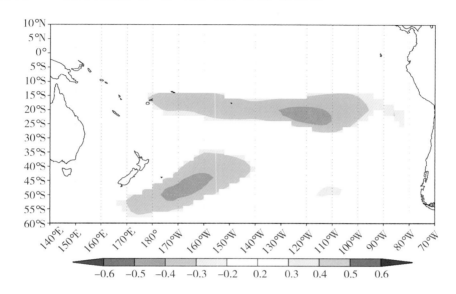

图 4-10　**区域 1 平均雨季结束时间(8—10 月)和同一年 1—3 月海表温度相关关系**

图 4-11 展示了区域 2 的雨季结束时间和海表温度的相关关系，从该图可以看出，与区域 1 类似，区域 2 的雨季结束时间和海表温度呈负相关关系，说明海表温度的升高会使区域 2 雨季提前结束。其中，在区域(10°N～35°N,110°W～155°W)以及区域(10°S～20°S,80°W～120°W)，前一年 10—12 月海表温度对区域 2 雨季结束时间影响最大。

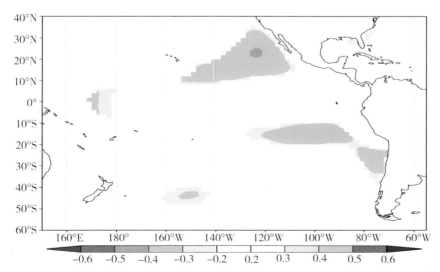

图 4-11　**区域 2 平均雨季结束时间(8—10 月)和前一年 10—12 月海表温度相关关系**

图 4-12 展示了区域 3 的雨季结束时间和海表温度的相关关系,从该图可以看出,与区域 1～2 类似,区域 3 的雨季结束时间和海表温度呈负相关关系,说明海表温度升高会使区域 3 雨季提前结束。其中,在区域(10°S～20°N,170°E～100°W),同年 5—7 月海表温度对区域 3 雨季结束时间影响最大。

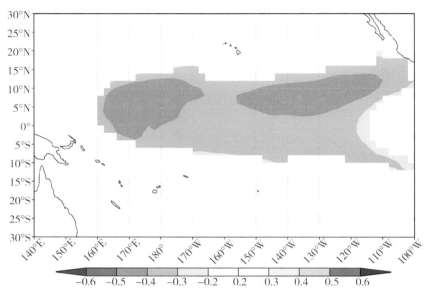

图 4-12 区域 3 平均雨季结束时间(7—9 月)和同年 5—7 月海表温度相关关系

图 4-13 展示了区域 4 的雨季结束时间和海表温度的相关关系,从图中可以看出,与区域 1～3 类似,区域 4 的雨季结束时间和海表温度呈负相关关系,说明海表温度升高会使区域 4 雨季提前结束。其中,在区域(5°S～15°N,120°W～170°E),同年 5—7 月海表温度对区域 4 雨季结束时间影响最大。

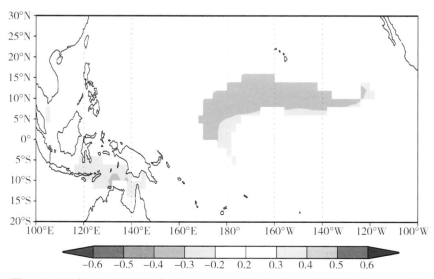

图 4-13 区域 4 平均雨季结束时间(7—9 月)和同年 5—7 月海表温度相关关系图

图 4-14 展示了区域 5 的雨季结束时间和海表温度的相关关系,从图中可以看出,与区域 1~4 类似,区域 5 的雨季结束时间和海表温度呈负相关关系,说明海表温度升高会使区域 5 雨季提前结束。其中,在区域(10°S~5°N,100°W~170°W),同年 6—8 月海表温度对区域 5 雨季结束时间影响最大。

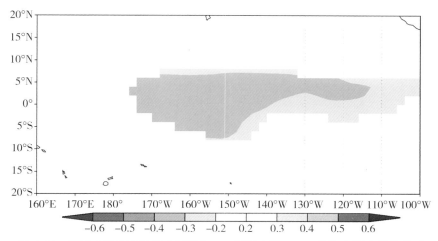

图 4-14　区域 5 平均雨季结束时间(7—9 月)和同年 6—8 月海表温度相关关系

同样地,对区域 1~5 进行雨季降水量和海表温度的遥相关关系分析,图中彩色阴影区域从相关系数大于 0.2 开始,并且间隔为 0.1,以上所有的相关关系均在 0.05 显著性水平上显著。图 4-15 展示了区域 1 的雨季降水量和海表温度的相关关系。从图中可以看出,区域 1 的雨季降水量和海表温度呈正相关关系,说明海表温度升高会使区域 1 雨季降水量的增大。其中,在赤道太平洋区域(30°N~30°S,160°E~70°W)的前一年 5—9 月海表温度对区域 1 雨季降水量影响最大。

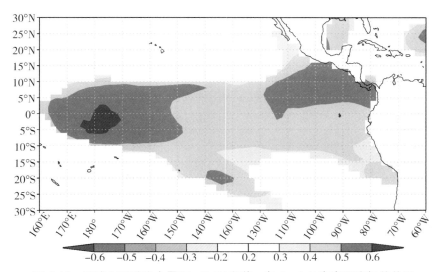

图 4-15　区域 1 雨季降水量(5—9 月)和前一年 5—9 月海表温度相关关系

图 4-16 展示了区域 2 的雨季降水和海表温度的相关关系。从该图可以看出,与区域 1相似,区域 2 的雨季降水量和海表温度呈正相关关系,说明海表温度升高会使区域 2 雨季降水量增大。其中,在赤道太平洋区域(20°N～30°S,70°W～180°W)的前一年 7—11 月海表温度对区域 2 雨季降水量影响最大。

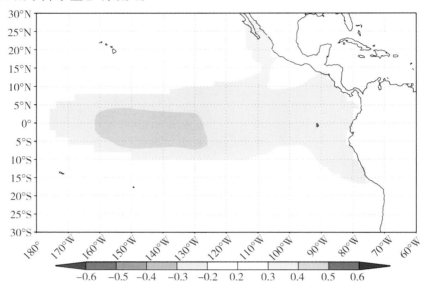

图 4-16　区域 2 雨季降水量(5—9 月)和前一年 7—11 月海表温度相关关系

图 4-17 展示了区域 3 的雨季降水量和海表温度的相关关系。从该图可以看出,与区域1～2 相似,区域 3 的雨季降水量和海表温度呈正相关关系,说明海表温度升高会使区域 3 雨季降水量的增大。其中,在赤道太平洋区域(20°N～20°S,70°W～160°W)的前一年 11 月至次年 3 月海表温度对区域 3 雨季降水量影响最大。

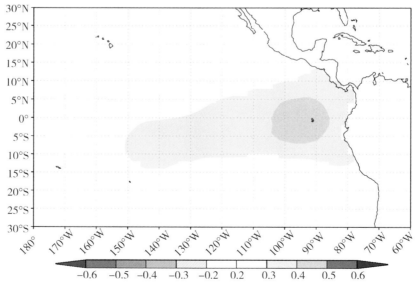

图 4-17　区域 3 雨季降水量(4—8 月)和前一年 11 月至次年 3 月海表温度相关关系

图 4-18 展示了区域 4 的雨季降水量和海表温度的相关关系。从该图可以看出,与区域 1～3 相似,区域 4 的雨季降水量和海表温度呈正相关关系,说明海表温度升高会使区域 4 雨季降水量增大。其中,在赤道太平洋区域(20°N～20°S,70°W～160°W)的前一年 11 月至次年 3 月海表温度对区域 4 雨季降水量影响最大。

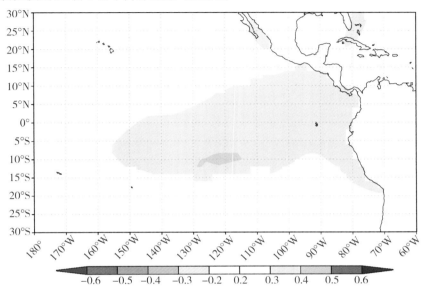

图 4-18　区域 **4** 雨季降水量**(4—8 月)**和前一年 **11** 年至次年 **3** 月海表温度相关关系

图 4-19 展示了区域 5 的雨季降水量和海表温度的相关关系。从该图可以看出,与区域 1～4 相似,区域 5 的雨季降水量和海表温度呈正相关关系,说明海表温度升高会使区域 5 雨季降水量增大。其中,在赤道太平洋区域(10°N～30°S,70°W～160°W)的前一年 4—8 月海表温度对区域 5 雨季降水量影响最大。

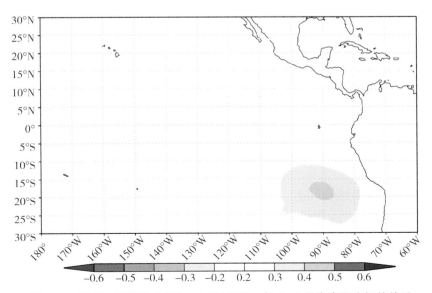

图 4-19　区域 **5** 雨季降水量**(4—8 月)**和前一年 **4—8** 月海表温度相关关系

综上所述,太平洋地区海表温度的降低和区域1~3雨季开始时间的推迟以及区域4~5雨季开始时间的提前密切相关;中国大部分地区雨季结束时间的提前和太平洋海表温度的升高有关;中国雨季降水量的增加也与赤道太平洋地区海表温度的升高密切相关。从气象学角度解释,海表温度升高会导致季风和大气环流增强,从而增加水汽输送的强度,进一步影响中国区域的降水。与中国雨季特性密切相关的海表温度区域主要集中在 Niño 区域。

4.3　ENSO 影响下全国尺度雨季降水空间分布规律及物理归因

ENSO 发展期和衰减期都会对中国降水产生较大影响,本节将对5种 ENSO 类型在两个时期对中国雨季降水的影响进行详细的比较和分析。众多研究表明,降水和海表温度相关的 ENSO 密切相关,海表温度的变化会引起大气环流和季风的改变,进而影响中国雨季特征。大气环流等对中国雨季特征的影响已被充分论述,本节将建立雨季特征和海表温度之间的关系来进一步探索中国雨季特征变化规律的物理成因。

ENSO 对中国雨季降水的影响可通过比较 ENSO 年和非 ENSO 年之间的雨季降水空间分布的差异,即分析雨季降水距平百分率的空间分布规律来实现。具体方法是:求出各个站点的雨季降雨距平百分比,并用克里金插值法将站点数据插值成栅格数据。

根据 CPW、EPC 和 EPW 发展期和衰减期影响下的中国雨季降水距平百分率空间分布规律。在 CPW 发展期,中国整体的雨季降水减少。东南沿海地区、西北部和东北部的雨季降水量表现出较为明显的减小趋势,减小幅度为非 ENSO 年雨季降水量的30%,长江流域和黄河流域的中游和上游的雨季降水量也减小;相比之下,长江流域和黄河流域下游的雨季降水量有所增加。在 CPW 衰减期,中国大部分地区的雨季降水量增加。与 CPW 发展期不同,中国东南沿海地区的雨季降水量在 CPW 衰减期影响下呈增加趋势。同样呈增加趋势的还有整个黄河流域和大部分长江流域以及中国西北部,但是中国东北部的雨季降水量减小。在 EPC 发展期,西部和东南沿海地区的雨季降水量增加。相比之下,中国东北部的雨季降水量呈减小趋势,减小幅度约为非 ENSO 年雨季降水量的10%。长江流域上游和中下游、黄河源地区以及黄河流域中下游的雨季降水量均明显增加,但黄河流域和长江流域中上游地区的雨季降水量呈减小趋势。EPC 衰减期影响下的雨季降水距平百分率的空间分布规律与 EPC 发展期的相同点在于中国西北部的雨季降水量增加,东北部减小;不同点在于东南沿海地区的雨季降水量在 EPC 发展期呈增加趋势,但是在衰减期却明显减小。在 EPW 发展期,中国雨季降水量总体呈减小趋势,并且减小趋势越往北越明显,北部的雨季降水量只为非 ENSO 年雨季降水量的70%。干旱尤其严重的是黄河流域中游和长江流域上游地区。只有中国西部和南部部分地区降水量呈增加趋势。与 EPW 发展期相比,EPW 衰减期的雨季降水量在中国大部分地区(不包括淮河流域)增加,增加范围是非 ENSO 年雨季降水量的0%~30%。

综上所述,CPW 衰减期比发展期展现了更大范围的降水距平百分率正值,更有可能引起洪涝灾害。相似地,EPC 发展期的雨季降水量增加范围也比衰减期大,应引起足够重视。

因为 EPW 发展期(衰减期)展现了明显的降水减小(增大)趋势,所以 EPW 发展期和衰减期的雨季降水变化都非常关键。

根据传统 ENSO 和 ENSO Modoki 发展期影响下的中国雨季降水距平百分率的空间分布规律。在 El Niño 发展期的影响下,降水变化显著。最大降水距平百分率正值可达 50%,负值可达 -30%,El Niño 发展期的旱涝情况也是所有 ENSO 和 ENSO Modoki 发展期中最严重的。具体来说,中国东南沿海地区、西北地区和大部分长江流域的雨季降水量呈增加趋势,最大增加量高达非 ENSO 年雨季降水量的 50%。在 El Niño Modoki 发展期的影响下,中国北部的雨季降水量变化趋势与传统 El Niño 发展期完全相反。El Niño Modoki 发展期影响下的中国北部雨季降水量呈增加趋势,西北部呈减小趋势。与传统 El Niño 发展期相似的是,在中国中部地区和东南沿海地区,雨季降水量分别呈减小趋势和增加趋势。在 La Niña 发展期的影响下,最大降水距平百分率正值可达 20%,负值可达 -20%,且雨季降水距平百分率的空间分布特征和 El Niño Modoki 发展期相似。相似之处表现在中国东北地区和西北地区的降水距平百分率都为负值,长江流域和黄河流域的降水距平百分率大多为正值。但是相比于 El Niño Modoki 发展期,传统 La Niña 发展期影响下的中国北部的湿润带偏窄。在 La Niña Modoki 发展期的影响下,最大降水距平百分率正值可达 30%,负值可达 -20%,比传统 La Niña 发展期影响下的降水距平百分率的变化范围大。相比于传统 La Niña 发展期,在 La Niña Modoki 发展期影响下,大部分西北地区的降水距平百分率都为正值,而黄河流域下游和淮河流域的降水距平百分率却由正值转负值。综上所述,传统 ENSO 和 ENSO Modoki 发展期影响下的雨季降水的空间分布特征各不相同,传统 El Niño 发展期影响下的中国雨季更易发生洪涝或者干旱。

在 El Niño 衰减期的影响下,中国大部分地区的雨季降水增加,具体表现在中国北部、长江流域中上游、黄河流域中上游和东南沿海地区(增加幅度大部分为 10%)。其中,西北地区和长江流域下游雨季降水增加较多(增加幅度为 10%~30%)。中国西部少部分地区和淮河流域的雨季降水呈下降趋势(下降幅度为 10%~20%)。在 El Niño Modoki 衰减期的影响下,长江流域和黄河流域的雨季降水依然增加(增加的幅度大部分为 10%)。其他地区的雨季降水距平百分率的空间分布则与 El Niño 衰减期完全相反。在 El Niño Modoki 时期,中国东北部和西北部以及东南沿海地区的降水呈下降趋势,下降幅度为 10%~20%。在 La Niña 衰减期的影响下,中国绝大部分地区的雨季降水距平百分率为负值。具体来说,中国西北部、长江流域、黄河流域和东南沿海地区的降水距平百分率为 -0%~-10%。中国西部为 -10%~-30%,并且越向西边,雨季降水减少得越严重。只有淮河流域部分地区的降水距平百分率是正值(变化范围是 0%~10%)。在 La Niña Modoki 衰减期的影响下,中国东北大部分地区、黄河流域中部、长江流域和东南沿海地区的雨季降水减小(减小幅度为 0%~10%)。与 La Niña 不同的是,La Niña Modoki 影响下的中国西部地区和中部地区的降水增加(增加幅度为 10%~20%)。综上所述,相比于 ENSO Modoki 衰减期,中国大部分地区的雨季降水量在传统 El Niño 衰减期呈增加趋势,在传统 La Niña 衰减期呈减小趋势,传统

ENSO 衰减期呈现为更加明显的湿润或者干旱趋势。

引入 850hPa 风速场来分析 ENSO 影响下中国雨季降水的空间分布规律。图 4-20 至图 4-22 分别展示了不同 ENSO 类型影响下的中国风速场的变化情况。具体作图操作以图 4-20(a)为例,根据 CPW 发展期的定义,提取属于 CPW 发展期的具体年份,计算这些年对应的所有气象站点的雨季开始时间和结束时间的平均值,根据平均值首先提取每一个 CPW 发展期的雨季风速并求平均值,再求多年获得的风速场的平均值,最后用 ArcGIS 将风速场导入处理可得图 4-20(a)。

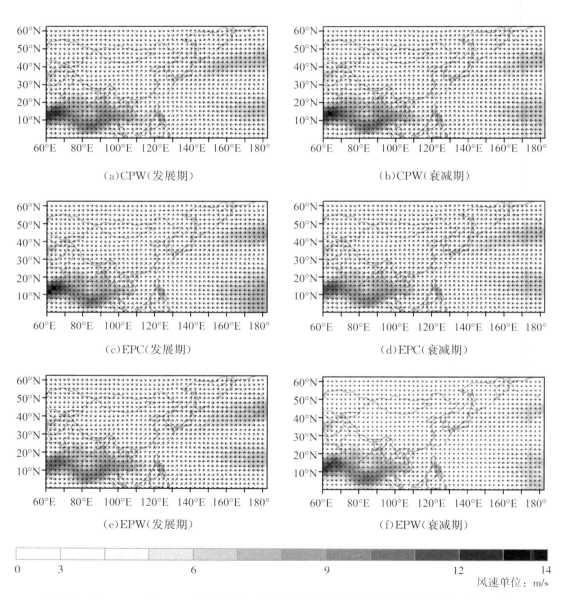

图 4-20 CPW、EPC 和 EPW 发展期和衰减期影响下的中国雨季降水空间分布物理归因分析图

注:图中箭头表示风速的方向,灰色阴影表示风速超过 3m/s 区域。

图 4-20 展示了 CPW、EPC、EPW 影响下的 850hPa 风速场图。从图 4-20(a)～(b)可以看出,相比 CPW 发展期,CPW 衰减期有增强的西北风带和西南风带,会给中国带来更多的水汽,这也合理地解释了在 CPW 衰减期相比于发展期雨季降水有所增加。从图 4-20(c)～(d)可以看出,EPC 发展期和衰减期的风速场的主要区别在于北太平洋西部反气旋的移动。在 EPC 衰减期,东移的反气旋减少了传输到中国东部的水汽,从而导致雨季降水减少。从图 4-20(e)～(f)可以看出,相比于 EPW 发展期,EPW 衰减期有着更加强大的西部和西南部季风,但是北太平洋西部反气旋与发展期相比稍弱。增强的季风和反气旋可以为中国带来大量的水汽,所以减弱的反气旋会使降水减少[5]。但是,与 EPW 发展期相比,在 EPW 衰减期的影响下,中国大部分地区降水呈增加趋势。所以,相比于大气环流,印度洋季风在 EPW 时期对中国雨季降水的影响中起着更加重要的作用。

图 4-21 展现了传统 ENSO 和 ENSO Modoki 发展期影响下的中国附近的 850hPa 风速场图。相比于传统 El Niño 发展期,在 El Niño Modoki 发展期有增强的印度洋季风和减弱的北太平洋西部反气旋,合理地解释了 El Niño Modoki 发展期影响下的中国雨季降水在西部呈减小趋势、东部呈增加趋势的现象。相比于传统 La Niña 发展期,La Niña Modoki 时期的反气旋增强,解释了中国雨季降水在西部增加的现象。

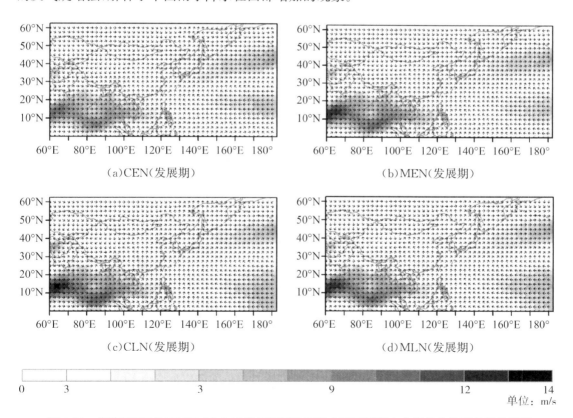

（a）CEN（发展期）　　　　　　　　　　（b）MEN（发展期）

（c）CLN（发展期）　　　　　　　　　　（d）MLN（发展期）

单位：m/s

图 4-21　传统 ENSO 和 ENSO Modoki 发展期影响下的中国雨季降水空间分布物理归因分析图

注:图中箭头表示风速的方向,灰色阴影表示风速超过 3m/s 区域。

图 4-22 展现了传统 ENSO 和 ENSO Modoki 衰减期影响下的中国附近的 850hPa 的风场图。相比于传统 El Niño 衰减期,在 El Niño Modoki 衰减期在印度洋季风和北太平洋西部的反气旋减弱,合理地解释了 El Niño Modoki 衰减期影响下的中国雨季降水的增加趋势相对较弱的现象。La Niña 和 La Niña Modoki 影响下的风速场的区别为在 La Niña Modoki 衰减期影响下存在增强的印度洋季风和大气环流。

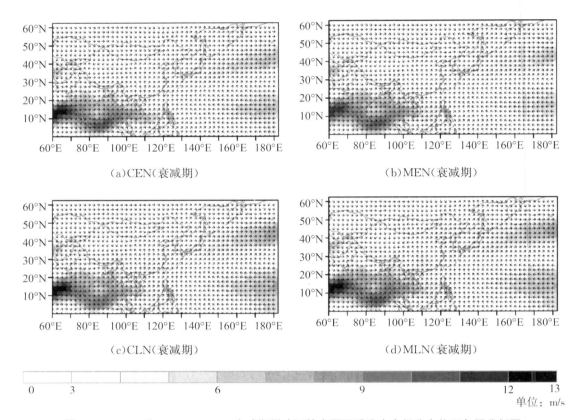

(a)CEN(衰减期) (b)MEN(衰减期)

(c)CLN(衰减期) (d)MLN(衰减期)

0   3   6   9   12 13

单位:m/s

图 4-22 ENSO 和 ENSO Modoki 衰减期影响下的中国雨季降水空间分布物理归因分析图

注:图中箭头表示风速的方向,灰色阴影表示风速超过 3m/s 区域。

综上所述,与北太平洋西部的反气旋相比,来自印度洋的西部季风对 CPW 和 EPW 时期的雨季降水影响更大。但是对于发展期的 La Niña 和 La Niña Modoki 来说,北太平洋西部的反气旋比印度洋季风影响更大。传统 ENSO 和 ENSO Modoki 衰减期影响下的雨季降水距平百分率的空间分布特征则是由印度洋季风和北太平洋西部反气旋的共同作用决定的。

4.4 本章小结

本章使用多尺度滑动 t 检验法来确定雨季的开始和结束,分析了全国尺度上雨季特征(雨季开始时间、雨季结束时间和雨季降水量)的空间分布规律;使用 K-means 聚类分析方法根据雨季特征的空间分布规律将中国进行雨季特征分区，并与传统年降水分区和气候分区间的异同点进行比较论证；进一步探索分区内雨季特征的时间变化规律；雨季开始时间和雨季结束时间变化规律的物理归因也被充分论述。同时，研究了不同ENSO类型在发展期和衰减期对全国尺度雨季降水空间分布规律的影响以及对空间分布规律进行物理归因。研究结果表明：

①雨季最先于中国东南沿海地区开始（3月中旬），雨带逐渐从东南沿海向西北方向移动（西北地区于6月上旬开始）。中国雨季也于东南沿海地区率先结束（约为7月下旬），在中部地区最晚结束（9—10月）。中国雨季降水量的空间分布规律与雨季开始时间相似，雨季降水量最少的是中国的西北部（＜300mm）并向东南沿海方向逐渐递增（1200～1800mm）。

②为进一步分析雨季特征的时间变化规律，按照雨季开始时间、雨季结束时间和雨季降水量的空间分布规律将中国分为5个子区。区域1（主要包括中国西北部）的雨季开始时间无明显变化，但结束时间有提前趋势，雨季降水量在多年尺度上有明显的增加趋势。区域2（主要包括中国的东北部）的雨季开始时间有提前的趋势，结束时间随着时间的推移，波动的范围逐渐减小。区域3（主要包括淮河流域南部和长江流域中上游）的雨季开始时间有延迟趋势，结束时间波动范围逐渐减小。区域4（主要包括长江流域中游和下游）的雨季开始时间有延迟趋势，结束时间无明显变化。区域2～4的雨季降水量没有明显的趋势特征。区域5（主要包括东南沿海地区）的雨季开始时间和雨季结束时间变化较为稳定，但是雨季降水量存在明显的增加趋势。

③雨季开始时间和中国东北地区增强的气旋以及中国南海地区增强的反气旋密切相关。相反，雨季结束时间和中国东北地区减弱的气旋以及中国南海地区减弱的反气旋联系紧密。雨季开始时间的延迟和ENSO区海表温度的降低有关，雨季结束时间的提前和雨季降水量的增加则与ENSO区海表温度的升高有关。分析海表温度的变化情况可以帮助预测雨季特征的变化规律，为水资源管理和防灾减灾提供技术指导和有效信息。

④在全国尺度上，在CPW和EPW衰减期，中国西北部、中部和东南部的雨季降水都会比非ENSO年多（增加幅度为0%～30%），因为其受增强的印度洋季风和北太平洋西部反气旋影响；EPW发展期影响下的中国雨季降水总体减少（大部分地区的雨季降水只有非ENSO年的70%），因为其受减弱的印度洋季风影响。与传统La Niña、El Niño Modoki和La Niña Modoki发展期相比，传统El Niño发展期影响下的雨季降水呈现更明显的增多和减小的趋势。具体来说，在El Niño发展期，最大降水距平百分率正值可达50%，负值可达−30%。这表示在传统El Niño发展期，雨季降水的变化非常显著，需要引起足够的重视。与ENSO Modoki衰减期相比，传统ENSO衰减期影响下的雨季降水量有更加明显的增加或减小的趋势。具体来说，中国大部分地区的雨季降水量在传统El Niño衰减期都增加，在传统La Niña衰减期都减小。

⑤不同ENSO类型影响下的空间分布规律都可以通过印度洋季风和北太平洋西部反气

旋的变化得到合理的解释。总体而言,雨季降水的空间分布规律是由印度洋季风和北太平洋西部反气旋的综合影响决定的,更强的印度洋季风和反气旋会为雨季带来更多的降水。

本章主要参考文献

[1] Ashok K,Behera S K,Rao S A,et al. El Niño Modoki and its possible teleconnection [J]. Journal of Geophysical Research:Oceans,2007,112(C11):C11007.

[2] Feng J,Wang L,Chen W, et al. Different impacts of two types of Pacific Ocean warming on Southeast Asian rainfall during boreal winter[J]. Journal of Geophysical Research:Atmospheres,2010,115(D24):D24122.

[3] Wan S,Hu Y,You Z,et al. Extreme monthly precipitation pattern in China and its dependence on Southern Oscillation[J]. International Journal of Climatology,2013,33(4):806-814.

[4] Zhou W,Chan J C. ENSO and the South China Sea summer monsoon onset[J]. International Journal of Climatology,2007,27(2):157-167.

[5] Feng J,Chen W,Tam C Y. Different impacts of El Niño and El Niño Modoki on China rainfall in the decaying phases[J]. International Journal of Climatology,2011,31(14):2091-2101.

第5章　全球遥相关对流域水文变化影响

本章分析了长江源区降水的时空变化特征,并探讨了全球海温和大气环流对长江源区降水的影响。采用主成分分析法和奇异值分解法,分析典型流域极端洪水与大气环流因子的显著相关性,揭示全球大尺度大气循环对流域极端洪水的影响。

5.1　长江源区雨季降水时空变化特征和全球遥相关模式关系

5.1.1　数据与方法

本节将定量地研究相关的遥相关模式对长江源区雨季降水的影响以及评估多个全球遥相关模式对雨季降水时空分布的综合影响。研究区域长江源指直门达水文站以上的区域,该区域平均海拔达到 4500m 以上,面积大约为 13.77 万 km²,区域内覆盖冰川,冻土积雪及草原等。图 5-1 所示为长江源区的位置以及本书所使用的降水网格数据分布。

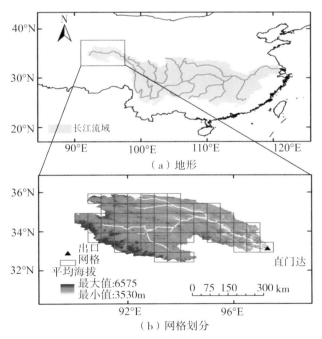

图 **5-1**　长江源区位置地形及网格数据分布

本书所使用的长江源区降水数据来自中国气象局的网格降水数据（0.5°×0.5°）和源区内外 15 个站点的实测数据，雨季降水定义为每年 6—8 月份的降水。全球海平面温度数据使用英国大气数据中心的 HadISST 1.1 数据系列，数据分辨率为 1°×1°。月尺度大气再分析数据来自美国国家环境预测中心，包括风速、气压等，数据水平分辨率为 2.5°×2.5°。全球气候因子选取的是南方涛动指数（SOI）、北大西洋涛动指数（NAO）、偶极子指数（DMI）以及太平洋年代际涛动指数（PDO），数据来源于美国国家气象服务中心。表 5-1 描述了各大气环流模式的定义。

表 5-1　　　　　　　　　　　　　不同大气环流模式概要

模式	定义	主要参考文献作者
SOI	大溪地和达尔文的地表气压差异	Ropelewski, Jones[1]
PDO	北太平洋 20°N 以北海面温度距平经验正交函数分析下的第一模式	Trenberth, Hurrell[2]
NAO	格陵兰岛与北大西洋中纬 35°N~40°N 的气压差	Barnston, Livezey[3]
DMI	西赤道印度洋（50°E~70°E 和 10°S~10°N）和东南赤道印度洋（90°E~110°E 和 10°S~0°N）之间的海温距平梯度	Saji, Yamagata[4]

本节采用的主成分分析法（PCA）以简化的方式呈现复杂数据，以识别主要控制变量之间的关系。基于降水数据的协方差矩阵使用 PCA 模式，通过其特征向量生成新数据集。PCA 模式的负载揭示了其主成分（PC），它提供了其时空分布特征的信息。Spearman 秩相关用于确定降水和气候指数之间的关系，它假定变量没有正态性或其他特定函数分布。本书利用 Spearman 秩相关分析雨季降水距平与海平面温度的相关性，探讨影响研究流域的海平面面积，并利用降水 PCA 主成分与气候指数的相关性进一步验证这些关联。

为了研究影响源区雨季变化的大气环流机制，本节分析了重要的相关环流变量。表层的水分通量用于探索环流模式，水平水分通量收敛（MFC）用于探索水分可能的垂直运动。源区的平均海拔超过 4000m，因此使用 500mb 压力面。在不同的气候模式情景中计算并比较了 500mb 的水分通量和 MFC。为避免长期趋势与复合结果的偏倚，在进行复合分析计算之前，首先对风向量和特定湿度序列进行去趋势。

水汽通量表示水汽输送的方向、大小，其具体含义是单位时间内与速度正交的单位面积内的水汽质量。但是，通过水汽通量仅能知道水汽来源，要知道极端降水的区域和降水量，还需要分析水汽通量散度。水汽通量散度表示单位时间内单位体积内水汽的净流失量。水汽通量散度大于零，表示水汽流失；水汽通量散度小于零，表示水汽积聚。绝对区域内影响水汽通量散度的因素不是区域内的水汽通量，而是区域边界的水汽通量。水汽通量的计算公式为：

$$\vec{q} = \frac{1}{g} \iint_{0}^{p_h} q\vec{v}\,\mathrm{d}p \tag{5-1}$$

水汽通量散度的计算公式：

$$d = \frac{1}{g} \int_0^{p_h} \nabla \cdot \vec{qv} \, dp \qquad (5-2)$$

式中：p_h——大气柱体顶层的气压；

p_0——地面气压。

大气层水汽含量最大的部分主要是对流层的中低层，因此本书 p_h 的取值为 500hPa，p_0 的取值为 0，主要分析 500hPa 以下大气层的水汽变化。

5.1.2 遥相关模式对长江源区雨季降水影响

图 5-2 显示的是长江源区 1961—2016 年月平均降水分布，由图可知，长江源区降水较多的月份为 6—8 月，雨季对应的年均降水量约为 253.4mm，占年降水量（385.1mm）的 65.8%。

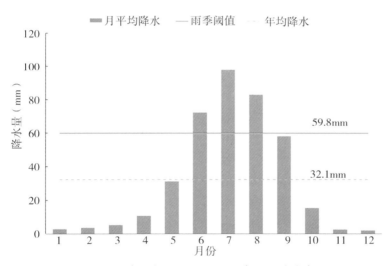

图 5-2　长江源区 1961—2016 年月平均降水

图 5-3(a)显示的是 1961—2016 年长江源区雨季降水空间分布特征，平均降水量自东南 410 mm/a 至西北 160mm/a 有递减的趋势，该空间分布特征主要受来自太平洋和印度洋的水汽减弱的影响。图 5-3(b)显示的是雨季降水的趋势性，"×"代表统计达到 0.055 的显著性，可以看出西北部的降水有显著增长的趋势。

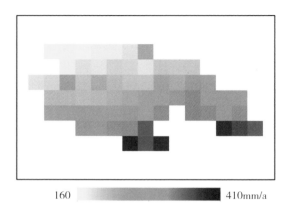 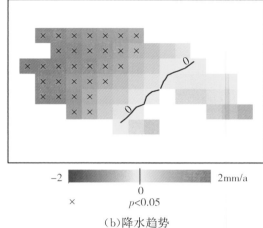

（a）区域平均降水量　　　　　　　　　　（b）降水趋势

图 5-3　长江源区雨季降水时空分布特征

图 5-4 展示的是主成分分析法用于长江源区的雨季降水数据以揭示长江源区雨季降水的时空分布特征。第一和第二主成分能够解释 86.3% 的方差。第一主成分皆为正值，表明整个区域的雨季降水具有统一性。第二主成分有正负值，表明区域内东南部和西北部的降水具有差异性。

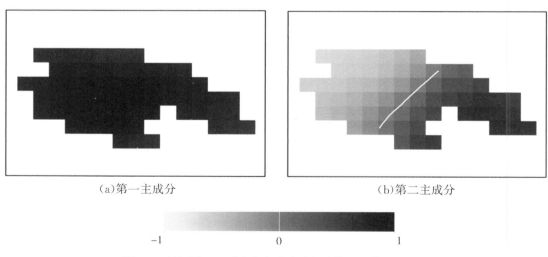

（a）第一主成分　　　　　　　　　　　（b）第二主成分

图 5-4　长江源区雨季降水主成分分析法第一和第二主成分

图 5-5 表示第一和第二主成分与全球海平面温度的 spearman 相关系数。第一主成分主要与北大西洋、太平洋东部和北部以及东太平洋赤道中部区域海温相关。第二主成分主要与印度洋及东太平洋赤道中部海温相关。相关海温的区域图表明大气环流模式 PDO 与 SOI 对长江源区的雨季降水有较大影响。

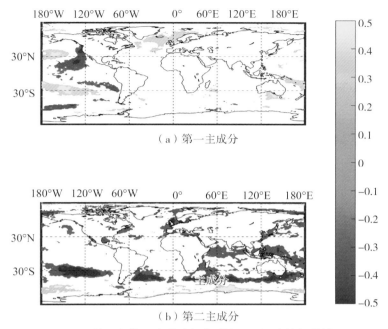

（a）第一主成分

（b）第二主成分

图 5-5　第一和第二主成分与全球海平面温度的相关性

图 5-6 直观地表示了第一主成分与 PDO 及 SOI 指数时间序列的相关性。从图中可以看出，第一主成分和 PDO 具有负相关性，和 SOI 具有正相关性。表 5-2 展示了大气因子与长江源区雨季降水第一和第二主成分的 spearman 相关系数，可知第一主成分和 PDO 与 SOI 显著相关，从而进一步分析不同大气因子对长江源区降水的不同影响。

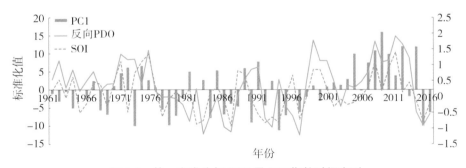

图 5-6　第一主成分与 PDO 及 SOI 指数时间序列

表 5-2　　　　　　　　　　　大气因子与降水主成分 spearman 相关系数

项目	DMI	NAO	PDO	SOI
PC1	0.166	−0.170	−0.325	0.261
PC2	−0.179	−0.129	0.088	0.072

为了评估 ENSO 和 PDO 的综合作用对长江源区降水的影响，通过考虑 PDO 和 SOI 阶段的所有可能组合，确定了 4 个时期，基于 PDO/SOI 阶段的组合再生成 4 种场景（表 5-3）。

图 5-7 显示的是不同遥相关模式下组合情景下长江源区降水距平。由图 5-7(a)可知,负相关的 PDO 可以引起整个流域较多的降水,增加 11mm 的降水量。而在(b)模式组合下,长江源区西部的降水有所增加,而东部的降水则偏少。如图 5-7(c)所示,负相关的 PDO 与正相关的 SOI 则引起东部降水正距平 12.8mm。PDO 的负值则能够引起长江源区较多的降水,而这种影响在拉尼娜时有所增强。而由图 5-7(e)可知,正相关的 PDO 则造成整个源区较少的降水,在长江源区中部降水距平最小为 −17mm。而在正相关的 PDO 与正相关的 SOI 组合下,长江源区降水距平最小为 −24.4mm。图 5-7 表明,不同遥相关模式下长江源区的降水有所不同,受不同模式的综合影响。

表 5-3   **PDO 与 SOI 不同模式组合**

场景	时间
PDO−	1961—1976 年、1999—2016 年
PDO+	1977—1998 年
SOI−	1963 年、1965 年、1966 年、1969 年、1972 年、1977 年、1978 年、1979 年、1980 年、1982 年、1983 年、1986 年、1987 年、1990—1994 年、1997 年、2002—2004 年、2006 年、2009 年、2014—2015 年
SOI+	1961 年、1962 年、1964 年、1967 年、1968 年、1970 年、1971 年、1973—1976 年、1981 年、1984 年、1985 年、1988 年、1989 年、1995 年、1996 年、1998 年、1999—2001 年、2005 年、2007 年、2008 年、2010—2013 年、2016 年
PDO−/SOI−	1963 年、1965 年、1966 年、1969 年、1972 年、2002—2004 年、2006 年、2009 年、2014 年、2015 年
PDO−/SOI+	1961 年、1962 年、1964 年、1967 年、1968 年、1970 年、1971 年、1973—1976 年、1999—2001 年、2005 年、2007 年、2008 年、2010—2013 年、2016 年
PDO+/SOI−	1977 年、1978—1980 年、1982 年、1983 年、1986 年、1987 年、1990—1994 年、1997 年
PDO+/SOI+	1981 年、1984 年、1985 年、1988 年、1989 年、1995 年、1996 年、1998 年

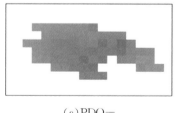

(a)PDO−

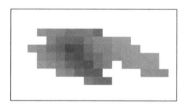

(b)PDO−/SOI−

(c)PDO−/SOI+

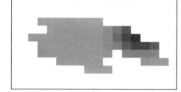

(d)(c)−(b)

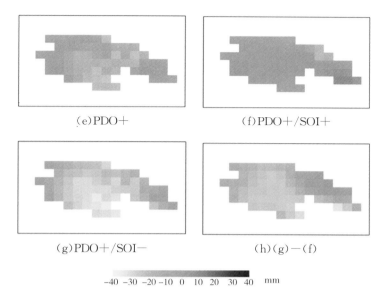

(e)PDO+   (f)PDO+/SOI+

(g)PDO+/SOI−   (h)(g)−(f)

−40 −30 −20 −10 0 10 20 30 40 mm

图 5-7　不同 PDO 和 SOI 下长江源区降水距平

图 5-8 为不同大气环流模式 500mb 下水分矢量图及 MFC,阐明了不同的气候模式组合下水汽如何影响长江源区的降水。在 PDO−/SOI− 和 PDO−/SOI+ 期间,可以观察到从西部到研究区的强水分通量传输,见图 5-8(a)、(b)。这可以解释为西风带的加强。在 PDO−期间,西太平洋副热带高压增强和北移,这给中国北方带来了更多的降水。在 PDO+/SOI+ 期间,见图 5-8(c),在源区可以观察到南部的水分通量异常,可能是受喜马拉雅山脉阻挡的影响。在 PDO+/SOI− 期间,见图 5-8(d),来自南方的水分通量在到达长江源区时发生分流,一部分向东移动到印度次大陆,另一部分向西移动到中国西南部,因此该地区的降水量较少。

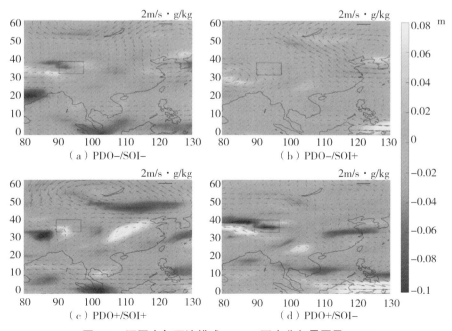

图 5-8　不同大气环流模式 500mb 下水分矢量图及 MFC

5.2 长江上游极端洪水与全球遥相关模式相关性分析

5.2.1 使用数据与方法

本节将研究长江上游极端洪水与全球主要的 10 个遥相关模式的关系,从机理上探明遥相关对长江上游极端洪水的影响。所使用数据为宜昌站 1950—2020 年的逐日流量资料。宜昌站的极端洪水定义为宜昌站 1950—2020 年年最大 1d、3d、5d、7d、15d 及 30d 洪水(分别表示为 M1、M3、M5、M7、M15、M30)。遥相关模式是大气中反复出现的、持续的、大规模的振荡环流系统,通常持续数周或更长时间。它们影响大范围内的温度及降水。本书所使用的全球主要的 10 个气候模式为厄尔尼诺南方涛动(Nino3.4)、西太平洋模式(WP)、太平洋年代际涛动(PDO)、太平洋/北美模式(PNA)、东大西洋模式(EA)、印度洋偶极子模式(IOD)、北大西洋涛动(NAO)、斯堪的纳维亚模式(SCA)、东大西洋/西俄罗斯模式(EA/WR)及极地/欧亚遥相关模式(POL)。数据来源于美国国家气象服务中心。

ENSO 是一种发生在赤道太平洋附近的周期性气候类型,其发生周期为约 5a 一次。传统的 ENSO 分为厄尔尼诺(El Niño)和拉尼娜(La Nina)。其中,厄尔尼诺的特点是东太平洋冷舌的暖海表温度;相反,拉尼娜的特点是东太平洋的冷温并且伴随着西太平洋的低海面气压。南方涛动则是由英国气象学家 Gilbert Walker 发现的在西太平洋赤道附近出现的海面气压的变动现象。南方振荡的强度则由南方涛动系数(Southern Oscillation Index,SOI)表示。因为 SOI 和厄尔尼诺之间有着非常紧密的关系,所以把它们合并称为 ENSO。多项研究表明,ENSO 在发展期和衰减期都对区域降水有着重要的影响。

北大西洋涛动(NAO)由 Gilbert Walker 率先提出,该指数描述的是北大西洋地区副热带高压和副极地低压之间的规律性的低频振荡现象。当 NAO 处于正位相时,以冰岛为中心的位于大西洋北部的低压和以亚速尔为中心的位于副热带地区的高压均异常偏强;相反,如果 NAO 处于负位相,那么两处气压均异常偏弱。此外,太平洋年代际涛动(PDO)和印度洋偶极(IOD)等也都是类似于 ENSO 的太平洋或者是印度洋的海温变率。这些大尺度气候因子都会对特定区域的降水产生影响。

主成分分析法(PCA)和奇异值分解法(SVD)常被用于分析极端洪水与全球遥相关模式的关系。PCA 是一种多元数据分析工具,被用来识别不同变量之间的关系。本节将 PCA 的 Biplot 用于可视化每个变量对前两个主成分的贡献的大小和相关性。主成分分析法是数学上降维的一种方法,通过正交变换将一组可能存在相关性的变量转换为一组线性不相关的变量,转换后的这组变量称为主成分。提取的主成分最大程度反映了原多个指标(如 p 个指标)所包含的信息,又能使新指标之间包含的信息不重叠,相互独立。选取的线性组合方差的大小可反映其包含信息量的大小,方差越大包含的信息量越大。因此,在选取的所有线性组合中第一个线性组合 F_1 的方差最大,包含的信息最多,F_1 也称为第一主成分。如果

F_1 包含的信息不足以代表原 p 指标，那么继续选择第二个主成分 F_2。以此类推，构造第3，第4，第5，…，第 p 个主成分。

主成分与原 p 个指标 $(x_1,x_2,\cdots,x_p)$ 的关系为：

$$F_1=a_{11}\times x_1+a_{12}\times x_2+a_{13}\times x_4+\cdots+a_{1p}\times x_p$$
$$F_2=a_{21}\times x_1+a_{22}\times x_2+a_{23}\times x_4+\cdots+a_{2p}\times x_p$$
$$F_3=a_{31}\times x_1+a_{32}\times x_2+a_{33}\times x_4+\cdots+a_{3p}\times x_p$$
$$\vdots$$
$$F_n=a_{n1}\times x_1+a_{n2}\times x_2+a_{n3}\times x_4+\cdots+a_{np}\times x_p \tag{5-3}$$

式中：a——线性组合的变量系数。

主成分是 p 个变量信息的综合，若一主成分中某个变量的变量系数绝对值较大，则可认为这一主成分主要综合了这一变量的信息。

主成分分析的主要步骤如下：

（1）原始数据标准化

$$x_{ij}=\frac{x_{ij}-\overline{x}}{\sigma_j} \tag{5-4}$$

式中：x_{ij}——第 i 个指标在第 j 个分区的原始值；

$\overline{x}$——第 i 个指标的平均值；

σ_j——第 i 个指标的标准差。

（2）计算相关系数矩阵

$$\boldsymbol{R}=(s_{ij})_{p\times p} \tag{5-5}$$

$$s_{ij}=\frac{1}{n-1}\sum_{k=1}^{n}(x_{ki}-\overline{x_i})\times(x_{kj}-\overline{x_j})\quad i,j=1,2,\cdots,p \tag{5-6}$$

（3）计算特征值和特征向量

根据特征方程 $|R-\lambda I|$ 计算特征值 $(\lambda_1,\lambda_2,\lambda_3,\cdots,\lambda_p)$ 以及相应的特征向量 $(u_1,u_2,u_3,\cdots,u_p)$，特征值 $\lambda_p(p=1,2,\cdots,p)$ 按降序排列。

（4）计算贡献率，选择主成分

主成分分析计算的 p 个主成分的方差是递减的，包含的信息也是递减的，在实际应用中不会选择所有的主成分，而是根据主成分的累计贡献率选择前 n 个主成分。

累计贡献率的计算公式为：

$$E(n)=\frac{\sum\limits_{n=1}^{n}\lambda_i}{\sum\limits_{i=1}^{p}\lambda_i} \tag{5-7}$$

累计贡献率越大,其包含的信息量就越大,一般而言,当累计贡献率大于85%就认为综合变量能够包含原始变量的大多数信息了。在实际应用中,主成分分析的重点是选择重要的主成分以及结合实际,解释主成分含义。

(5)计算主成分得分

将标准化的原始数据带入主成分表达式即可得到主成分得分。

$$F_i = a_{1i} \times x_1 + a_{1i} \times x_2 + a_{1i} \times x_4 + \cdots + a_{1p} \times x_p \tag{5-8}$$

作为多元数据分析方法,奇异值分解被广泛用于揭示水文和气象研究中两个不同数据集之间的关系。该方法可以从两个数据集中提取主导模式。其应用于极端洪水和全球遥相关模式两个数据集的互协方差矩阵,并通过最大化它们之间的协方差来分离数据集内彼此线性相关的变量组合。在SVD使用之前,所有数据序列都被标准化为零平均值和单位标准偏差。本节对6个极端洪水数据系列和10个气候因子序列这两个数据集的互协方差矩阵进行奇异值分解。SVD的两个主要模式的解释方差可以代表两组数据集的相关性。两组数据集的异质相关性表则表明极端洪水与相应的气候因子相关程度。

5.2.2 全球遥相关模式对长江上游极端洪水影响

图5-9为宜昌站不同时段最大洪量统计,由该图可见,最大1d、3d、5d、7d、15d及30d极端洪水统计序列具有一定的相似性,且自1890年以来呈递减趋势。

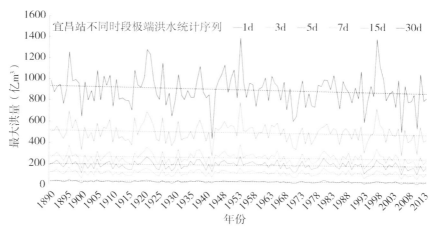

图5-9 宜昌站不同时段最大洪量统计

从表5-4可以看出,宜昌站年最大1d、3d、5d、7d洪量呈显著减小的趋势,而年最大15d和30d洪量的减小趋势不显著;就突变点而言,在1999年、2003和2005年3个年份处显示出较显著的跳跃性变异。考虑到2003年以前,宜昌站以上梯级水库较少,仅雅砻江上的二滩水库投入运行,随着洪水传播过程的坦化,其调蓄作用对下游的影响逐渐减弱,对宜昌站的洪水过程影响作用较小。

表 5-4	宜昌站变异性检验结果			
系列	趋势性		跳跃性	
	Mann-Kendall 法	Spearman 法	Pettitt 法	滑动秩和法
最大 1d	−2.59（显著）	显著	1999 年、2003 年	2005 年
最大 3d	−2.35（显著）	显著	1999 年、2003 年	2005 年
最大 5d	−2.15（显著）	显著	1999 年、2003 年	2005 年
最大 7d	−2.13（显著）	显著	1999 年、2003 年	2005 年
最大 15d	−1.95（不显著）	不显著	1999 年、2003 年	2005 年
最大 30d	−1.91（不显著）	不显著	1999 年、2003 年	2005 年

图 5-10 展现了主成分分析法分析长江上游宜昌站极端洪水和全球 10 个主要遥相关模式的关系。第一主成分和第二主成分能够较好地解释洪水与遥相关的相关性，能够解释 76% 的累计方差。从图 5-10 中可以得知，极端洪水主要在第一主成分，它与 Nino3.4、PDO 呈正相关，而与 IOD 与 NAO 呈负相关。

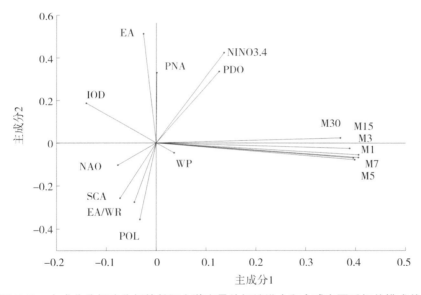

图 5-10　主成分分析法分析的长江上游宜昌站极端洪水和全球主要遥相关模式关系

图 5-11 为奇异值分解法所得到的长江上游极端洪水和全球气候因子的关系。该方法第一模式和第二模式中两者的解释方差总和高达 81%，说明两个模式中显著统计相关的遥相关模式对该区域的洪水有显著的影响。表 5-5 量化说明了其相关性，长江上游宜昌站极端洪水与 Niho3.4 和 PDO 呈显著正相关，而与 IOD 呈负相关，这一结果和主成分分析法相吻合。

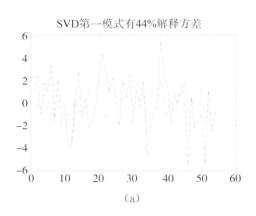
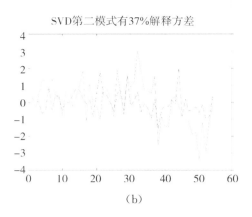

SVD第一模式有44%解释方差　　　　SVD第二模式有37%解释方差

（a）　　　　　　　　　　　　　　（b）

图 5-11　奇异值分解法分析长江上游极端洪水与全球遥相关模式结果

注：蓝色实线为洪水；红色虚线为气候模式因子。

表 5-5　　　　　　　　　　奇异值分解法对相关性分析结果

模式	M1	M3	M5	M7	M15	M30	NAO	EA	WP	Nino 3.4	EA/WR	SCA	POL	PDO	PNA	IOD
模式 1	0.40	0.40	0.41	0.40	0.41	0.43	−0.15	−0.10	−0.09	0.24	−0.09	−0.01	−0.05	0.23	−0.02	−0.29
模式 2	0.10	0.10	0.06	0.02	0.15	−0.16	−0.22	−0.18	−0.01	−0.07	0.16	0.02	0.24	0.19	0.10	−0.07

注：红色数字表示为 95% 的显著相关性。

图 5-12 表示标准化的最大 30d 的极端洪水 M30 与统计相关因子 1950—2020 年的曲线，其结果直观地表明，Nino 3.4 和 PDO 与最大 30d 极端洪水有一定的正相关性，而 M30 与 IOD 则有负相关性。由以上分析结果可知，长江上游的极端洪水受上述因子的综合影响。太平洋年代际振荡 PDO 是一种以 10a 为周期尺度变化的太平洋气候现象。PDO 的特征为太平洋 20°N 以北区域海洋表面异常偏暖或者偏冷。在正位相时，西太平洋偏冷而东太平洋偏暖，在负位相时，西太平洋偏暖而东太平洋偏冷。PDO 等气候因子会对全球很多地方的气候变化及区域水循环的变化产生较大影响。ENSO 是降水的主要驱动因子，春季降水主要受 PDO 和 ENSO 影响，夏季和秋季降水受 ENSO 和 IOD 影响，冬季降水受 ENSO、IOD 和 NAO 影响。ENSO、IOD 和 PDO 与季节降水的关系较为复杂。负位相的 PDO 有可能增加长江流域西南部地区的春季降水。前一年的拉妮娜事件可能使东部地区春季降水更加密集。

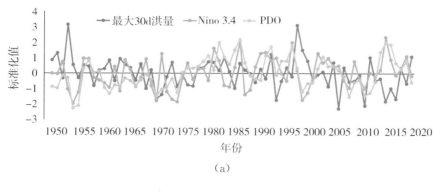

（a）

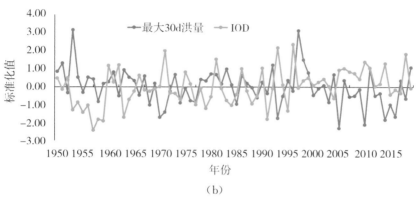

（b）

图 5-12　标准化的 M30 与统计显著相关的气候因子关系

5.3　本章小结

　　本章分析了长江上游降水和极端洪水的时空分布特征以及全球遥相关模式对其的影响。综合分析了海温异常与包括 ENSO 和 PDO 在内的大尺度环流与长江源区雨季降水时空格局之间的关系。分析表明，雨季降水时空分布特征可以用海温的变异性以及 ENSO 和 PDO 的综合影响来解释。长江源区降水主要与印度洋及东太平洋赤道中部的海温相关，相关海温的区域表明大气环流模式 PDO 与 SOI 对长江源区的雨季降水具有重要的影响。ENSO 和 PDO 的影响在它们同相/异相时会增强/减弱。对于源区降水而言，负 PDO 在拉尼娜年比厄尔尼诺年引起更多的降水，特别是在盆地地形的中部和东部地区。正 PDO 会导致降水减少，而厄尔尼诺现象会加剧减少程度。这种模式背后的机制是大气环流影响将水分输送到内陆地区的西风强度。其极端洪水主要与 Nino3.4、PDO 呈正相关，而与 IOD 呈负相关，可依据其综合影响判断极端洪水发生的可能性。

本章主要参考文献

[1] Ropelewski C F,Jones P D. An Extension of the Tahiti-Darwin Southern Oscillation Index[J]. Monthly Weather Review,1987,115(9):2161-2165.

[2] Trenberth K E,Hurrell J W. Decadal atmosphere-ocean variations in the Pacific[J]. Climate Dynamics,1994,9(6):303-319.

[3] Barnston A G,Livezey R E. Classification,Seasonality and Persistence of Low-Frequency Atmospheric Circulation Patterns[J]. Monthly Weather Review,1987,115(6):1083-1126.

[4] Saji N H,Yamagata T. Structure of SST and Surface Wind Variability during Indian Ocean Dipole Mode Events:COADS Observations[J]. Journal of Climate,2003,16(16):2735-2751.

第6章 长江上游极端洪水演变及组成规律

受气候变化与人类活动的综合影响,我国洪涝灾害也进入了多发、群发时期,变化环境下流域极端洪水演变和时空组合规律呈现新的特点。长江流域继 1998 年发生流域性超标准洪水后,2020 年又发生了流域性大洪水,长江上游干流发生超标准洪水,三峡水库出现建库以来最大入库洪峰。长江流域极端水文气象事件变化规律及成因一直是我国水文气象工作者关注的焦点。张建云院士团队[1]系统分析了 1956—2018 年中国江河径流演变及其变化特征。许多学者针对长江流域大洪水进行了研究。袁雅鸣、王光越[2-3]等探讨了 1998 年长江洪水的气候背景及洪水特征,徐高洪[4]等研究了 2020 年长江上游控制性水文站的洪水重现期。在极端洪水研究方面,张利平[5]等从极端水文事件的定义、研究方法等方面分析评述了极端水文事件问题的研究现状和研究成果,认为极端洪水事件可以采用时段洪量作为标准。本章以长江上游为研究区,选择长江干流宜昌站与金沙江主要支流、嘉陵江、岷江、乌江等长系列逐日流量资料,分析各站多时段年最大洪量变化趋势和组成规律,研究各站周期规律及相互关系;针对极端洪水年,分析 4 个流域洪水对宜昌站洪水的贡献率及其变化,并基于降水—径流关系研究暴水洪水变化规律。

6.1 长江宜昌站极端洪水变化特征

6.1.1 极端洪水演变趋势

6.1.1.1 资料及方法

选取长江上游干流宜昌站 1890—2020 年逐日流量资料(2020 年资料由报汛资料整理得出),嘉陵江北碚站、岷江高场站、乌江武隆站和金沙江向家坝(屏山)站 1951—2018 年逐日流量资料,长江监利以上 320 个雨量站点逐日降水资料,在分析中应用泰森多边形计算出的各分区平均逐日降水量。长江宜昌一次洪水过程短则 7~10d,长则达 1 个月及以上[6]。2009 年水利部水文局《流域性洪水定义及量化指标研究》中明确指出,以长江流域代表站 30d 洪量重现期的最大者为流域性大洪水的评价指标,为了更系统地分析长江大洪水的变化特征,本书分别统计各站年最大 1d、3d、5d、7d、15d、30d、45d、60d 洪量要素,重点研究最大 15d、30d、45d、60d 洪量变化特征,并结合极端洪水阈值进行极端洪水特征分析。长江上游流域水文站分布见图 6-1。

注：1. 已建、在建长江上游干流水库和支流大（1）型水
　　库，统计至2014年11月；
　　2. 拟建电站为《长江流域综合规划》近期推荐开发的
　　干流电站和支流较大水电站。

图 6-1　长江上游流域水文站分布

在分析降水和多时段洪量的变化趋势时采用 Mann-Kendall（M-K）检验方法。M-K 检验是分析数据序列随时间的变化趋势的一种非参数的统计检验方法，在水文气象要素的趋势性检验中被广泛采用。对于给定的置信水平 α，当 $|Z| > Z_{1-\alpha/2}$ 时，拒绝原假设，即在置信水平 α 上，该时间序列具有显著性 α 的变化趋势。

6.1.1.2　多时段洪量趋势变化

利用宜昌站 1890—2018 年逐日流量资料，补充 2019、2020 年汛期资料，统计年径流量和 8 个时段（1d、3d、5d、7d、15d、30d、45d、60d）年最大洪量。结果显示，多时段年最大洪量（表 6-1 和图 6-2）和年径流量（图 6-3）均有减小趋势，15d、30d、45d、60d 洪量减小趋势分别为 −0.4188 亿 m^3/a、−0.7225 亿 m^3/a、−1.1486 亿 m^3/a 和 −1.3738 亿 m^3/a。为了分析前后时期的变化趋势差异，选取 1890—1950 年和 1951—2020 年 2 个时段的洪量进行分析，1951—2020 年多时段年最大洪量和年径流量均比 1890—1950 年小，多时段年最大 15d、30d、45d、60d 洪量均有减小趋势。1951—2020 年最大 15d、30d、45d、60d 洪量减小趋势为 −1.3413 亿 m^3/a、−1.9759 亿 m^3/a、−2.6539 亿 m^3/a 和 −3.7594 亿 m^3/a。后期年径流量变化趋势是整个系列变化趋势的 1.5 倍，多时段洪量变化趋势是整个系列变化趋势的 2.3～3.2 倍。M-K 置信度检验结果表明，1890—1950 年系列没有显著变化，1951—2020 年多时段洪量和年径流系列均呈显著减小趋势。

表 6-1　　　　　　　　　　宜昌多时段年最大洪量多年平均值及线性趋势　　　　　　　　单位:亿 m^3

时间	1890—2020 年		1890—1950 年		1951—2020 年	
	年最大洪量	线性趋势	年最大洪量	线性趋势	年最大洪量	线性趋势
1d	42	−0.0534**	43	−0.0055	41	−0.1959**

时间	1890—2020 年		1890—1950 年		1951—2020 年	
	年最大洪量	线性趋势	年最大洪量	线性趋势	年最大洪量	线性趋势
3d	122	−0.1429**	125	0.0048	119	−0.5344**
5d	194	−0.2131**	199	0.0232	190	−0.7847**
7d	260	−0.2690*	267	0.0709	255	−0.9427**
15d	497	−0.4188*	507	−0.0305	489	−1.3413**
30d	893	−0.7225*	912	−0.2095	877	−1.9759*
45d	1241	−1.1486**	1275	−0.345	1212	−2.6539*
60d	1573	−1.3738**	1611	0.0613	1540	−3.7594*
年径流量	4398	−3.2983**	4506	−1.992	4302	−5.0173**

注：＊为显著(95％置信度)，＊＊为极显著(99％置信度)，其他为不显著。

最大1d洪量：$y=-0.0534x+146.48$　　最大5d洪量：$y=-0.2131x+610.96$
最大3d洪量：$y=-0.1429x+401.28$　　最大7d洪量：$y=-0.269x+786.08$

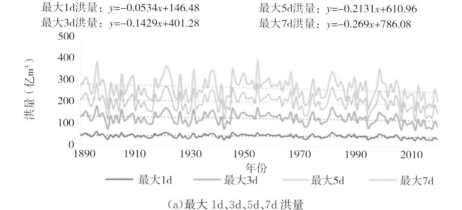

(a)最大 1d、3d、5d、7d 洪量

最大15d洪量：$y=-0.4188x+1316.2$　　最大45d洪量：$y=-1.1486x+3486.8$
最大30d洪量：$y=-0.7225x+2305.4$　　最大60d洪量：$y=-1.3738x+4259.2$

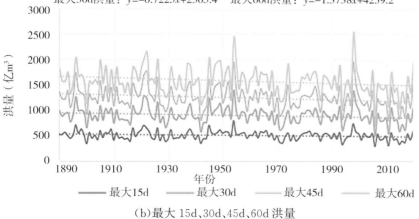

(b)最大 15d、30d、45d、60d 洪量

图 6-2　宜昌站多时段年最大洪量过程线

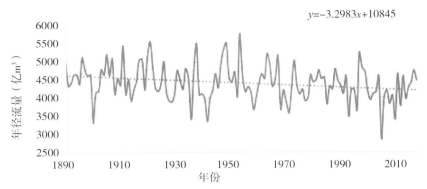

图 6-3　宜昌站年径流量变化过程线

6.1.2　极端洪水周期分析

选择长江干流宜昌站 1890—2020 年共 131a 资料，采用小波分析法，对最大 1d、3d、5d、7d、15d、30d、45d、60d 洪量和年径流系列进行周期分析。表 6-2 和图 6-4 为周期分析结果。

表 6-2　　　　　　　　　　　　**长江宜昌站多时段洪量周期分析结果**　　　　　　　　单位:亿 m³

时段洪量	第一主周期	第二主周期	第三主周期	第四主周期
最大 1d 洪量	21	12	3	
最大 3d 洪量	21	12	3	
最大 5d 洪量	21	12	3	
最大 7d 洪量	21	12	8	3
最大 15d 洪量	22	14	3	
最大 30d 洪量	22	12	4	
最大 45d 洪量	22	11	8	3
最大 60d 洪量	22	11	5	
年径流量	22	14	10	5

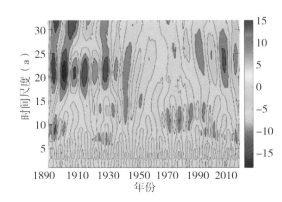
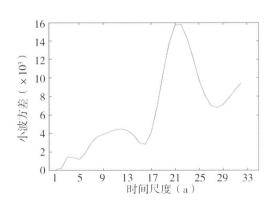

(a)宜昌站最大 1d 洪量

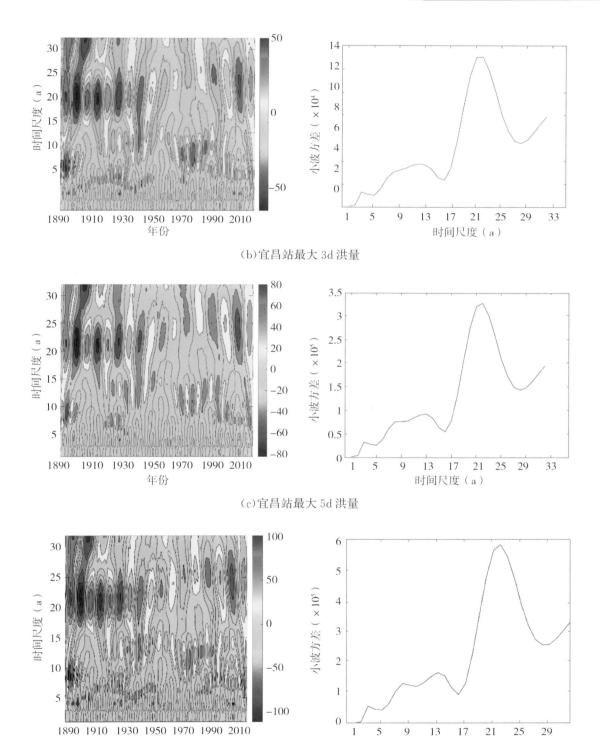

（b）宜昌站最大 3d 洪量

（c）宜昌站最大 5d 洪量

（d）宜昌站最大 7d 洪量

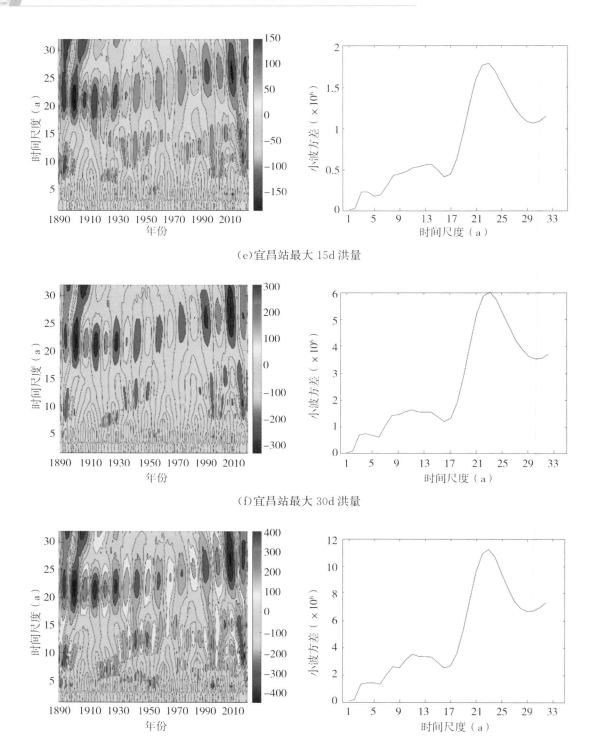

（e）宜昌站最大 15d 洪量

（f）宜昌站最大 30d 洪量

（g）宜昌站最大 45d 洪量

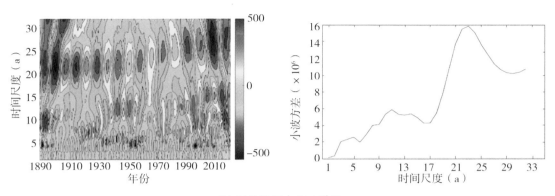

（h）宜昌站最大 60d 洪量

图 6-4　宜昌站最大 60d 洪量小波系数实部等值线（左）和小波方差（右）图

从小波方差图上看,宜昌站各最大时段洪量序列存在多个明显峰值,最大峰值对应的 21～22a 周期振动最强,是宜昌站各最大时段洪量的第一主周期,第二主周期在 12～14a 变化。从小波系数实部等值线图和变化过程线上看,各时段最大洪量第一主周期的小波系数实部的正负交替对应洪量的偏多—偏少振动,峰值对应的波动中心能量从最大 1d 洪量到最大 60d 洪量逐渐增加,表明时段越长,对应的周期波动趋势越显著;各时段波动中心的绝对值呈现增加—减小—增加的变化,且时段越长,中心能量的变化越小,表明时段越长,对应的周期变化越稳定,其中最大 1d、3d、5d 和 7d 洪量的 21a 第一主周期特征在 1950 年前和 1990 年后比较稳定,最大 15d、30d、45 和 60d 洪量的 22a 第一主周期特征自 1890 年至今都比较稳定;从小波方差图上看,宜昌站最大 1d 洪量序列存在 3 个明显的峰值,由大到小依次对应 21a、12a、3a 的时间尺度,其中最大峰值对应的 21a 周期振荡最强,是宜昌站最大 1d 洪量变化的第一主周期,12a 和 3a 分别为第二、第三主周期。从小波系数实部等值线图上看,21a 时间尺度的第一主周期特征在 1890—1940 年间最为稳定,对应 4 个偏多中心（1894 年、1908 年、1921 年、1936 年）和 3 个偏少中心（1901 年、1915 年、1929 年）,且能量中心绝对值逐渐减小,表明周期波动趋势减弱;1940—1990 年存在较为稳定的 12a 尺度周期振荡,但能量较弱,影响范围小,自 1990 年代开始,周期逐渐稳定在 24a 左右的时间尺度。根据偏少—偏多中心交替出现的周期特征及 2018—2019 年出现的偏多中心,可以认为长江宜昌站的各最大时段洪量都将结束所处的偏多期,进入偏少周期。

从小波系数实部周期震荡（图 6-5）可以看出,偏少—偏多交替出现的周期特征表明,各时段洪量 1954 年、1998 年和 2020 年均出现于周期偏多位置,因此可以认为小波周期能作为判断超标准洪水的条件之一。

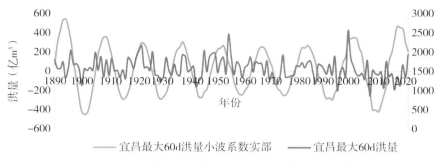

图 6-5　宜昌最大 60d 洪量小波系数实部变化过程线

6.2　长江上游主要支流演变特征

6.2.1　主要支流极端洪水变化趋势

选用长江上游金沙江主要支流、嘉陵江、岷江和乌江流域作为研究区。统一选取 1951—2018 年洪水系列资料进行趋势分析,重点分析年最大 15d、30d、45d 和 60d 洪量变化特征,主要支流多时段洪量及其变化趋势分析结果见表 6-3 和图 6-6。

表 6-3　　　　　主要支流多时段年最大洪量多年平均值(1951—2018 年)

流域水文站	15d		30d		45d		60d	
	年最大洪量(亿 m³)	线性趋势	年最大洪量(亿 m³)	线性趋势	年最大洪量(亿 m³)	线性趋势	年最大洪量(亿 m³)	线性趋势
金沙江屏山	176	−0.3616	314	−0.4338	436	−0.6728	551	−0.8398
嘉陵江北碚	125	−0.3018	191	−0.6713*	245	−1.0205*	297	−1.1435*
乌江武隆	79	−0.3626*	122	−0.4192*	159	−0.4925*	193	−0.5401
岷江高场	104	−0.5229**	183	−0.8008**	254	−1.0721**	320	−1.2403**

注:* 为显著(95% 置信度),** 为极显著(99% 置信度),其他为不显著。

从计算结果可以看出,年最大 15d、30d 洪量从大到小依次为金沙江、嘉陵江、岷江和乌江,但是年最大 45d、60d 洪量中,岷江大于嘉陵江,金沙江最大,乌江最小。所有站的各时段年最大洪量都是减小的趋势,线性趋势大小与计算时段一致,15d 洪量线性趋势最小,60d 洪量线性趋势最大。从显著性检验来看,金沙江多时段年最大洪量和嘉陵江年最大 15d 洪量、乌江年最大 60d 洪量减小趋势不显著,其他流域不同时段年最大洪量都有显著减小趋势。除了宜昌站同时期减小幅度最大外,减小幅度紧随其后的是长江干流北边的两条支流岷江和嘉陵江。对同期降水进行统计分析,岷江和嘉陵江多时段年最大降水量变化趋势下降幅度大于其他区域,岷江流域多时段年最大降水有显著下降趋势,因此可以认为多时段年最大洪量的减小趋势主要是多时段年最大降水量减小造成的。

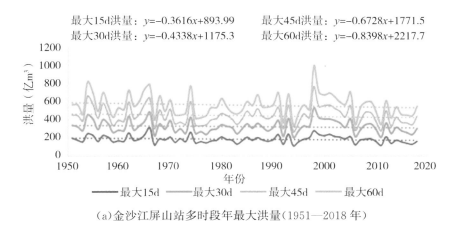

最大15d洪量：$y=-0.3616x+893.99$　　最大45d洪量：$y=-0.6728x+1771.5$
最大30d洪量：$y=-0.4338x+1175.3$　　最大60d洪量：$y=-0.8398x+2217.7$

（a）金沙江屏山站多时段年最大洪量（1951—2018 年）

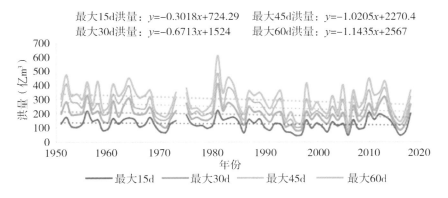

最大15d洪量：$y=-0.3018x+724.29$　　最大45d洪量：$y=-1.0205x+2270.4$
最大30d洪量：$y=-0.6713x+1524$　　　最大60d洪量：$y=-1.1435x+2567$

（b）嘉陵江北碚站多时段年最大洪量（1951—2018 年）

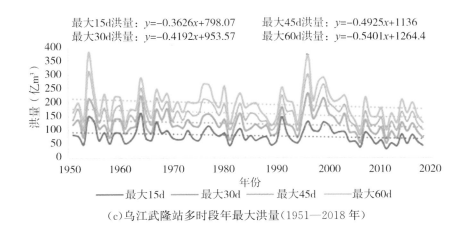

最大15d洪量：$y=-0.3626x+798.07$　　最大45d洪量：$y=-0.4925x+1136$
最大30d洪量：$y=-0.4192x+953.57$　　最大60d洪量：$y=-0.5401x+1264.4$

（c）乌江武隆站多时段年最大洪量（1951—2018 年）

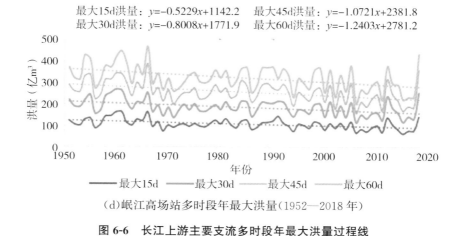

最大15d洪量：$y=-0.5229x+1142.2$ 最大45d洪量：$y=-1.0721x+2381.8$
最大30d洪量：$y=-0.8008x+1771.9$ 最大60d洪量：$y=-1.2403x+2781.2$

(d)岷江高场站多时段年最大洪量(1952—2018 年)

图 6-6   长江上游主要支流多时段年最大洪量过程线

6.2.2   极端洪水周期分析及区域分布特点

选择 1951—2020 年、1939—2020 年逐日流量资料,统计分析金沙江、嘉陵江、岷江和乌江流域多时段最大洪量的周期特点,分析结果见表 6-4。

表 6-4   **长江上游主要支流多时段洪量周期分析结果**

流域水文站	时段洪量	周期(a)	流域水文站	时段洪量	周期(a)
嘉陵江 北碚	最大 1d 洪量	9,5	乌江 武隆	最大 1d 洪量	23,6,14
	最大 3d 洪量	9,5,19		最大 3d 洪量	30,6,13
	最大 5d 洪量	9,6,19		最大 5d 洪量	30,6,13
	最大 7d 洪量	9,6,13,19		最大 7d 洪量	30,17,7,13
	最大 15d 洪量	9,13,5		最大 15d 洪量	30,17,7
	最大 30d 洪量	9,13,27,5		最大 30d 洪量	30,17,7
	最大 45d 洪量	9,13,5		最大 45d 洪量	30,17,7
	最大 60d 洪量	13,4		最大 60d 洪量	30,17,6
	年径流量	26,14,9,5		年径流量	28,24,16,5
金沙江 屏山	最大 1d 洪量	23,10,6	岷江 高场	最大 1d 洪量	26,11,3
	最大 3d 洪量	23,10,6		最大 3d 洪量	27,10,3
	最大 5d 洪量	23,10,6		最大 5d 洪量	27,10,3
	最大 7d 洪量	23,6,10		最大 7d 洪量	27,9,14,3
	最大 15d 洪量	23,6,9		最大 15d 洪量	27,10,3,5
	最大 30d 洪量	23,6		最大 30d 洪量	27,10,3,5

流域水文站	时段洪量	周期(a)	流域水文站	时段洪量	周期
金沙江 屏山	最大 45d 洪量	23,5	岷江 高场	最大 45d 洪量	27,10,3
	最大 60d 洪量	23,5,8		最大 60d 洪量	27,10,3
	年径流量	19,22,7		年径流量	26,19,10,7

依据表 6-4 周期分析结果可知,各支流的主周期有所不同,嘉陵江除最大 60d 洪量第一主周期为 13a 外,其他时段第一主周期均为 9a,不同时段洪量第二主周期为 4～13a。乌江武隆站除最大 1d 洪量第一主周期为 23a 外,其余时段洪量均有 30a 的第一主周期,最大 1d、3d、5d 洪量第二主周期相同,而其余时段洪量第二主周期为 17a。金沙江屏山站 23a 为第一主周期,第二主周期稍有差异,分布于 5～10a。岷江高场站最大 1d 洪量第一主周期为 26a;其他时段最大洪量为 27a,第二主周期为 9～10a。由此可以看出,除嘉陵江外,其他 3 个流域第一主周期都在 20a 以上,嘉陵江周期小于其他流域,说明嘉陵江洪旱波动较大。

依据小波方差图分析,金沙江屏山站各时段最大洪量的周期趋势较为一致,23a 始终是第一主周期,周期特征自 1950 年至今都比较稳定,5～6a 的短时间尺度是第二主周期,在 1971 年之前最为稳定;周期波动的能量中心的绝对值随时段增加而逐渐增大,周期波动趋势增强;从偏少—偏多交替出现的周期特征来看,各时段最大洪量都将进入偏少周期。

嘉陵江最大 1d、3d、5d、7d 洪量序列的周期趋势较为一致,最大峰值对应的 9a 周期震荡最强,是洪量变化的第一主周期,第二、第三、第四主周期分别为 5a、14a、19a,其中第三主周期的特征在最大 7d 洪量序列中最明显,在最大 1d 洪量序列中次之;最大 15d、30d、45d 和最大 60d 洪量序列的周期趋势较为一致,9a 周期在最大 15d、30d 洪量序列中仍为第一主周期,第二主周期变为 14a,而在最大 45d 和最大 60d 洪量序列中,14a 成为第一主周期,9a 和 27a 分别为第二、第三主周期。整体而言,最大时段洪量具有明显的周期变化,且时段越长,变化周期越长。分析小波系数实部等值线,最大 1d、3d、5d、7d 洪量的 9a 第一主周期在 1970 年之前最为稳定,最大 15d、30d、45d 和最大 60d 洪量序列的 14a 第一主周期在 1970 年后最为稳定;同时,随着时段增长,能量中心的绝对值逐渐增加,表明周期波动趋势增强;从偏少—偏多交替出现的周期特征来看,各时段最大洪量都即将进入偏多周期。

岷江各时段最大洪量的第一、第二、第三主周期分别为 27a、10a、3a,第一主周期自 1950 年至今都比较稳定;随时段增加,周期波动趋势增强;从第一主周期偏少—偏多交替出现的特征来看,最大 30d、45d、60d 洪量正处于偏多中心,其他时段最大洪量将进入偏少周期,这意味着高场站洪水涨落过程可能会趋于平缓,呈现更加矮胖的洪水过程线。

乌江最大 1d 洪量的第一主周期为 23a,其他各时段第一主周期为 30a,随时段增长,第二主周期由 6a 变为 17a,第一、第二周期的波动趋势都增强;各时段最大洪量将进入偏少中心。

对比各站最大 60d 洪量小波系数实部变化过程线(图 6-7),乌江武隆站和金沙江屏山站与宜昌站对应关系较好,各时段最大洪量 1954 年、1998 年和 2020 年均出现于周期偏多位

置,而嘉陵江北碚站在 1998 年洪水中周期实部对应在周期偏少位置,岷江高场站在 1954 年
洪水中周期实部对应在周期偏少位置。

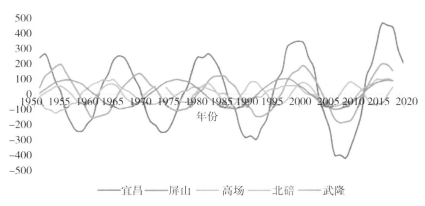

图 6-7　最大 60d 洪量小波系数实部变化过程线

6.3　长江上游洪水组成及对宜昌洪水贡献率

6.3.1　长江上游洪水组成变化规律

金沙江屏山、嘉陵江北碚、岷江高场和乌江武隆 4 个主要站控制流域面积占宜昌控制流
域面积的 83%,多时段年最大洪量之和占宜昌站年最大洪量的 80% 以上,宜昌站多时段年
最大洪量和金沙江、乌江、嘉陵江、岷江主要站相加的多时段年最大洪量相关系数达到 0.9
以上,且两者具有较好的涨落一致性(图 6-8),因此选择长江干流宜昌站为研究对象,分析金
沙江、乌江、嘉陵江和岷江不同时段最大洪量对宜昌洪水响应关系,对揭示长江上游洪水来
源及组成规律具有重要意义。为了资料系列一致,选取 1951—2020 年资料进行分析,由于
嘉陵江北碚站缺少 1974 年资料,为了对比分析的合理性,在以下特征分析中,各支流均没有
考虑 1974 年。

图 6-8　4 条支流相加年最大 60d 洪量和宜昌站年最大 60d 洪量过程线

　　依据长江上游各水文站之间汇流时间,金沙江向家坝和岷江高场—长江清溪场汇流时间 27～43h,嘉陵江北碚—长江清溪场汇流时间 3～14h,乌江武隆—长江清溪场汇流时间 1～3h,4 站汇流到清溪场时间相差小于 2d,因此在统计最大 15d、30d、45d、60d 洪量时,以 4 站累加逐日流量计算多时段年最大洪量,然后选取相同时间 4 站多时段最大洪量,以避免各站单独计算的多时段最大洪量之间在时间上不一致的问题。根据 1951—2018 年统计结果(表 6-5),各支流年径流量占宜昌年径流量的比例为:金沙江占比 33.10%,嘉陵江占比 15.21%,乌江占比 11.27%,岷江占比 19.70%。这个结果与王辉[7]等分析的年径流量地区组成结果(金沙江占比 33.4%,嘉陵江占比 15.3%,乌江占比 11.5%,岷江占比 19.8%)相近。但是对多时段年最大洪量来说,金沙江流域面积约占宜昌控制流域面积的 1/2,多时段年最大洪量占宜昌洪量的 1/3,洪水过程波动平缓,是长江宜昌洪水的基础来源[8],嘉陵江和岷江控制流域面积占宜昌控制流域面积的 29%,多时段洪量占宜昌洪量的 38.31%～40.80%,是宜昌洪水的主要来源,乌江流域面积小,洪量仅占宜昌洪量的 9% 左右。4 条支流对宜昌站多时段最大洪量贡献率基本稳定在 81%～82%,这也说明 4 个支流洪水变化特性基本上能反映宜昌站洪水特性。

表 6-5　　　　　　　　　　主要支流多时段最大洪量对宜昌洪量贡献率(%)

站名	最大 15d 洪量	最大 30d 洪量	最大 45d 洪量	最大 60d 洪量	年径流量
金沙江屏山	32.12	33.65	33.95	33.43	33.10
嘉陵江北碚	22.09	19.71	18.73	17.79	15.21
乌江武隆	8.93	8.89	9.08	9.15	11.27
岷江高场	18.71	19.36	20.08	20.52	19.70
合计	81.85	81.61	81.84	80.89	79.28

　　分析 1951—2018 年主要支流多时段最大洪量对宜昌洪量贡献率的变化(表 6-6),金沙江多时段洪量对宜昌洪水贡献率都是增加趋势,岷江多时段洪量对宜昌洪水贡献率都是减少趋势,其主要原因可能是岷江流域多时段最大降水有显著下降的趋势,而金沙江多时段最大降水下降趋势最小,同时比较分析各支流径流系数的变化趋势,金沙江流域不同时段降水径流系数变化不显著,岷江流域不同时段径流系数变化呈显著减少趋势。金沙江最大 60d 洪量对宜昌的贡献率有显著增加的趋势,其余都呈不显著增加趋势(图 6-9)。

表 6-6　　　　　多时段最大洪量对宜昌洪量贡献率(%)的变化趋势(1951—2018 年)

时段洪量	金沙江屏山	乌江武隆	岷江高场	嘉陵江北碚
最大 15d 洪量	0.0513	−0.0076	−0.0441	0.02160
最大 30d 洪量	0.0491	0.02360	−0.0354	−0.0398
最大 45d 洪量	0.0356	0.01130	−0.0262	−0.0193
最大 60d 洪量	0.0747*	−0.0036	−0.0247	−0.0124

注:* 为显著(95% 置信度),* * 为极显著(99% 置信度),其他为不显著。

武隆：$y=-0.0036x+16.274$　　　高场：$y=-0.0247x+69.62$
北碚：$y=-0.0124x+42.319$　　　屏山：$y=0.0747x-114.89$

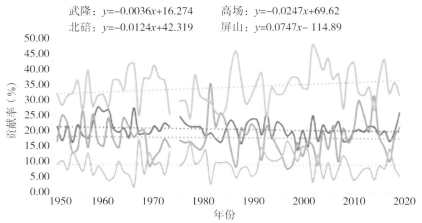

（a）各支流最大 60d 洪量对宜昌洪量的贡献率

武隆：$y=0.0113x-13.312$　　　高场：$y=-0.0262x+72.022$
北碚：$y=-0.0193x+56.978$　　　屏山：$y=0.0356x-36.714$

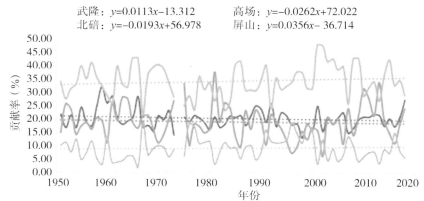

（b）各支流最大 45d 洪量对宜昌洪量的贡献率

武隆：$y=0.0236x-37.947$　　　高场：$y=-0.0354x+89.519$
北碚：$y=-0.0398x+98.621$　　　屏山：$y=0.0491x-63.823$

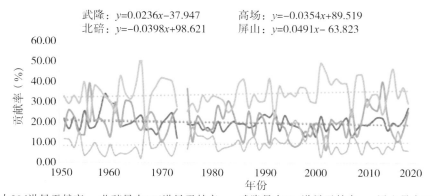

（c）各支流最大 30d 洪量对宜昌洪量的贡献率

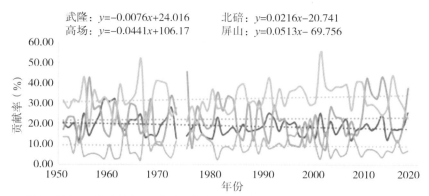

武隆：$y=-0.0076x+24.016$　　北碚：$y=0.0216x-20.741$
高场：$y=-0.0441x+106.17$　　屏山：$y=0.0513x-69.756$

—高场最大15d洪量贡献率 —北碚最大15d洪量贡献率 — 武隆最大15d洪量贡献率 —屏山最大15d洪量贡献率

(d)各支流最大 15d 洪量对宜昌洪量的贡献率

图 6-9　各支流多时段最大洪量对宜昌洪量的贡献率

6.3.2　典型年洪水组成关系

对宜昌站 1890—2020 年不同时段最大洪量进行排频,采用大于 90% 洪量作为极端洪水的百分位阈值,在阈值为 90% 以上的洪水中,1950 年以前占大多数,1951 年以后超过 90% 阈值的最大 60d、45d、30d、15d 洪量的年数分别为 4a、4a、5a、2a,综合 90% 阈值和多时段最大洪量,选择的极端洪水年份除 1974 年嘉陵江北碚站缺资料外,发生极端洪水的有 1952 年、1954 年、1993 年、1998 年、1999 年和 2020 年(表 6-7)。

表 6-7　　　　　　　　　　宜昌站多时段最大洪量超过百分位阈值(90%)分析结果　　　　　　单位:亿 m³

年份	最大 60d 洪量	年份	最大 45d 洪量	年份	最大 30d 洪量	年份	最大 15d 洪量
1938	1887.0	1948	1506.4	1993	1073.3	1920	601.9
1974	1915.5	1917	1519.9	1905	1076.6	1949	605.4
1937	1921.4	1949	1545.4	1917	1080.6	1931	606.8
2020	1935.6	2020	1550.5	1952	1088.6	1909	615.8
1948	1954.3	1952	1554.4	1999	1118.0	1898	617.7
1949	1973.1	1938	1560.4	1938	1118.9	1938	619.1
1905	1980.3	1905	1569.1	1949	1131.1	1917	639.6
1926	1997.6	1945	1600.3	1926	1151.4	1926	640.3
1921	2017.1	1926	1640.2	1945	1227.4	1922	642.5
1945	2034.3	1921	1685.1	1922	1232.2	1921	691.5
1896	2035.5	1896	1729.0	1896	1253.9	1945	691.9
1922	2153.0	1922	1766.9	1921	1277.8	1896	696.9
1954	2448.0	1954	1943.0	1998	1380.5	1998	728.2
1998	2545.1	1998	1947.5	1954	1386.5	1954	785.1

表 6-8 为极端洪水年各河流多时段最大洪量对宜昌洪量的贡献率,同样也反映了长江

上游洪水组成。

表 6-8　　　　　典型年主要河流多时段最大洪量对宜昌洪量的贡献率　　　　　单位：%

最大 60d 洪量	金沙江屏山	乌江武隆	岷江高场	嘉陵江北碚	区间
1952 年	28.19	10.52	16.89	25.01	19.39
1954 年	32.03	13.36	16.38	12.91	25.32
1993 年	34.06	10.45	17.49	18.34	19.66
1998 年	36.97	10.29	13.91	16.07	22.76
1999 年	33.82	15.06	20.10	11.91	19.11
2020 年	25.05	9.14	23.45	25.41	16.95
最大 45d 洪量	金沙江屏山	乌江武隆	岷江高场	嘉陵江北碚	区间
1952 年	27.37	11.24	16.59	25.67	19.13
1954 年	32.78	12.40	16.62	14.10	24.10
1993 年	35.21	11.01	17.02	18.76	18.00
1998 年	37.24	10.99	12.89	15.20	23.68
1999 年	31.33	17.60	18.05	12.25	20.77
2020 年	25.73	7.16	23.47	28.43	15.21
最大 30d 洪量	金沙江屏山	乌江武隆	岷江高场	嘉陵江北碚	区间
1952 年	28.87	11.17	16.45	25.72	17.79
1954 年	28.91	14.78	15.65	13.84	26.82
1993 年	37.68	9.86	15.46	18.87	18.13
1998 年	36.59	10.36	12.68	15.29	25.08
1999 年	30.05	19.09	18.01	12.82	20.03
2020 年	25.86	5.87	25.29	32.22	10.76
最大 15d 洪量	金沙江屏山	乌江武隆	岷江高场	嘉陵江北碚	区间
1952 年	27.29	13.10	17.80	23.06	18.75
1954 年	30.45	18.85	11.49	10.38	28.83
1993 年	37.03	10.24	16.18	21.22	15.33
1998 年	34.75	8.24	13.23	20.88	22.90
1999 年	28.99	22.02	18.90	10.67	19.42
2020 年	25.17	2.31	30.78	39.29	2.45

在 6 个极端洪水年中,金沙江对宜昌洪量的贡献率大都在 30% 以上,1952 年和 2020 年金沙江和区间洪量贡献率较多年平均有所减小,2020 年洪水中,金沙江多时段最大洪量对宜昌洪量的贡献率都在 25% 左右,是所有极端洪水年中贡献率最小的。由于嘉陵江和岷江处于暴雨中心区域,岷江发生超历史实测记录洪水,嘉陵江发生超保证洪水[8],岷江和嘉陵江洪量对宜昌洪量贡献率最大,2 条支流占宜昌洪量的比例达 50%,远大于多年平均的 40%。

6.4 长江上游暴雨洪水关系

6.4.1 降水时空变化规律

降水统计资料为1951—2018年。雨量资料是由武汉区域气候中心提供的采用泰森多边形法计算的各区面平均雨量,分析不同时段(1d、3d、5d、7d、15d、30d、45d、60d)最大降水量的变化趋势和变化特性。图6-10为长江上游不同流域多时段平均最大降水量过程线及变化趋势,表6-9为流域多时段平均最大降水量,表6-10为多时段年最大降水量变化线性趋势。由多时段平均最大降水量统计结果可知,乌江流域最大,嘉陵江流域次之,金沙江流域最小。尽管乌江流域降水量大,但是因为流域面积最小,乌江洪量对宜昌洪量的多年平均贡献率也最小。

最大15d降水量:$y=-0.0551x+214.07$ 最大45d降水量:$y=-0.035x+326.38$
最大30d降水量:$y=-0.0199x+224.51$ 最大60d降水量:$y=-0.1665x+655.99$

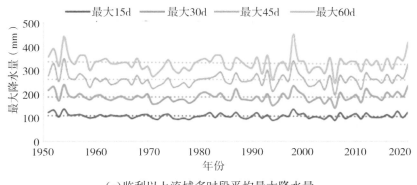

(a)监利以上流域多时段平均最大降水量

最大15d降水量:$y=-0.0432x+259.03$ 最大45d降水量:$y=0.1968x+40.497$
最大30d降水量:$y=0.2311x-195.44$ 最大60d降水量:$y=0.0278x+372.92$

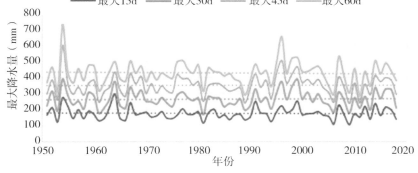

(b)乌江流域多时段平均最大降水量

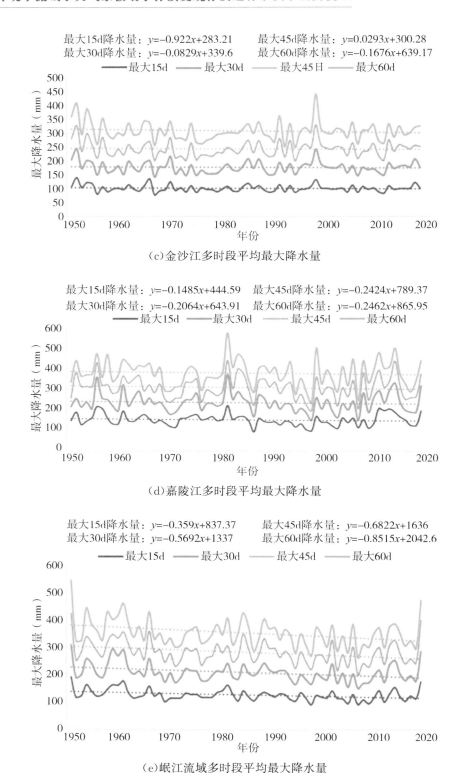

最大15d降水量：$y=-0.922x+283.21$ 最大45d降水量：$y=0.0293x+300.28$
最大30d降水量：$y=-0.0829x+339.6$ 最大60d降水量：$y=-0.1676x+639.17$

（c）金沙江多时段平均最大降水量

最大15d降水量：$y=-0.1485x+444.59$ 最大45d降水量：$y=-0.2424x+789.37$
最大30d降水量：$y=-0.2064x+643.91$ 最大60d降水量：$y=-0.2462x+865.95$

（d）嘉陵江多时段平均最大降水量

最大15d降水量：$y=-0.359x+837.37$ 最大45d降水量：$y=-0.6822x+1636$
最大30d降水量：$y=-0.5692x+1337$ 最大60d降水量：$y=-0.8515x+2042.6$

（e）岷江流域多时段平均最大降水量

图 6-10　长江上游不同流域多时段平均最大降水量过程线

表 6-9		流域多时段平均最大降水量（1951—2018 年）			单位：mm
时段	监利以上	金沙江流域	乌江流域	岷江流域	嘉陵江流域
1d	15.4	14.2	41.8	28.2	35.3
3d	32.9	30.9	70.6	48.3	65.4
5d	46.2	43.8	90.0	62.5	82.2
7d	58.1	55.6	109.2	75.9	96.8
15d	104.6	100.3	172.7	125.0	150.0
30d	184.9	175.2	261.5	207.4	234.4
45d	257.0	241.8	347.9	282.2	308.3
60d	325.3	306.2	425.5	352.8	377.4

表 6-10		多时段年最大降水量变化线性趋势（1951—2018 年）			
时段	监利以上	金沙江流域	乌江流域	岷江流域	嘉陵江流域
1d	−0.0085	−0.0058	0.0846*	−0.0619	0.0618
3d	−0.0198	−0.0196	0.0727	−0.1054	0.0930
5d	0.0222	−0.0294	0.0362	−0.1676*	0.0168
7d	0.0013	−0.0570	−0.0180	−0.1681*	0.0626
15d	−0.0551	−0.0922	−0.0432	−0.3590*	−0.1485
30d	−0.0199	−0.0829	0.2311	−0.5692*	−0.2064
45d	−0.0350	−0.0293	0.1968	−0.6822*	−0.2424
60d	−0.1665	−0.1676	0.0278	−0.8515*	−0.2462

注：* 为显著（95％置信度），* * 为极显著（99％置信度），其他为不显著。

在 4 个流域中，乌江流域不同时段最大 1d 降水量显著增加，其他时段增减趋势不显著。岷江流域最大 1d、3d 降水量减小趋势不显著，其他时段具有显著减小趋势。金沙江、嘉陵江以及监利以上不同时段降水量增减趋势不显著。

6.4.2　暴雨洪水关系分析

6.4.2.1　多年平均降水—洪量相关关系

由于降水—径流过程是产流、流域汇流、河道汇流的综合结果，短时段降水与相应的流域出流过程相关性较小，因此重点分析长时段的 15d、30d、45d 和 60d 降水—洪量相关关系，以探求流域极端暴雨洪水的响应机理。在分析流域降水—洪量相关关系中，考虑到多时段降水与多时段洪量的对应关系，首先选择乌江流域，分析不同时段降水与不同时段洪量的相关关系（表 6-11），结果表明，同时段的降水和洪量相关系数最高，因此在其他流域中仅分析多时段降水—径流相关关系（表 6-12）及其径流系数变化特征。

表 6-11   乌江流域降水—洪量相关系数

降水	15d 洪量	30d 洪量	45d 洪量	60d 洪量
15d 降水	0.825	0.783	0.747	0.736
30d 降水	0.791	0.856	0.834	0.821
45d 降水	0.789	0.852	0.895	0.893
60d 降水	0.768	0.826	0.882	0.914

表 6-12   多时段降水—径流相关系数

时段	宜昌以上	金沙江屏山	乌江武隆	岷江高场	嘉陵江北碚
15d	0.726	0.641	0.825	0.767	0.874
30d	0.789	0.661	0.856	0.839	0.924
45d	0.874	0.755	0.895	0.836	0.929
60d	0.896	0.791	0.914	0.827	0.935

通过不同时段降水—径流相关分析,结果显示,金沙江、乌江、嘉陵江和宜昌以上流域降水—径流相关系数随时长增加而增加,岷江流域没有一致性变化规律。从空间上来看,嘉陵江降水—径流相关系数最大,乌江流域次之,金沙江流域最小。

6.4.2.2 多时段径流系数变化

径流系数是任意时段内径流深度与相应时段内降水深度的比值,反映一个流域的产流状况,一般而言,干旱地区径流系数较小,湿润地区径流系数较大。为了分析长江上游各支流的产流情况,选择 1951—2020 年逐日降水和径流资料,分析不同时段径流系数变化特征及变化趋势。表 6-13 为各流域不同时段多年平均径流深统计结果,可以看出,总体上乌江流域最大,岷江流域次之,金沙江流域最小。结合表 6-9 流域多时段平均最大降水量分析结果,得出各流域多年平均径流系数(表 6-14),岷江流域最大,乌江流域次之,金沙江流域最小。

表 6-13   各流域不同时段多年平均径流深统计表   单位:mm

时段	金沙江	乌江	岷江	嘉陵江	宜昌以上
15d	38.5	93.8	74.5	78.5	47.3
30d	68.4	146.0	130.2	119.9	85.1
45d	94.6	190.2	181.9	152.7	117.5
60d	119.6	230.4	229.9	186.1	149.9

表 6-14　　　　　　　流域不同时段多年平均径流系数（1951—2018 年）

时段	金沙江屏山	乌江武隆	岷江高场	嘉陵江北碚	宜昌以上
15d	0.384	0.543	0.596	0.523	0.452
30d	0.390	0.558	0.628	0.512	0.460
45d	0.391	0.547	0.645	0.495	0.457
60d	0.391	0.541	0.652	0.493	0.461

根据各流域径流系数变化过程可知（表 6-15 和图 6-11），在 4 个流域中，金沙江流域不同时段降水—径流系数变化不显著，其他流域不同时段径流系数变化中，除嘉陵江流域 15d 降水—径流系数外，大部分流域有显著减小趋势。

表 6-15　　　　　　　流域不同时段径流系数变化趋势（1951—2018 年）

时段	金沙江屏山	乌江武隆	岷江高场	嘉陵江北碚	长江宜昌
15d	−0.0005	−0.0020**	−0.0014**	−0.0010	−0.0011**
30d	−0.0004	−0.0021**	−0.0012**	−0.0015*	−0.0010**
45d	−0.0005	−0.0017**	−0.0013**	−0.0018**	−0.0010**
60d	−0.0004	−0.0013**	−0.0012**	−0.0017**	−0.0009**

注：＊为显著（95％置信度），＊＊为极显著（99％置信度），其他为不显著。

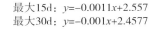

最大15d：$y=-0.0011x+2.557$　　　最大45d：$y=-0.001x+2.4022$
最大30d：$y=-0.001x+2.4577$　　　最大60d：$y=-0.0009x+2.2807$

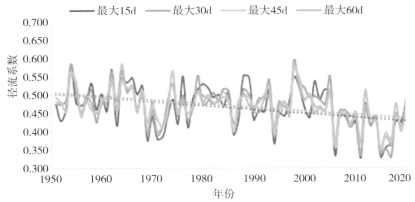

（a）宜昌以上流域多时段径流系数

最大15d：$y=-0.001x+2.5628$　　　　最大45d：$y=-0.0018x+4.088$
最大30d：$y=-0.0015x+3.5015$　　　　最大60d：$y=-0.0017x+3.9181$

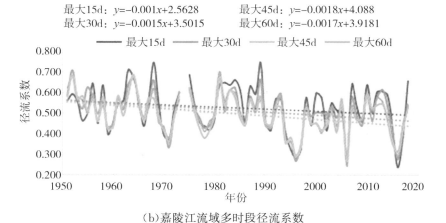

（b）嘉陵江流域多时段径流系数

最大15d：$y=-0.0014x+3.3464$　　　　最大45d：$y=-0.0013x+3.3047$
最大30d：$y=-0.0012x+3.1059$　　　　最大60d：$y=-0.0012x+3.0049$

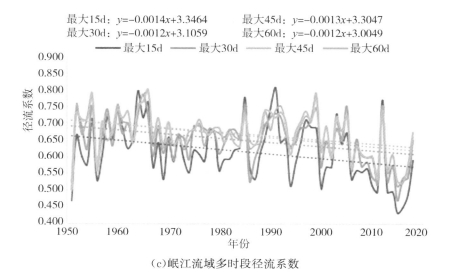

（c）岷江流域多时段径流系数

最大15d：$y=-0.002x+4.5762$　　　　最大45d：$y=-0.0017x+3.9468$
最大30d：$y=-0.0021x+4.6633$　　　　最大60d：$y=-0.0013x+3.0821$

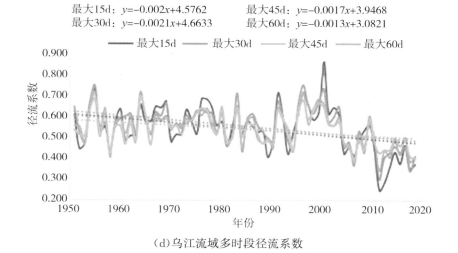

（d）乌江流域多时段径流系数

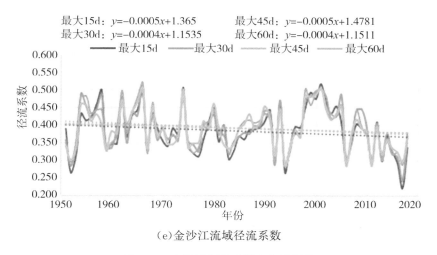

（e）金沙江流域径流系数

图 6-11　各流域径流系数变化过程线

分析径流系数与径流深的相关关系可知,径流系数与径流深有显著的相关关系,总体而言,径流系数随径流深的增加而增加(图 6-12),反映了流域在大洪水情况下,前期降水入渗使土壤蓄水增加后,径流系数(产流量)也相应增加。从分析结果来看,各支流径流深与径流系数的相关关系程度并不一致,这反映流域下垫面产流状况的不一致性。从 60d 径流深与径流系数关系可知,嘉陵江流域径流深与径流系数关系最为密切,相关系数 R 达到 0.92,岷江流域相关系数最低,仅有 0.67,金沙江流域和乌江流域相关系数分别为 0.88 和 0.84。

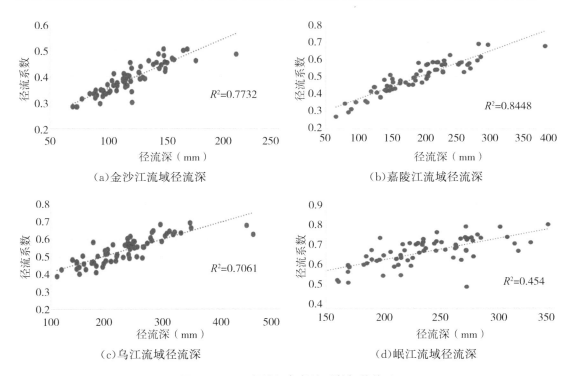

（a）金沙江流域径流深

（b）嘉陵江流域径流深

（c）乌江流域径流深

（d）岷江流域径流深

图 6-12　60d 径流深与径流系数相关关系

针对 1954 年、1998 年和 2020 年 3 个典型年,分步统计分析了不同时段降水量(表 6-16)、径流深(表 6-17)和径流系数(表 6-18)。从降水情况来看,嘉陵江 1954 年 15d、60d 降水量小于多年平均值,岷江 1998 年 15d、30d、45d 降水量小于多年平均值,金沙江 2020 年 15d 降水量和 30d 降水量小于多年平均降水量,其余的流域各时段降水量都超过多年平均值。2020 年洪水过程中金沙江和乌江各时段径流深和径流系数都小于多年平均值,嘉陵江和岷江在 3 个典型洪水年 30d、45d 和 60d 径流深都大于多年平均径流深,这说明在 2020 年流域性大洪水中,嘉陵江和岷江径流系数大,径流深远大于多年平均值,这也是 2020 年嘉陵江和岷江洪水对宜昌洪水贡献率大的原因之一。

表 6-16 典型年不同时段降水量统计 单位:mm

60d 降水量	宜昌以上	金沙江	乌江	岷江	嘉陵江
1954 年	434.6	386.4	726.9	444.2	368.3
1998 年	442.5	439.5	517.6	374.5	500.0
2020 年	414.7	323.0	594.2	485.7	548.7
45d 降水量	宜昌以上	金沙江	乌江	岷江	嘉陵江
1954 年	344.0	297.6	598.5	339.3	312.5
1998 年	334.1	328.5	417.4	270.8	358.9
2020 年	321.7	250.2	513.4	393.9	473.2
30d 降水量	宜昌以上	金沙江	乌江	岷江	嘉陵江
1954 年	236.4	200.2	388.5	258.0	236.5
1998 年	231.4	240.6	340.0	204.1	259.4
2020 年	232.5	169.1	390.9	306.1	358.4
15d 降水量	宜昌以上	金沙江	乌江	岷江	嘉陵江
1954 年	134.0	121.1	272.0	162.1	142.1
1998 年	132.0	131.0	193.4	123.9	169.0
2020 年	119.8	96.3	212.6	210.9	219.3

表 6-17 典型年不同时段径流深 单位:mm

60d 径流深	金沙江屏山	乌江武隆	岷江高场	嘉陵江北碚	宜昌
1954 年	171.0	393.8	296.2	202.4	243.5
1998 年	205.2	315.5	261.5	261.9	253.1
2020 年	105.8	213.2	335.4	315.1	192.5
45d 径流深	金沙江屏山	乌江武隆	岷江高场	嘉陵江北碚	宜昌
1954 年	138.9	290.2	238.6	175.5	193.2
1998 年	158.1	257.7	185.4	189.6	193.6
2020 年	87.0	133.7	268.9	282.4	154.3

续表

30d 径流深	金沙江屏山	乌江武隆	岷江高场	嘉陵江北碚	宜昌
1954 年	87.4	246.9	160.3	123.0	137.9
1998 年	110.1	172.2	129.3	135.1	137.2
2020 年	59.3	74.4	196.5	217.1	104.6
15d 径流深	金沙江屏山	乌江武隆	岷江高场	嘉陵江北碚	宜昌
1954 年	52.1	178.2	66.6	52.2	78.1
1998 年	55.2	72.3	71.1	97.3	72.4
2020 年	32.3	16.4	133.7	147.9	58.5

表 6-18 典型年不同时段径流系数

60d 径流系数	金沙江屏山	乌江武隆	岷江高场	嘉陵江北碚	宜昌
1954 年	0.442	0.542	0.667	0.549	0.560
1998 年	0.467	0.610	0.698	0.524	0.572
2020 年	0.327	0.359	0.690	0.574	0.464
45d 径流系数	金沙江屏山	乌江武隆	岷江高场	嘉陵江北碚	宜昌
1954 年	0.467	0.485	0.703	0.562	0.562
1998 年	0.481	0.617	0.685	0.528	0.580
2020 年	0.348	0.260	0.683	0.597	0.479
30d 径流系数	金沙江屏山	乌江武隆	岷江高场	嘉陵江北碚	宜昌
1954 年	0.437	0.635	0.621	0.520	0.584
1998 年	0.458	0.507	0.633	0.521	0.593
2020 年	0.351	0.190	0.642	0.606	0.450
15d 径流系数	金沙江屏山	乌江武隆	岷江高场	嘉陵江北碚	宜昌
1954 年	0.430	0.655	0.411	0.367	0.583
1998 年	0.421	0.373	0.574	0.576	0.548
2020 年	0.335	0.077	0.634	0.675	0.488

6.5 本章小结

利用武汉区域气候中心提供的 1961—2018 年逐日降水量资料和同时期金沙江、嘉陵江、岷江和乌江以及干流宜昌站以上流域逐日流量资料,分析了多年平均和典型年降水—径流相关关系以及径流系数变化趋势。长江干流宜昌站、金沙江屏山站、嘉陵江北碚站、岷江高场站和乌江武隆站各时段年最大洪量都是减小的趋势,线性趋势大小与计算时段一致,15d 洪量线性趋势最小,60d 洪量线性趋势最大。针对宜昌站前后多时段洪量系列变化分析,1890—1950 年系列没有显著变化,1951—2020 年多时段洪量和年径流系列均呈显著减小趋势。金沙江、嘉陵江、岷江和乌江流域 1951—2018 系列资料趋势分析结果显示多时段年最大洪量都是减小的趋势,金沙江多时段年最大洪量和嘉陵江最大 15d 洪量、乌江最大 60d 洪量减小趋势不显著,其他流域不同时段年最大洪量都有显著减小趋势。除了宜昌站同时期减少幅度最大外,减少幅度第二大的是长江干流北边的岷江和嘉陵江两条支流。对同期降水进行统计分析,岷江和嘉陵江多时段年最大降水量变化趋势下降幅度大于其他区域,岷江流域多时段年最大降水量有显著下降趋势,因此认为多时段洪量减小趋势主要是多时段年最大降水量减小造成的。

通过对长江宜昌站和 4 个流域多时段洪量系列周期性分析,宜昌站各系列洪水存在 21~22a 周期,流域性大洪水年均出现在周期偏多中心,因此可以认为小波周期分析结果可以作为判断流域超标准洪水发生的条件之一。金沙江多时段洪量系列均存在 23a 周期,嘉陵江存在 9a 周期,岷江存在 27a 周期,乌江存在 30a 周期。

4 条流域对宜昌站洪量贡献率基本稳定在 81%~82%。分析 15d、30d、45d 和 60d 洪量系列,金沙江洪量对宜昌站洪水贡献率都呈增加趋势,岷江洪量对宜昌站洪水贡献率都呈减小趋势。1954 年和 1998 年洪水中,金沙江和区间洪量占比较多年平均有较大增加。2020 年洪水中,金沙江多时段最大洪量对宜昌洪水的贡献率都在 25% 左右,是所有极端洪水年中贡献率最小的,由于嘉陵江和岷江处于暴雨中心区域,岷江发生超历史实测记录洪水,嘉陵江发生超保证洪水,岷江和嘉陵江洪水对宜昌洪水贡献率最大,两条支流洪水占宜昌洪水的比例达到 50%,远大于多年平均的 40%。

分析不同时段降水径流系数变化特征及变化趋势,结果表明,岷江径流系数最大,乌江流域径流系数第二,金沙江流域径流系数最小,各流域多时段洪水径流系数均呈减小趋势,也可能与流域水利工程建设有关。分析 60d 径流深与径流系数相关关系发现,径流系数与时段洪量有密切关系,除岷江流域径流深与径流系数的相关系数为 0.67 外,其他流域相关系数都在 0.8 以上。同时,分析典型年结果表明,2020 年流域性大洪水中,嘉陵江和岷江径流系数大,径流深远大于多年平均值,这也是 2020 年嘉陵江和岷江洪水对宜昌洪水贡献率大的原因之一。

本章主要参考文献

[1] 张建云,王国庆,金君良,等.1956—2018 年中国江河径流演变及其变化特征[J]. 水科学进展,2020,31(2):153-161.

[2] 袁雅鸣,沈浒英,万汉生.1998 年长江洪水的气候背景及天气特征分析[J]. 人民长江,1999,30(2):8-10.

[3] 王光越,王江红.1998 年长江水情及洪水基本特征[J]. 人民长江,1999,30(2):6-7,31.

[4] 徐高洪,邵骏,郭卫.2020 年长江上游控制性水文站洪水重现期分析[J]. 人民长江,2020,51(12):94-97,103.

[5] 张利平,杜鸿,夏军,等 . 气候变化下极端水文事件的研究进展[J]. 地理科学进展, 2011,30(11):1370-1379.

[6] 吴胜军,杜耘,王学雷,等 . 长江洪水特征分析[A]. 湖北省科学技术学会. 大地测量与地球动力学进展[C]. 武汉:湖北科学技术出版社,2004.

[7] 王辉,项祖伟,陈晖 . 长江上游大型水利工程对三峡枯水径流影响分析[J]. 人民长江, 2006,37(12):21-23.

[8] 杨发文,訾丽,张俊,等 ."20·8"与"81·7"长江上游暴雨洪水特征对比分析[J]. 人民长江,2020,51(12):98-103.

第7章 气候变化情景下淮河流域极端洪水模拟预估

本章对淮河流域极端气候指数的时空变化进行了分析,通过不同的洪水序列对淮河流域的极端洪水年进行了识别。构建了淮河流域中上游地区 SWAT 月尺度模型,以 CMIP5 在 RCP4.5 情景下的气候模式数据驱动 SWAT 模型,对未来极端洪水进行了预估。

7.1 淮河流域极端气候变化特征分析

7.1.1 资料与方法

淮河流域地处我国中东部,流域范围为 $111°55'\sim121°20'$E,$30°55'\sim36°20'$N,面积为 27 万 km^2,整个流域可划分为淮河干流流域和沂沭泗水系流域。数据主要来自国家气象科学数据中心。选择淮河流域内 26 个分布较均匀的气象站点 1960—2017 年的日均气温、日最高/最低气温、日降水量以及蚌埠水文站 1950—2017 年的逐日流量作为基本气象水文资料。蚌埠水文站位于淮河流域中游,是我国一类重点水文控制站,控制流域面积为 12.13 万 km^2,其测验数据对淮河流域中上游的径流变化过程具有一定的参考价值,各站点位置见图 7-1。

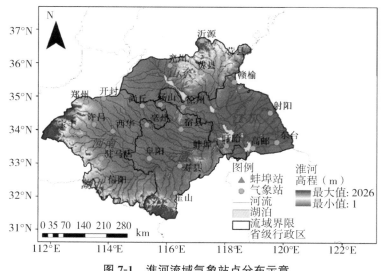

图 7-1 淮河流域气象站点分布示意

对淮河流域 1960—2017 年的年降水量、年均最高/低气温和年均流量的变化趋势进行分析,结果见图 7-2,淮河流域年降水量多年均值为 891.24mm,降水倾向率为 1.49mm/10a,年均最高、最低气温多年均值分别为 20℃ 和 10.35℃,气温倾向率分别为 0.118℃/10a 和 0.328℃/10a,年均最低气温的增长速度更快,年均流量多年均值为 817.4m³/s,倾向率为 $-21.6\mathrm{m}^3/(\mathrm{s}\cdot10\mathrm{a})$。

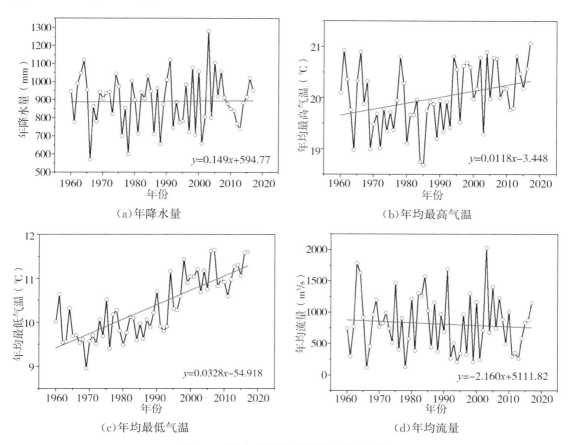

(a)年降水量   (b)年均最高气温

(c)年均最低气温   (d)年均流量

图 7-2 降水、气温与流量多年趋势变化

选取国际耦合模式比较计划第 5 阶段在 RCP4.5 情景下(温室气体排放浓度为中等)的 7 个气候模式日尺度数据,数据集由美国能源部科学办公室(Office of Science US Department of Energy)提供支持,主要包括各模式 1961—2100 年日尺度的降水、最高/最低气温、辐射、潜在蒸散发等数据,模式基本信息见表 7-1。

表 7-1   7 个气候模式基本信息

序号	模式研究中心	模式名称	分辨率(°)
1	中国气象局国家气候中心	BCC_CSM1.1(m)	1.125×1.12
2	北京师范大学全球变化与地球系统科学研究院	BNU-ESM	2.8×2.8
3	加拿大气候模拟和分析中心	CanESM2	2.8125×2.7906

序号	模式研究中心	模式名称	分辨率(°)
4	美国地球物理流体动力学实验室	GFDL-ESM2M	2.5×2.0
5	日本海洋地球科技机构、 大气海洋研究所和国家环境研究所	MIROC-ESM	2.8125×2.7893
6	马鲁气象研究所	MPI-ESM-LR	1.875×1.8652
7	挪威气候中心	NorESM1-M	2.5×1.89474

为了分析各个气候模式下淮河流域中上游未来的洪水变化过程,需要将各模式的降水、气温日数据输入 SWAT 模型中进行运算,因此必须将各模式数据降尺度且插值到相应的气象站点上,这里主要采用反距离加权法(IDW)。针对 CMIP5 气候模式数据与实际数据的差异性,特别是降水模拟值要普遍小于实测值的情况,用传递函数法对各模式数据进行偏差校正。数据校正后的各个模式模拟的多年月降水量均值、多年月最高气温、多年月最低气温与气象站观测值的决定系数均接近 1,见图 7-3,可见校正效果较好。为方便叙述,下文将BCC_CSM1.1(m)、BNU-ESM、CanESM2、MIROC-ESM、GFDL-ESM2G、MPI-ESM-LR、NorESM1-M 简称为 BCC、BNU、CaE、MIR、GFDL、MPI 和 NE1。

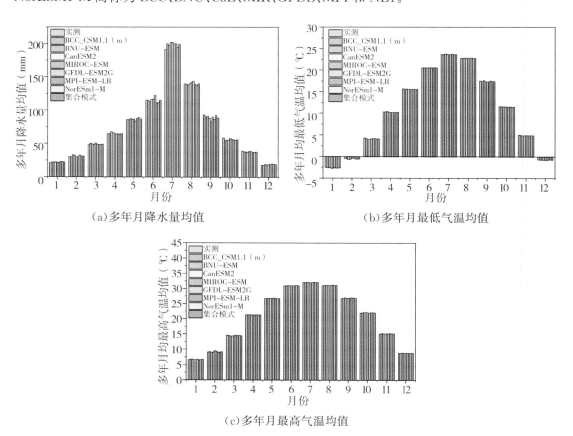

(a)多年月降水量均值

(b)多年月最低气温均值

(c)多年月最高气温均值

图 7-3　多年月降水量均值、多年月最低气温均值、多年月最高气温均值模拟值与实测值评估

以淮河流域 26 个水文气象站点 1960—2017 年的日降水、日气温为数据基础,通过 9 个极端气候指数分析淮河流域极端气候的时空变化特征,以蚌埠站日径流为数据基础,选取年最大日流量序列和年最大 30d 洪量序列,分析 2 个洪水序列的时间变化特征,讨论其与年降水的相关性,并对 2 个洪水序列分别进行 P-Ⅲ型频率曲线适线,从峰值和洪量 2 个方面对极端洪水年进行识别。世界气象组织(WMO)针对极端气候变化提出 27 个气候极值指数(http://cccma.seos.uvic.ca/EFCCDI/),包括 16 个气温指标、11 个降水指标,至今大多学者采用这一套指标体系用于研究极端气候变化,选取其中 9 个指数,见表 7-2,包括 5 个降水指数和 4 个气温指数。

表 7-2　　　　　　　　　　　　　　　　极端气候指数定义

指数	代码	名称	单位	含义
气温	TXx	最高气温	℃	月最高气温的最大值
	TX90P	暖昼日数	d	日最高气温大于 90% 分位数的日数
	TNn	最低气温	℃	月最低气温的最小值
	TN10P	冷夜日数	d	日最低气温小于 10% 分位数的日数
降水	PRCPTOT	年降水量	mm	≥1mm 降水日累积量
	RX1d	最大 1d 降水量	mm	最大 1d 降水量
	R20	大雨日数	d	日降水量≥25mm 日数
	RX5d	最大 5d 降水量	mm	连续 5d 最大降水量
	SDII	降水强度	mm/d	年降水量除以≥1mm 日数

7.1.2　淮河流域极端气候变化特征分析

极端气候指标随时间变化的规律分析以淮河流域面平均日降水和面平均日最高、最低气温为基础,面平均日数据由泰森多边形法加权平均计算得到。对淮河流域 9 个极端气候指数进行趋势分析,结果见图 7-4,5 个极端降水指数均呈上升趋势,年降水量 PRCPTOT 多年均值为 862.2mm,气候倾向率为 2.3mm/10a;大雨日数 R20 多年均值为 8.5d,气候倾向率为 0.29mm/10a;最大 1d 降水量 RX1d 和最大 5d 降水量 RX5d 多年均值分别为 42.4mm和 94.01mm,气候倾向率分别为 0.31mm/10a 和 1.09mm/10a;SDII 多年均值为 7.3mm/d,气候倾向率为 0.05mm/(d・10a)。

4 个气温指数中,冷夜日数 TN10P 多年来呈下降趋势,气候倾向率为 −4.42d/10a,多年均值为 19.8d;最低气温 TNn、最高气温 TXx 和暖昼日数 TX90P 均呈上升趋势,多年均值分别为 −9.6℃、36.6℃ 和 19.7d,气候倾向率分别为 0.49℃/10a、0.09℃/10a 和 0.44d/10a。使用 M-K 趋势检验法对极端气候指数进行趋势显著性检验,结果见表 7-3,所有极端降水指数的上升趋势均未达到 0.1 的显著性水平,极端气温指数中,冷夜日数的下降趋势和年最低气温的上升趋势较为显著,而暖昼日数和年最高气温的上升趋势不显著,可见在

1960—2017 年,淮河流域极端降水虽呈上升趋势,但并不显著,极端气温指数主要体现在冷极值的显著趋势变化上。

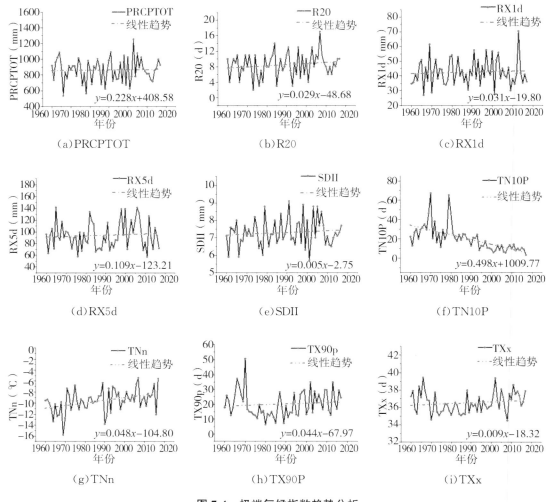

图 7-4　极端气候指数趋势分析

表 7-3　　　　　　　　　　　　极端气候指数显著性

极端降水指数	显著性(90%)	极端气温指数	显著性(90%)
PRCPTOT	不显著	TN10P	显著下降
R20	不显著	TNn	显著上升
RX1d	不显著	TX90P	不显著
RX5d	不显著	TXx	不显著
SDII	不显著		

对 9 个极端气候指数进行突变检验,方法为 M-K 和 Pettitt 突变检验法,其结果分别见图 7-5、图 7-6 和表 7-4,M-K 检验中,5 个降水指数的 UF 曲线大部分都位于 0.1 显著临界线

内,并无明显上升或下降趋势,结合 Pettitt 突变检验可以看出,PRCPTOT、R20、RX1d、RX5d 和 SDII 出现最大统计量 K_{t0} 的时间点分别是 1967 年、2002 年、1978 年、1996 年和 1978 年,但显著性水平均在 0.05 以上,即 5 个极端降水指数都没有明显突变点。

4 个气温指数中,TN10P 在 1966—1973 年呈显著上升趋势,从 1975 年左右逐渐呈下降趋势,在 1989 年前后 UF 曲线超过 0.1 的临界线,呈现显著下降趋势,但在临界范围内 UF、UB 曲线并无交点,所以无法判定突变年份,进一步结合 Pettitt 突变检验发现,TN10P 最大统计量 K_{t0} 出现在 1998 年,且显著性水平小于 0.05,可认为 TN10P 在 1998 年后开始显著下降;TNn 在 M-K 检测图中显示 1994 年前后呈显著上升趋势,突变点为 1984 年,Pettitt 突变检验则显示其突变点为 1993 年;TX90P 在 1981—1998 年,呈现显著下降趋势,由 UF 和 UB 曲线看出,突变点为 1967 年,Pettitt 突变检验显示在 1971 年特征统计量达到最大值,但是显著性水平未达到 0.05,说明 TX90P 变化未达统计意义上的显著突变;TXx 在 1983—2001 年呈显著下降趋势,但临界线内 UF 和 UB 曲线无交点,无法辨别突变点,Pettitt 突变检验显示最大统计量出现在 1972 年,但显著性水平为 0.54,未达到标准,所以也未发生明显突变。

总体而言,5 个极端降水指数均未发生明显突变过程,4 个气温指数中 TN10P 在 1998 年前后发生突变,TNn 由 M-K 和 Pettitt 检验的突变点分别为 1984 年和 1993 年,TX90P 和 TXx 并未发生统计意义上的显著突变过程。

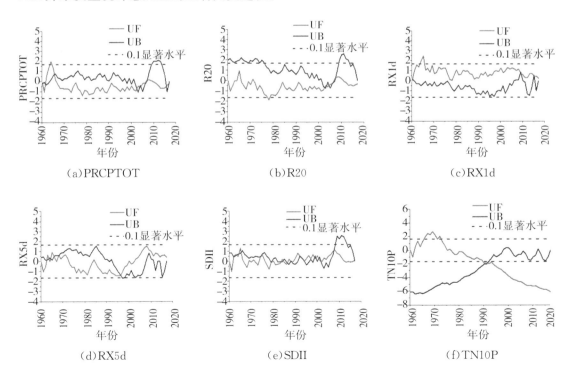

(a)PRCPTOT   (b)R20   (c)RX1d

(d)RX5d   (e)SDII   (f)TN10P

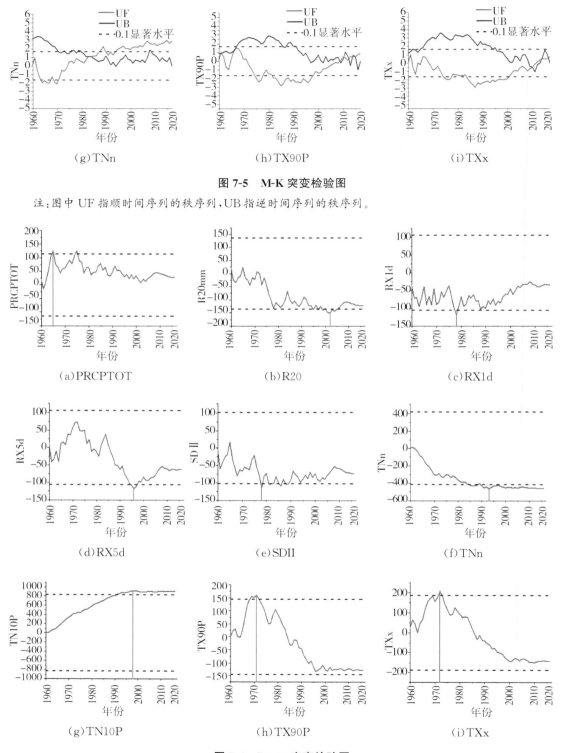

（g）TNn　　　　　　　　（h）TX90P　　　　　　　　（i）TXx

图 7-5　M-K 突变检验图

注：图中 UF 指顺时间序列的秩序列，UB 指逆时间序列的秩序列。

（a）PRCPTOT　　　　　　　（b）R20　　　　　　　　（c）RX1d

（d）RX5d　　　　　　　　（e）SDII　　　　　　　　（f）TNn

（g）TN10P　　　　　　　　（h）TX90P　　　　　　　　（i）TXx

图 7-6　Pettitt 突变检验图

表 7-4 极端降水指数 K_{t0} 的显著性水平

极端降水指数	显著性水平 P	极端气温指数	显著性水平 P
PRCPTOT	1.2282	TN10P	1.54×10^{-11}
R20	1.0130	TNn	0.0033
RX1d	1.3129	TX90P	0.9135
RX5d	1.3222	TXx	0.5408
SDII	1.3595		

采用 Morlet 小波分析法,利用 Matlab 软件对 9 个极端气候指数进行周期性分析。其中,小波分析的实部等值线图反映了各气候指数在不同时间尺度和年份下的震荡规律。等值线图中正、负值区域分别代表极端气候指数偏高或偏低,等值线在某一时间尺度上的时间轴末端表现为未闭合,则可预测指数未来在这一时间尺度上存在增加(正值情况)或减小(负值情况)趋势。小波方差图反映了极端气候指数时间序列在不同时间尺度下震荡的强弱变化,图中峰值越高、小波方差值越大说明震荡越强烈,小波方差最大值所对应的时间尺度即为主周期。

图 7-7 为 5 个极端降水指数的小波分析图,由年降水量 PRCPTOT 实部等值线图可看出,PRCPTOT 在较短时间尺度上有高频的周期震动,主要存在 12～18a 以及 21～29a 尺度上的周期振动,此外,在 1970—2000 年存在 6～13a 的短周期振动,其中 12～18a 尺度上和 21～29a 尺度上分别存在 6 次和 4 次准周期振动且都贯穿全域,比较稳定,1970—2000 年 6～13a 尺度上共存在 8 次周期振动。由 PRCPTOT 小波方差看出,峰值由大到小依次对应 4a、15a 及 26a,其中 26a 的时间尺度所对应的峰值明显大于其他两个峰值,可见第一主周期为 26a,15a 和 4a 则分别为第二、三主周期,在 26a 时间尺度上,时间轴末为即将闭合的负值等值线,说明 2017 年后 PRCPTOT 可能将继续下降。

由大雨日数 R20 实部等值线图看出,主要存在 5～9a、10～18a 以及 20～32a 尺度上的周期变化,5～9a 尺度上存在 13 次周期振动,10～18a 尺度上存在 6 次周期振动,20～32a 尺度上存在 3 次周期振动,3 类尺度的周期震动均具有全域性。结合 R20 小波方差可知存在 3 个较为明显的峰值,依次对应 6a、14a 及 27a,第一、二、三主周期分别为 27a、14a 和 6a,在 27a 时间尺度上,时间轴末负值等值线即将闭合,说明 2017 年后 R20 将在较短时间内快速下降。

由最大 1d 降水量 RX1d 实部等值线可看出,在大部分时间尺度上均存在周期振动的现象,主要存在 3～11a、12～18a、20～25a 和 28～32a 尺度的周期振动,5～11a 尺度上存在 11 次振动,12～18a 存在 6 次振动,20～25a 尺度上存在 4 次振动,28～32a 尺度上存在 2 次振动,从时间轴末来看,大部分时间尺度上为负等值线,可见 RX1d 指数在 2017 年后可能会呈下降的趋势。从 RX1d 小波方差可看出,25a 时间尺度以上,小波方差随着时间尺度的增大而增大,猜测 32a 时间尺度的周期波动可能更强烈,在现有时间尺度内,存在 4a、8a、16a 和 24a 共 4 个明显的峰值,其中 24a 的时间尺度的小波方差最大,说明 24a 为 RX1d 指数变化的第一主周期,16a、8a、4a 分别是第二、三、四主周期。

由最大 5d 降水量 RX5d 实部等值线可看出,在 1980—2017 年存在 8～15a 尺度的短周期振动,1960—1970 年和 1998—2017 年均存在 3～5a 尺度的短周期震动,20～32a 尺度上存在全域性的周期震动,3～5a 尺度的周期振动相比之下并不太强烈,8～15a 尺度上共存在 5 次周期振动,20～32a 尺度上存在 3 次周期振动。从 RX5d 小波方差可看出 23a 尺度的方差峰值最大,即 23a 尺度上周期振动最强烈,从 2017 年末即将闭合的负等值线来看,RX5d 在短时间内将继续持续下降趋势,13a 和 5a 分别为第二和第三主周期。

由降水强度 SDII 实部等值线可看出,主要存在 10～18a、22～28a 尺度的周期变化,此外,在 1960—2000 年,6～10a 尺度上也存在短期的周期变化。10～18a 尺度上存在 7 次周期振动,22～28a 尺度上存在 3 次周期振动,6～10a 尺度上存在 9 次周期振动。SDII 小波方差图显示时间尺度越大,振动更加强烈,图中 4 个较明显的峰值分别对应着 5a、7a、16a 和 27a,其中 27a 为第一主周期,27a 尺度上,2017 年末小波系数实部为即将闭合的负值等值线,说明 SDII 在较短时间内将继续下降,16a、7a 和 5a 则分别为第二、三、四主周期。

综上所述,可知 5 个极端降水指数的周期变化规律比较相似,其振动第一主周期均为 23～27a,第二主周期均为 13～16a,第三主周期均为 4～8a,且第一、二、三主周期的时间间隔均为 10a 左右。

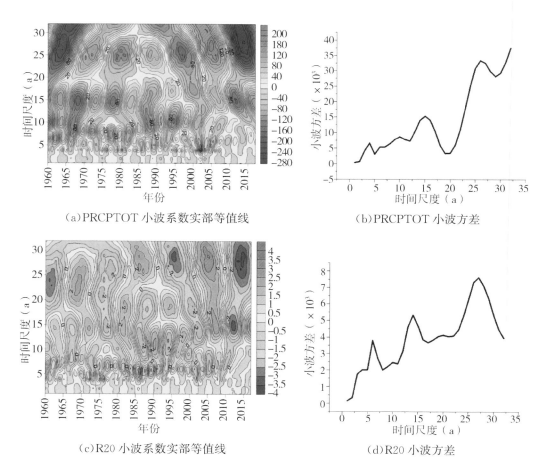

（a）PRCPTOT 小波系数实部等值线

（b）PRCPTOT 小波方差

（c）R20 小波系数实部等值线

（d）R20 小波方差

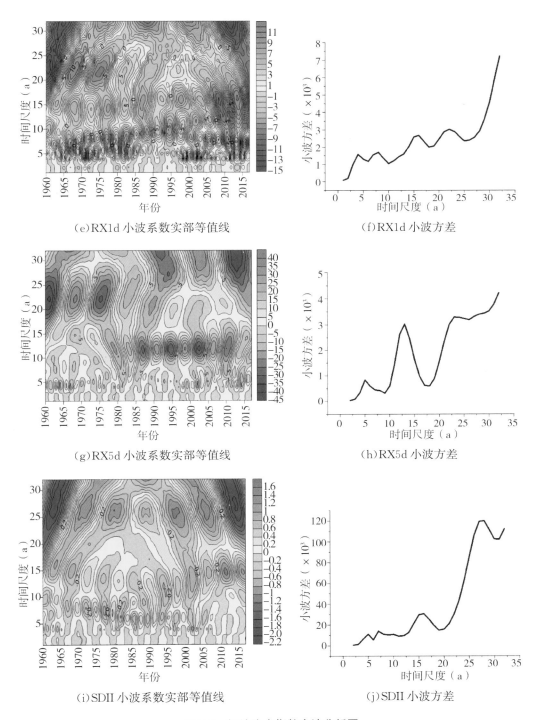

(e)RX1d 小波系数实部等值线　　　　　　（f）RX1d 小波方差

(g)RX5d 小波系数实部等值线　　　　　　（h）RX5d 小波方差

(i)SDII 小波系数实部等值线　　　　　　（j）SDII 小波方差

图 7-7　极端降水指数小波分析图

图 7-8 为 4 个极端气温指数的小波分析图,冷夜日数 TN10P 主要存在 20～32a 尺度的全域性的周期变化,另外在 1960—1985 年存在 3～8a 尺度的周期变化,1983—2017 年存在 7～10a 尺度的周期变化,1960—1995 年存在 16～32a 尺度的周期变化。20～32a 尺度上存

在 3 次周期振动且在 2017 年时间轴末端波动周期等值线为负值,说明在 2017 年后 TN10P 指数呈下降趋势,3～8a 尺度上存在 8 次周期振动,7～10a 尺度上存在 6 次周期振动,16～32a 尺度上存在 3 次周期振动。从 TN10P 小波方差来看,主要存在 5 个明显的峰值,分别为 5a、9a、14a、22a 和 27a,其中 27a 对应最大峰值,为第一主周期,22a 为第二主周期,9a、5a 和 14a 分别为第三、四、五主周期。

由最低气温 TNn 实部等值线图可看出,TNn 指数主要存在 13～22a 和 23～30a 尺度上的周期振动,在 1965—1980 年存在 4～6a 尺度的周期振动,在 1980—2017 年存在 6～12a 尺度的周期振动。13～22a 尺度上存在 5 次周期振动,23～30a 尺度上存在 3 次周期振动,4～6a 尺度上存在 5 次周期振动,6～12a 尺度上存在 6 次周期振动。从小波方差来看,主要存在 5a、9a 和 22a 的峰值,其中最大峰值对应 22a,为第一主周期,5a 和 9a 分别为第二第三主周期,在 22a 尺度上,2017 年末小波实部等值线为正值,说明 TNn 在 2017 年后可能为持续上升趋势。

由暖昼日数 TX90P 实部等值线可看出,主要存在 11～30a 和 5～15a 尺度的周期振动,11～30a 尺度上存在 6 次周期振动,5～15a 尺度上存在 13 次周期振动,这两类尺度的周期振动均具有全域性,从小波方差可看出,19a 为 TX90P 周期变化的第一主周期,5a 为第二主周期。由 TXx 实部等值线可看出,其周期变化在各时间尺度上都不太明显,小波方差图进一步验证了此现象,并无明显的峰值,可见 TXx 指数变化无明显主周期。

总体而言,极端气温指数的周期振动不如极端降水强烈,TN10P、TNn 和 TX90P 指数的第一主周期均为 19～27a,其周期振动主要发生在大于 20a 的时间尺度上,TXx 指数无振动周期。

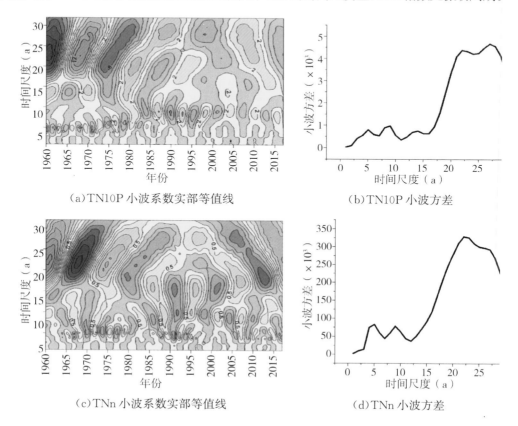

(a)TN10P 小波系数实部等值线

(b)TN10P 小波方差

(c)TNn 小波系数实部等值线

(d)TNn 小波方差

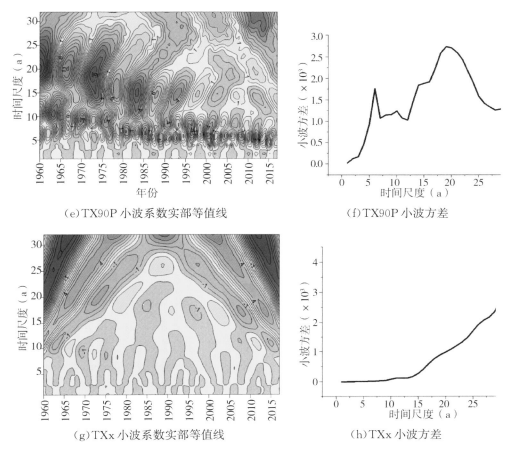

（e）TX90P 小波系数实部等值线　　　　　（f）TX90P 小波方差

（g）TXx 小波系数实部等值线　　　　　（h）TXx 小波方差

图 7-8　极端气温指数小波分析图

对各气象站 1960—2017 年极端气候指数的气候倾向率进行反距离权重插值,得到极端气候指数的倾向率空间分布图(图 7-9)。5 个极端降水指数各站点几乎均呈现不显著的变化趋势,可见淮河流域的极端降水情况变化较为稳定,其中年降水量 PRCPTOT 气候倾向率变化范围为−32.2～24.2mm/10a,由南向北、由西向东递减;大雨日数 R20 气候倾向率变化范围为−0.37～0.38d/10a,总体趋势由西部向东部递减;最大 1d 降水量 Rx1d 气候倾向率变化范围为−8.07～7.36mm/10a,可看出流域中部轴线处气候倾向率普遍偏大且大多数地区大于 0,靠西部和东部地区气候倾向率大多数小于 0;最大 5d 降水量 Rx5d 气候倾向率变化范围为−11.2～9.56mm/10a,流域中南部气候倾向率偏大,东西部偏小;降水强度 SDII 气候倾向率为−0.36～0.5mm/(d·10a),由西部向东部递减,其中东北部地区的气候倾向率最小。

极端气候指数倾向率的空间变化主要呈经向分布,冷夜日数 TN10P 气候倾向率变化范围为−6.49～−0.51d/10a,气候倾向率由西南向东北逐渐降低,96%的站点冷夜日数呈显著下降趋势;最低气温 TNn 气候倾向率变化范围为−0.05～1.03℃/10a,气候倾向率由西部向东部逐渐增大,92.3%的站点最低气温呈显著上升趋势;暖昼日数 TX90P 气候倾向率变化范围为一0.95～2.37d/10a,气候倾向率由西向东逐渐增大,在西部地区气候倾向率由北向南逐渐增大,65%的站点暖昼日数呈不显著变化趋势;最高气温TXx气候倾向率变化范围为一0.29～0.32℃/10a,气候倾向率空间分布由西北向东南逐渐增大,西北部地区气候倾向率多为负值,有3个站点最高气温呈显著下降趋势,东南部地区气候倾向率多为正值,其中有74%站点最高气温无显著变化趋势。

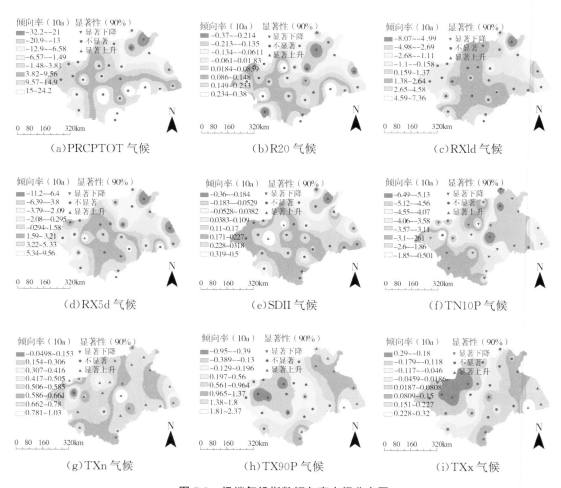

图7-9 极端气候指数倾向率空间分布图

综上所述,淮河流域5个极端降水指数气候倾向率变化趋势主要由西南向东北递减,中西部地区气候倾向率普遍大于0,东部地区气候倾向率大多小于0,大多数站点的极端降水指数呈不显著的变化趋势。极端气温指数TN10P气候倾向率主要由西南向东北递减,大部分站点冷夜日数显著下降,TNn倾向率主要由西北向东南递增,大部分站点最低气温显著上升,TX90P和TXx气候倾向率空间分布比较相似,均由西北向东南递增,大部分站点暖昼日数和最高气温呈不显著变化趋势。

7.2 淮河流域极端洪水变化特征

从统计意义上看,极端洪水指洪水发生频率或者重现期明显偏离平均态的洪水,从洪水三大要素洪峰、洪量和洪水过程线来看,目前主要通过洪峰和时段洪量对极端洪水事件进行划分,从时段洪量值而言,不同面积流域的时段洪量存在较大差别,根据不同大小流域的汇流时间和经验考察,分离连续洪水事件的时间间隔如下:集水面积≤0.3 万 km²,取连续 5d;0.3 万 km²<集水面积≤4.5 万 km²,取连续 10d;4.5 万 km²<集水面积≤10 万 km²,取连续 15d;集水面积>10 万 km²,取连续 25d。依据 2009 年 3 月水利部水文局《流域性洪水定义及量化指标研究报告》中洪水量级指标确定原则,以水文要素重现期划分洪水量级大小,划分标准见表 7-5。

表 7-5 洪水划分量级标准

重现期大小	洪水类别
重现期≥50a	特大洪水
50a>重现期≥20a	大洪水
20a>重现期≥5a	中等洪水
重现期<5a	小洪水

针对淮河流域,流域性洪水量化指标以王家坝、润和集、正阳关、蚌埠(吴家渡)和蒋坝为代表站,以最大 30d 洪量对淮河流域的大洪水年份进行识别,并以重现期对洪水进行了量级划分,见表 7-6,最终选定 1954 年为淮河流域特大洪水年,1991 年、2003 年和 2007 年为流域性大洪水年。

表 7-6 淮河流域流域性洪水例证表(水利部水文局)

序号	洪水量级	洪水年份	洪泽湖(中渡)最大 30d 洪量(亿 m³)	重现期(a)	超警代表站	超保代表站
1	流域性特大洪水	1954	522	54	王家坝、正阳关、润和集、蚌埠(吴家渡)、蒋坝	王家坝、正阳关、润和集
2	流域性大洪水	1991	349.2	15	王家坝、正阳关、润和集、蚌埠(吴家渡)、蒋坝	王家坝、正阳关、润和集
3	流域性大洪水	2003	420	26	王家坝、正阳关、润和集、蚌埠(吴家渡)、蒋坝	王家坝、正阳关、润和集
4	流域性大洪水	2007	399.2	22	王家坝、正阳关、润和集、蚌埠(吴家渡)、蒋坝	王家坝、正阳关、润和集

依据水利部水文局《流域性洪水定义及量化指标研究报告》对淮河流域洪水量级划分指标,本书选取蚌埠站年最大 1d 和年最大 30d 洪量为极端洪水研究基础,采用年最大值法

(AM)选取年最大日流量和年最大30d洪量分别组成了年最大日流量序列(AM洪峰序列)和年最大30d洪量序列(AM洪量序列)。利用P-Ⅲ型频率曲线对两个AM洪峰序列进行适线,取曲线中频率为10%时所对应的日流量和最大30d洪量作为极端洪水的阈值,即当重现期达到10a时,可被认为是极端洪水。

对年最大日流量序列进行趋势分析,并讨论其与年降水量的相关性,结果见图7-10,1950—2017年最大日流量呈下降趋势,多年倾向率为$-78.6\,\mathrm{m^3/(s\cdot 10a)}$,将时间序列分为1950年代到21世纪第二个十年总共7个年代际,可见相邻年代之间年最大日流量的均值呈上下起伏波动的趋势,其中1950年代的年最大日流量均值最大,为5056.1m³/s,1990年代的年最大日流量均值最小,为3684m³/s。从年最大日流量与年降水的相关图可看出,两者正相关性较好,相关系数为0.737并达到了0.01的显著性水平。

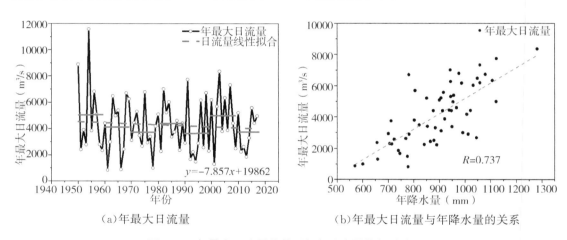

(a)年最大日流量　　　　　　　(b)年最大日流量与年降水量的关系

图7-10　年最大日流量趋势及与年降水量的相关关系

图7-11为M-K和Pettitt突变检验下年最大日流量序列的突变结果,M-K突变检验中,年最大日流量UF曲线都位于临界线内,Pettitt突变检验中年最大日流量最大统计量的显著性水平大于0.05,可见年最大日流量未发生明显突变。

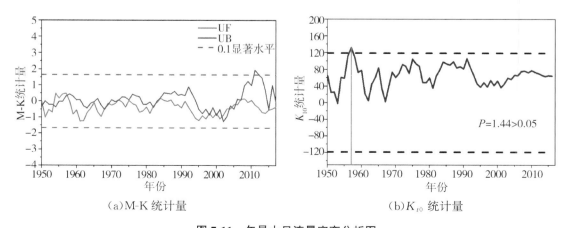

(a)M-K统计量　　　　　　　(b)K_{t0}统计量

图7-11　年最大日流量突变分析图

年最大日流量主要存在 3～5a、6～12a 和 20～32a 尺度的周期振动,3～5a 尺度上存在 18 次准周期振动,6～12a 尺度上存在 11 次周期振动,20～32a 时间尺度上存在 4 次周期振动(图 7-12)。从小波方差图可看出,振动周期主要为 28a、10a、6a、15a 和 3a,其第一主周期为 28a,第二、三主周期分别为 10a 和 6a。

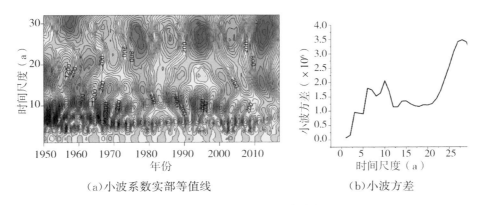

| (a)小波系数实部等值线 | (b)小波方差 |

图 7-12　年最大日流量周期变化

对年最大日流量序列进行 P-Ⅲ型频率曲线适线,当频率小于等于 10% 时,即重现期大于 10a 时则认为发生了极端洪水,年最大日流量序列 P-Ⅲ型频率曲线拟合度为 0.985,发生极端洪水的阈值为 7258.66m³/s,将极端洪水按照重现期大小划分为不同的量级,分析 4 个重现期(10a、20a、50a 和 100a)下的极端洪水阈值及发生年份的情况,见图 7-13。

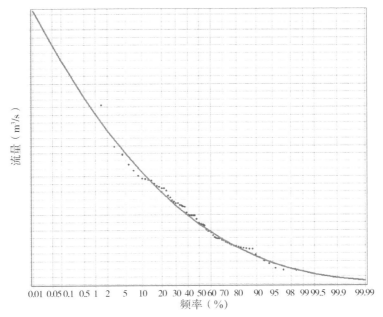

图 7-13　年最大日流量序列 P-Ⅲ型频率曲线适线

通过 P-Ⅲ型频率曲线进一步查询得到 20a、50a 和 100a 一遇的极端洪水的洪峰阈值分别为 8466.50m³/s、9968.78m³/s 和 11056.35m³/s,分析不同量级极端洪水出现的年份和峰值情况,统计极端洪水年份占基准期总年数的百分比,结果见表 7-7。从年最大日流量序列来说,极端洪水年份共有 5a,占基准期总年数(1950—2017 年)的 7.35%,主要发生在 1950年代、1990 年代和 21 世纪最初十年,其中 10a 一遇的洪水年份有 3a,分别为 2007 年、1991年和 2003 年,占基准期总年数的 4.41%,20a 一遇和 100a 一遇的洪水年分别为 1950 年和1954 年,洪峰值分别为 11600m³/s 和 8900m³/s,均占基准期总年数的 1.47%,未发生过 50a一遇的极端洪水。

表 7-7 最大日流量序列极端洪水发生年份和峰值

重现期(a)	年最大日流量量级划分(m³/s)	年份	峰值(m³/s)	频次(%)
10	7258.66≤日流量<8466.50	2007 年	7340	4.41
		1991 年	7750	
		2003 年	8370	
20	8466.50≤日流量<9968.78	1950 年	8900	1.47
50	9968.78≤日流量<11056.35	—	—	—
100	日流量≥11056.35	1954 年	11600	1.47

1950—2017 年最大 30d 洪量也呈下降趋势(图 7-14),多年倾向率为 −3.31 亿 m³/10a,7 个年代际中,1950 年代的年最大 30d 洪量均值最大,为 99.95 亿 m³,1990 年代的年最大30d 洪量均值最小,为 57.71 亿 m³,从趋势上来看,年最大 30d 洪量与年最大日流量的变化趋势比较一致,从年最大 30d 洪量与年降水量的相关图可以看出,两者相关系数在 0.01 的显著性水平上为 0.749,稍高于年最大日流量与年降水量的相关系数。

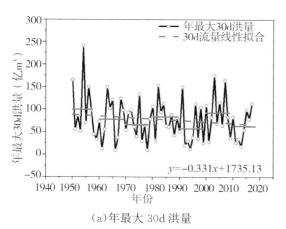
(a)年最大 30d 洪量

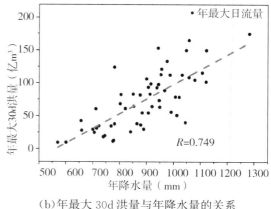
(b)年最大 30d 洪量与年降水量的关系

图 7-14 年最大 30d 洪量趋势及与年降水量的相关关系

年最大 30d 洪量的 UF 曲线并未超过临界线(图 7-15),Pettitt 突变检验中的最大统计量的显著性水平超过了 0.05,即年最大 30d 洪量没有明显的突变过程。

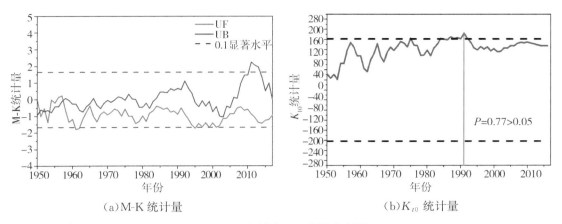

(a)M-K 统计量　　　　　　(b)K_{t0} 统计量

图 7-15　年最大 30d 洪量突变图

从小波系数实部等值线图(图 7-16)可以看到,年最大 30d 洪量主要存在 3～5a、6～20a
和 22～32a 尺度的周期振动,3～5a 的尺度上主要存在 19 次周期振动,6～20a 尺度上的周
期振动时间跨度较大,主要存在 10 次比较明显的周期振动,22～32a 尺度上存在 4 次周期振
动,从小波方差图可以看到,年最大 30d 洪量主要存在 5 个主周期,分别为 28d、14d、10d、6a
和 3a,其周期振动程度依次变弱,第一主周期为 28a。

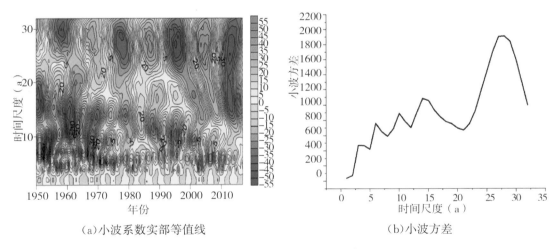

(a)小波系数实部等值线　　　　　　(b)小波方差

图 7-16　年最大 30d 洪量周期变化

对年最大 30d 流量序列进行 P-Ⅲ型频率曲线适线,见图 7-17,年最大 30d 流量序列 P-
Ⅲ型频率曲线拟合度为 0.986,当频率为 10% 时,对应的极端洪水的阈值为 144.55 亿 m^3,当重
现期分别为 20a、50a 和 100a 时,极端洪水阈值分别为 173.56 亿 m^3、210.26 亿 m^3 和
237.17 亿 m^3。

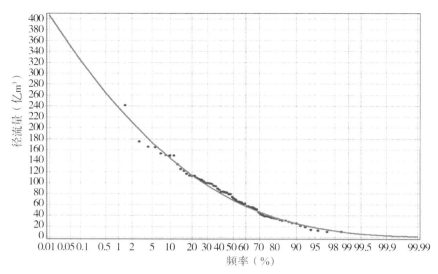

图 7-17　年最大 30d 洪量序列 P-Ⅲ型频率曲线适线

从年最大 30d 洪量序列来看,极端洪水年份共有 8a(表 7-8),占基准期总年数(1950—2017 年)的 11.76%,与年最大日流量序列下的极端洪水年数相比,多了 1956 年、1963 年和 1982 年 3 个年份,年最大 30d 洪量序列下的极端洪水年中,10a 一遇的洪水年份共有 6a,分别为 1950 年、1956 年、1963 年、1982 年、1991 年和 2007 年,占基准期总年数的 8.82%,20a 一遇和 100a 一遇的洪水年分别为 2003 年和 1954 年,最大 30d 洪量值分别为 175.10 亿 m³ 和 240.89 亿 m³,均占基准期总年数的 1.47%,未发生 50a 一遇的洪水。

表 7-8　　　　　　　　　　年最大 30d 洪量序列极端洪水发生年份和峰值

重现期(a)	年最大 30d 洪量量级划分(亿 m³)	年份	洪量(亿 m³)	频次(%)
10	144.55≤年最大 30d 洪量<173.56	1963	149.53	8.82
		1991	149.54	
		1956	149.85	
		1982	153.18	
		2007	164.76	
		1950	165.47	
20	173.56≤年最大 30d 洪量<210.26	2003	175.10	1.47
50	210.26≤年最大 30d 洪量<237.17	—	—	—
100	30d 洪量≥237.17	1954	240.89	1.47

7.3　SWAT 模型的构建与适用性分析

SWAT 模型输入数据主要为空间数据和属性数据,空间数据主要为 3 个栅格数据,分别代表和描述了研究流域的地形高程变化、土地利用类型、土壤类型,有时还需要用到研究流域的掩膜数据;属性数据主要指降水、气温、风速、湿度等气候因子,土壤的物理化学属性数据以及土地利用属性数据。有时候为了使模型输出的河网水系与真实水系更接近,还需要准备真实的数字河网数据对模型输出的水系进行修正。在将基础数据输入模型之前,需将所有空间信息数据的投影坐标保持一致,在本书中,将所有数字高程图统一投影到 Albers Conic Equal Area 坐标,基础空间数据的基本信息见表 7-9。

表 7-9　　　　　　　　　　　　　基础空间数据基本信息表

数据	来源	数据分辨率或年份	格式
DEM 数据	资源环境科学与数据中心	1km 分辨率	GRID
土壤类型图	HWSD 数据库	1:100 万比例	GRID
土地利用图	资源环境科学与数据中心	1km 分辨率	GRID
气象数据	国家气象信息中心网站	1960—2017 年	TXT
径流数据	水文年鉴	1950—2017 年	TXT

淮河流域 DEM 及水系、水文气象站分布见图 7-18,从 DEM 数据可看出淮河流域四周地势高中间地势低的地形特点,流域内水系密布呈羽状分布,在淮河流域的中下游分布有多处较大湖泊,如洪泽湖、南四湖、骆马湖、高邮湖等。本书所选的水文站点蚌埠站位于淮河中游,是本次研究流域的出口断面控制水文站。

N

高程
高:2052m
低:-22m
● 水文站　　—河流
▲ 气象站　　■ 湖泊

0　55　110　　　220km

图 7-18　淮河流域 DEM、水系及水文气象站点图

因为研究的水文气象序列为长时间序列,在研究时间段内土地利用会发生变化从而对模型模拟结果产生影响,所以需要对不同期土地利用数据的变化大小进行分析。本书搜集了 2015 年和 1970 年代末的两期土地利用数据,对两期土地利用数据重分类后进行初步对比分析,再通过土地利用转移矩阵来反映两期土地利用的动态变化。

淮河流域的耕地面积占比最大(图 7-19 和表 7-10),1970 年代末和 2015 年淮河流域耕地面积分别占全流域面积的 71.76% 和 69.64%;居民用地占地面积居第二,在整个流域内分布零散,部分成块密集的居民用地主要集中在东部沿海区;林地和草地主要分布在流域西部、东北部和中南部。各土地利用类型按占地面积由大到小排列,依次是耕地、居民用地、林地、水域、草地和未利用土地,对比两期土地利用可发现,2015 年的居民用地较 1970 年代末增加最明显,占地百分比增加了 2.22%,但从总体上看,淮河流域土地利用在 1970 年代末到 2015 年间变化不大。本次建模使用 2015 年的土地利用数据,其原始数据见图 7-20,将土地利用类型图输入模型,模型会将土地利用数据自动裁剪为研究流域大小然后根据索引表对土地利用类型进行重分类,最终研究流域的土地利用类型一共有 6 种。

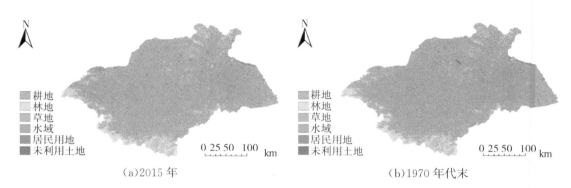

(a)2015 年   (b)1970 年代末

图 7-19 两期土地利用数据

表 7-10   两期土地利用数据面积及百分比

土地利用类型	1970 年代末		2015 年	
	面积(km²)	百分比(%)	面积(km²)	百分比(%)
草地	11230	4.25	10533	3.99
耕地	189444	71.76	183866	69.64
居民用地	31409	11.90	37266	14.12
林地	19151	7.25	19158	7.26
水域	12434	4.71	12949	4.90
未利用土地	340	0.13	236	0.09

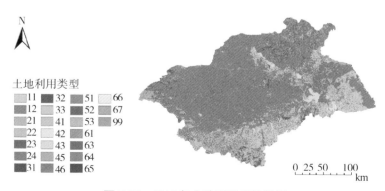

图 7-20 2015 年土地利用原始数据

本次研究使用的土壤数据来自 HWSD 数据库,土壤分类系统主要为 FAO-90,这套数据较国内的土壤数据库使用起来更加便捷,因其带有自身的土壤属性表 HWSD.mdb。数据库内中国的土壤数据由南京土壤所提供,见图 7-21,研究流域的土壤类型最终重分类为52 种。

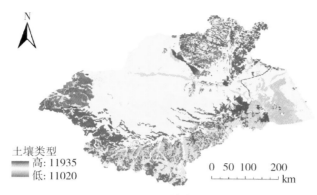

土壤类型
高: 11935
低: 11020

0 50 100   200
km

图 7-21　土壤类型图

SWAT 模型本身是自带属性数据库的,但数据库中的土壤属性如土壤名称、粒径和质地等以美国地区的土壤性质为主,不适用于中国。因此需要自行建立新的土壤属性数据库,目前国内常用的土壤数据主要来自南京土壤所,土壤属性数据库由物理和化学属性组成,其中物理属性包含土壤深度、各类型土壤含量、土壤持水量和饱和导水率等,反映了水、气在土壤剖面的运输性质,是模型运行的基础。化学属性主要涉及土壤中营养物、污染物或者某类有机质的浓度大小,如氮、磷等,是模型运行可选数据。本书主要是构建 SWAT 径流模型,与水动力等物理性质相关,因此主要选取物理属性的参数。

SWAT 模型需要加载的气象数据主要包括逐日降水数据、日最高最低气温数据、相对湿度、风速、太阳辐射和天气发生器,本书的降水测站和气温测站相同,共有 13 个站点,导入站点的经纬度、名称、高程等信息,将气温和降水逐日数据分别放入以站点为名的 TXT 文本中,与站点索引表放在同一个文件夹内。在本次研究中,除了降水和气温,其他气象数据均为可选数据,可由模型内置的天气发生器模拟插补生成。

在子流域划分的基础上,进一步根据各子流域内的土地利用、土壤和坡度属性进行水文响应单元(HRU)的划分,从而对流域进行离散化处理,每一块水文响应单元是具有相同水文特性的最小单元,在水文响应单元相互不影响的假设下,模型计算出每个水文响应单元的径流量后,将相同子流域下的水文响应单元的径流量进行汇总相加,最终以子流域径流为基础,通过河道演算法得到流域出口的径流量。

与 ArcGIS 创建流域过程一样,投影过的 DEM 数据经过填洼、水流流向以及汇流累积量的计算等一系列操作后,SWAT 模型最终生成多个河道水系,对流域出水口进行定义后进一步划分研究流域的边界。本书为了使生成的河网水系更趋近于现实水系,使用 Burn-in 算法,将已有的淮河流域实际的数字河网叠加到 DEM 中,同时设置合适的河流起源阈值,河流划分的阈值标准各不相同,只有当汇流累积量超过河流形成的最低标准时,才能生成河道,因此阈值的大小对流域水系的密集程度有着直接影响,阈值过大,无法反映真实的水系,阈值过小,河网过密,容易产生伪河道,而且会影响软件后期的运行速度,以蚌埠站即 46 号子流域作为流域出口,提取蚌埠水文站以上的流域作为研究区,由于淮河流域面积较大,为了避免阈值偏大,在保证模型生成的水系与实际水系接近的情况下,河道阈值最终被设置为 40000hm²,以河流水系为基础进行子流域划分最终形成 127 个子流域,见图 7-22,模型生成的研究流域面积为 11.8km²,而蚌埠站以上流域的实际面积为 12.1km²,误差仅为 2.5%,可见模型的准确性较高。

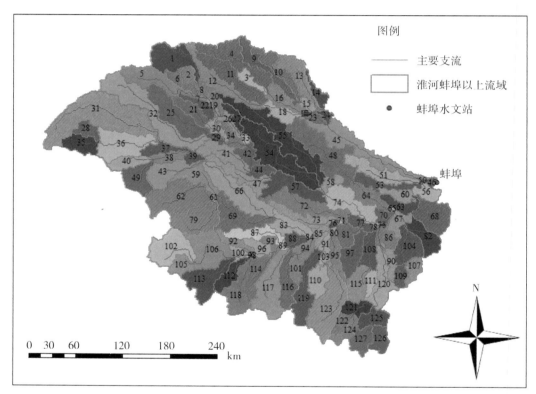

图 7-22　子流域划分图

水文响应单元生成后,将提前准备好的气象数据和站点数据导入,在模型运行前,需要创建 SWAT 输入文件,包括流域的土壤、土地利用、气象、子流域、河道水系等信息。本次研究选择 Skewed normal 法、SCS 曲线法和 Penman-Monteith 方法分别对降水量、径流和潜在蒸散发进行模拟计算,选择 1960—1990 年共 31a 作为模型率定期,1991—2017 年共 27a 作为模型验证期,模拟尺度为月尺度。

SWAT 模型的参数率定一般采用人工调参和模型调参两种方法,人工调参法主要适用于较熟悉的流域,根据前人的研究和相关文献,选取若干个对该流域较敏感的参数进行手动调参,模型调参主要使用的是 SWAT-CUP 软件,目前常用的版本为 2012 版。该软件相当于一个连接程序将内置的各种算法与 SWAT 模型连接起来,通过敏感性分析不断对参数范围进行更换迭代,直至找到最合适的参数值。本书选择 SWATCUP 软件中的 SUFI-2 算法进行参数率定。

SUFI-2 算法敏感性分析可细分为全局敏感性分析和 One-at-a-Time 敏感性分析,本书选用了前者。该方法中参数的敏感性主要看两个指标,其一为 t-stat 值,该值的绝对值越大,说明其对应参数对径流等的变化越敏感;其二为 P 值, P 值越接近 0,说明其对应参数的敏感性越显著。SWAT 模型中不同参数对输出结果有不同的影响,本书将模拟次数设置为 100,迭代次数为 10 次,经过敏感性分析最终选用了 12 个参数。 P 值和 t-stat 值分布见图 7-23,具体参数值见表 7-11,可以看出 12 个参数中,敏感性程度排在前五位的依次为土壤可利用水量、土壤蒸发补偿系数、地下水滞后系数、SCS 径流曲线数和河道有效导水率,可见淮河流域地下产流的占比很大,与该流域属于湿润地区的性质比较符合。其中土壤可利用水量 SOL_AWC 的敏感程度最高,该参数代表土壤能够保持的最大含水量与缺水状态下植物因蒸发完全枯萎时的土壤含水量之间的水量差,该参数值越大,表明土壤蓄水能力越强,越难产生径流;土壤蒸发补偿系数 ESCO 代表土壤由于蒸发从更低土壤汲取的水分含量大小,该参数值越大,模拟的洪峰越小;地下水滞后系数 GW_DELAY 表示降水入渗形成地下水的滞后时间;SCS 径流曲线数 CN2 是一个无量纲参数,反映下垫面综合情况;饱和水力传导系数 CH_K2 是反映水在土壤中流动时所产生的阻碍作用的参数,与土壤含水量无关,只与土壤本身的特性有关。

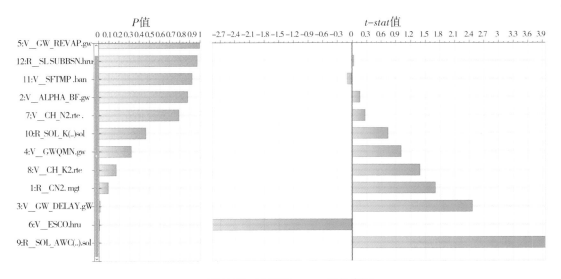

图 7-23　P 值和 t-stat 值分布图

表 7-11 模型敏感性分析参数结果

序号	参数	位置	方法	变化范围	率定终值	P 值	$t\text{-}stat$ 值
1	SOL_AWC	.sol	R	$-0.2\sim0.4$	0.2209	0.0002	3.9540
2	ESCO	.hru	V	$0\sim1$	0.6813	0.0053	-2.8626
3	GW_DELAY	.gw	V	$0\sim500$	37.370	0.0158	2.4627
4	CN2	.mgt	R	$-0.2\sim0.2$	-0.032	0.0919	1.7043
5	CH_K2	.rte	V	$-0.01\sim500$	0.8904	0.1693	1.3859
6	GWQMN	.gw	V	$0\sim2$	0.7843	0.3177	1.0050
7	SOL_K	.sol	R	$-0.8\sim0.8$	0.6698	0.4649	0.7341
8	CH_N2	.rte	V	$0\sim0.3$	0.0752	0.7916	0.2651
9	ALPHA_BF	.gw	V	$0\sim1$	0.7007	0.8778	0.1543
10	SLSUBBSN	.hru	R	$10\sim150$	0.3276	0.9719	0.0353
11	SFTMP	.bsn	V	$-5\sim5$	0.4600	0.9193	-0.1017
12	GW_REVAP	.gw	V	$0.02\sim0.2$	0.1304	0.9963	-0.0047

注:采用 Nash-Sutcliffe 系数 Ens、相对误差 Re 和决定系数 R^2 共 3 个指标对模型模拟结果进行评价;方中中"V"指赋值法,"R"指等比例法。

7.4 未来气候变化下淮河流域极端洪水模拟预估

模型以 1960—1990 年为率定期,1991—2017 年为验证期,分别对逐月流量和逐日流量的模拟情况进行评估,1977 年和 1978 年 2 年的实测流量存在缺测,因此在率定期和验证期去除这 2 年的数据,除此之外,为了进一步保证极端洪水的模拟准确性,本书选取了若干个极端洪水典型年,对典型年的日流量模拟情况也进行了评估。

从逐日流量拟合过程来看,率定期和验证期的实测值与模拟值逐日变化过程均比较吻合(图 7-24),相比之下,多波峰的拟合效果不如单波峰,从最大日洪峰来看,1982 年和 1991 年模拟洪峰值与实测洪峰值误差较大且模拟值偏大,其他年份的洪峰值模拟情况相对较好。从具体评估指标来看(表 7-12),率定期和验证期实测多年日流量均值分别为 882.85 m³/s 和 769.42 m³/s,模拟值分别为 853.56 m³/s 和 813.42 m³/s,率定期模拟值稍偏小,验证期模拟值稍偏大。率定期和验证期逐日流量的 Re 分别为 -3.3% 和 5.7%,Ens 分别为 0.82 和 0.80,R^2 分别为 0.83 和 0.81。总体而言,逐日流量模拟值和实测值的趋势和数值都比较接近,整体拟合效果比较好。

表 7-12 逐日流量模拟结果评价

模拟时期	实测值(m³/s)	模拟值(m³/s)	Re	R^2	Ens
率定期	882.85	853.56	-3.3	0.83	0.82
验证期	769.42	813.42	5.7	0.81	0.80

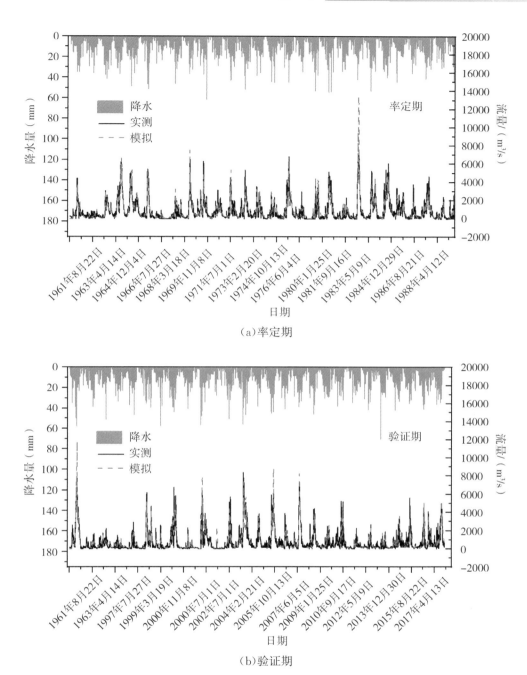

（a）率定期

（b）验证期

图 7-24 逐日流量率定期、验证期模拟效果

从逐月流量拟合过程来看,拟合效果要好于逐日流量(图 7-25),率定期和验证期模拟的最大月流量分别为 8327m³/s 和 6331m³/s,最大月流量实测值分别为 6127m³/s 和 6850m³/s,可见率定期的最大月流量的模拟误差较大。率定期和验证期实测多年月流量均值分别为877.99m³/s 和 765.23m³/s,模拟值分别为 849.10m³/s 和 809.52m³/s(表 7-13),率定期模拟值稍偏小,验证期模拟值稍偏大,率定期和验证期逐月流量的 Re 分别为 -3.3% 和

5.8%,与逐日流量在率定期和验证期的相对误差几乎相等,Ens 分别为 0.88 和 0.87,R^2 分别为 0.88 和 0.87,可见逐月流量的效率系数和决定系数略高于逐日流量,模型结果较精确。

表 7-13   逐月流量模拟结果评价

模拟时期	实测值($\mathrm{m^3/s}$)	模拟值($\mathrm{m^3/s}$)	$Re(\%)$	R^2	Ens
率定期	877.99	849.10	−3.3	0.88	0.88
验证期	765.23	809.52	5.8	0.87	0.87

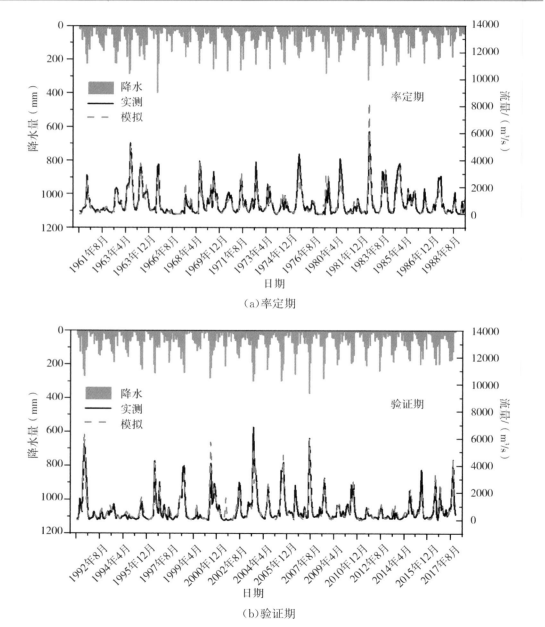

图 7-25　逐月流量率定期、验证期模拟效果

由年最大日流量和年最大 30d 流量对极端洪水识别的结果可知,基准期(1950—2017年)极端洪水年一共有 8a,分别为 1950 年、1954 年、1956 年、1963 年、1982 年、1991 年、2003年和 2007 年,由于欠缺降水气温资料,模型从 1960 年才开始率定和验证,因此选取 1963年、1982 年、1991 年、2003 年和 2007 年作为极端洪水典型年,分别分析 5 个典型年的日流量拟合效果,见表 7-14 和图 7-26。

表 7-14 极端洪水典型年模拟效果评估

典型年	实测值(m³/s)	模拟值(m³/s)	Re(%)	R^2	Ens
1963 年	1788.18	1672.75	−6.6	0.95	0.95
1982 年	1304.38	1613.39	23.69	0.85	0.65
1991 年	1695.64	1509.91	−10.95	0.86	0.83
2003 年	2034.11	1865.61	−8.28	0.87	0.85
2007 年	1233.55	1230.94	−0.21	0.96	0.96

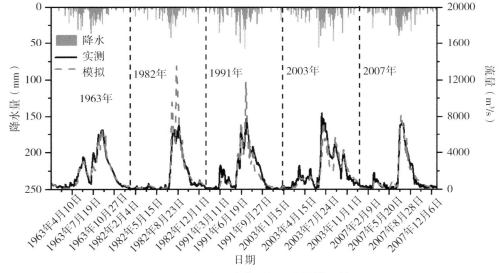

图 7-26 极端洪水典型年日流量模拟效果

5 个极端洪水典型年中,1963 年、1991 年、2003 年和 2007 年的流量拟合效果比较好,Re均在 11% 以下,R^2 和 Ens 均在 0.83 以上(表 7-14),特别是 1963 年和 2007 年,R^2 和 Ens 已经达到了 0.95,相比之下,1982 年的流量拟合效果较差,从 3 个评估指标来看,Re 为23.69%,误差较大,其 R^2 和 Ens 均在 0.65 以上。从图 7-26 可以发现,误差主要体现在洪峰的模拟上,可能是在 1982 年流域性大洪水的背景下,淮河流域内各大型水库和滞蓄洪工程削峰调洪的结果,1982 年淮河流域部分典型水位站洪水位及洪峰流量超过了 1954 年大洪水,16 座大型水库拦蓄的洪量达到了 58.4 亿 m³,因此模拟的洪峰值要高于实际洪峰值。5个典型年日流量绝对误差和相对误差的均值分别为 9.95% 和 −0.47%,R^2 和 Ens 均值分别为 0.90 和 0.85。

从逐月、逐日流量和极端洪水典型年日流量的拟合情况来看,模拟值和实测值比较接近,变化过程线也比较吻合。总体而言,模拟结果比较精确,模型对淮河流域中上游的径流和洪水过程具有较好的适用性。

作为分布式水文模型,SWAT 输出的结果具有空间分布特征,本书选取了子流域总降水量(PRECIP,mm)、地表径流(SURQ,mm)及地下径流(GW_Q,mm)对主河道总径流的贡献量、子流域的总产水量(WYLD,mm)以及主河道流出河段流量(FLOW_OUT,m^3/s)共5个水文气象要素,对各要素所在的空间分布特征进行了简要分析。

从河段流量分布来看,各河段的年均日流量主要为 0.02～826.97m^3/s,流量主要集中在研究区的淮河干流河段,且越靠近研究区出水口,其河段流量越大;从年均降水量来看,研究区各子流域的年均降水量主要为 620.73～1360.49mm,降水量由北到南逐渐增大,主要集中在 119 号、121～127 号等子流域;总产水量的空间分布响应了降水量的分布特征,主要集中在研究区的西南部,年均总产水量为 4.52～665.52mm,由地表径流和地下径流共同组成,其中各子流域的年均地表径流为 25.60～315.39mm,主要集中在研究区中西部地区的 43 号、59 号、61 号、62 号、66 号、69 号、79 号等子流域,地下径流为 0～505.09mm,主要集中在研究区最南部的各子流域(图 7-27)。

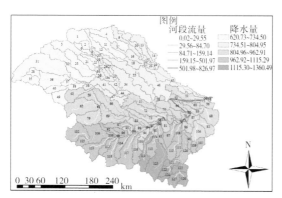

(a)年均降水量空间分布(mm)

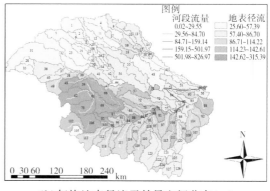

(b)年均地表径流贡献量空间分布(m)

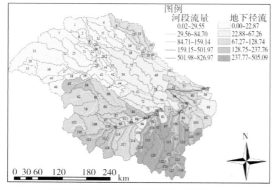

(c)年均地下径流贡献量空间分布(mm)

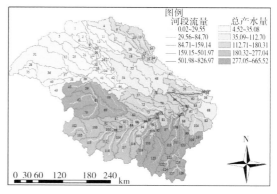

(d)年均总产水量贡献量空间分布(mm)

图 7-27　SWAT 模型模拟结果部分要素空间分布图

采用泰森多边形算法,计算 8 个气候模式(其中集合模式各站点数据由 7 个气候模式下的相同站点的降水、气温通过算术平均法计算得到)在研究流域内 14 个站点 1961—2017 年的面平均逐月雨量和月均最高气温,与实测资料进行对比,分析各气候模式的模拟效果,为预估未来气候变化情景下的洪水变化提供依据(图 7-28)。评估指标采用相对误差、相关系数和均方根误差。

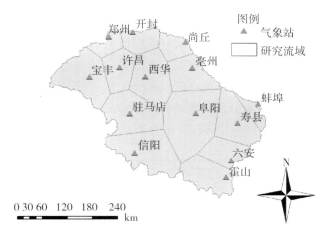

图 7-28　研究流域内气候站点分布和泰森多边形

表 7-15 为 7 种气候模式及集合模式的数据与实测降水数据的对比情况,其中多年月降水均值为各模式 1961—2017 年共 684 个月的月降水量均值,相对误差为多年月降水模拟均值与多年月降水量实测均值的相对误差,均方根误差为 684 个月的月降水量模拟值与实测值的均方根误差。淮河流域中上游实测多年月降水量均值为 75.69mm,各气候模式多年月降水量均值的相对误差都比较小,为 −0.53%～1.36%,BCC、MPI 和 NE1 模拟月降水均值比实测值小,其他模式的月降水均值比实测值大,各模式相关系数为 0.495～0.696,均方根误差为 48.65～69.48,集合模式相关系数为 0.696,均方根误差为 48.65,其他气候模式相关系数均在 0.6 以下,均方根误差在 60 以上,相比之下,集合模式的降水拟合效果最好。

表 7-15　　　　　　　　　　　　气候模式模拟结果与实测降水数据比较

模式名称	多年月降水量均值(mm)	相对误差(%)	相关系数	均方根误差
BCC_CSM1.1(m)	75.61	−0.10	0.521	67.58
BNU-ESM	76.23	0.71	0.561	64.99
CanESM2	76.17	0.63	0.575	62
GFDL-ESM2G	76.71	1.36	0.526	69.48
MIROC-ESM	76.47	1.03	0.512	68.44
MPI-ESM-LR	75.62	−0.10	0.561	65.48

模式名称	多年月降水量均值(mm)	相对误差(%)	相关系数	均方根误差
NorESM1-M	75.29	−0.53	0.495	69.34
集合模式	76.01	0.43	0.696	48.65

比较 1961—2017 年集合模式逐月降水过程线与实测逐月降水过程线,见图 7-29,可以看到集合模式降水趋势与实测过程线比较接近,但是对 250mm 以上的降水过程线模拟较差,即缺乏较大降水值,集合模式最大月降水量模拟值为 259mm,而实测的最大月降水量为 426mm,误差较大,这不利于极端洪水的模拟。比较其他 7 个模式与实测降水的最大月降水量,见表 7-16,可见 7 个模式在最大月降水的模拟上优于集成模式,BCC、BNU、CaE、GFDL、MIR、MPI 和 NE1 的最大月降水分别为 454mm、478mm、405mm、484mm、448mm、454mm 和 432mm,与实测值最接近的为 NE1 模式,相对误差为 1.41%。

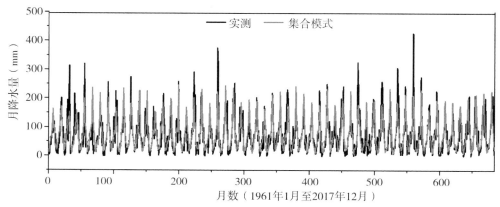

图 7-29　集合模式逐月降水量模拟过程线与实测过程线比较

表 7-16　　　　　　　　　　　　气候模式最大月降水量与实测值比较

模式名称	最大月降水量(mm)	相对误差(%)
BCC_CSM1.1(m)	454	6.57
BNU-ESM	478	12.21
CanESM2	405	−4.93
GFDL-ESM2G	484	13.62
MIROC-ESM	448	5.16
MPI-ESM-LR	454	6.57
NorESM1-M	432	1.41

表 7-17 和表 7-18 分别为 7 种气候模式及其集合模式模拟数据与实测最高、最低气温数据的对比情况,淮河流域中上游实测多年月最高气温均值和月最低气温均值分别为 20.45℃ 和 10.69℃。从表中可以看出,气温模拟效果比降水的模拟效果要好得多,各气候模式的逐月最高气温略偏高,逐月最低气温略偏低,相对误差都在 1% 以内,相关系数都在 0.95 以上,

均方根误差都在 2.5 以下,整体而言,集合模式对气温的模拟效果最好。

表 7-17 气候模式模拟结果与实测逐月最高气温数据比较

模式名称	逐月最高气温均值(℃)	相对误差(%)	相关系数	均方根误差
BCC_CSM1.1(m)	20.50	0.26	0.97	2.32
BNU-ESM	20.53	0.39	0.96	2.38
CanESM2	20.47	0.12	0.97	2.22
GFDL-ESM2G	20.51	0.30	0.96	2.35
MIROC-ESM	20.48	0.14	0.97	2.29
MPI-ESM-LR	20.49	0.18	0.96	2.44
NorESM1-M	20.46	0.04	0.97	2.33
集合模式	20.49	0.18	0.98	1.77

表 7-18 气候模式模拟结果与实测逐月最低气温数据比较

模式名称	逐月最低气温均值(℃)	相对误差(%)	相关系数	均方根误差
BCC_CSM1.1(m)	10.61	−0.71	0.99	1.5
BNU-ESM	10.65	−0.32	0.99	1.57
CanESM2	10.59	−0.93	0.99	1.46
GFDL-ESM2G	10.60	−0.79	0.98	1.59
MIROC-ESM	10.60	−0.78	0.98	1.56
MPI-ESM-LR	10.62	−0.58	0.98	1.57
NorESM1-M	10.57	−1.08	0.98	1.54
集合模式	10.61	−0.71	0.99	1.15

比较 1961—2017 年实测逐月平均最高、最低气温和各模式模拟气温过程线,见图 7-30,可以看到 7 个气候模式及集合模式模拟值与实测值存在不同程度的偏差,但是均能很好地模拟年内的气温变化趋势。

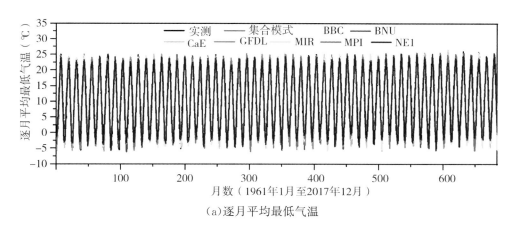

(a)逐月平均最低气温

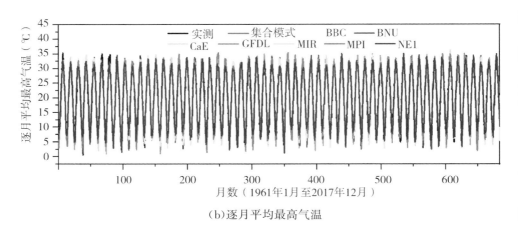

（b）逐月平均最高气温

图 7-30 多模式逐月平均最低气温、最高气温模拟过程线与实测过程线比较

将未来不同气候模式下淮河流域中上游的最高、最低气温和降水变化与基准期（1961—2017 年）的实测气温和降水特征进行对比分析,其中未来降水变化特征主要从年均降水量、年降水量倾向率和极端降水量 3 个方面进行分析研究,未来气温变化特征主要从年均最高、最低气温及其倾向率 3 个方面进行分析。对各模式进行降水评估时,发现集合模式缺乏较大月降水量,不利于后期极端洪水的模拟,因此本书后面的分析中一律将集合模式去除。

将 2025—2100 年分为 2025—2060 年和 2061—2100 年前后 2 个时间段,分析不同气候模式下前后 2 个时段年均降水量变化及与基准期（1961—2017 年）年均降水差值变化,见图 7-31,橙色条形图为 2025—2060 年的年均降水量,绿色条形图为 2061—2100 年的年均降水量,红色折线为 2025—2060 年的年均降水量与基准期年均降水量的差值,黑色折线为 2061—2100 年的年均降水量与基准期年均降水量的差值。

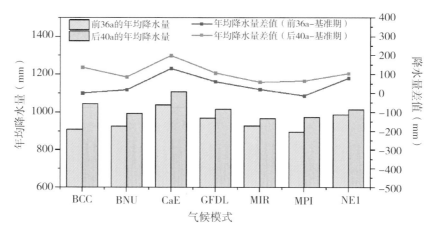

图 7-31 未来不同气候模式年均降水量变化及其与基准期年均降水量差值变化

各模式在 2061—2100 年的年均降水量均大于 2025—2060 年的年均降水量,在这 2 个时段内,CaE 模式年均降水量均为最大。前 36a 里（2025—2060 年）,各气候模式年均降水量为 895.4～1039mm,均值为 951.2mm,后 40a 里(2061—2100 年),各气候模式模拟年均降水量为 968.1～1108.8mm,均值为 1017.5mm,可见后 40a 的年均降水量较前 36a 增长了 7%,猜测该时段内强降水可能会增多,降水量会迅速增长。从未来年均降水量与基准期的差值来看,后 40a 各模式的年均降水差(未来某个时间段内的年均降水量－基准期年均降水量)大于前 36a,2 个时段内,年均降水差的均值分别为 42.9mm 和 109.24mm。7 个模式里,CaE 模式的年均降水差最大,MPI 模式的年均降水差最小。

各模式 2 个时段的降水量倾向率均值分别为 4.7mm/10a(前 36a)和 13.8mm/10a(后 40a),而基准期降水量倾向率为 6.3mm/10a,猜测 2025—2060 年降水量倾向率较基准期呈轻微下降趋势,2060—2100 年降水量倾向率呈增长趋势(表 7-19)。从各模式降水量倾向率与基准期的比较情况来说,前 36a 降水倾向率大于基准期倾向率的模式有 BCC、CaE、NE1 模式,其中降水量倾向率最大的为 CaE 模式,为 35.8mm/10a,与基准期相差 29.5mm/10a;后 40a 降水量倾向率大于基准期倾向率的模式有 BNU、MIR 和 MPI 模式,其中降水量倾向率最大的为 MIR 模式,为 45.7mm/10a,与基准期相差 39.4mm/10a(图 7-32)。

表 7-19　　　　　　　　　未来不同气候模式分时段降水量倾向率

气候模式	降水量倾向率(mm/10a)	
	2025—2060 年	2061—2100 年
BCC	32.6	−22
BNU	5.2	29.1
CaE	35.8	5.9
GFDL	−7.4	−0.04
MIR	−9.1	45.7
MPI	−35.4	32.4
NE1	10.9	5.3

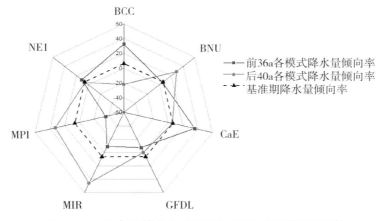

图 7-32　不同气候模式分时段降水量倾向率与基准期比较

统计分析 2025—2060 年和 2061—2100 年 2 个时段内,各气候模式年最大 1d 降水量和最大 5d 降水量的变化,见图 7-33,橙色、绿色和紫色条形图分别为未来某一时段内年最大日降水量和年最大 5d 降水量的平均值、最大值和最小值。

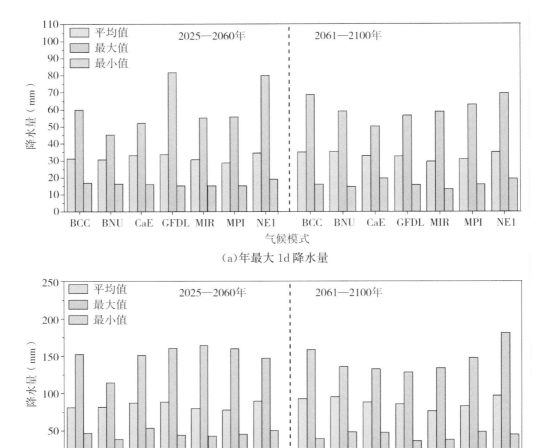

（a）年最大 1d 降水量

（b）年最大 5d 降水量

图 7-33　未来不同气候模式年最大 1d 降水量和最大 5d 降水量变化

从年最大 1d 降水量来看,2025—2060 年,7 个气候模式年均最大 1d 降水量、年最大 1d 降水量最大值、年最大 1d 降水量最小值分别为 31.8mm、61.5mm 和 16.3mm;2061—2100 年,其值分别为 32.99mm、60.82mm 和 16.3mm。后 40a 间,各模式年均最大 1d 降水量增长了约 3.7%,最大值减小了约 1.1%,最小值无明显变化。从年最大 5d 降水量来看,2025—2060 年,各模式年均最大 5d 降水量、年最大 5d 降水量最大值和年最大 5d 降水量最小值分别为 83.7mm、150mm 和 45.8mm,2061—2100 年,年均最大 5d 降水量、年最大 5d 降水量最大值和年最大 5d 降水量最小值分别为 88.4mm、145.6mm 和 43.4mm,后 40a 间的年均最大 5d 降水量的均值较前 36a 增长了约 5.6%,最大值减小了约 2.9%,最小值减小了约 5.2%。不同模式间的最大值变化较最小值、均值变化更明显,相比较而言,GFDL 模式和 NE1 模式的年最大 1d 降水量模拟值更大,BCC 模式和 NE1 模式的年最大 5d 降水量模拟值更大。

分析不同模式下 2025—2060 年和 2061—2100 年的年均最高气温、最低气温及其与基准期(1961—2017 年)的差值变化(图 7-34)。2025—2060 年,各模式的年均最低气温和最高气温分别为 11.96℃和 22.07℃;2061—2100 年,年均最低气温和最高气温分别为 12.6℃和 22.82℃。后 40a 年均最低气温和最高气温较前 36a 分别增长了约 5.4%和 3.4%,2 个时段里,后 40a 年均最高/最低气温与基准期的气温偏差更大。从各模式对气温的模拟值来看,发现无论是年均最低气温还是年均最高气温,MIR 模式在 2 个时段里的模拟值均偏大,GFDL 模式则均偏小,2 个模式的年均最低气温在 2 个时段内的平均值相差 1.7℃,年均最高气温则相差 1.62℃。从气温偏差来看,与基准期年均最低气温相差较大的模式有 MIR、CaE 和 BNU 模式,与基准期年均最高气温相差较大的模式有 MIR、NE1 和 CaE。

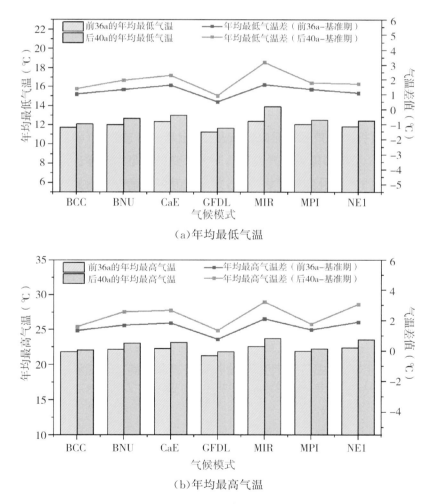

(a)年均最低气温

(b)年均最高气温

图 7-34　未来不同气候模式年均最低、最高气温变化及其与基准期的差值变化

分析未来各模式在不同时段的年最高、最低气温倾向率变化,见表7-20,已知基准期年最低、最高气温倾向率分别为0.3℃/10a和0.1℃/10a。各模式在2025—2060年和2061—2100年的年最低气温倾向率均值分别为0.245℃/10a和0.054℃/10a。从图7-35可知,除了MIR模式以外,各模式在2个时段内的年最低气温倾向率均低于基准期,猜测未来年最低气温倾向率将呈持续下降趋势;年最高气温倾向率的均值在前后2个时段差别较大,前36a均值为0.333℃/10a,后40a均值为0.0035℃/10a。从图可看出,前36a各模式年最高气温倾向率均高于基准期,后40a除了CaE和NE1模式以外,其他模式年最高气温倾向率均低于基准期,猜测未来年最高气温倾向率在2025—2060年呈上升趋势,在2061—2100年呈下降趋势。

从不同模式模拟的气温倾向率来看,2025—2060年,年最高、最低气温倾向率最大的均是MIR模式,倾向率最小的均是BCC模式,2061—2100年,年最低和最高气温倾向率最大的分别为MIR模式和CaE模式,倾向率最小的分别为GFDL模式和MIR模式。总体而言,MIR模式的年最低和最高气温倾向率最大,而BCC模式的年最高、最低气温倾向率最小。

表7-20 未来不同气候模式年最高、最低气温倾向率

气候模式	年最低气温倾向率(℃/10a)		年最高气温倾向率(℃/10a)	
	2025—2060年	2061—2100年	2025—2060年	2061—2100年
BCC	0.15	0.099	0.196	0.067
BNU	0.228	−0.046	0.342	0.005
CaE	0.313	0.144	0.306	0.153
GFDL	0.172	−0.057	0.267	−0.027
MIR	0.368	0.184	0.517	−0.173
MPI	0.238	−0.004	0.344	−0.104
NE1	0.249	0.058	0.365	0.104

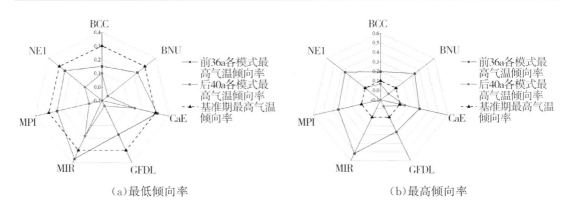

(a)最低倾向率　　　　　　　　(b)最高倾向率

图7-35 不同气候模式分时段年最高、最低气温倾向率与基准期比较图

从各气候模式模拟的效果评估可以发现,各模式对基准期的降水气温模拟效果各不相

同,有的相对系数和均方根误差相对其他模式较好,但是对较大降水的模拟较差,有的模式相对系数较低,但是月最大降水的模拟值与实测值最接近,无法选择一个能够精确模拟历史气候要素变化的模式,一个单独的气候模式也无法完全代表未来的气候变化情况,因此将 7 个气候模式的未来降水、气温数据分别输入 SWAT 模型,分析未来极端洪水的可能性和变化。以年最大洪水序列的抽样方法,即通过抽取年最大日流量和年最大 30d 洪量得到各模式下的未来洪水样本序列,使用 P-Ⅲ型频率曲线拟合各模式未来洪水样本序列,得到两种序列下各模式重现期为 10a、20a、50a 和 100a 一遇的洪水阈值,将各模式的未来洪水阈值与基准期蚌埠站年最大日流量序列和年最大 30d 洪量序列下各重现期的洪水阈值进行对比,分析其变化百分比。

已知蚌埠站最大日流量序列重现期为 10a、20a、50a 和 100a 的洪水阈值分别为 7258.66m³/s、8466.50m³/s、9968.78m³/s 和 11056.35m³/s,计算未来各气候模式年最大日流量在不同重现期下的阈值及其较基准期阈值的变化百分比。

T100、T50、T20 和 T10 分别代表 100a、50a、20a 和 10a 一遇的洪水。对年最大日流量洪水序列而言,各模式不同重现期下的洪水阈值的差异性较大,较基准期的变化百分比差异也较大(表 7-21 和图 7-36),BCC、CaE、GFDL、MPI 和 NE1 模式下 10a、20a、50a 和 100a 一遇的洪水阈值均高于基准期,BNU 和 MIR 模式不同重现期下的洪水阈值均低于基准期。

从 10a 一遇的洪水来看,各模式中 CaE 模式预估的极端洪水阈值最大,为 9192.35 m³/s,较基准期的变化百分比为 26.64%,极端洪水阈值较基准期的变化百分比超过了 20% 的还有 BCC 和 NE1 模式,变化百分比分别为 25.40% 和 24.79%;从 20a 一遇的洪水来看,BCC 模式预估的极端洪水阈值最大,洪水阈值达到了 11286.27m³/s,较基准期的变化百分比为 33.31%,CaE、GFDL 和 NE1 模式的变化百分比均超过了 20%,分别为 27.27%、21.21% 和 32.36%;各模式 50a 和 100a 一遇的极端洪水阈值较基准期的变化百分比最大的均为 BCC 模式,变化百分比分别为 41.43% 和 46.42%,除了 BNU、MIR 和 MPI 模式以外,其他模式 50a 和 100a 一遇洪水阈值较基准期的变化百分比均超过了 20%。

所有模式在 4 个重现期(10a、20a、50a、100a)下的极端洪水阈值的均值分别为 8121.07m³/s、9854.25m³/s、12062.89m³/s 和 13691.05m³/s,较基准期极端洪水阈值的变化百分比依次为 11.88%、16.39%、21.01% 和 23.83%,可见未来极端洪水阈值相对于基准期均有增大趋势,且其增幅随着重现期的增大而增大。

表 7-21 未来各模式年最大日流量极端洪水阈值及其与基准期变化百分比

气候模式	T10		T20		T50		T100	
	阈值（m³/s）	变化百分比（%）	阈值（m³/s）	变化百分比（%）	阈值（m³/s）	变化百分比（%）	阈值（m³/s）	变化百分比（%）
BCC	9102.32	25.40	11286.27	33.31	14099.27	41.43	16189.04	46.42
BNU	6859.65	−5.50	8099.88	−4.33	9653.61	−3.16	10784.60	−2.46
CaE	9192.35	26.64	10775.09	27.27	12749.41	27.89	14181.90	28.27
GFDL	8526.68	17.47	10262.18	21.21	12460.44	24.99	14073.78	27.29
MIR	6540.20	−9.90	7945.00	−6.16	9733.82	−2.36	11051.78	−0.04
MPI	7567.86	4.26	9404.69	11.08	11773.52	18.10	13534.88	22.42
NE1	9058.44	24.79	11206.65	32.36	13970.16	40.14	16021.35	44.91
各模式平均	8121.07	11.88	9854.25	16.39	12062.89	21.01	13691.05	23.83

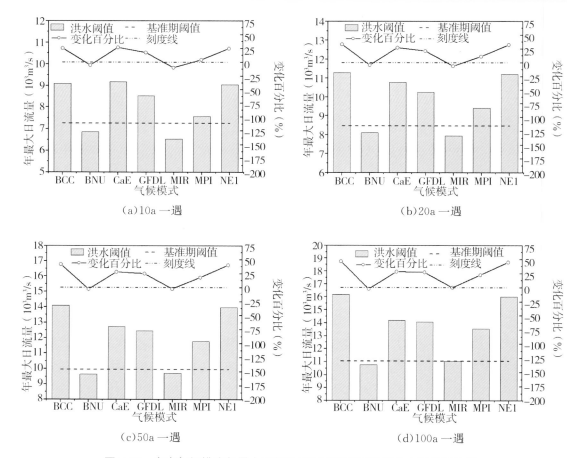

图 7-36 未来气候模式年最大日流量不同重现期下极端洪水阈值对比图

已知蚌埠站最大 30d 洪量序列重现期 10a、20a、50a 和 100a 的洪水阈值分别为 144.55 亿 m³、173.56 亿 m³、210.26 亿 m³ 和 237.17 亿 m³。计算未来各气候模式年最大 30d 洪量在不同重现期下的阈值及其较基准期的变化百分比。

年最大 30d 洪量序列下各模式不同重现期的极端洪水阈值较基准期的变化与年最大日流量序列比较相似(表 7-22 和图 7-37),BCC、CaE、GFDL、MPI 和 NE1 模式在不同重现期下的洪水阈值高于基准期,BNU 和 MIR 模式的洪水阈值低于基准期。

不同重现期下,NE1 模式的极端洪水阈值及较基准期的变化百分比均为最大,10a、20a、50a 和 100a 一遇的洪水阈值较基准期的变化百分比分别为 28.29%、33.37%、38.40% 和 41.39%。除此之外,CaE 模式和 BCC 模式的洪水阈值较基准期变化百分比也较大,其中 BCC 模式在各重现期下的洪水阈值较基准期变化百分比分别为 22.03%、25.17%、28.26% 和 30.08%,变化百分比均超过了 20%,CaE 模式 10a 和 20a 一遇的洪水阈值较基准期的变化百分比分别为 25.85% 和 22.56%。相比之下,其他模式在各重现期下的洪水阈值较基准期的变化百分比小,都未超过 20%。

所有模式在 4 个重现期(10a、20a、50a、100a)下的极端洪水阈值的均值分别为 160.12 亿 m³、194.06 亿 m³、237.29 亿 m³ 和 269.14 亿 m³,较基准期极端洪水阈值的变化百分比依次为 10.78%、11.81%、12.86% 和 13.48%,可见在年最大 30d 洪量序列下,各重现期的变化百分比均小于年最大日流量序列下的洪水阈值变化百分比,但洪水阈值的变化规律仍保持一致,即不同重现期下未来极端洪水阈值均高于基准期,重现期越大,其增幅越大。

表 7-22　　　　未来各模式年最大 30d 洪量极端洪水阈值及其与基准期变化百分比

气候模式	T10		T20		T50		T100	
	阈值(亿 m³)	变化百分比(%)	阈值(亿 m³)	变化百分比(%)	阈值(亿 m³)	变化百分比(%)	阈值(亿 m³)	变化百分比(%)
BCC	176.40	22.03	217.25	25.17	269.67	28.26	308.50	30.08
BNU	130.85	−9.48	153.00	−11.85	180.59	−14.11	200.59	−15.42
CaE	181.91	25.85	212.71	22.56	251.06	19.40	278.87	17.58
GFDL	167.96	16.20	202.15	16.47	245.45	16.74	277.23	16.89
MIR	130.30	−9.86	158.29	−8.80	193.93	−7.77	220.18	−7.16
MPI	148.04	2.41	183.56	5.76	229.32	9.06	263.31	11.02
NE1	185.44	28.29	231.48	33.37	291.01	38.40	335.34	41.39
各模式平均	160.12	10.78	194.06	11.81	237.29	12.86	269.14	13.48

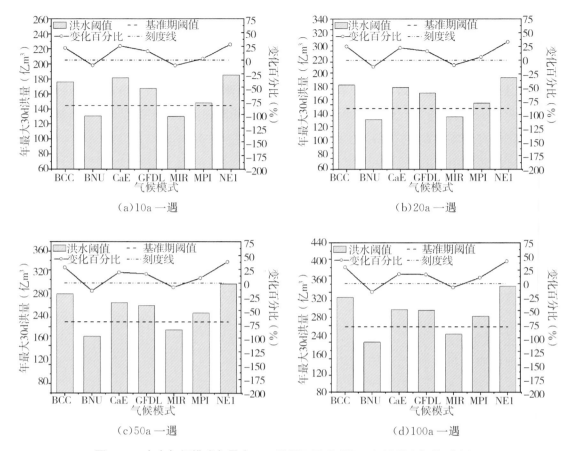

图 7-37　未来气候模式年最大 30d 洪量不同重现期下极端洪水阈值对比图

以基准期(1950—2017 年)蚌埠站年最大日流量序列和年最大 30d 洪量序列的洪水阈值作为极端洪水的识别标准,分析 2 种洪水序列下重现期为 10a、20a、50a 和 100a 各气候模式发生极端洪水的年次,并统计发生极端洪水年次占未来时段(2025—2100 年)总年数的百分比,同时与基准期发生极端洪水年次的百分比进行比较。

从年最大日流量序列来看,2025—2100 年,各模式的极端洪水年次为 5～18 次,均值为 11 次,占未来时段总年数的 14.47%,相比基准期极端洪水的比例 7.35%,未来极端洪水比例增长了近 1 倍(表 7-23 和图 7-38)。BCC、BNU、CaE、GFDL、MIR、MPI 和 NE1 模式为未来发生极端洪水年次分别为 10 次、5 次、18 次、13 次、6 次、12 次和 13 次,占未来时段总年数的百分比分别为 13.16%、6.85%、23.68%、17.11%、7.89%、15.79% 和 17.11%,各模式中除了 BNU 模式预估的极端洪水比例低于基准期以外,其他模式下的极端洪水比例均高于基准期,其中 CaE 模式预估的极端洪水比例最高。

表 7-23 年最大日流量序列下极端洪水年次

气候模式	不同重现期下极端洪水年次（次）				
	T10	T20	T50	T100	总数
BCC	2	2	4	2	10
BNU	2	2	0	1	5
CaE	7	6	1	4	18
GFDL	7	2	2	2	13
MIR	4	2	0	0	6
MPI	7	1	2	2	12
NE1	8	1	1	3	13
各模式平均	5.3	2.3	1.4	2.0	11
基准期	3	1	0	1	5

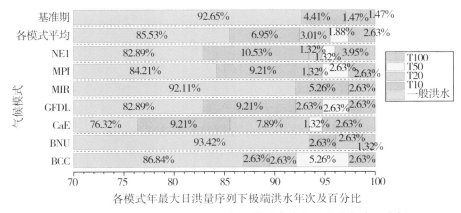

各模式年最大日洪量序列下极端洪水年次及百分比

图 7-38 年最大日流量序列下各气候模式未来极端洪水年次及比例

从不同重现期的极端洪水发生比例来看，各模式发生 100a、50a、20a 和 10a 一遇的极端洪水年次均值分别为 2.0 次、1.4 次、2.3 次和 5.3 次，占未来时段总年数的比例分别为 2.63%、1.88%、3.01% 和 6.95%，而基准期 4 个重现期（100a、50a、20a、10a）下的极端洪水比例分别为 1.47%、0% 、1.47% 和 4.41%，可见各模式预估的未来不同重现期下的极端洪水比例均比基准期高。从不同模式来说，2025—2100 年发生 100a 和 20a 一遇极端洪水比例最大的均为 CaE 模式，发生 50a 一遇洪水比例最大的模式为 BCC 模式，发生 10a 一遇洪水比例最大的模式为 NE1 模式，发生极端洪水总比例最大的模式为 CaE 模式，比例最小的为 MIR 模式。

从年最大 30d 洪量序列来看，各模式的极端洪水年次为 5～19 次，均值为 10 次，占未来时段总年数的 13.16%，相比基准期极端洪水的比例 11.76%，未来极端洪水比例较基准期增长了 11.9%，与年最大日流量序列相比，年最大 30d 洪量下的极端洪水比例较基准期的变化率偏小（表 7-24 和图 7-39）。各模式中 BNU 和 MIR 模式发生极端洪水年次均为 5 次，占未来时段总年数的百分比为 6.58%，其极端洪水的比例低于基准期。BCC、CaE、GFDL、MPI 模式和 NE1 模式极端洪水年次分别为 9 次、19 次、11 次、9 次和 12 次，占未来时段总年数的百分比分别为 11.84%、25.00%、14.47%、11.84% 和 15.79%，其比例均高于基准期，其中 CaE 模式的极端洪水比例最高。

表 7-24   年最大 30d 洪量序列下极端洪水年次

气候模式	不同重现期下极端洪水年次（次）				
	T10	T20	T50	T100	总数
BCC	1	5	1	2	9
BNU	4	1	0	0	5
CaE	12	3	2	2	19
GFDL	5	3	1	2	11
MIR	2	3	0	0	5
MPI	5	2	1	1	9
NE1	6	2	2	2	12
各模式平均	5.0	2.7	1.0	1.3	10
基准期	6	1	0	1	8

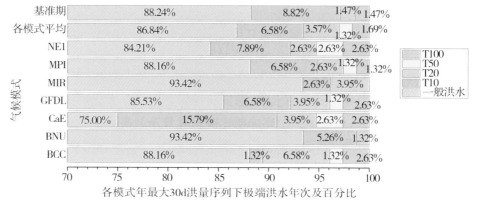

图 7-39   年最大 30d 洪量序列下各气候模式未来极端洪水年次及比例

从不同重现期的极端洪水发生比例来看，各模式发生 100a、50a、20a 和 10a 一遇的极端洪水年次均值分别为 1.3 次、1 次、2.7 次和 5.0 次，所占比例的均值分别为 1.69%、1.32%、3.57% 和 6.58%，基准期各重现期下的极端洪水比例分别为 1.47%、0% 、1.47% 和 8.82%，可见未来 10a 一遇的极端洪水比例略低于基准期，20a、50a 和 100a 一遇的极端洪水比例均比基准期高。

各模式在 2025—2100 年发生 100a 一遇极端洪水比例最大的有 BCC、CaE、GFDL 和 NE1 模式，发生 50a 一遇洪水比例最大的模式为 CaE 和 NE1 模式，发生 20a 和 10a 一遇洪水比例最大的模式分别为 BCC 和 CaE 模式，发生极端洪水总比例最大的模式为 CaE 模式，比例最小的为 MIR 模式。

7.5　本章小结

本章以淮河流域为研究对象,对该流域的极端气候指数的时空变化进行了分析,通过年最大日流量和年最大 30d 洪量序列从洪峰、洪量 2 个方面对淮河流域的极端洪水年进行了识别。根据 CMIP5 在 RCP4.5 情景下输出的气候模式数据,分析了未来(2025—2100 年)淮河流域的气候变化特征,以不同气候模式的未来降水、气温数据驱动模拟准确的 SWAT 模型,预估未来淮河流域中上游极端洪水的强度和频次变化,主要研究结论如下。

①极端气候变化。趋势和突变上,淮河流域极端降水指数在 1960—2017 年均呈上升趋势,但趋势均不显著也未发生突变,极端气温指数的变化主要表现在冷极值(最低气温和冷夜日数)的显著趋势和突变上;周期上,极端降水指数第一主周期均为 23～27a,极端气候指数中最高气温指数无明显振动周期,其他 3 个指数的第一主周期均为 19～27a;空间分布上,极端降水指数气候倾向率主要由西南向东北递减,极端气温指数倾向率则主要呈经向分布。

②极端洪水变化。1950—2017 年,年最大日流量和最大 30d 洪量序列均呈下降趋势,也都未发生明显突变,第一主周期均为 27～28a,2 个洪水序列与年降水量的相关系数都在 0.7 以上。年最大日流量序列下极端洪水年主要有 1950 年、1954 年、1991 年、2003 年和 2007 年;年最大 30d 洪量序列下的极端洪水年有 8a,较年最大日流量序列下的极端洪水年多了 1956 年、1963 年和 1982 年,2 个洪水序列下 10a 一遇的极端洪水比例均为最高且都未发生过 50a 一遇的极端洪水。

③以蚌埠水文站为流域出口,构建了淮河流域中上游分布式水文模型。模型在率定期和验证期,逐月、逐日流量的相对误差均在 ±6% 以内,效率系数和决定系数均大于 0.8,说明模拟效果较好,5 个极端洪水典型中,1982 年的流量拟合效果较差,逐日流量的绝对误差和相对误差均值分别为 9.95% 和 −0.47%,决定系数和效率系数的均值分别为 0.90 和 0.85。各径流组成成分的空间分布与降水分布比较一致,各河段流量主要集中在淮河干流水系,越靠近研究区出水口,河段流量越大。整体上,逐月、日流量和典型洪水年日流量在数值和趋势变化上均与实测值比较吻合,构建的模型在淮河中上游流域具有较好的适用性。

④以 2060 年为界,将 2025—2100 年分为 2025—2060 年和 2061—2100 年前后 2 个时段。后 40a 的年均降水量相对前期增长了 7%,降水量倾向率均值增长了约 2 倍,从极端降水量来看,后 40a 各模式年均最大 5d 降水量、最大值和最小值较前 36a 的变化百分比均大于年最大 1d 降水的各变化百分比。后 40a 年均最低、最高气温较前 36a 分别增长了 5.4% 和 3.4%。各模式在 2 个时段的年最低气温倾向率都低于基准期倾向率,年最高气温倾向率在前 36a 高于基准期,后 40a 除 CaE 和 NE1 模式外均低于基准期。

⑤2 个洪水序列下的未来极端洪水阈值相对于基准期均有增大趋势,且增幅与重现期大小呈正相关。年最大日流量和 30d 洪量序列各重现期洪水阈值及较基准期的变化百分比最大的模式分别为 BCC 模式和 NE1 模式。年最大日流量序列在 4 个重现期(100a、50a、

20a、10a)下的极端洪水比例均比基准期高,年最大 30d 洪量序列下 100a、50a 和 20a 一遇的极端洪水比例高于基准,10a 一遇的极端洪水比例低于基准期,在 2 种洪水序列下,未来各模式发生极端洪水比例最大的均为 CaE 模式,比例最小的均为 MIR 模式。相比之下,年最大 30d 洪量序列下各重现期的极端洪水阈值和极端洪水比例较基准期的变化率均偏小。

第 8 章　松花江流域极端气候水文事件变化及其联合分布特征

本章基于气象、NCEP 再分析数据,分析极端气候要素时空变化特征及可能原因;基于日流量数据,分析极端水文要素年际、频率变化特征;同时,利用 Copula 函数构建联合分布模型,探讨极端降水和极端洪水的关系。

8.1　极端降水变化特征分析

8.1.1　数据与方法

松花江流域位于我国东北地区,处于 41°42′N～51°38′N 和 119°52′N～132°31′E,见图 8-1。松花江全长 1927km,东西长 920km,南北宽 1070km,是我国七大河之一。松花江流域面积为 55.68 万 km^2,占黑龙江总流域面积的 30.2%。松花江有南北两源,南源为正源。南源第二松花江发源于长白山天池,流域面积占总流域面积的 14.33%,松花江干流 39% 的水量来源于南源。北源嫩江发源于大兴安岭山区,为松花江第一大支流,流域面积占总流域面积的 51.9%,松花江干流 31% 的水量来源于北源嫩江。两江汇于三岔河镇,形成东流松花江,最终在同江附近注入黑龙江,此段为松花江干流段。

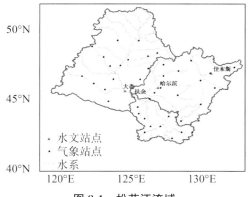

图 8-1　松花江流域

松花江流域面积辽阔,南北跨度大,地形起伏大。气候和地形地貌是影响降水时空变化的重要因素,一般条件下,背风坡降水小于迎风坡降水,平原区降水小于山区降水。流域地处北温带季风气候区,四季分明,夏季短促且高温多雨,冬季漫长且寒冷干燥。松花江流域年均降水量在 500mm 左右,降水在南部、中部稍大,东部次之,西部、北部较小。降水年内分布具有显著的不均匀性,汛期降水最多,冬季降水最少,分别占年降水量的 60%~80% 和 5% 左右。松花江流域年内温差较大,多年平均气温为 3℃~5℃,1 月气温最低,在 -20℃ 以下。嫩江扎兰屯附近最低气温曾达 -42.6℃,主要受西伯利亚寒流的影响,为同纬度较冷地区之一。流域内 7 月气温最高,日平均气温为 20℃~25℃,最高曾达 40℃ 以上,主要受热低压的影响。松花江多年平均年径流量达 762 亿 m³。其中,嫩江多年平均年径流量为 227.3 亿 m³,第二松花江多年平均年径流量为 162 亿 m³。大气降水和冰雪融水是松花江流域径流的主要补给,因而年径流的空间分布特征与年降水量的空间分布特征基本一致,年内分配具有明显的季节特征。流域具有 2 次汛期,第一次汛期为每年的 4—5 月,由于气温升高,径流补给以春季季节性融雪为主,会形成程度不等的春汛。第二次汛期为每年的 7—8 月,夏季降水增多,降水是径流的主要补给,干支流的洪水历时为 20~90d。而冬季径流较小,具有明显的枯水特征。

本书所用的气象数据来源于中国气象数据网中国地面气候资料日值数据集(V3.0)。该套数据集已经过极值检验和一致性检验。根据本书的研究内容和气象站观测的起始时间,最终选取了松花江流域 42 个气象站 1960—2017 年的逐日降水、逐日最高气温、逐日最低气温 3 个气候要素的数据。水文数据包括大赉站、扶余站、哈尔滨站、佳木斯站 4 个水文站 1960—2017 年的逐日径流数据。其中,大赉站、扶余站、佳木斯站分别是嫩江流域、第二松花江流域、松花江干流流域的控制站,哈尔滨站是松花江流域干流上的重要水文站。

环流指数数据来源于中国气象局国家气候中心,数据的起始时间为 1951 年 1 月。本书选取的西太平洋副热带高压相关的指数包括面积指数、强度指数、脊线位置指数、北界位置指数、西伸脊点指数;亚洲极涡相关的指数包括面积指数、强度指数。再分析数据为美国国家海洋和大气管理局地球系统研究实验室(PSD)提供的 NCEP-NCAR 数据集,为水平分辨率为 2.5°×2.5° 的月平均全球再分析数据。全球海温数据为美国国家海洋和大气管理局的国家环境信息中心提供的 SST V5 数据集,是水平分辨率为 2°×2° 的月平均海表温度数据。

采用 RclimDex 模型计算极端气候指标,RclimDex 模型操作简单,输入的气候要素包括日降水量、日最高气温和日最低气温,并对数据进行 3 个方面的错误检查和数据质量控制:①日最低气温大于日最高气温;②日降水量小于 0mm;③所记载值严重偏离本地气象实际情况。极端降水和极端气温阈值计算采用的方法均为百分位法,将基准期内所有日降水量排列,计算极端降水阈值;分别将基准期内每个日历天的最高(低)气温排序,计算每个日历天的极端高(低)温的阈值。选取其中的 5 个指数,并采用最值法计算最大 15d 降水量,选取的指数及定义见表 8-1 和表 8-2,选取的指数可以充分地表征极端降水的量值、强度以及持续性。

表 8-1 极端降水指数

指数	名称	含义
RX1d	最大 1d 降水量	最大 1d 降水量
RX15d	最大 15d 降水量	连续最大 15d 降水量
RX30d	最大 30d 降水量	连续最大 30d 降水量
R95p	极端降水量	超过 95% 分位数的日降水量之和
CDD	持续干旱指数	日降水量小于 1mm 的最大连续天数
CWD	持续湿润指数	日降水量大于 1mm 的最大连续天数

表 8-2 极端气温指数

指数	名称	含义
TNn	极端最低气温	日最低气温的年/月最小值
TXx	极端最高气温	日最高气温的年/月最大值
TX90P	暖昼日数	日最高气温大于 90% 分位数的日数
TN10P	冷夜日数	日最低气温低于 10% 分位数的日数
FD0	霜冻日数	日最低气温小于 0℃ 的日数
SU25	夏日日数	日最高气温大于 25℃ 的日数
WSDI	持续暖日指数	连续 6d 日最高气温大于 90% 分位数的日数
CSDI	持续冷日日数	连续 6d 最低气温小于于 10% 分位数的日数

采取年最大值法,选取 3 个流量极大值指标和 2 个流量极小值指标,分别表征极端洪水和极端枯水的变化,见表 8-3。

表 8-3 极端水文要素

指数	名称	含义
RM1	最大 1d 流量	最大 1d 径流
RM15	最大 15d 流量	连续最大 15d 径流
RM30	最大 30d 流量	连续最大 30d 径流
RD1	最小 1d 流量	最小 1d 径流
RD15	最小 15d 流量	连续最小 15d 径流

目前,用于水文气象序列周期提取的方法较多,最主要的有简单分波法、功率谱分析法、最大熵谱分析法、傅里叶分析法和小波分析法 5 种。其中,应用广泛、比较成熟的方法是小波分析法。本书采用小波分析法提取气候要素的周期特征,小波分析法主要涉及小波函数和小波变换。水汽通量表示水汽输送的方向、大小,其具体含义是单位时间内通过与速度正交的单位面积的水汽质量。但是,通过水汽通量仅能知道水汽来源,要知道极端降水的区域和雨量,还需要分析水汽通量散度。水汽通量散度表示单位时间内单位体积内水汽的净流

失量。水汽通量散度大于零,表示水汽流失;水汽通量散度小于零,表示水汽积聚。绝对区域内影响水汽通量散度的因素不是区域内的水汽通量,而是区域边界的水汽通量。

8.1.2 极端降水的时间变化特征

极端降水极值指数的时间变化特征基本一致,多年平均变化的幅度比较微弱,趋势系数分别为 0.0064mm/a、−0.0902mm/a、−0.2037mm/a,最大 1d 降水量呈不显著上升趋势,最大 15d 降水量、最大 30d 降水量呈不显著下降趋势。3 个极端降水指数在 1990 年代中后期波动较明显,近 58a 来的最大值和最小值也出现在这个时期。从年代变化趋势上看,3 个极端降水指数在 1970 年代和 21 世纪最初十年的年代值低于多年平均值,其余年代值高于多年平均值,呈下降—上升—下降—上升趋势,见图 8-2。

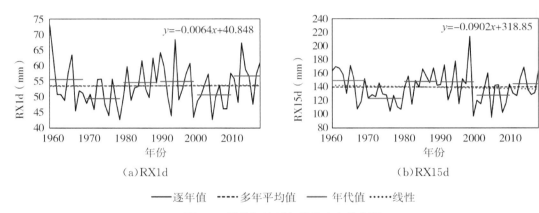

(a)RX1d   (b)RX15d

——逐年值 ·····多年平均值 ——年代值 ······线性

图 8-2　松花江流域极端降水极值指数

表征极端降水事件持续性的指数为持续湿润指数和持续干旱指数,这 2 个指数在近 58a 均呈下降趋势,持续湿润指数下降趋势不显著,持续干旱指数下降趋势显著,通过了 0.01 显著性检验,趋势系数分别为 −0.0005 和 −0.2569,持续干旱指数的大小、下降幅度大于持续湿润指数的大小和下降幅度。持续湿润指数的最大值出现在 1998 年,为 6.92d;最小值出现在 1978 年,为 3.94d。从年代变化来看,在 1970 年代,持续湿润指数取得最小值,而持续干旱指数取得最大值。

由表 8-4 可知,松花江流域极端降水年内分布具有不均匀性,夏季极端降水最多,冬季极端降水最少。最大 1d 降水量、最大 15d 降水量、最大 30d 降水量在夏季和秋季呈微弱的下降趋势,在春季和冬季呈上升趋势,且在冬季通过了 0.01 显著性检验,最大 15d 降水量、最大 30d 降水量在春季还通过了 0.1 显著性检验。3 个指数在春季的变化幅度最大,且均呈上升趋势,在秋季的变化幅度最小,均呈下降趋势。

表 8-4 极端降水指数季节变化差异

季节 \ 指数	RX1d	RX15d	RX30d
春季	16.51(0.05)	42.39(0.20*)	50.57(0.31*)
夏季	43.74(−0.01)	139.97(−0.14)	201.28(−0.28)
秋季	19.91(−0.01)	47.42(−0.04)	63.08(−0.11)
冬季	3.12(0.04***)	7.49(0.10***)	9.66(0.14***)

注:括号内数据表示变化趋势,＊表示通过了0.1显著性检验,＊＊＊表示通过了0.01显著性检验。

最大1d降水量存在多个时间尺度的周期变化特征,其中最明显的是3～8a、11～15a、20～32a时间尺度的周期变化(图8-3)。3～8a的周期变化过快,相对不够明显。在11～15a的时间尺度上存在4个丰—枯的震荡,在20～32a的时间尺度上存在2个丰—枯的震荡。实部等值线在11～15a和20～32a的时间尺度上均未闭合,且最大1d降水量在2017年处于偏多期,推测未来一段时间最大1d降水量也会处于偏多期。最大1d降水量的小波方差图存在2个明显的峰值,最大峰值对应的时间尺度为12a,因此最大1d降水量的第一主周期为12a,同理,第二主周期为23a。

最大15d降水量、最大30d降水量的周期特征基本一致,存在3～9a、8～15a、20～32a共3个时间尺度的周期变化,3～9a时间尺度出现在21世纪。在20～32a时间尺度上,可推断最大15d降水量、最大30d降水量未来一段时间处于偏多期。最大15d降水量、最大30d降水量的第一主周期均为12a。

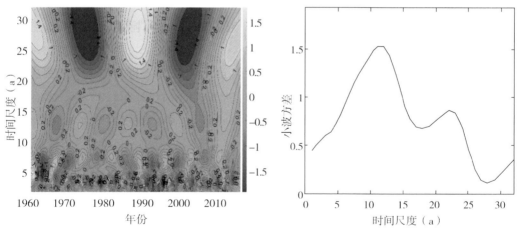

(a)RX1d

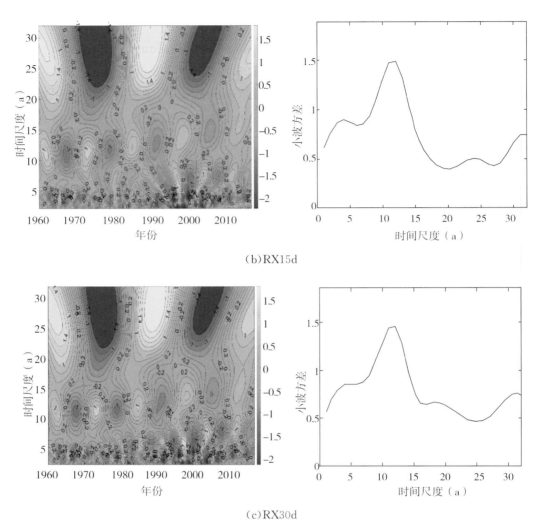

(b)RX15d

(c)RX30d

图 8-3　松花江流域极端降水极值指数周期变化

持续干旱指数(CDD)存在 3 个时间尺度的周期变化,见图 8-4(a),分别是 3~5a、10~19a、20~32a 时间尺度的周期变化。3~5a 的时间尺度正负中心交替过快,位相结构不稳定,周期不明显。10~19a、20~32a 的时间尺度分别存在 4 个、2 个正负中心交替变化,2 个时间尺度的等高线在 2017 年均未闭合,可推断持续干旱指数在这 2 个时间尺度上未来一段时间分别处于偏少期和偏多期。小波方差图存在 3 个峰值,对应的时间尺度依次为 4a、12a、19a,其中 19a 为第一主周期。

持续湿润指数(CDW)全时域性的周期变化有 2 个,见图 8-4(b),分别是 3~6a、17~32a 时间尺度的周期变化。另外,1980 年代前还存在 10~15a 时间尺度的周期变化,1980 年代后存在 10~17a 时间尺度的周期变化。在 10~17a 时间尺度上,推断持续湿润指数未来一段时间处于偏少期;在 17~32a 时间尺度上,推断持续湿润指数在未来一段时间处于偏多期。持续湿润指数的第一主周期为 10a,第二主周期为 20a。

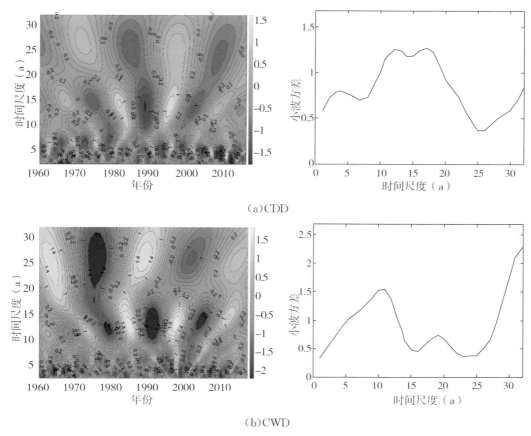

（a）CDD

（b）CWD

图 8-4　1960—2017 年松花江流域极端降水其他指数周期

最大 1d 降水量在流域东部和东南部呈下降趋势，且在东部下降的幅度较大；最大 1d 降水量在尚志站以西部分呈上升趋势，且在流域中北部即嫩江流域东南部上升幅度较大。与最大 1d 降水量相比，最大 15d 降水量和最大 30d 降水量呈上升趋势的区域有所减少，主要在流域中部（齐齐哈尔市和大庆市附近）以及流域南部，流域其余部分则呈下降趋势，在流域东部和西部具有较大的下降幅度，见图 8-5。

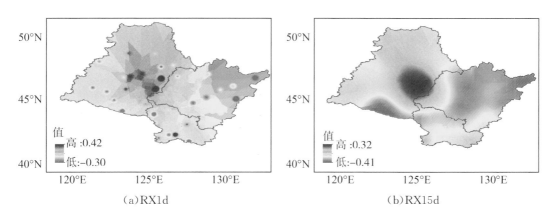

（a）RX1d

（b）RX15d

图 8-5　1960—2017 年松花江流域极端降水极值指数变化率空间分布

极端降水量指数下降区域主要分布在干流流域和流域西部,且下降幅度较的大地区为哈尔滨市和乌兰浩特市附近。上升区域主要分布在第二松花江流域和嫩江流域的东部和北部,上升幅度较大的地区为齐齐哈尔市和白山市附近,与最大 15d 降水量、最大 30d 降水量上升幅度较大区域基本一致,见图 8-6。

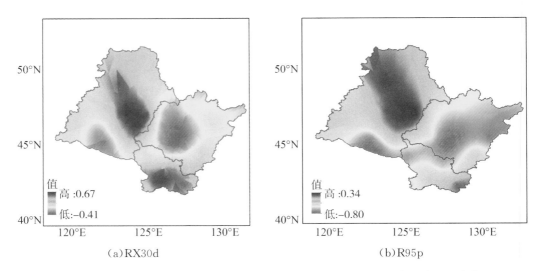

(a)RX30d   (b)R95p

图 8-6 1960—2017 年松花江流域极端降水极值指数和相对指数变化率空间分布

持续湿润指数变化率的空间差异较小,最大值和最小值相差 0.02mm/(d·a)。变化率的正值区位于流域中北部,其中齐齐哈尔市和大庆市附近上升幅度较大;变化率的负值区位于流域的东、南、西部,其中佳木斯市附近下降幅度较大。持续干旱指数在松花江流域主要呈下降趋势,仅在流域南部呈上升趋势,在齐齐哈尔市龙江县的下降幅度较大,见图 8-7。

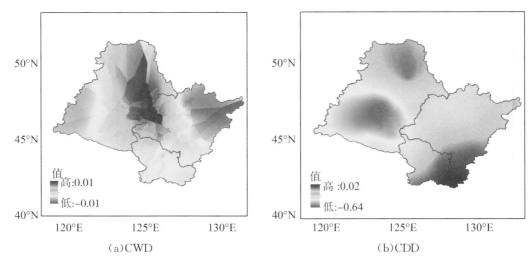

(a)CWD   (b)CDD

图 8-7 1960—2017 年松花江流域极端降水其他指数变化率空间分布

几个极端降水指数都是基于日降水数据统计出来的,各个极端降水指数之间相关性较强,有许多重叠信息,因此本书采用主成分分析法,去除各个指数间的重叠信息,用尽可能少的综合变量来代替原始变量所包含的信息。采取累计贡献率超过75%的前两个主成分,并计算主成分的综合得分,将各个站点的综合得分按照从大到小的顺序排列。认为排名前30%的站点极端降水事件发生较多,各个年代的计算结果见图 8-8(▲表示极端降水发生较多的站点)。

1960 年代,极端降水发生较多的站点主要位于流域的西南部,在嫩江流域、第二松花江流域、干流流域均有分布,但干流流域较少,仅有 2 个站点。2 个主成分的贡献率分别为47.27%、33.95%,对这 2 个主成分贡献最大的变量分别是最大 15d 降水量、持续湿润指数。1970 年代,极端降水发生较多的站点依然分布在流域西南部,但是主要分布在嫩江流域和第二松花江流域。2 个主成分的贡献率分别为 53.31%、32.85%,对 2 个主成分贡献最大的变量分别为最大 15d 降水量和持续湿润指数。

1980 年代,极端降水发生较多的站点主要分布在流域的南部,为第二松花江流域绝大部分站点和干流流域西南部少量站点。2 个主成分的贡献率分别为 51.83%、27.51%,对这 2 个主成分贡献最大的变量分别为极端降水量和最大 30d 降水量。1990 年代,极端降水发生较多的站点主要分布在流域南部即第二松花江流域,极少数分布在嫩江流域和干流流域。2 个主成分的贡献率分别为 51.59%、30.38%,对这 2 个主成分贡献最大的变量分别为极端降水量和最大 30d 降水量。2000—2009 年,极端降水发生较多的站点主要分布在流域南部的第二松花江流域,也有 3 个站点分布在流域的中部。2 个主成分的贡献率分别为57.39%、29.09%,对这 2 个主成分贡献最大的变量分别为最大 15d 降水量和持续湿润指数。2010—2017 年,极端降水发生较多的站点主要分布在流域南部的第二松花江流域,还有 2 个站点分布在嫩江流域的西北部,2 个站点分布在干流流域的西南部。2 个主成分的贡献率分别为 48.88%、29.77%,对这 2 个主成分贡献最大的变量分别为最大 15d 降水量和持续干旱指数。

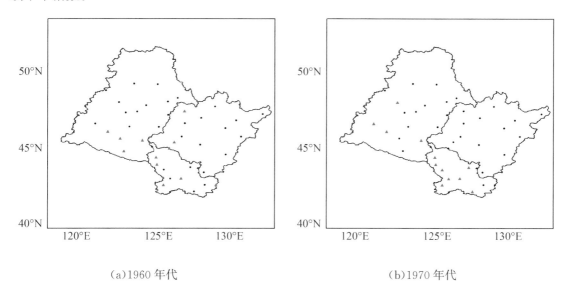

(a)1960 年代　　　　　　　　　　　(b)1970 年代

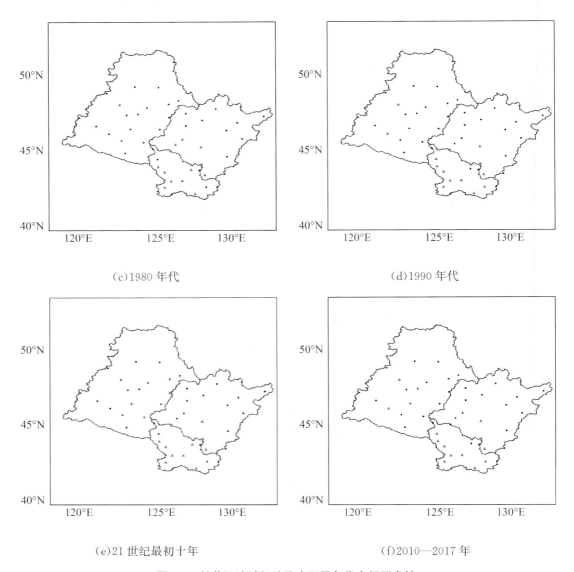

(c)1980 年代　　　　　　　　　　　　　(d)1990 年代

(e)21 世纪最初十年　　　　　　　　　　(f)2010—2017 年

图 8-8　松花江流域极端降水不同年代空间群发性

　　在大气环流时,高低纬度之间、海陆之间的热量和水汽进行了交换,对天气和气候产生了巨大影响。导致极端降水产生此种变化的原因很多,其中大气环流和海温是重要的影响因素。在全球气候变暖的背景之下,大气环流和海温系统均出现了变异和调整,导致气候异常。因此,可以通过分析我国上空大气环流和附近海温的变化揭示松花江流域极端降水变化的原因。首先,将逐年的极端降水指数按照降序排列(持续干旱指数按照升序排列),分别取前 10a 和后 10a 为极端降水偏多年和偏少年的备选,最后将出现了 5 次或者 6 次的年份选为最终的极端降水偏多年和偏少年,划分结果见表 8-5。

表8-5 极端降水偏多、偏少年份分结果

类别	年份
极端降水偏多年	1960年、1985年、1994年、1998年、2013年
极端降水偏少年	1967年、1976年、1979年、1999年、2004年、2007年

极端降水偏多年[图8-9(a)]的500hPa位势高度距平场表明,在中西伯利亚高原、东西伯利亚山地以及我国东北高原部分地区为负距平区域,负值中心位于鄂霍次克海区域。正距平中心有两个,分别为西太平洋和亚欧大陆的西北部。在西西伯利亚平原和我国北部地区存在一个高压脊,高压脊的走向为西北—东南方向,将西北冷空气输送到我国北方地区。西太平洋的正距平表明,在极端降水偏多年,西太平洋副高加强,将更多的暖湿气流输送到我国东北地区。同时,我国蒙古高原还存在一个低压槽。低压槽的槽前一般吹西南风,既有利于将印度洋和孟加拉湾的水汽输送到我国,也有利于为西太平洋暖湿气流向北的运动提供动力条件。由此可见,松花江流域降水偏多年的水汽和动力条件容易形成极端降水。极端降水少雨年[图8-9(b)]的500hPa位势高度距平场表明,亚欧大陆的45°N~65°N范围内是负距平区域,其余地区为正距平区域,高压中心位于朝鲜和韩国附近。45°N以北地区存在与极端降水偏多年几乎相反的距平分布,呈西低东高的特征。亚欧大陆存在一个低压槽,低压槽近东西方向,经向环流较弱,中高纬地区冷空气活动减弱,不利于冷空气向南移动,不利于极端降水的产生。

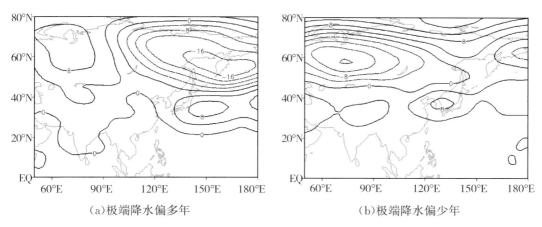

(a)极端降水偏多年   (b)极端降水偏少年

图8-9 极端降水偏多年与偏少年500hPa位势高度距平场

极端降水偏多年[图8-10(a)]的海温背景距平场表明,白令海峡、太平洋部分地区、印度洋北部、南美洲东南部的大西洋、亚欧大陆西北部沿海的海温距平为负值,其中,白令海峡、非洲大陆东南部的印度洋、太平洋南北纬30°左右范围以及南美洲东南部的大西洋的负距平较大。而海温距平的正值区域主要为亚洲东南沿海、大洋洲附近海域、北美洲沿海以及南美洲的西部和南部海域,其中渤海、黄海、日本海、丹麦海峡、大洋洲西部以及南美洲南部海域的海温的正距平较大。极端降水偏少年图[8-10(b)]的海温背景距平场表明,与极端降水偏多年的海温背景距平场不同,白令海峡、纽芬兰东部沿海的海温距平由显著负距平变为显著正距平,鄂霍次克海、北太平洋北部海域、大洋洲附近海域的海温距平由正距平变为显著的负距平,太平洋东部海温负距平强度大、范围广。由极端降水偏多年、偏少年的海温背景距平场的对比可知,在极端降水异常年,大洋洲附近海域、太平洋北部和东部、白令海峡的海温变化异常。大洋洲附近海域、太平洋北部和东部海温升高,白令海峡海温降低,极端降水增多,反之,极端降水减少。

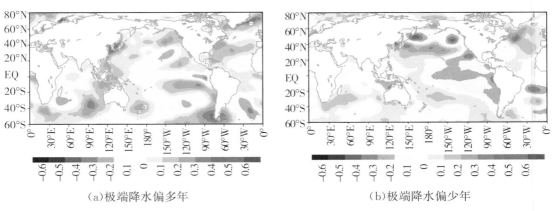

(a)极端降水偏多年   (b)极端降水偏少年

图8-10 极端降水偏多年与偏少年的海温背景距平场

选取对东北气候影响显著的亚洲极涡相关的环流指数,采用相关系数法分析其与松花江流域极端降水的关系。由表8-6可知,最大1d降水量、最大15d降水量、最大30d降水量、极端降水量、持续湿润指数与西太平洋副热带高压相关指数(面积指数、强度指数、脊线位置指数、北界位置指数、西伸脊点指数)具有正相关关系,与亚洲极涡相关指数(面积指数、强度指数)呈负相关关系,其中,极端降水与副热带高压面积指数和副热带高压强度指数的正相关性最强,与亚洲极涡强度指数的负相关性最强。而持续干旱指数与西太平洋副热带高压和亚洲极涡相关环流指数的相关关系则相反,与西太平洋副热带高压相关环流指数呈负相关关系,与亚洲极涡相关环流指数呈正相关关系,其中,与副热带高压北界西伸脊点的负相关性最强,与亚洲极涡面积指数的正相关性最强。

表8-6   极端降水指数与西太平洋副高、亚洲极涡的相关性

指数	RX1d	RX15d	RX30d	R95p	CWD	CDD
副热带高压面积指数	0.16	0.14	0.17	0.25	0.17	-0.31^*
副热带高压强度指数	0.10	0.16	0.12	0.26	0.18	-0.32^*
副热带高压脊线位置指数	0.02	0.03	0.05	0.11	0.03	-0.25
副热带高压北界位置指数	0.08	0.08	0.06	0.19	0.08	-0.37^*
副热带高压西伸脊点指数	0.07	0.05	0.09	0.13	0.09	-0.29^*
极涡面积指数	-0.04	-0.01	-0.03	-0.12	-0.03	0.12
极涡强度指数	-0.14	-0.02	-0.10	-0.19	-0.04	0.07^*

注:* 表示通过了0.05显著性检验。

图 8-11(a)是 1960—2017 年多年平均水汽通量和水汽通量散度的差值合成场,阴影部分表示水汽通量散度,箭头表示水汽通量。由图 8-11(a)可知,松花江流域的水汽主要来自北部高纬地区、印度洋和太平洋。松花江流域的水汽通量散度既有大于零的部分也有小于零的部分,水汽变化不明显,这与前文极端降水变化趋势较小的分析结果一致。图 8-11(b)是极端降水偏多年、偏少年的水汽通量和水汽通量散度的差值合成场,由图 8-11(b)可知,松花江流域存在较强的水汽输送,水汽主要来自印度洋、太平洋。松花江流域的水汽通量散度为负值,表示存在水汽积聚,易导致极端降水产生。

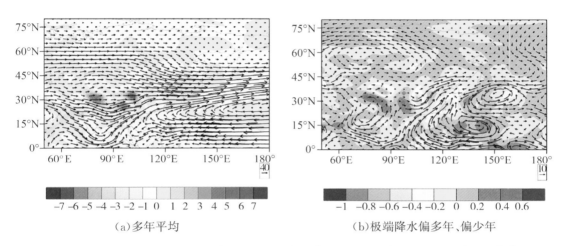

（a）多年平均　　　　　　　　　　　　　　　（b）极端降水偏多年、偏少年

图 8-11　多年平均、极端降水偏多年和极端降水偏少年水汽通量和水汽通量散度的差值合成场

8.2　极端洪水变化特征分析

图 8-12 展示了 4 个主要水文站最大 1d 流量和最大 15d 流量的年内变化过程,从图 8-12 可知,流量的变化存在 2 个峰值,第 1 个峰值在 4 月份左右,流量上升速度明显增大,这是由于进入春季,气温升高,松花江流域气候进入解冻期,冰雪融化,地面径流增多。第 2 个峰值在 8 月份,且第 2 个峰值较第 1 个峰值高,为年内最高值。这是由于松花江流域处于夏季,暴雨增多,降水是河川径流的主要补给来源,一旦流量达到年最大值,就洪涝灾害频发。

表 8-7 中 4 个主要水文站表征最大 1d 流量、最大 15d 流量年内分布的变差系数、完全调节系数、集中期、集中度、相对变化幅度和绝对变化幅度指标精准、客观地描述了极端洪水的年内分布特征。大赉站极端洪水的变差系数、完全调节系数、集中度、相对变化幅度最大,佳木斯站和哈尔滨站稍小,扶余站最小,即大赉站极端洪水的年内分配不均匀性最强,受气候变化和人类活动的影响,季节对径流的调节作用减弱,因此佳木斯站、哈尔滨站、扶余站的极端洪水年内分布的不均匀性逐渐减弱。各水文站按极端洪水的集中期从大到小的顺序排列,分别为扶余站、佳木斯站、哈尔滨站、大赉站,即扶余站年内最大 1d 流量和最大 15d 流量最大值发生的时间最晚,大赉站最大 1d 流量和最大 15d 流量最大值发生的时间则最早。极

端洪水的相对变化幅度最大的是佳木斯站,其后依次是哈尔滨站、大赉站、扶余站。

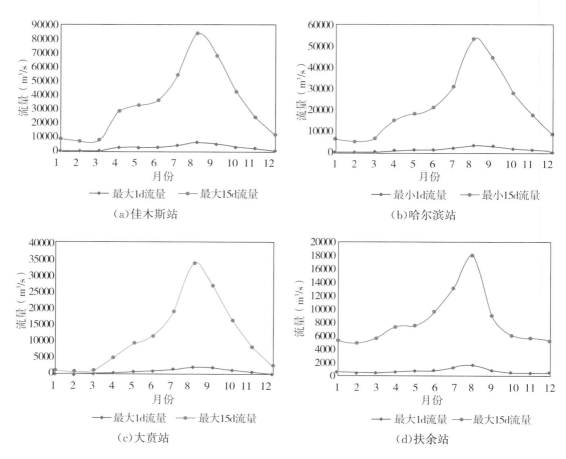

（a）佳木斯站 （b)哈尔滨站

（c）大赉站 （d)扶余站

图 8-12　主要水文站极端洪水要素年内变化特征

表 8-7　　　　　　　　　　　　极端洪水要素的年内分配指标

站名	指数	变差系数（%）	完全调节系数（%）	集中期（°）	集中度（%）	相对变化幅度	绝对变化幅度
佳木斯站	RM1	69.32	27.92	221.66	45.00	12.14	6134.98
	RM15	69.49	28.18	218.24	45.69	10.90	75755.96
哈尔滨站	RM1	66.43	26.72	213.35	43.10	9.82	3550.52
	RM15	68.61	27.70	212.09	44.54	9.63	48060.482
大赉站	RM1	87.18	36.14	212.37	57.82	43.70	2485.45
	RM15	91.11	37.47	211.32	59.68	43.67	33183.78
扶余站	RM1	51.00	19.52	233.52	29.63	4.25	1227.42
	RM15	46.51	17.82	23420	26.79	3.69	13108.01

图 8-13 展示了 4 个主要水文站最大 1d 流量、最大 15d 流量和最大 30d 流量的年际变化

过程,3个极端水文要素的变化趋势基本一致。佳木斯站、哈尔滨站、大赉站的极端水文要素呈不显著下降趋势,扶余站的极端水文要素呈不显著上升趋势,其中,佳木斯站极端水文要素的下降幅度最大,哈尔滨站极端水文要素的下降幅度最小。最大30d流量在佳木斯站、哈尔滨站、大赉站、扶余站变化的趋势系数分别为 $-560.98\mathrm{m}^3/(\mathrm{s} \cdot \mathrm{a})$、$-201.50\mathrm{m}^3/(\mathrm{s} \cdot \mathrm{a})$、$205.06\mathrm{m}^3/(\mathrm{s} \cdot \mathrm{a})$、$59.00/(\mathrm{s} \cdot \mathrm{a})$。佳木斯站、哈尔滨站、大赉站的最大1d流量、最大15d流量和最大30d流量的最大值出现在1998年,第二大值出现在2013年。扶余站最大1d流量、最大15d流量和最大30d流量的最大值出现在1995年,第二大值出现在2010年,与松花江流域所记载的大洪水灾害发生的时间一致。

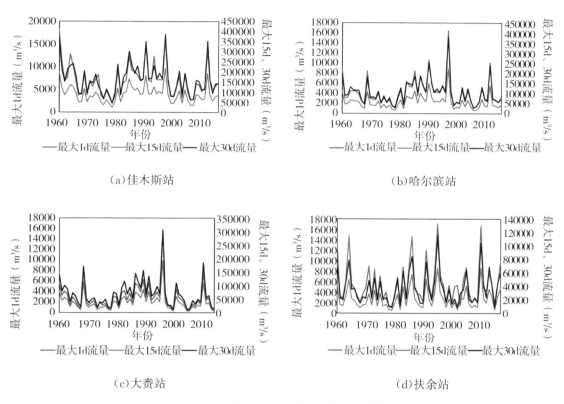

图 8-13　主要水文站极端洪水要素年际变化

选取3个水文上常用的概率分布模型对4个水文站的最大1d流量、最大15d流量、最大30d流量进行拟合,并采用 Cramer-von Mises 方法进行拟合优度检验,表8-8是拟合优度检验结果,P 值越大说明拟合效果越好。表8-8中的 P 值均大于0.05,表明3种概率分布模型对3个极端水文要素的拟合通过了拟合优度检验(表中"S"表示置信度)。在佳木斯站、哈尔滨站、大赉站3种概率分布模型对最大30d流量的拟合效果最好,对最大1d流量的拟合效果最差,且 Gen Extreme Value 概率分布模型的拟合效果优于 P-Ⅲ 和 Gamma 概率分布模型。在扶余站,3种概率分布模型对最大1d流量的拟合效果最好,对最大15d流量的拟合效果最差,且 P-Ⅲ 概率分布模型的拟合效果优于 Gen Extreme Value、Gamma 概率分布模型。

表 8-8 极端洪水要素概率分布模型的拟合优度检验

站名	指数	Gen Extreme Value		Pearson Type Ⅲ		Gamma	
		S	P	S	P	S	P
佳木斯站	RM1	0.10	0.61	0.10	0.57	0.10	0.58
	RM15	0.07	0.80	0.08	0.70	0.07	0.73
	RM30	0.04	0.90	0.06	0.88	0.05	0.85
哈尔滨站	RM1	0.04	0.91	0.08	0.69	0.12	0.49
	RM15	0.04	0.95	0.06	0.84	0.08	0.72
	RM30	0.03	0.97	0.05	0.89	0.04	0.95
大赉站	RM1	0.03	0.96	0.09	0.64	0.06	0.80
	RM15	0.02	0.99	0.06	0.86	0.04	0.91
	RM30	0.03	0.99	0.05	0.87	0.04	0.93
扶余站	RM1	0.04	0.93	0.05	0.98	0.05	0.90
	RM15	0.08	0.69	0.05	0.88	0.07	0.78
	RM30	0.07	0.74	0.05	0.90	0.06	0.83

表 8-9 是采用 3 种概率分布模型计算的 4 个主要水文站不同重现期的最大 1d 流量、最大 15d 流量、最大 30d 流量的估算值,可知 Gamma 模型估算的不同估算值最小,Pearson Type Ⅲ 模型估算的 20a 一遇的估算值最大,Gen Extreme Value 模型估算的 50a 一遇和 100a 一遇的估算值最大。4 个水文站按极端洪水要素估算值从大到小依次为:佳木斯站、哈尔滨站、大赉站、扶余站。佳木斯站最大 1(15、30)d 流量拟合优度最好的模型是 Gen Extreme Value 模型,其计算的极端洪水要素的不同重现期的估算值分别为 13710(170220、312380)m^3/s、16590(200690、367510)m^3/s、18850(223450、412410)m^3/s。哈尔滨站最大 1(15、30)d 流量拟合优度最好的模型是 Gen Extreme Value 模型,其计算的极端洪水要素的不同重现期的估算值分别为 9300(127840、223600)m^3/s、12360(166150、280310)m^3/s、15130(199570、327010)m^3/s。大赉站最大 1(15、30)d 流量拟合优度最好的模型是 Gen Extreme Value 模型,其计算的极端洪水要素的不同重现期的估算值分别为 73400(97760、167270)m^3/s、10060(131330、21986m^3/s)m^3/s、12540(161100、265100)m^3/s。扶余站最大 1(15)d 流量拟合优度最好的模型是 Pearson Type Ⅲ 模型,其计算的极端洪水要素的不同重现期的估算值分别为 4170(49420、78520)m^3/s、5170(61100、95600)m^3/s、5920(69790、108200)m^3/s。

表 8-9 极端洪水要素不同重现期估算值 单位：1000m³/s

站名	指数	Gen Extreme Value			Pearson Type Ⅲ			Gamma		
		20a 一遇	50a 一遇	100a 一遇	20a 一遇	50a 一遇	100a 一遇	20a 一遇	50a 一遇	100a 一遇
佳木斯站	RM1	13.71	16.59	18.85	13.75	16.27	18.12	13.44	15.63	17.21
	RM15	170.22	200.69	223.45	171.11	198.17	218.45	168.85	195.62	214.86
	RM30	312.38	367.51	412.41	312.47	364.57	402.44	309.56	359.12	394.75
哈尔滨站	RM1	9.30	12.36	15.13	9.57	11.99	13.82	8.97	10.73	12.01
	RM15	127.84	166.15	199.57	130.40	161.29	184.45	123.83	147.57	164.84
	RM30	223.60	280.31	327.01	225.55	273.28	308.63	218.61	259.00	288.33
大赍站	RM1	7.34	10.06	12.54	7.60	9.74	11.36	7.26	9.01	10.30
	RM15	97.76	131.33	161.10	100.34	127.16	147.33	96.84	119.71	136.62
	RM30	167.27	219.86	265.10	170.32	213.15	245.16	165.92	203.88	231.89
扶余站	RM1	4.10	5.33	6.38	4.17	5.17	5.92	4.04	4.90	5.53
	RM15	48.79	62.89	74.73	49.42	61.10	69.79	48.31	58.78	66.47
	RM30	77.97	98.01	114.29	78.52	95.60	108.20	77.30	93.07	104.60

图 8-14 展示了 4 个主要水文站最小 1d 流量和最小 15d 流量的年内分布变化,佳木斯站、哈尔滨站和大赍站的最小 1d 流量、最小 15d 流量在 3 月取得最小值,2 月、1 月次之。扶余站最小 1d 流量和最小 15d 流量在 12 月取得最小值,2 月、1 月则次之。这是因为松花江流域处于结冰期,气温在 0℃以下,河流和湖泊等水体有结冰现象,地面径流减少,且松花江流域冬季降水较少,而降水是河流径流补给的主要来源,所以松花江流域极端枯水现象严重。

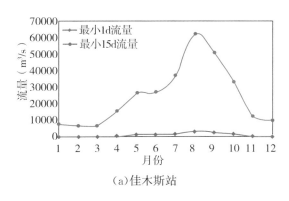

（a）佳木斯站

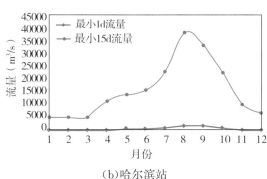

（b）哈尔滨站

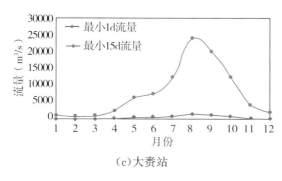 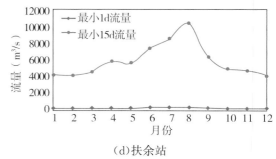

（c）大赉站　　　　　　　　　　　　　　（d）扶余站

图 8-14　主要水文站极端枯水要素年内变化特征

表 8-10 是表征极端枯水要素年内分布的变差系数、完全调节系数、集中度、相对变化幅度和绝对变化幅度指标，其不均匀性从高到低依次为大赉站、佳木斯站、哈尔滨站、扶余站，与极端洪水要素的分析结果一致。佳木斯站和大赉站的极端枯水要素的不均匀性大于极端洪水要素的不均匀性，哈尔滨站和扶余站的极端枯水要素的不均匀性小于极端洪水要素的不均匀性，扶余站最小 1d 流量和最小 15d 流量的变差系数分别为 25.67、32.01，不均匀性较弱。

表 8-10　　　　　　　　　　　　**极端枯水要素的年内分配指标**

站名	指数	变差系数（%）	完全调节系数（%）	集中度（%）	相对变化幅度	绝对变化幅度
佳木斯站	RD1	72.37	31.44	46.38	7.82	2912.19
	RD15	70.92	29.89	45.92	9.05	55199.44
哈尔滨站	RD1	65.12	26.56	42.33	6.57	1725.89
	RD15	66.67	27.52	42.96	7.63	33246.17
大赉站	RD1	96.52	40.92	62.34	28.43	1155.48
	RD15	98.64	40.73	62.50	34.92	23319.88
扶余站	RD1	25.67	10.71	16.47	2.23	253.45
	RD15	32.01	12.84	19.73	2.51	6289.19

图 8-15 是 4 个主要水文站最小 1d 流量和最小 15d 流量的年际变化过程，佳木斯站和扶余站的最小 1（15）d 流量呈不显著下降趋势，趋势系数分别为 $-1.35(-25.38)$ m³/(s·a)、$-0.15(-2.76)$ m³/(s·a)，极端枯水现象越来越严重；哈尔滨站和大赉站的最小 1（15）d 流量呈不显著上升趋势，趋势系数分别为 $0.25(1.08)$ m³/(s·a)、$1.08(17.59)$ m³/(s·a)，极端枯水现象减缓。

佳木斯站最小 1d 流量和最小 15d 流量在 1979 年、2007 年、2004 年的值较小；哈尔滨站最小 1d 流量和最小 15d 流量在 1979 年、1971 年、2003 年取得较小值，大赉站最小 1d 流量和最小 15d 流量在 1972 年、1965 年、1969 年取得较小值，扶余站在 1978 年、1970 年、2013

年取得较小值。4 个水文站极端枯水现象严重的年份略有不同,1979 年左右存在全流域性的极端枯水现象,这与我国北方在 1978—1983 年遭受过重大干旱的事实相符,与相关研究关于松花江流域干旱范围在 1979 年扩大的研究结果一致。

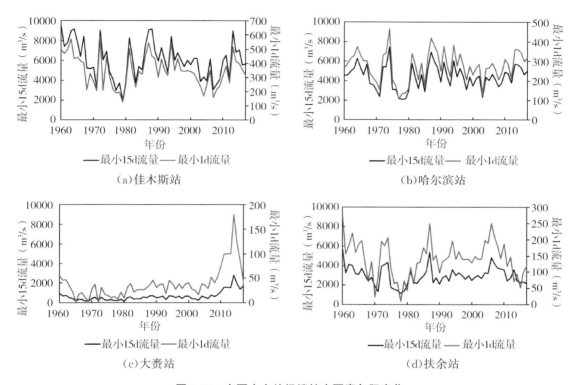

（a）佳木斯站　　　　　　　　　（b）哈尔滨站

（c）大赉站　　　　　　　　　（d）扶余站

图 8-15　主要水文站极端枯水要素年际变化

选取 3 个水文上常用的概率分布模型 Gen Extreme Value、Pearson Type Ⅲ、Gamma 模型对 4 个主要水文站的最小 1d 流量和最小 15d 流量进行拟合,表 8-11 是拟合优度检验结果。3 种概率分布模型在松花江流域均有较好的适用性,Gen Extreme Value、Pearson Type Ⅲ分布模型对大赉站极端枯水要素的拟合优度检验的 P 值小于 0.8,对佳木斯站、哈尔滨站、扶余站极端枯水要素的拟合效果则更好,P 值较大。Gamma 概率分布模型在松花江流域的拟合效果相对较差,除对扶余站的最小 15d 流量拟合优度检验的 P 值大于 0.9,其余的 P 值都小于 0.75。

表 8-11　　　　　　　极端枯水要素概率分布模型的拟合优度检验

站名	指数	Gen Extreme Value		Pearson TypeⅢ		Gamma	
		S	P	S	P	S	P
佳木斯站	RD1	0.05	0.89	0.05	0.88	0.07	0.74
	RD15	0.05	0.91	0.05	0.91	0.07	0.75

站名	指数	Gen Extreme Value		Pearson TypeⅢ		Gamma	
		S	P	S	P	S	P
哈尔滨站	RD1	0.03	0.97	0.03	0.98	0.13	0.45
	RD15	0.04	0.94	0.04	0.95	0.10	0.57
大赉站	RD1	0.13	0.47	0.23	0.21	0.21	0.26
	RD15	0.08	0.72	0.20	0.28	0.22	0.23
扶余站	RD1	0.08	0.71	0.07	0.76	0.21	0.25
	RD15	0.03	0.98	0.03	0.98	0.03	0.98

表 8-12 列出了 3 种概率分布模型计算的不同重现期下极端枯水要素的估算值。在佳木斯站、哈尔滨站、扶余站,Gamma 模型不同重现期下对极端枯水要素的估算值最大,Pearson Type Ⅲ 模型不同重现期对极端枯水要素的估算值最小,大赉站则相反。4 个水文站按极端枯水要素的估算值从大到小排列,依次为:佳木斯站、哈尔滨站、扶余站、大赉站。佳木斯站的最小 1(15)d 流量拟合优度最好的模型是 Gen Extreme Value 模型,其计算的极端枯水要素不同重现期的估算值分别为 168(3022)m^3/s、130(2355)m^3/s、105(1925)m^3/s。哈尔滨站的最小 1(15)d 流量拟合优度最好的模型是 Pearson Type Ⅲ 模型,其计算的极端枯水要素不同重现期的估算值分别为 141(2372)m^3/s、103(1838)m^3/s、78(1478)m^3/s。大赉站的最小 1(15)d 流量拟合优度最好的模型是 Gen Extreme Value 模型,其计算的极端枯水要素不同重现期的估算值分别为 8(200)m^3/s、5(157)m^3/s、3(132)m^3/s。扶余站的最小 1(15)d 流量拟合优度最好的模型是 Pearson Type Ⅲ 模型,其计算的极端枯水要素不同重现期的估算值分别为 46(1559)m^3/s、21(1300)m^3/s、4(1125)m^3/s。

表 8-12　　　　　　　　　**极端枯水要素不同重现期估算值**　　　　　　单位:100m^3/s

站名	指数	Gen Extreme Value			Pearson TypeⅢ			Gamma		
		20a 一遇	50a 一遇	100a 一遇	20a 一遇	50a 一遇	100a 一遇	20a 一遇	50a 一遇	100a 一遇
佳木斯站	RD1	1.68	1.30	1.05	1.67	1.27	1.00	1.81	1.53	1.35
	RD15	30.22	23.55	19.25	30.02	22.89	18.20	32.76	27.90	24.95
哈尔滨站	RD1	1.41	1.08	0.85	1.41	1.03	0.78	1.60	1.38	1.26
	RD15	23.87	18.99	15.81	23.72	18.38	14.78	26.03	22.67	20.61
大赉站	RD1	0.08	0.05	0.03	0.10	0.09	0.08	0.06	0.04	0.03
	RD15	2.00	1.57	1.32	2.36	2.28	2.26	1.32	0.83	0.59
扶余站	RD1	0.47	0.24	0.09	0.46	0.21	0.04	0.62	0.49	0.42
	RD15	15.61	13.02	11.40	15.59	13.00	11.25	15.75	13.36	11.91

8.3 极端降水和极端洪水联合分布模型的构建

计算极端气温指数和极端水文指数的相关性,选取相关性最强的一组数据进行联合分布,表 8-13 和表 8-14 列出了计算得到的 Spearman 相关系数。最大 30d 降水量与最大 30d 流量的相关性最强,相关系数为 0.87。Kendall 秩相关系数、Pearson 秩相关系数的计算结果也表明最大 30d 降水量与最大 30d 流量的相关性最强,因此选取最大 30d 降水量和最大 30d 流量作为联合分布的特征变量。与极端洪水要素相比,极端枯水要素和极端降水要素的相关性偏弱,且由图 8-16 可知极端枯水要素和极端洪水要素的波动情况类似,因此本书仅分析极端降水和极端洪水的联合分布特征。

表 8-13   极端气温指数与极端水文指数的 Spearman 相关系数

指数	TNn	TXx	TX90p	TN10p	FD0	SU25	CSDI	WSDI
RM1	0.05	-0.45^{**}	-0.47^{**}	-0.02	0.06	-0.50^{**}	0.01	-0.20
RM15	0.07	-0.50	-0.50	-0.07	0.04	-0.53^{*}	-0.05	-0.24
RM30	0.06	-0.51	-0.50	-0.05	0.06	-0.54	-0.04	-0.24
RD1	-0.01	-0.17	-0.29^{*}	0.05	0.15	-0.29^{*}	-0.07	-0.07
RD15	-0.02	-0.11	-0.22	0.07	0.17	-0.23	-0.05	-0.03

注:* 表示通过了 0.1 显著性检验,* * 表示通过了 0.01 显著性检验。

表 8-14   极端降水指数与极端水文指数的 Spearman 相关系数

指数	RX1d	RX15d	RX30d	R95p	CDD	CWD
RM1	0.63	0.77^{**}	0.65^{**}	0.70^{**}	-0.02^{**}	0.43^{**}
RM15	0.64^{*}	0.83	0.86	0.71	-0.01	0.46
RM30	0.62	0.83	0.87^{**}	0.71	0.01	0.44
RD1	0.30^{**}	0.49^{**}	0.35^{**}	0.35^{**}	-0.05	0.37^{**}
RD15	0.26^{**}	0.39^{**}	0.23	0.28^{**}	-0.15	0.25

注:* 表示通过了 0.1 显著性检验,* * 表示通过了 0.01 显著性检验。

气候系统发生改变,极端气候、水文要素发生了非一致性的变化,比如趋势和跳跃 2 种变异类型,因此需要对选定的 2 个特征变量进行一致性检验,检验方法主要是 M-K 突变检验、滑动 t 检验、Pettitt 检验。经检验,最大 30d 降水量没有显著的变异特征,最大 30d 流量在 1983 年存在一个变异点,采取相关修正方法进行修正,用修正后的数据构建联合分布。

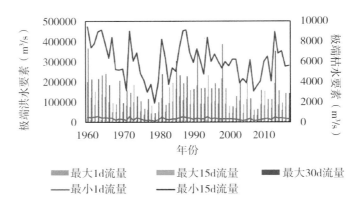

图 8-16　佳木斯站极端洪水要素和极端枯水要素对比变化

选取水文上常用的 Gen Extreme Value、Pearson Type Ⅲ、Weibull、Gamma、Log-Normal 5 个概率分布模型作为边缘分布函数的备选，分别对最大 30d 降水量和最大 30d 流量进行拟合。参数估计采用线性矩估计法，拟合优度检验采用累积频率分布曲线和 Cramer-von Mises 拟合优度检验 2 种方法，见表 8-15。

表 8-15　　　　　　　　　　　　　　　边缘分布函数参数估计结果

分布函数	RX30d	RM30
Gen Extreme Value	xi＝187.96　　alpha＝33.3　　kappa＝0.25	xi＝131301　　alpha＝60709 kappa＝－0.002
Pearson TypeⅢ	mu＝200.44　　sigma＝34.07　　gamma＝0.12	mu＝166500　　sigma＝77400 gamma＝1.04
Weibull	zeta＝－103.48　　beta＝108.35　　delta＝3.14	zeta＝－45700 beta＝134900　　delta＝1.61
Gamma	alpha＝34.40　　beta＝5.83	alpha＝4.70　　beta＝35400
Log-Normal	zeta＝－665.65　　mulog＝6.76 sigmalog＝0.04	zeta＝－46950 mulog＝29980　　sigmalog＝3540

图 8-17 是最大 30d 降水量和最大 30d 流量 5 种概率分布模型拟合结果的累积频率分布曲线，5 种概率分布模型拟合的结果基本一致。最大 30d 流量的拟合效果次于最大 30d 降水量的拟合效果，累积频率为 0.4～0.6，最大 30d 流量的理论累积频率高于经验累积频率，而在累积频率为 0.6～0.9 时，最大 30d 流量的理论累积频率低于经验累积频率。

表 8-16 是 Cramer-von Mises 拟合优度检验的结果，通过数据更加直观地比较 5 种概率分布模型拟合效果的好坏。P 值越大，拟合效果越好。可见，Weibull 分布对最大 30d 降水量的拟合效果最好，Gamma 分布对最大 30d 流量的拟合效果最好，因此分别选取这 2 个概率分布模型作为 2 个特征变量的边缘分布函数。

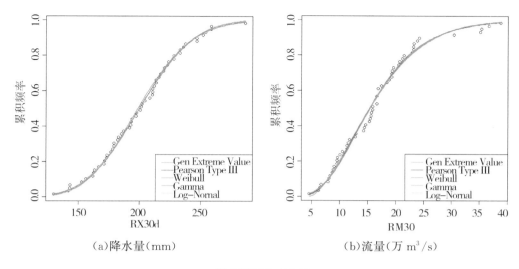

（a）降水量（mm）　　　　　　　（b）流量（万 m³/s）

累积频率分布曲线

图 8-17　最大 30d 降水量和最大 30d 流量 5 种概率分布模型拟合结果

表 8-16　　　　　　　　　　　**Cramer-von Mises 拟合优度检验**

分布函数	RX30d		RM30	
	S	P	S	P
Gen Extreme Value	0.013	0.998	0.056	0.836
Pearson TypeⅢ	0.014	0.998	0.058	0.827
Weibull	0.012	0.999	0.063	0.799
Gamma	0.194	0.997	0.054	0.852
Log-Normal	0.014	0.997	0.056	0.838

采用线性矩法对常用的 Gumbel Copula、Frank Copula、Clayton Copula 3 种函数进行参数估计，见表 8-17，同时还采用图形法和非图形法对拟合优度进行检验。

表 8-17　　　　　　　　　　**3 种 Archimedean Copula 函数参数估计结果**

参数	Copula 函数类型		
	Gumbel Copula	Frank Copula	Clayton Copula
θ	3.16	10.44	2.32

拟合优度检验的图形法是 $Q\text{-}Q$ 图，横坐标为经验频率，纵坐标为理论频率。图形法可以更形象地表现拟合效果。Gumbel Copula 函数 $Q\text{-}Q$ 图的点距均匀地分布在 45°直线的附近。Frank Copula 函数 $Q\text{-}Q$ 图的特征与 Gumbel Copula 函数 $Q\text{-}Q$ 图类似，拟合效果较好。Clayton Copula 函数拟合效果是 3 者之中最差的，点距在 45°直线附近的分布不够均匀，在频率大于 0.4 的范围内，点距分布在直线下方。

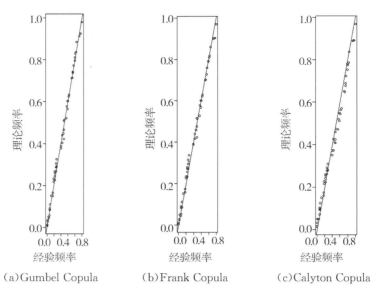

(a)Gumbel Copula   (b)Frank Copula   (c)Calyton Copula

图 8-18   3 种 Archimedean Copula 函数 *Q-Q* 图

本书还采取非图形法展现了 3 种 Copula 函数的拟合效果,即计算了 AIC、BIC、均方根误差共 3 种拟合优度评价指标。3 种指标越小,则模型对数据的拟合效果越好。从表 8-18 中可以看出,Gumbel Copula 函数的拟合效果最好,因此选取 Gumbel Copula 函数建立最大 30d 降水量和最大 30d 流量的二维联合分布模型。

表 8-18   **3 种 Archimedean Copula 函数拟合优度检验**

Copula 函数类型	AIC	BIC	均方根误差
Gumbel Copula	−437.28	−435.22	0.02
Frank Copula	−420.72	−418.66	0.03
Clayton Copula	−369.43	−367.37	0.04

8.4   极端降水与极端洪水的联合分布特征

图 8-19 是联合超越概率的三维立体图和二维等值线图,通过三维立体图可以知道最大 30d 降水量和最大 30d 流量大于或等于任意取值时的联合超越概率,通过二维等值线图可以知道联合超越概率为 0.9、0.7、0.5、0.3、0.1 时最大 30d 降水量和最大 30d 流量的不同组合,比如当最大 30d 降水量大于或等于 220mm,且最大 30d 流量大于或等于 20 万 m³/s 时,联合超越概率为 0.3,说明这种极端降水和极端径流的组合发生概率很小;当最大 30d 降水量大于或等于 160mm,且最大 30d 流量大于或等于 8.6 万 m³/s 时,联合超越概率为 0.9,说明这种极端降水和极端径流的组合发生概率很大,涵盖了大部分极端气候水文事件。

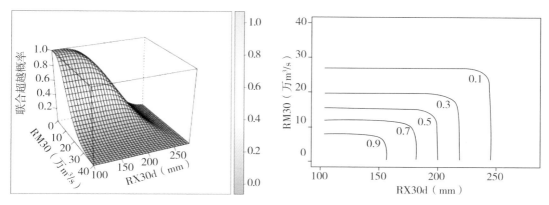

图 8-19 最大 30d 降水量与最大 30d 流量联合分布的联合超越概率

图 8-20 是最大 30d 降水量和最大 30d 流量联合分布同现重现期的三维立体图和二维等值线图。通过三维立体图可以知道最大 30d 降水量且最大 30d 流量大于或等于任意取值时的同现重现期,通过二维等值线图可以知道同现重现期为 2a、5a、10a、25a、50a、100a 时最大 30d 降水量和最大 30d 流量的不同组合。比如,当最大 30d 降水量大于或等于 235mm,且最大 30d 流量大于或等于 23 万 m³/s 时,同现重现期为 5a。

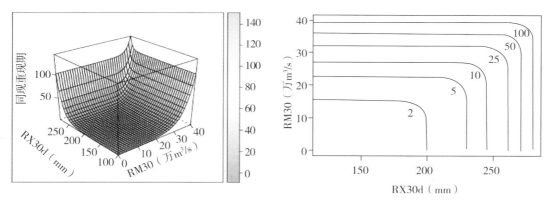

图 8-20 最大 30d 降水量与最大 30d 流量联合分布的同现重现期

图 8-21 是最大 30d 降水量和最大 30d 流量联合分布的联合概率的三维立体图和二维等值线图。通过三维立体图可以知道最大 30d 降水量或最大 30d 流量小于或等于任意值时的联合概率,通过二维等值线图可以知道联合概率为 0.9、0.7、0.5、0.3、0.1 时最大 30d 降水量和最大 30d 流量的不同组合。例如,当最大 30d 降水量小于或等于 200mm,最大 30d 流量小于或等于 12 万 m³/s 时,联合概率为 0.3;当最大 30d 降水量小于或等于 250mm,最大 30d 流量小于或等于 21 万 m³/s 时,联合概率为 0.7。因此,最大 30d 降水量或者最大 30d 流量越大,其发生的概率越大。

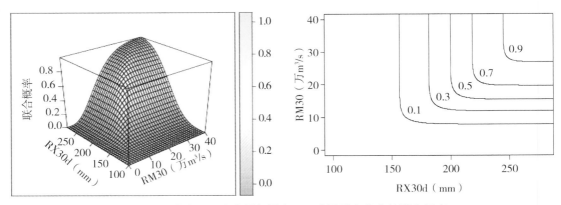

图 8-21　最大 30d 降水量与最大 30d 流量联合分布的联合概率

图 8-22 是最大 30d 降水量和最大 30d 流量联合分布的联合重现期的三维立体图和二维等值线图。通过三维立体图可知最大 30d 降水量或最大 30d 流量大于或等于任意值时的联合重现期,通过二维等值线图可知,联合重现期为 2a、5a、10a、25a、50a 时,最大 30d 降水量和最大 30d 流量的不同组合。例如,当最大 30d 降水量大于或等于 240mm,或最大 30d 流量大于或等于 22 万 m³/s 时,联合重现期为 5a;当最大 30d 降水量大于或等于 250mm,或最大 30d 流量大于或等于 27 万 m³/s 时,联合重现期为 10a。联合重现期越小,最大 30d 降水量和最大 30d 流量的取值范围越大。

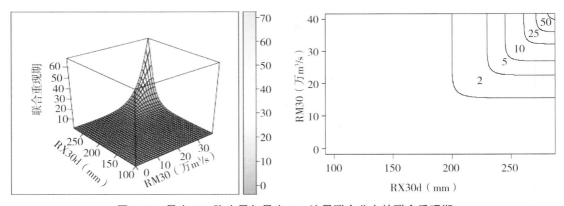

图 8-22　最大 30d 降水量与最大 30d 流量联合分布的联合重现期

图 8-23 是最大 30d 降水量和最大 30d 流量联合分布的条件概率和条件重现期。通过条件概率曲线可知,当最大 30d 降水量分别大于或等于 160mm、180mm、220mm、230mm 时,最大 30d 流量和条件概率的关系。条件概率曲线呈下降趋势,说明当最大 30d 降水量大于或等于不同值时,随着最大 30d 流量地不断增大,条件概率不断减少。例如,当最大 30d 降水量大于或等于 180mm 时,最大 30d 流量大于或等于 20 万 m³/s 的条件概率是 0.4,而最大 30d 流量大于或等于 30 万 m³/s 时的条件概率是 0.1。4 条条件概率曲线从下到上依次是最大 30d 降水量大于或等于 160mm、180mm、220mm、230mm 时的条件概率曲线,说明最大 30d 降水量越大,最大 30d 流量大于或等于任意值时的条件概率越大。例如,当最大 30d

降水量分别大于或等于 160mm、180mm、220mm、230mm 时，最大 30d 流量大于或等于 26 万 m³/s 的条件概率分别为 0.14、0.17、0.41、0.56。

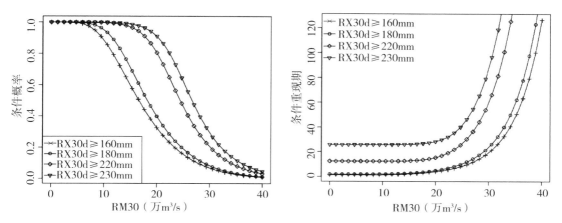

图 8-23　最大 30d 降水量与最大 30d 流量联合分布的条件概率和条件重现期

通过条件重现期曲线可知，当最大 30d 降水量分别大于或等于 160mm、180mm、220mm、230mm 时，最大 30d 流量和条件重现期的关系。条件重现期曲线呈上升趋势，说明当最大 30d 降水量大于或等于不同值时，随着最大 30d 流量不断增大，条件重现期不断增大。比如，当最大 30d 降水量大于或等于 160mm 时，最大 30d 流量大于或等于 26 万 m³/s 时的条件重现期为 10a，而最大 30d 流量大于或等于 36 万 m³/s 时的条件重现期为 63a。4 条条件重现期曲线从下到上依次为最大 30d 降水量大于或等于 160mm、180mm、220mm、230mm 时的条件重现期曲线，说明最大 30d 降水量越大，最大 30d 流量大于或等于任意值时的条件重现期越大。例如，当最大 30d 降水量分别大于或等于 160mm、180mm、220mm、230mm 时，最大 30d 流量大于或等于 30 万 m³/s 时的条件重现期分别为 21a、26a、66a、97a。

由表 8-19 可知，单变量重现期大于联合重现期，说明 Copula 联合分布所推求的估算值大于单变量分布推求的估算值。表 8-20 列出了不同年份所对应的最大 30d 降水量和最大 30d 流量单变量分布、Copula 联合分布的重现期，可以看出，最大 30d 降水量和最大 30d 流量单变量分布与联合分布最小、最大 3 个重现期对应的时间存在相同的年份，这与降水是径流补给的直接来源有关。但同一年份的最大 30d 降水量和最大 30d 流量单变量分布和联合分布对应的重现期存在差异，比如，1998 年最大 30d 降水量和最大 30d 流量单变量分布的重现期分别为 168.14a、86.16a，Copula 联合分布的重现期为 84.15a，最大 30d 流量分布的重现期大于联合分布的重现期。综上所述，Copula 联合分布考虑了更多的极值信息，推求的设计值更有利于水利工程的安全，所以在有更多要素资料的情况下，可以分析多变量的联合分布。

表 8-19 单变量重现期和联合重现期对比

重现期(a)	最大 30d 降水量(mm)	最大 30d 流量(万 m³/s)	联合重现期(a)
10	244.81	26.94	8.13
20	257.17	30.96	16.17
50	270.81	35.91	40.26
100	279.73	39.47	80.43
200	287.78	42.92	160.75
500	297.39	47.34	401.73
1000	304.04	50.60	803.37

表 8-20 松花江流域 1960—2017 年极端降水径流单变量和联合分布风险对比

项目	最大 30d 降水量		最大 30d 流量		联合分布	
	重现期(a)	年份	重现期(a)	年份	重现期(a)	年份
较小重现期	1.02	2007	1.02	1979	1.01	1979
	1.04	1976	1.06	1976	1.02	1976
	1.04	2004	1.05	2007	1.03	2004
其他重现期	2.63	1973	2.98	1973	2.35	1973
	5.69	1986	5.59	1986	4.63	1986
	14.34	1965	6.43	1965	6.31	1965
较大重现期	21.61	1991	44.78	2013	18.16	1985
	21.70	1985	57.80	1960	20.92	1991
	168.14	1998	86.16	1998	84.15	1998

8.5 本章小结

本章基于极端降水指数,分析了松花江流域极端降水指数的年际、季节、周期方面的时间变化趋势,以及变化率、空间群发性方面的空间分布特征,并利用大气环流资料、海温数据分析了极端降水变化的成因机制。计算了 5 个极端水文要素,分析其年内、年际变化特征,采用频率分析法计算极端水文要素不同重现期的估算值。运用 Copula 函数构建最大 30d 降水量和最大 30d 流量的联合分布模型,计算联合分布的 3 种概率和重现期,并对比单变量分布和联合分布,主要结论如下。

①时间变化趋势分析表明,最大 1d 降水量和极端降水量指数呈上升趋势,其他极端降水指数则呈下降趋势。除持续干旱指数外,其他极端降水指数在 1970 年代和 2000—2009 年的年代值较小。最大 1d、15d、30d 降水量在夏季最多,在冬季最少,且在夏、秋两季呈下降趋势,在春、冬两季呈上升趋势。极端降水指数的周期特征并不完全一致,持续干旱指数的

第一主周期为 19a,其余极端降水指数的第一主周期均为 10～13a。

②空间分布特征表明,除持续干旱指数外,松花江流域极端降水指数在中北部和南部具有较大上升幅度,表现为极端降水事件发生的现象增多;在流域西部和东部具有较大下降幅度,表现为极端降水事件发生的现象减少。不同年代极端降水空间群发性主要集中在流域西南部,以第二松花江流域为主。在 1960 年代、1970 年代、21 世纪最初十年,最大 15d 降水量和持续湿润指数对主成分贡献最大;在 1980 年代、1990 年代,极端降水量和最大 30d 降水量对主成分贡献最大;在 2010—2017 年,最大 15d 降水量和持续干旱指数对主成分贡献最大。

③分析表明,在极端降水偏多年的 500hPa 位势高度距平场上,西太平洋为正距平,在西西伯利亚平原和我国北方地区存在高压脊。松花江流域上空为弱正距平,处于正负距平交换处,有利于水汽输送到此。在海温距平背景场上,大洋洲附近海域、太平洋北部和东部为正距平,白令海峡为负距平,而在极端降水偏少年则相反。且在极端降水偏少年,500hPa 位势高度距平场上,亚欧大陆受近东西方向的低压槽控制,大气环流以纬向环流为主。除持续干旱指数外,其他极端降水指数与西太平洋副高相关指数具有正相关关系,与亚洲极涡相关指数呈负相关关系。由极端降水偏多年和偏少年的水汽通量和水汽通量散度差值合成场可知,水汽通量增多,水汽主要来自印度洋和太平洋。

④极端洪水变化趋势分析表明,最大 1d、15d 流量年内分配具有不均匀性,年内存在 2 个峰值,最大峰值在 8 月份,最小峰值在 4 月份左右。大赉站、佳木斯站、哈尔滨站、扶余站的极端洪水要素的不均匀性依次降低,扶余站、佳木斯站、哈尔滨站、大赉站的极端洪水要素最大值发生时间依次提前。佳木斯站、哈尔滨站、大赉站的极端洪水要素呈下降趋势,扶余站的极端洪水要素呈上升趋势。

⑤极端洪水频率分析表明,Gen Extreme Value、Pearson Type Ⅲ、Gamma 分布模型在松花江流域有较好的适用性。在佳木斯站、哈尔滨站、大赉站,3 种概率分布模型对最大 30d 流量的拟合效果最好;在扶余站,3 种概率分布模型对最大 1d 流量的拟合效果最好。4 个水文站按极端洪水要素的估算值从大到小依次为佳木斯站、哈尔滨站、大赉站、扶余站,3 个概率分布模型中 Gamma 模型的估算值最小。

⑥极端枯水变化趋势分析表明,最小 1d 流量和最小 15d 流量年内分布具有不均匀性,按不均匀性从高到低排列,4 个水文站依次为大赉站、佳木斯站、哈尔滨站、扶余站。佳木斯站和扶余站的最小 1(15)d 流量呈下降趋势,哈尔滨站和大赉站的最小 1(15)d 流量呈上升趋势。极端枯水频率分析表明,在佳木斯站、哈尔滨站、扶余站,Gamma 分布模型对极端枯水要素的估算值最大,Pearson TypeⅢ分布模型对极端枯水要素的估算值最小,大赉站则相反。4 个水文站按极端枯水要素的估算值从大到小排列,依次为佳木斯站、哈尔滨站、扶余站、大赉站。

⑦联合分布表明,可以得到不同最大 30d 降水量和最大 30d 流量组合的联合超越概率、

同现重现期、联合概率、联合重现期、条件概率、条件重现期。最大 30d 降水量和最大 30d 流量越大,联合超越概率越小、联合概率越大、同现重现期和联合重现期越大。当最大 30d 降水量一定时,最大 30d 流量越大,条件概率越小,条件重现期越大;最大 30d 降水量越大,最大 30d 流量发生的概率越大,条件重现期越大。单变量分布和联合分布对比表明,联合重现期小于单变量重现期,可见单变量分布推求的设计值偏大,对水利工程不利。

第9章　变化环境非一致性条件下流域设计洪水

9.1　基于还原/还现途径的设计洪水分析

还原/还现方法是一种常用的非平稳性水文极值系列的修正方法，通过对非平稳性水文极值系列进行重构，使重构后的系列满足平稳性要求，再采用现行的平稳性水文频率分析方法进行水文设计值计算。洪水系列的"还原"就是将环境变化之后的实测样本修正到环境变化之前的原状态，而"还现"则是将环境变化之前天然状态下的实测样本修正到环境变化之后的现状态。典型的还原/还现方法包括降水—径流关系法、时间序列的分解—合成法及模型模拟法等。在具有复杂水库工程蓄泄影响的区域，采用模型模拟法进行洪水系列的还原/还现可以充分考虑水库的拦蓄作用。

采用模型模拟法进行洪水系列还原时，根据各水文站点的水文资料及相关水库的实际调度运行资料，采用水量平衡等方法对各水库的出库流量过程进行还原，并逐级演算，叠加区间流量过程，推求最下游控制水文站的天然洪水系列。洪水还原技术路线见图9-1。

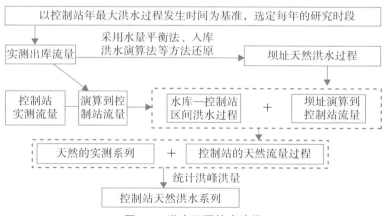

图 9-1　洪水还原技术路线

采用模型模拟法进行洪水系列还现时，根据各控制站点的天然洪水过程及各水库的调度规程等资料，遵循"先上游再下游""先支流再干流"的原则，对各水库的入库洪水进行调节计算，再将水库出库流量逐级演算，叠加区间洪水，推求流域主要控制站点的还现流量过程。洪水还现技术路线见图9-2。

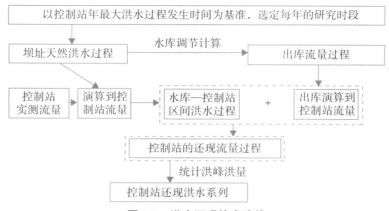

图 9-2　洪水还现技术路线

长江水利委员会水文局采用模型模拟法对屏山、北碚、武隆站等站 1970—2015 年的实测洪水进行了还原和还现修正。基于此数据，获取了各站还原/还现后的年最大洪峰流量和年最大时段洪量系列。以屏山站为例，年最大洪峰流量、1d 洪量、3d 洪量、7d 洪量的还原/还现系列对比见图 9-3。

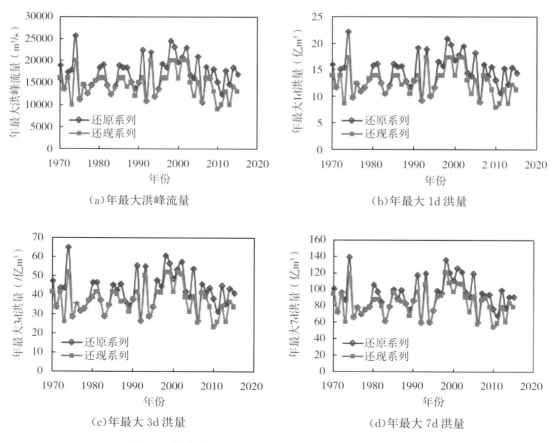

（a）年最大洪峰流量　　　　　　　　　　　（b）年最大 1d 洪量

（c）年最大 3d 洪量　　　　　　　　　　　（d）年最大 7d 洪量

图 9-3　屏山站还原和还现后的洪峰流量和时段洪量系列

以武隆站为例,年最大洪峰流量、1d 洪量、3d 洪量的还原/还现系列对比见图 9-4。

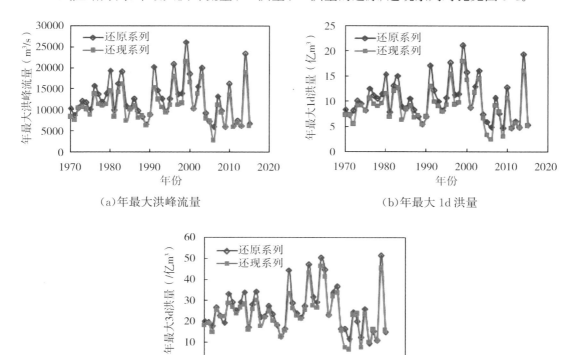

（a）年最大洪峰流量   （b）年最大 1d 洪量

（c）年最大 3d 洪量

图 9-4　武隆站还原和还现后的洪峰流量和时段洪量系列

从图 9-3、图 9-4 中可以看出,对于各种洪水极值系列而言,还现后的系列样本总体上要小于还原的系列样本,尤其是洪峰系列及短历时洪量,还原和还现样本系列的差异性最为明显。但随着历时增加,还原和还现系列的差异性逐渐变小。此外,大洪水年份的还原与还现值差别较大,中小洪水年份的还原与还现值差别不大。这主要因为水库工程建设以后,水库对河道洪水具有一定的削峰、削量作用,尤其是对大洪水的削峰作用显著,使得现状条件下的极值洪水特征值小于天然状态（还原）。

为反映样本系列差异对设计洪水特征值的影响,基于上述 3 个站 1970—2015 年的洪峰流量和时段洪量的还原/还现系列,分别采用规范推荐的适线法进行了频率计算,以武隆站为例,洪峰流量、1d 洪量、3d 洪量的频率曲线见图 9-5。3 个站还原/还现系列的设计洪水成果见表 9-1。

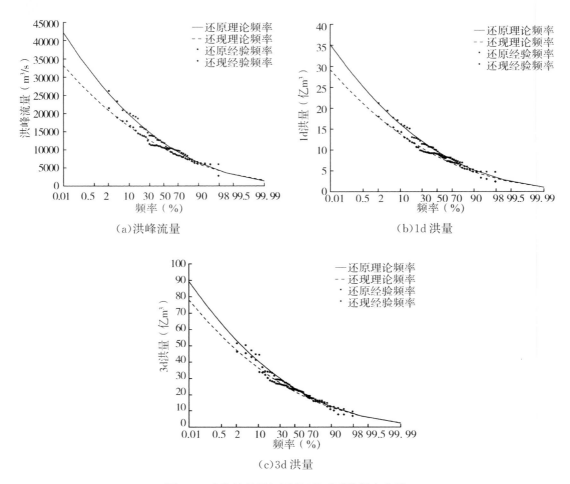

(a)洪峰流量　　　　　　　　　　　　(b)1d 洪量

(c)3d 洪量

图 9-5　武隆站基于还原/还现系列的频率曲线

表 9-1　　　　　　　　　　　　代表站还原/还现系列的设计洪水成果对比

站名	特征量	系列	设计频率				
			0.01%	0.1%	1%	2%	5%
屏山站	洪峰流量 （m³/s）	还原	35404	31588	27317	25888	23836
		还现	28788	25890	22628	21532	19952
	还现后变率(%)		−18.7	−18.0	−17.2	−16.8	−16.3
	1d 洪量 （亿 m³）	还原	30.17	26.92	23.28	22.06	20.32
		还现	24.72	22.24	19.43	18.49	17.14
	还现后变率(%)		−18.1	−17.4	−16.5	−16.2	−15.6
	3d 洪量 （亿 m³）	还原	89.93	79.93	68.77	65.04	59.7
		还现	75.21	67.37	58.57	55.61	51.37
	还现后变率(%)		−16.4	−15.7	−14.8	−14.5	−14.0

续表

站名	特征量	系列	设计频率				
			0.01%	0.1%	1%	2%	5%
屏山站	7d洪量 (亿 m³)	还原	190.68	170.13	147.13	139.43	128.37
		还现	163.19	146.77	128.27	122.06	113.1
	还现后变率(%)		−14.4	−13.7	−12.8	−12.5	−11.9
武隆站	洪峰流量 (m³/s)	还原	42140	35320	28004	25644	22346
		还现	33191	28141	22683	20910	18419
	还现后变率(%)		−21.2	−20.3	−19.0	−18.5	−17.6
	1洪量 (亿 m³)	还原	35.17	29.39	23.21	21.22	18.44
		还现	29.21	24.55	19.54	17.92	15.66
	还现后变率(%)		−16.9	−16.5	−15.8	−15.6	−15.1
	3d洪量 (亿 m³)	还原	89.34	74.47	58.58	53.47	46.35
		还现	78.03	65.4	51.85	47.48	41.38
	还现后变率(%)		−12.7	−12.2	−11.5	−11.2	−10.7
北碚站	洪峰流量 (m³/s)	还原	69565	59339	48240	44622	39525
		还现	63348	54375	44595	41395	36875
	还原后变率(%)		−8.9	−8.4	−7.6	−7.2	−6.7
	1d洪量 (亿 m³)	还原	59.46	50.57	40.93	37.8	33.39
		还现	54.33	46.49	37.96	35.17	31.24
	还现后变率(%)		−8.6	−8.1	−7.3	−7.0	−6.4
	3d洪量 (亿 m³)	还原	161.66	136.26	108.92	100.07	87.67
		还现	145.9	124.08	100.44	92.74	81.92
	还现后变率(%)		−9.7	−8.9	−7.8	−7.3	−6.6
	7d洪量 (亿 m³)	还原	248.63	210.8	169.91	156.63	137.97
		还现	231.74	197.67	160.7	148.65	131.67
	还现后变率(%)		−6.8	−6.2	−5.4	−5.1	−4.6

由图 9-5 和表 9-1 可见,相同频率下,基于还原系列计算的设计值要明显高于基于还现系列的设计值,但随着频率的增大(即从稀遇洪水到常遇洪水),两者的差异减小。这主要是因为现状条件下,受上游工程对大洪水的削峰、削量影响,各站的极值洪量有所减少。

9.2 非平稳性动态变参数联合分布模型构建

相比于变化环境下单变量非平稳性水文频率分析研究而言,多变量非平稳性水文频率分析要更为复杂且困难。变化环境下多变量水文频率分析中的非平稳性包括各极值变量自身分布规律的非平稳性和不同变量间结构关系的非平稳性。为了描述变量边缘分布和结构关系的非平稳性,基于多维极值分布理论的变参数 Copula 模型常被应用。在该模型中,各变量边缘分布中的参数及 Copula 的结构参数不再是常数,其随协变量因子(如工程规模、极值降水等)变化。通过动态 Copula 模型可构建综合考虑边缘分布非平稳性和结构参数非平稳性的变参数多维联合分布函数,进而描述不同年份多变量联合分布规律的演变特征。

9.2.1 多维极值联合分布理论

Copula 函数是目前应用广泛的一种多维极值分布模型,它基于 Sklar 定理将变量间的联合分布分解为变量间的相关性结构和变量的边缘分布,为构建多变量联合分布提供了有力的数学分析工具,在水文领域中得到广泛研究和应用[1-3]。

Sklar 定理:若 $H(x_1,x_2,\cdots,x_d)$ 是边缘分布为 $u_1=F_1(x_1)$, $u_2=F_2(x_2)$,$\cdots$, $u_d=F_d(x_d)$ 的 d 维联合分布函数,则对任意 $(x_1,x_2,\cdots,x_d)\in R^d$,存在一个 d 维 Copula 函数 $C(u_1,u_2,\cdots,u_d)$,有

$$H(x_1,x_2,\cdots,x_d)=C(F_1(x_1),F_2(x_2),\cdots,F_d(x_d)) \tag{9-1}$$

若 $u_1,u_2,\cdots,u_d$ 均是连续的,则 C 是唯一的;反过来,若 C 是一个 d-Copula 函数,u_1,$u_2,\cdots,u_d$ 为分布函数,则式(9-1)所定义的函数 H 是一个边缘分布函数为 $u_1,u_2,\cdots,u_d$ 的 d 维联合分布函数。

(1)Copula 函数定义

设有 d 维函数 C,若其满足以下条件:①定义域为 $[0,1]^d$,值域为 $[0,1]$。②对 $\forall u\in I_d$,若 u 至少有一个分量为 0,则 $C(u)=0$;若 u 的分量除 u_k 外,其他均为 1,则 $C(u)=u_k$;③ 若 C 是 d 维增函数,则称 C 是 d 维 Copula 函数。

(2)Copula 概率密度函数

式(9-1)表示的 d 维 Copula 联合分布函数的概率密度函数为

$$h(x_1,\cdots,x_d)=c(F_1(x_1),\cdots,F_d(x_d))f_1(x_1)\cdots f_d(x_d) \tag{9-2}$$

式中:$h(x_1,\cdots,x_d)$ —— $H(x_1,x_2,\cdots,x_d)$ 的概率密度函数;

$c(u_1,\cdots,u_d)$ —— $C(u_1,\cdots,u_d)$ 的概率密度函数;

$f_1(x_1),\cdots,f_d(x_d)$ —— $F_1(x_1),\cdots,F_d(x_d)$ 的概率密度函数。

以两变量 Copula 函数为例,Copula 函数为定义在[0,1]上均匀分布的联合分布函数,二维即两变量 Copula 函数表达式为

$$F(x,y)=C(F_X(x),F_Y(y),\theta)=C(u,v,\theta) \tag{9-3}$$

式中:C ——Copula 函数;

θ ——Copula 函数参数;

$u=F_X(x)$ ——随机变量 X 的边缘分布;

$v=F_Y(y)$ ——随机变量 Y 的边缘分布,则联合概率密度函数公式如下:

$$f(x,y)=c(u,v,\theta)f_X(x)f_Y(y) \tag{9-4}$$

式中:$c(u,v,\theta)$ ——Copula 的概率密度函数;

$f_X(x)$——随机变量 X 的概率密度函数；

$f_Y(y)$——变量 Y 的密度函数。

阿基米德类 Copula 函数中的 Gumbel Copula、Clayton Copula 和 Frank Copula 函数在多维水文极值联合分布构建中得到广泛应用。其表达式可表示如下：

①Gumbel Copula 密度函数表达式为

$$C(u,v,\theta)=\exp\left\{-\left[(-\ln u)^{\frac{1}{\theta}}+(-\ln v)^{\frac{1}{\theta}}\right]^{\theta}\right\} \tag{9-5}$$

式中：$0<\theta\leqslant1$，结构参数 θ 的大小影响了随机变量 u、v 之间的相关程度，与 Kendall 秩相关系数 τ 存在如下关系：

$$\tau=1-\theta \tag{9-6}$$

②Clayton Copula 密度函数表达式为

$$C(u,v,\theta)=(u^{\theta}+v^{\theta}-1)^{-\frac{1}{\theta}} \tag{9-7}$$

式中：$\theta>0$，此时结构参数 θ 与 Kendall 秩相关系数 τ 之间关系为

$$\tau=\theta/(\theta+2) \tag{9-8}$$

③Frank Copula 密度函数表达式为

$$C(u,v,\theta)=-\frac{1}{\theta}\ln\left(1+\frac{(\mathrm{e}^{-\theta u}-1)(\mathrm{e}^{-\theta v}-1)}{\mathrm{e}^{-\theta}-1}\right) \tag{9-9}$$

式中：$\theta\in R\{0\}$，此时与 Kendall 秩相关系数 τ 之间关系为

$$\tau=1+\frac{4}{\theta}\big[D_k(\theta)-1\big] \tag{9-10}$$

式中：$D_k(\theta)=\dfrac{k}{\theta^k}\displaystyle\int_0^k\dfrac{t^k}{\mathrm{e}^t-1}\mathrm{d}t$，$k$ 取值为 1。

对于上述二维阿基米德 Copula 函数而言，不同函数类型对应的尾部相关性各不相同，Gumbel 和 Clayton 这两类函数具有非对称性，通常用来描述变量间非对称相关的情形，其中 Gumbel 函数适用随机变量之间具有较高的上尾部相关性的情形，相反 Clayton 函数则适用随机变量之间具有较高的下尾部相关性的情形，而 Frank 函数更多适用于随机变量之间的上、下尾部相关性对称增长的情形。

9.2.2　非平稳性变参数边缘分布函数模型

在水文频率分析中应用的分布函数种类众多，如 Pearson Ⅲ 型（P-Ⅲ）分布函数、广义极值（GEV）分布函数，对数 P-Ⅲ 分布，对数 Logistic 分布等。以我国水文频率分析中推荐的 P-Ⅲ 分布函数和目前在极值分布研究中常用的 GEV 分布为基础，通过假定分布函数中的参数随时间等协变量的变化而变化，可构建不同的变参数概率分布函数模型。

P-Ⅲ 分布函数是我国洪水设计规范中推荐使用的分布函数，其概率密度函数公式如下：

$$f(x)=\frac{\beta^{\gamma}}{\Gamma(\gamma)}(x-\alpha)^{\gamma-1}\mathrm{e}^{-\beta(x-\alpha)},\alpha\geqslant0,\beta>0,\gamma>0 \tag{9-11}$$

式中：α，β 和 γ——上述 P-Ⅲ 分布函数中的位置、尺度及形状参数，并且其总体统计特征向

量:期望值 $E(X)$、变差系数 C_v 和偏态系数 C_s 的计算公式为

$$\alpha = E(X)\left(1 - \frac{2C_v}{C_s}\right) \tag{9-12}$$

$$\beta = \frac{2}{E(X)C_vC_s} \tag{9-13}$$

$$\gamma = \frac{4}{C_s^2} \tag{9-14}$$

GEV 分布函数表达式为

$$F(x,\alpha,\sigma,\delta) = \exp\left[-\left(1 + \delta\frac{x-\alpha}{\sigma}\right)^{-1/\delta}\right],\ \delta\frac{x-\alpha}{\sigma} \geqslant 0 \tag{9-15}$$

式中:α、σ、δ——GEV 分布函数中的位置参数、尺度参数和形状参数。

基于常用的 P-Ⅲ 函数分布和 GEV 分布函数,假定分布函数中的某些参数与协变量(时间、降水、工程规模等)间存在线性/非线性驱动关系,通过这些协变量因子的变化来驱动分布函数中参数的改变,以此达到描述环境变化对单变量极值分布规律的影响。为此,非平稳性 P-Ⅲ 分布函数和非平稳性 GEV 分布函数可分别表示为

$$f(x) = \frac{\beta_t^{\gamma_t}}{\Gamma(\gamma)}(x_t - \alpha_t)^{\gamma_t - 1}\,\mathrm{e}^{-\beta_t(x_t - at)},\ \alpha_t \geqslant 0, \beta_t > 0, \gamma_t > 0 \tag{9-16}$$

$$F(x,\alpha_t,\sigma_t,\delta_t) = \exp\left[-\left(1 + \delta_t\frac{x-\alpha_t}{\sigma_t}\right)^{-1/\delta_t}\right],\ \delta_t\frac{x-\alpha_t}{\sigma_t} \geqslant 0 \tag{9-17}$$

从式(9-16)和式(9-17)可以看出,P-Ⅲ 分布函数和 GEV 分布函数中的参数在不同的时刻是不同的。

现以非平稳性 P-Ⅲ 分布函数为例,假定其参数与协变量间的关系如下:

$$\alpha_t = AX + a_0 \tag{9-18}$$

$$\beta_t = BY + b_0 \tag{9-19}$$

$$\gamma_t = CZ + c_0 \tag{9-20}$$

式中:X、Y、Z——影响位置参数 α、尺度参数 β、形状参数 γ 变化的环境状态变量因子集;

A、B、C、a_0、b_0 和 c_0——对应的系数。

假定参数 α 和参数 β 随降水量(P)和工程规模(R)变化,而参数 γ 为常数,则非平稳性 P-Ⅲ 分布函数中的参数可表示为

$$\alpha_t = a_1P + a_2R + a_0 \tag{9-21}$$

$$\beta_t = b_1P + b_2R + b_0 \tag{9-22}$$

$$\gamma_t = \gamma \tag{9-23}$$

采用上述方式,通过假定分布函数的参数与不同影响因素间的驱动关系,可以构建不同类型的非平稳性 P-Ⅲ 分布函数和非平稳性 GEV 分布函数来描述单变量分布规律的非平稳性特征。

9.2.3　非平稳性变参数多维联合分布函数模型

通过 Copula 函数构建非平稳性多变量联合分布函数时，其非平稳性来源于边缘分布非平稳性和结构参数非平稳性 2 个方面。当边缘分布函数为非平稳性时，即使 Copula 函数的结构参数不变化，其多维联合分布也是非平稳性的。

现以变量 X 和 Y 分别表示洪峰和洪量，假定其对应的变参数分布函数分别为 $F_x(x \mid \theta_{xt})$ 和 $F_y(y \mid \theta_{yt})$，即

$$x_t \sim F_x(x \mid \theta_{xt}) \tag{9-24}$$

$$y_t \sim F_y(y \mid \theta_{yt}) \tag{9-25}$$

式中：θ_{xt} 和 θ_{yt}——t 时刻变量 X 和 Y 边缘分布函数的参数集，其随协变量变化，比如对于具有 3 个参数的 P-Ⅲ 分布函数而言，$\theta_{xt} = \{\alpha_{xt}, \beta_{xt}, \gamma_{xt}\}$。

Copula 的结构 θ_c 假定随因子集 D（协变量）变化，即

$$\theta_{ct} = \theta D + \theta_0 \tag{9-26}$$

则变参数 Copula 函数模型可表示为

$$F_{xy}(x, y \mid \theta_{xt}, \theta_{yt}, \theta_{ct}) = C(F_x(x \mid \theta_{xt}), F_y(y \mid \theta_{yt}) \mid \theta_{ct}) = C(\mu_t, v_t \mid \theta_{ct}) \tag{9-27}$$

$$\mu_t = F_x(x_t \mid \theta_{xt}) \tag{9-28}$$

$$v_t = F_y(y_t \mid \theta_{yt}) \tag{9-29}$$

式中：$C(\cdot)$——Copula 函数；

θ_{ct}——t 时刻的 Copula 结构参数；

μ_t 和 v_t——t 时刻变量 x_t 和 y_t 对应的概率值。

以阿基米德类 Copula 函数中常用的 Gumbel、Clayton 和 Frank 为基础，基于 Copula 函数中结构参数与协变量 D 的不同驱动关系，可构建不同的非平稳性变参数 Copula 多维联合分布模型，以分析非平稳性条件下多变量联合分布特征随时间的演变规律，见表 9-2。

表 9-2　　　　　　　　　　　　非平稳性 **Copula** 函数基本描述

Copula 类型	$C(\mu, v)$
Gumbel(S)	$\exp\{-[(-\ln\mu_t)^{\theta_c} + (-\ln v_t)^{\theta_c}]^{1/\theta_c}\}, \theta_c \geqslant 0$
Gumbel(N)	$\exp\{-[(-\ln\mu_{ct})^{\theta_{ct}} + (-\ln v_t)^{\theta_{ct}}]^{1/\theta_{ct}}\}, \theta_{ct} = \exp(\theta_{c0}D + \theta_1) + 1, \theta_{ct} \geqslant 1$
Clayton(S)	$(\mu_t^{-\theta_c} + v_c^{-\theta_c} - 1)^{-1/\theta_c}, \theta_c \geqslant 0$
Clayton(N)	$(\mu_t^{-\theta_{ct}} + v_t^{-\theta_{ct}} - 1)^{-1/\theta_{ct}}, \theta_{ct} = \exp(\theta_0 D + \theta_1), \theta_{ct} \geqslant 0$
Frank(S)	$-\dfrac{1}{\theta_c}\ln\left[1 + \dfrac{(e^{-\theta_c u_t} - 1)(e^{-\theta_c v_t} - 1)}{e^{-\theta_c} - 1}\right], -\infty < \theta_c < +\infty$
Frank(N)	$-\dfrac{1}{\theta_{ct}}\ln\left[1 + \dfrac{(e^{-\theta_{ct} u_t} - 1)(e^{-\theta_{ct} v_t} - 1)}{e^{-\theta_{ct}} - 1}\right], \theta_{ct} = \theta_0 D + \theta_1 t, -\infty < \theta_{ct} < +\infty$

9.2.4 模型参数估计方法

对于上述构建的多变量联合分布模型,需要对模型中涉及的参数进行估计,考虑到多变量模型参数众多,不仅涉及边缘分布(P-Ⅲ分布和 GEV 分布)中的参数估算,同时也需要进行动态 Copula 函数结构参数的估计,参数估计难度较大且具有较大不确定性,为此,常采用贝叶斯统计法对参数进行估计。

贝叶斯理论的基本观点是对任意的未知变量 θ,都可以将其看作随机变量,并可用概率分布函数来对其进行描述,即先验分布。一直以来,关于 θ 是否是随机变量的认知成为贝叶斯学派和经典统计学派间争论的焦点,经典学派坚持认为分布参数 θ 应是常数。先验分布一般可通过历史资源和经验获得,是人类在获得样本之前对分布参数 θ 的统计推断[4]。

贝叶斯体系下,样本的产生有两个步骤:假设样本系列为 $X = \{x_1, x_2, \cdots, x_n\}$,分布参数 θ 的先验分布为 $\pi(\theta)$,①首先从 $\pi(\theta)$ 中随机的产生一个值记为 $\hat{\theta}$,这步操作是随机进行的,我们看不到也无法控制;②再从总体分布 $f(x|\hat{\theta})$ 里产生一组样本 X,即通常认知的观测系列[4]。因此,样本系列 X 的产生与参数的先验分布 $\pi(\theta)$ 及给定的 $\hat{\theta}$ 总体条件分布 $f(x|\hat{\theta})$ 有关。因此,样本系列 X 和 θ 的联合分布就可以综合反映参数先验信息、样本信息以及总体信息,表达式为

$$f(x, \theta) = f(x|\theta)\pi(\theta) \tag{9-30}$$

式中:$f(x|\theta)$——似然函数,反映样本和总体信息,具体表示如下:

$$f(x|\theta) = \prod_{i=1}^{n} f(x_i|\theta) \tag{9-31}$$

从式(9-31)可以发现,当 θ 已知时,$f(x|\theta)$ 为样本系列 X 的联合分布函数,而当样本系列 X 的观测值已知时,$f(x|\theta)$ 此时是参数 θ 的函数,即似然函数。

当获得了样本系列 X 后,需要根据式(9-30)对参数 θ 进行推断,为此可先将式(9-31)进一步写成

$$f(x, \theta) = f(x|\theta)\pi(\theta) = f(\theta|x)f(x) \tag{9-32}$$

式中:$f(x)$——样本系列 X 的边缘密度函数,即

$$f(x) = \int f(x, \theta) d\theta = f(x|\theta)\pi(\theta) \tag{9-33}$$

参数的后验分布可表示为

$$f(\theta|x) = \frac{f(x|\theta)\pi(\theta)}{f(x)} = \frac{f(x|\theta)\pi(\theta)}{\int f(x|\theta)\pi(\theta) d\theta} \tag{9-34}$$

从式(9-34)中可以发现,后验分布 $f(\theta|x)$ 包含了样本、先验以及总体信息在内的和 θ 有关的所有信息,且剔除了所有和 θ 无关的信息。因此,在参数后验分布 $f(\theta|x)$ 的基础上对参数 θ 进行的统计推断将更为合理、有效。

若参数 θ 为离散型随机变量,则可用先验分布数列 $\pi(\theta_i)(i=1,2,\cdots,k)$ 表示,则此时参数的后验分布可写成离散型公式:

$$\pi(\theta_i\mid x)=\frac{f(x\mid\theta_i)\pi(\theta_i)}{\sum\limits_{j=1}^{k}f(x\mid\theta_i)\pi(\theta_i)}\qquad(9\text{-}35)$$

然而在实际应用贝叶斯方法的过程中,参数的后验分布形式过于复杂,导致在求解过程中因高维度而无法求解。因此,通常采用 MCMC 方法联合后验分布进行大量采样,再对采样样本进行分析统计,从而近似地获得参数的统计特征作为解析解。目前常见的 MCMC 抽样方法有 Gibbs 抽样算法、Metropolis-Hasting 抽样算法以及 Adaptive Metropolis(AM)抽样算法等。

Adaptive Metropolis(AM)抽样方法是 Harrio 等人[5] 在 2001 年提出的一种基于 MCMC 算法改进的抽样方法。该算法最大的特点是显著提高了 Metropolis-Hasting 算法对高维度参数空间抽样时的效率。一般采用 AM 算法时,常选用多维正态分布,并且计算分布的初始协方差可根据先验信息确定。而当抽样时,可以利用马尔科夫链中的历史信息对分布的协方差矩阵进行自适应(如乘一个系数等)调整。AM 法的基本抽样流程如下:

给定分布函数 $f(\theta)$,首先赋予参数 θ 一个初始值 θ_0 和协方差矩阵初始值 C_0,预热长度记为 N_0,多维高斯联合分布记为 q,其中 $t=0,1,\cdots,k$,迭代步骤如下:

①假定抽出的参数样本中第 j 个被接受的样本记为 θ_j,当进行第 $t+1$ 次抽样时,从提议分布 $q(\theta_j,C_0)$ 里随机抽取一个参数样本,记为 θ_{t+1}^{*};

②随机从 $(0,1)$ 均匀分布里抽取一个数,记为 u_{t+1};

③若抽取的随机样本被接受,则令 $\theta_{j+1}=\theta_{t+1}^{*}$;

④当 $j>N_0$ 时,即抽样预热结束,样本趋于稳定,此时需对协方差矩阵初始值 C_0 进行自适应更新,方法为

$$\boldsymbol{C}_i=\begin{cases}C_0,i\leqslant N_0\\ s(\mathrm{Cov}(\theta_0,\theta_1,\cdots,\theta_j))+s\varepsilon\boldsymbol{I}_d,i>N_0\end{cases}\qquad(9\text{-}36)$$

式中:s——比例因子,与变量维度 d 有关,一般取 $2.4^2/d$;

　　$\mathrm{Cov}()$——参数的协方差;

　　ε——一个极小的正数,以确保矩阵 $\boldsymbol{C}_i$ 不发生奇异;

　　$\boldsymbol{I}_d$——单位矩阵。

重复上述①~④迭代步骤,生成大量符合要求的参数样本,即可进行参数的统计分析。

需要注意的是,在统计分析时,必须判断所抽样本是否收敛。因此,通常选取不同的初始值抽取多组平行的样本系列,以此来分析判别所抽样本系列的收敛性问题。方差比是常用的一种收敛性判别指标[6],基本思路如下:

假设选取了 m 个初始值,并抽样产生 m 条平行链,每条链的模拟长度均为 n,则方差比方法的判别指标 R 的计算公式如下:

$$B = \frac{1}{m-1} \sum_{i=1}^{m} (\mu_i - \bar{\mu}) \tag{9-37}$$

式中：μ_i—— 第 i 条链的所抽样本系列均值；

$\bar{\mu}$—— m 条链上所有样本的均值；

B—— m 条链上的样本均值之间的方差值。

$$\mu_i = \frac{1}{n} \sum_{t=1}^{n} \theta_{i,t}, i = 1, 2, \cdots, m \tag{9-38}$$

$$\bar{\mu} = \frac{1}{m} \sum_{i=1}^{m} \mu_i \tag{9-39}$$

式中：$\theta_{i,t}$—— 第 i 条链上第 t 个随机抽取的样本。

$$\omega = \frac{1}{m} \sum_{i=1}^{m} s_i^2 \tag{9-40}$$

式中：s_i—— 第 i 条链上的样本方差；

ω—— 体现了 m 条链上样本的整体变异水平。

$$s_i^2 = \frac{1}{n-1} \sum_{t=1}^{n} (\theta_{i,t} - \bar{\theta}_i)^2 \tag{9-41}$$

$$\eta = \frac{n-1}{n} \omega + \frac{(m+1)B}{nm} \tag{9-42}$$

$$R = \frac{\eta}{\omega} \tag{9-43}$$

当判别指标 R 接近 1 时，说明抽样方法符合收敛要求，但是在实际应用时，只要满足 $R < 1.1$，即可判定抽样算法收敛。

9.2.5　模型效果评价指标

基于不同的边缘分布模型和不同的 Copula 函数，可以构建多个非平稳性多变量动态联合分布模型，需要对不同模型的效果进行评估以实现优选。赤池信息准则（AIC）和贝叶斯信息准则（BIC）是常用的评估指标[7]。

（1）赤池信息准则（AIC）

赤池信息准则（AIC）最早由统计学家赤池弘次发明并提出，在一定条件下 AIC 准则可等价于一个根据样本即可计算的准则：

$$\text{AIC}(k) = -2\ln\left(\prod_{i=1}^{n} f(x_i | \theta)\right) + 2k \tag{9-44}$$

式中：k——模型参数的个数，$\ln\left(\prod_{i=1}^{n} f(x_i | \theta)\right)$ 为 k 维参数空间下统计的极大似然估计 θ 代入对数似然函数的取值。

AIC 准则基于熵的概念，主要用于评价估计模型的复杂程度和该模型对数据的拟合程度。模型参数越少,模型越简单,则 AIC 越小;对数似然数值越大,模型精度越高,则 AIC 值也越小;反之亦然。因此,AIC 准则同时兼顾和反映了模型的简洁性及精确性,AIC 值越小,所对应的模型越优。

（2）贝叶斯信息准则（BIC）

上述 AIC 准则虽然可以同时评价模型的简洁性及精确性,但只是对于短系列模型的评价效果较好,若时间序列增长,则相关信息越分散,这意味着需要更复杂（更多自变量）的模拟模型才能获得较高精度的拟合效果。相对于 AIC,BIC 准则可更进一步考察参数个数变化对拟合情况的影响,计算公式为

$$BIC(k) = -2\ln\left(\prod_{i=1}^{n} f(x_i \mid \theta)\right) + k\ln(n) \tag{9-45}$$

式中：n——样本容量,评价方法和 AIC 准则相同,BIC 值越小,所对应的模型越优。

9.3 非平稳性条件下多变量设计值计算方法

当采用非平稳性变参数 Copula 模型描述不同洪水变量间联合分布规律随协变量演变的非平稳性特征时,会导致不同变量间联合分布在不同年份是不同的。对于给定的洪水变量（如洪峰）值 $X = x_p$,另一个洪水变量（如洪量）Y 对应的条件概率分布 $f_{Y|X}(Y \mid X = x_p, \theta_{yt}, \theta_{ct})$ 在不同时刻是不同的。这就导致了一个问题：在给定某一标准洪峰设计值 $X = x_T$ 条件下,如何计算 X 对应的洪量 Y 的设计值 $y_{相应}$,进而获得洪峰—洪量的组合设计值（x_T, $y_{相应}$）,这是需要解决的核心问题。胡义明[8]等基于等可靠度法和条件期望组合法,提出了变化环境下非平稳性洪峰—洪量组合设计值计算方法,实现了变化环境下指定重现期对应不同洪量期望组合设计值的推求。

9.3.1 等可靠度法

等可靠度法是一种变化环境下单变量水文设计值估计方法[9]。该方法认为虽然环境变化造成了水文的非平稳性,但根据非平稳性水文极值系列推求的水文设计值所具有的水文设计可靠度不应该被降低,至少应与现行一致性条件下频率计算方法提供的设计值具有相同的可靠度,进而通过可靠度指标将设计值估计与工程使用年限联系起来,这在一定程度上降低了变参数概率分布模型随时间外延而给设计值估计带来的不确定性。

以 R_S 表示一致性条件下工程使用年限 L 年和设计重现期 T 年对应的水文设计可靠度,则

$$R_S = \left(1 - \frac{1}{T}\right)^L \tag{9-46}$$

以 R_{NS} 表示非平稳性条件下工程使用年限 L 年和设计重现期 T 年对应的水文设计可靠度,则

$$R_{NS} = \prod_{t=1}^{L} (1 - F_t(X_{T,NS})) \tag{9-47}$$

式中：$F_t(x)$——第 t 年水文极值的概率分布函数，$t = 1, 2, \cdots, L$。

根据等可靠度方法：令 $R_{NS} = R_S$，即

$$\prod_{t=1}^{L} (1 - F_t(X_{T,NS})) = \left(1 - \frac{1}{T}\right)^L \tag{9-48}$$

通过求解式(9-48)，即可获得非平稳性条件下的设计值 $X_{T,NS}$。

9.3.2　条件期望组合计算方法

以洪峰与洪量为例，根据洪峰—洪量联合分布的概率密度函数，可以推求给定洪峰设计值 $X = x_p$ 条件下洪量 Y 的条件概率密度函数。假定主控变量为洪峰 X，其对应的流量值为 x_p，则可推求该流量值 x_p 对应的洪量 Y 的条件期望值 y_E^t。（x_p，y_E^t）即为变量 X 和变量 Y 的条件期望组合。

$$
\begin{aligned}
y_E^t = E(y \mid x_p, \theta_{yt}, \theta_{ct}) &= \int_{-\infty}^{+\infty} y f_{Y|X}(y \mid x_p, \theta_{yt}, \theta_{ct}) \mathrm{d}y \\
&= \int_{-\infty}^{+\infty} y c(\mu_p, \nu_t \mid \theta_{ct}) f_y(y \mid \theta_{yt}) \mathrm{d}y \\
&= \int_{-\infty}^{+\infty} c(\mu_p, \nu_t \mid \theta_{ct}) F_y^{-1}(\nu_t \mid \theta_{yt}) \mathrm{d}y
\end{aligned} \tag{9-49}
$$

需要注意的是，式(9-49)中条件概率分布函数 $f_{Y|X}(\cdot)$ 是随时间变化的，因此在不同时刻计算得到的期望值 y_E^t 值是不同的。

9.3.3　基于等可靠度法和条件期望组合法的多变量设计值计算

由于主控变量 X 的分布函数 $F_x(x \mid \theta_{xt})$ 是变参数，为此，对于给定的不超过概率 p，主控变量 X 对应的分位点 x_p 也是随着时间变化的，即

$$x_p^t \sim F_x^{-1}(p \mid \theta_{xt}), t = 1, 2, \cdots, n \tag{9-50}$$

根据式(9-50)计算获得不同时刻主控变量 X 对应的分位点 x_p^t 后，再计算获得任一时刻 x_p^t 对应的变量 Y 的期望值 y_E^t，$t = 1, 2, \cdots, n$，即获得标准 p 条件下，任一时刻主控变量 X 与次要变量 Y 的条件期望组合（x_p^t, y_E^t）。

根据期望组合（x_p^t, y_E^t）样本系列，可获得不超过概率 p 条件下 x_p 和 y_E 间的统计关系，即

$$y_E = f(x_p) \tag{9-51}$$

对于指定设计标准（重现期 T），$T = 1/p$。主控变量 X 的设计值可以采用等可靠度法计算 x_T。随后通过条件期望组合关系，可获得给定设计值 x_T 条件下次要变量 Y 对应的条件期望值 y_T^E。计算获得的组合设计值（x_T，y_T^E）即为非平稳性条件下，重现期 T 对应的主控变量 X 和次要变量 Y 的期望组合设计值。

$$y_T^E = f(x_T) \tag{9-52}$$

9.4　应用示例分析

以宜昌站 1946—2018 年共 73a 的年最大 1d 和年最大 15d 洪量系列为对象,对上述方法进行示例研究[8]。图 9-6 给出了年最大 1d 和年最大 15d 洪量系列的时间序列图,从图中可以看出系列存在明显的下降趋势。M-K 统计量的计算值分别为 −4.533 和 −3.319,其绝对值均大于 0.05 显著性水平下对应的阈值 1.96,即年最大 1d 和年最大 15d 洪量系列下降趋势显著。

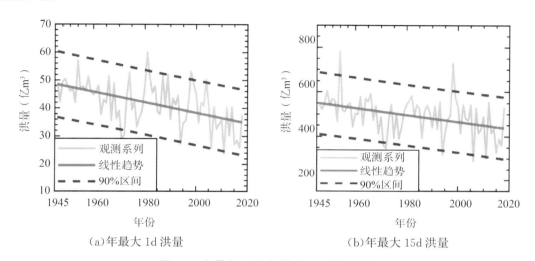

(a)年最大 1d 洪量　　　　　　　　　(b)年最大 15d 洪量

图 9-6　年最大 1d 和年最大 15d 洪量系列

为了描述非平稳性年最大 7d 和 15d 洪量的分布特征,基于 P-Ⅲ 分布函数和 GEV 分布函数,通过设定分布函数中的位置参数和尺度参数随时间变化,构造了 4 个变参数概率分布函数模型,见表 9-3。

表 9-3　　　　　　　　　　　　变参数边际概率分布模型

边际分布	位置参数	尺度参数	形状参数
P-Ⅲ(L)	$\alpha_t = \exp(a_0 + a_1 t)$	$\beta_t = \exp(\beta)$	$\gamma_t = \exp(\gamma)$
P-Ⅲ(LS)	$\alpha_t = \exp(a_0 + a_1 t)$	$\beta_t = \exp(b_0 + b_1 t)$	$\gamma_t = \exp(\gamma)$
GEV(L)	$\alpha_t = \exp(a_0 + a_1 t)$	$\sigma_t = \exp(\sigma)$	$\delta_t = \delta$
GEV(LS)	$\alpha_t = \exp(a_0 + a_1 t)$	$\sigma_t = \exp(b_0 + b_1 t)$	$\delta_t = \delta$

注:符号(L)表示分布函数中位置参数随时间变化;符号(LS)表示分布函数的位置参数和尺度参数随时间变化。

模型参数采用贝叶斯方法并结合 MCMC 抽样技术进行估计,以最大后验估计作为模型使用参数。在抽样过程中,平行运行 5 条链,每条链上抽取 10000 个样本(每条链都已满足收敛要求),去掉预热的 9900 个样本,每条链上仅采用最后 100 个样本,5 条链共计 500 个样本值,其中使参数后验密度值达到最大,即达到参数的最大后验估计。

采用赤诚信息准则(AIC)和贝叶斯信息准则(BIC)指标对模型的拟合效果进行了评估,结果见表 9-4。从表中可以看出,对于年最大 1d 洪量系列,P-Ⅲ(L)模型表现最优,即 P-Ⅲ 分布函数中的位置参数随时间变化;对于年最大 15d 洪量系列,P-Ⅲ(L)和 P-Ⅲ(LS)模型对应的 AIC 和 BIC 值较为接近,效果相当。

表 9-4   边际概率分布模型对应的 AIC 和 BIC 指标值

洪水特征变量	边际分布模型	AIC 值	BIC 值
年最大 1d 洪量	P-Ⅲ(S)	512.7110	519.5823
	P-Ⅲ(L)	492.6835	499.5549
	P-Ⅲ(LS)	494.7736	501.6450
	GEV(S)	517.5284	524.3997
	GEV(L)	495.1186	501.9900
	GEV(LS)	495.8282	502.6996
年最大 15d 洪量	P-Ⅲ(S)	868.1067	874.9781
	P-Ⅲ(L)	852.8103	859.6817
	P-Ⅲ(LS)	852.1619	859.0333
	GEV(S)	867.1982	874.0695
	GEV(L)	854.3769	861.2483
	GEV(LS)	854.8484	861.7198

注:符号(S)表示分布函数中的参数是常数;符号(L)表示分布函数中位置参数随时间变化;符号(LS)表示分布函数的位置参数和尺度参数随时间变化。

为了进一步分析 P-Ⅲ(L)和 P-Ⅲ(LS)模型的拟合效果,图 9-7 给出了 0.01 和 0.02 超过概率下,年最大 15d 洪量分位数随时间的演变特征及其不确定性。从图中可以看出,在分析年最大 15d 洪量在未来时期的变化特征时,P-Ⅲ(LS)模型的不确定性远大于 P-Ⅲ(L)模型。为此,选择具有较小不确定性的 P-Ⅲ(L)模型。

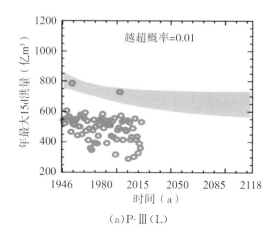

(a)P-Ⅲ(L)

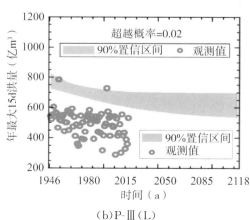

(b)P-Ⅲ(L)

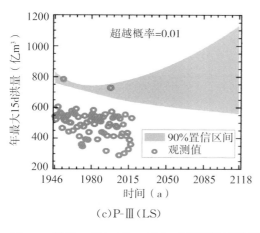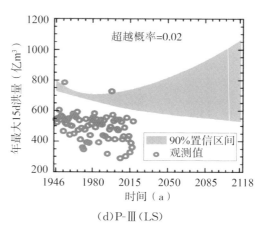

(c)P-Ⅲ(LS)　　　　　　　　　　　　(d)P-Ⅲ(LS)

图 9-7　基于 P-Ⅲ(L)和 P-Ⅲ(LS)模型的不同超越概率下年最大 15d 洪量分位数随时间演变特征

为了描述非平稳性年最大 1d 和 15d 洪量的联合分布特征，基于 Gumbel、Clayton 及 Frank 3 种 Copula 函数，通过 Copula 的结构参数为常数和随时间变化 2 种情形，构建 6 个非平稳性变参数动态 Copula 联合分布函数模型（简称变参数 Copula 模型），见表 9-5。

表 9-5　　　　　　　　　　　非平稳性变参数动态 **Copula** 联合分布函数模型信息

Copula 类型	$C(\mu, v)$
Gumbel(S)	$\exp\left\{-\left[(-\ln\mu)^{\theta}+(-\ln v)^{\theta}\right]^{1/\theta}\right\}, \theta \geqslant 0$
Gumbel(N)	$\exp\left\{-\left[(-\ln\mu_t)^{\theta_t}+(-\ln v_t)^{\theta_t}\right]^{1/\theta_t}\right\}, \theta_t=\exp(\theta_0+\theta_1 t)+1, \theta_t \geqslant 1$
Clayton(S)	$\left(\mu^{-\theta}+v^{-\theta}-1\right)^{-1/\theta}, \theta \geqslant 0$
Clayton(N)	$\left(\mu_t^{-\theta_t}+v_t^{-\theta_t}-1\right)^{-1/\theta_t}, \theta_t=\exp(\theta_0+\theta_1 t), \theta_t \geqslant 0$
Frank(S)	$-\dfrac{1}{\theta}\ln\left[1+\dfrac{(\mathrm{e}^{-\theta u}-1)(\mathrm{e}^{-\theta v}-1)}{\mathrm{e}^{-\theta}-1}\right], -\infty<\theta<+\infty$
Frank(N)	$-\dfrac{1}{\theta_t}\ln\left[1+\dfrac{(\mathrm{e}^{-\theta_t u_t}-1)(\mathrm{e}^{-\theta_t v_t}-1)}{\mathrm{e}^{-\theta_t}-1}\right], \theta_t=\theta_0+\theta_1 t, -\infty<\theta_t<+\infty$

采用赤诚信息准则（AIC）和贝叶斯信息准则（BIC）评估不同变参数 Copula 模型的拟合效果，结果见表 9-6。从表中可以看出，Gumbel(N)模型，即 Gumbel Copula 函数中的结构参数随时间变化，具有最小的 AIC 和 BIC 值。为此，选取 Gumbel(N)模型用于分析年最大 1d 和年最大 15d 洪量系列的联合分布规律随时间的演变特征。

表 9-6　　　　　　　　　不同变参数 **Copula** 模型对应的 **AIC** 和 **BIC** 值

变参数 Copula 模型	AIC 值	BIC 值
Gumbel(S)	−106.6869	−102.1059
Gumbel(N)	−108.6150	−106.3246
Clayton(S)	−70.9550	−68.6646

变参数 Copula 模型	AIC 值	BIC 值
Clayton(N)	−99.1423	−94.5614
Frank(S)	−97.5093	−95.2189
Frank(N)	−105.5082	−100.9272

注:符号(S)表示 Copula 函数中的结构参数为常数;符号(N)表示 Copula 函数中的结构参数随时间变化。

图 9-8 展示了 1946—2030 年不同联合概率(0.4、0.6、0.8 和 0.95)条件下,年最大 1d 和 15d 洪量联合分布规律随时间演变特征。从图中可以看出,同一指定联合概率对应的年最大 1d 和 15d 洪量的联合分布特征是随时间变化的,如对于联合概率 0.95 而言,其对应的年最大 1d 和 15d 洪量的联合分布规律从 1946 年开始随时间发生左移,这与年最大 1d 和 15d 洪量系列呈减小趋势吻合。

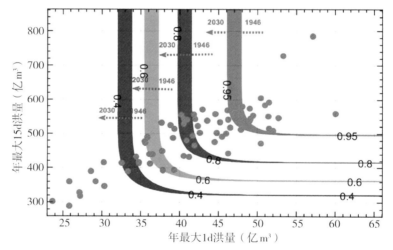

图 9-8 1946—2030 年年最大 1d 和 15d 洪量联合分布规律随时间演变特征

图 9-9 展示了 1950 年、1980 年、2010 年和 2030 年 4 个典型年不同联合概率条件下年最大 1d 和 15d 洪量组合规律的演变特征。从图中可以看出,对于指定的联合概率(如 0.95),4 个典型年份的年最大 1d 和 15d 洪量的联合分布是不同的,这就导致年最大 1d 和 15d 洪量的最可能组合在不同年份是不同的,如联合概率为 0.95 时,1950 年、1980 年、2010 年和 2030 年对应的年最大 1d 和 15d 洪量的最可能组合值分别为(49.60,519.45)、(48.92,518.55)、(48.24,517.70)和(47.80,517.11)。

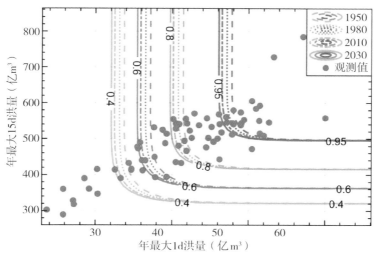

图 9-9 典型年年最大 1d 和 15d 洪量联合分布特征

图 9-10 展示了 1946—2030 年不同联合重现期（OR）（20a、50a、100a 和 200a）条件下，年最大 1d 和 15d 洪量联合分布特征。从图中可以看到，对于给定的联合重现期，1946—2030年，年最大 1d 和年最大 15d 洪量联合分布的等值线是变化的，如对于联合重现期 200a 而言，其对应的年最大 1d 和 15d 洪量联合分布规律从 1946 年开始随时间发生左移。

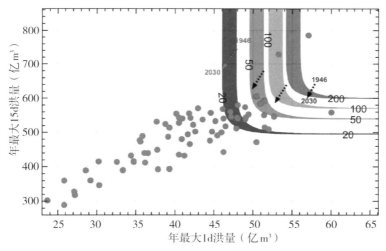

图 9-10 1946—2030 年年最大 1d 和 15d 洪量联合重现期（OR）随时间的演变特征

图 9-11 展示了 1950 年、1980 年、2010 年和 2030 年 4 个典型年不同联合重现期（OR）条件下年最大 1d 和 15d 洪量联合分布和变化特征。从图中可以看出，对于给定的联合重现期，年最大 1d 和 15d 洪量的最可能组合在不同年份是不同的，以 100a 联合重现期为例，1950 年、1980 年、2010 年和 2030 年对应的年最大 1d 和 15d 洪量的最可能组合分别是（55.25，591.78）、（54.58，590.94）、（53.90，590.14）和（53.46，589.63），组合互不相同。

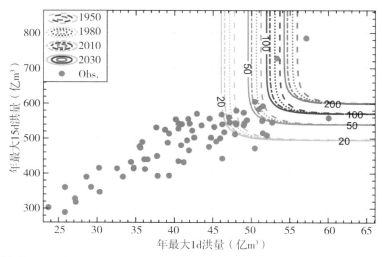

图 9-11　典型年份(1950 年、1980 年、2010 年和 2030 年)年最大 1d 和 15d 洪量联合重现期(OR)特征

　　基于非平稳性年最大 15d 洪量系列对应的非平稳性边际分布函数 P-Ⅲ(L),计算了超越概率 0.05、0.02、0.01 和 0.005 对应的年最大 15d 洪量分位数(2019—2118 年)。采用非平稳性变参数 Copula 函数模型 Gumbel(N)及条件期望值计算公式,计算了与年最大 15d 洪量对应年最大 1d 洪量的条件期望值,进而获得了年最大 1d 洪量和年最大 15d 洪量的组合样本系列。基于组合样本系列,拟合了年最大 1d 洪量和年最大 15d 洪量之间的条件期望组合曲线,见图 9-12。

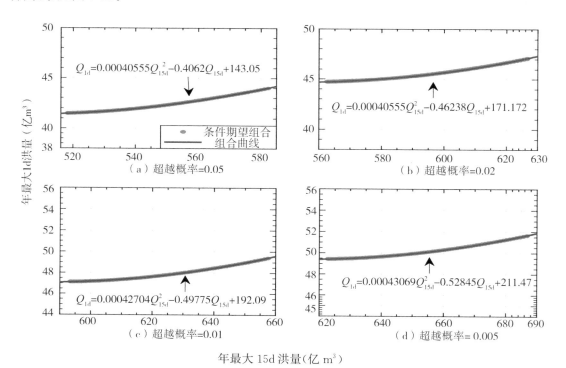

图 9-12　年最大 1d 与 15d 洪量间的条件期望组合曲线

以年最大 15d 洪量为主控变量,根据等可靠度方法计算不同重现期(20a、50a、100a 和 200a)条件下,不同工程设计寿命(10~100a)对应的年最大 15d 洪量的设计值。由基于年最大 1d 和 15d 洪量的条件期望组合关系曲线,可以求出与年最大 15d 洪量设计值对应的年最大 1d 洪量设计值,结果见图 9-13。

本书采用基于还原/还现方式获得的宜昌站年最大 15d 洪量系列(数据来源于长江水利委员会水文局,系列长度为 1970—2015 年),推求了重现期为 20a、50a、100a 和 200a 条件下的年最大 15d 洪量设计值,并与本书中采用等可靠度方法基于非一致性年最大 15d 洪量系列的设计值计算结果进行了对比分析(数据资料 1946—2018 年),其中等可靠度方法与工程设计寿命期长度有关,为此,设定了 10~100a 不同长度的寿命期情景,结果见表 9-7。

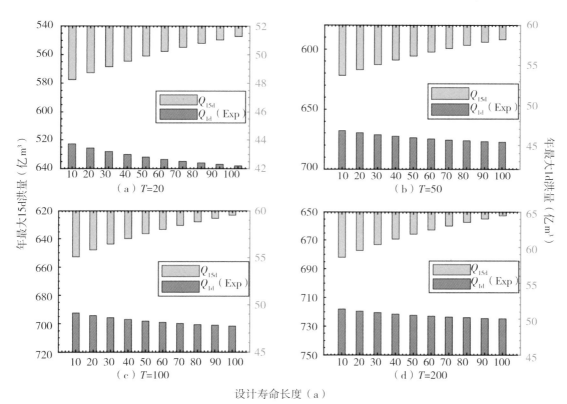

图 9-13 不同设计寿命长度及不同重现期条件下年最大 1d 和 15d 洪量设计值

表 9-7   还原/还现方式与等可靠度方法对比分析   单位:亿 m³

项目	重现期			
	20a	50a	100a	200a
Q_{15d}(还原)	667.7	723.4	762.2	798.9
Q_{15d}(还现)	593.3	633.5	661.4	687.8

项目		重现期			
		20a	50a	100a	200a
Q_{15d}（等可靠度法）：不同工程设计寿命条件下的设计值。如工程设计寿命为10a时，对应的时期为2019—2028年	10a	577.5	621.8	652.8	682.0
	20a	572.8	617.1	648.1	677.4
	30a	568.5	612.9	643.8	673.2
	40a	564.6	609.0	640.0	669.4
	50a	561.0	605.5	636.5	665.9
	60a	557.8	602.3	633.4	662.8
	70a	554.9	599.4	630.5	659.9
	80a	552.1	596.7	627.8	657.3
	90a	549.5	594.2	625.4	654.9
	100a	547.2	591.9	623.1	652.6

从表9-7中可以看出，基于还原系列计算的设计值要大于基于还现系列计算的设计值。这主要是因为现状条件下，宜昌站来水受上游工程影响较大，上游的诸多水库工程对大洪水具有较大的削峰、削量影响，宜昌站现状条件下的极值洪水量有所减小。采用等可靠度方法计算了不同设计寿命（未来不同时期）情景下的设计值，在同一重现期条件下，设计值随着设计寿命的增加呈现减小趋势，这主要是因为年最大15d洪量系列呈现减小趋势。2019—2028年这一时期（最接近还现系列对应的2015年水平）的设计值，略小于基于还现系列计算的设计值。若年最大15d洪量系列的减小趋势在未来持续，则设计值将会进一步减小，如在2019—2028这一时期，20a重现期对应的设计值是577.5；在2019—2038这一时期，相同重现期对应的设计值则为568.5。

表9-7的结果仅用来对比分析不同方法计算的差异性，由于未考虑历史洪水信息，其设计值计算结果与实际考虑历史洪水等信息的结果会存在差异。

9.5 本章小结

（1）基于还原/还现途径的变化环境下流域设计洪水计算

基于长江水利委员会水文局提供的屏山站、北碚站、武隆站等站经还原和还现修正的洪水资料数据，分析了各站年最大洪峰和年最大时段洪量在还原/还现前后的设计值变化情况。结果表明，相同频率条件下，基于还原系列计算的洪水设计值明显高于基于还现系列计算的设计值，但随着频率的增大（从稀遇洪水到常遇洪水），两者的差异呈减小趋势。这主要是因为水库工程建设以后，水库对河道洪水具有一定的削峰、削量作用，尤其是削峰作用显著，所以现状条件下的洪水设计值要小于天然状态。

（2）非平稳性动态变参数联合分布模型构建

为了描述多变量水文极值系列边缘分布及结构参数的演变规律，本书基于变参数 Copula 函数构建了可综合考虑不同洪水变量各自边缘分布非平稳性和不同变量间结构关系非平稳性的变参数动态多维联合分布模型，用以分析不同洪水变量间多维联合分布规律随时间的非平稳性演变特征。基于宜昌站年最大 1d 洪量和年最大 15d 洪量的应用结果表明，在相同的联合概率（或联合重现期）条件下，两者联合分布特征在不同年份是不同的。对于相同的联合概率而言，宜昌站年最大 1d 洪量和年最大 15d 洪量的联合分布规律随时间发生左移，这与系列本身呈减少趋势吻合。

（3）非平稳性条件下多变量设计值计算方法研究

针对平稳性条件下不同洪水变量组合设计值计算方法不适用于变化环境下非平稳性情形这一难题，本书基于等可靠度法和条件期望组合法，提出了变化环境下非平稳性多变量组合设计值计算方法。基于宜昌站年最大 1d 洪量和年最大 15d 洪量的应用结果表明，指定重现期对应的年最大 1d 和 15d 洪量设计值受工程使用年限影响，随使用年限的增加呈减小趋势，这主要是年最大 1d 和 15d 洪量系列本身呈减小趋势所致。

（4）误差

受资料条件限制，在应用分析中均未考虑历史洪水信息对设计值的影响，计算的设计值与实际考虑历史洪水等信息的结果会存在差异。

本章主要参考文献

［1］陈璐，郭生练，张洪刚，等．长江上游干支流洪水遭遇分析［J］．水科学进展，2011，22（3）：323-330．

［2］梁忠民，郭彦，胡义明．基于 Copula 函数的三峡水库预泄对鄱阳湖防洪影响分析［J］．水科学进展，2012，23（4）：485-492．

［3］宋松柏，蔡焕杰，金菊良，等．Copulas 函数及其在水文中的应用［M］．北京：科学出版社，2012．

［4］茆诗松．贝叶斯统计［M］．北京：中国统计出版社，1999．

［5］Hario H，Saksman E，Tamminen J. An adaptive Metropolis algorithm［J］. Bernoulli，2001，7（2），223-242．

［6］Gelman A，Shirley K. Inference from simulations and monitoring convergence［A］. Brooks S，Gelman A，Jones G. et al. Handbook of Markov chain Monte Carlo［C］. Boca Raton：Chapman & Hall，2011．

［7］胡义明．非一致性条件下水文设计值估计及其不确定性分析方法研究［D］．南京：河海大学，2016．

［8］ Hu Y M，Liang Z M，Huang Y X，et al. A nonstationary bivariate design flood estimation approach coupled with the most likely and expectation combination strategies ［J］. Journal of Hydrology，2022，605：127325.

［9］ 梁忠民，胡义明，王军，等 . 基于等可靠度法的变化环境下工程水文设计值估计方法 ［J］. 水科学进展，2017，28（3）：399-406.

第10章　气候变化与水利工程综合作用下流域超标准洪水响应机理和发展趋势

10.1　流域极端水文气象事件与流域超标准洪水定义

10.1.1　极端气候水文事件的定义

（1）极端气候事件的定义

目前定义极端气候事件的方法可以总结为两类：一是根据天气状况本身定义，依据极端气候事件（洪涝、热浪等）发生与否来界定；二是定义表征极端气候事件的气候指标，通过极端气候指标变化分析极端气候事件的变化特征。世界气象组织（WMO）在1998—2001年的气候变化监测会议中提出了一套极端气候指数，并成为气候变化研究的统一标准。其中27个指数被认为是核心指数，这些指数由日气温和日降水数据计算得出，大致可以分为4类：①某特征量的极值，如最高气温、最低气温、日最大降水量等；②特征量超某阈值的天数，如大雨日数（日降水量≥25mm的日数）、强降水量（日降水量>95%分位数值的总降水量）等；③某特征量持续天数，如连续有雨日数、连续无雨日数等；④其他类型，如年降水量、年均气温等。一般认为极端气候事件的特点是发生频率低、造成较严重的社会经济损失和有相对较大或较小的强度值。IPCC第4次评估报告从概率分布角度定义了极端气候事件，即发生概率非常小的事件，通常只占该类气候事件的10%甚至更低。

定义极端气候指标需要明确极端气候事件的阈值计算方法，目前主要有以下3种计算方法。

1）分级法

分级法根据经验确定划分极端气候事件的阈值，当降水量、最高气温或最低气温超过阈值时被定义为极端气候事件。比如根据降水量的不同，将降雨事件划分为大雨、暴雨、特大暴雨等。

2）标准差法

标准差法是按照标准差的倍数进行定义，比如世界气象组织规定：平均气温距平值大于

2倍标准差的情况定义为温度异常偏暖事件；平均气温距平值大于1.5倍标准差且小于2倍标准差的情况定义为温度显著偏暖事件。

3）百分位阈值法

百分位阈值法是目前常用的极端事件界定方法。选取气候要素长序列的固定百分位值作为阈值（高于90%或者低于10%），超过这个阈值的范围被认为是极端值，极端值发生事件定义为极端气候事件。本书中主要利用百分位阈值法对降雨和气温等气候因子进行趋势、突变和周期特性进行分析。

（2）极端水文事件的定义

至今为止，对于水文极值事件并没有客观一致认同的定义。从统计意义上看，极端洪水指洪水发生频率或者重现期明显偏离平均态的洪水。从洪水三大要素洪峰、洪量和洪水历时而言，目前主要通过洪峰和时段洪量值对极端洪水事件进行划分。而不同面积流域的时段洪水历时存在较大差别。与极端气候事件类似，极端水文事件同样具有发生频率低、突发性强等特点，会对人类生产生活造成巨大影响。定义极端水文事件的方法主要有以下3种：

1）最大值法

基于简单的统计法，用不同时间尺度的洪水量值变化表征极端水文事件的变化，如洪峰流量和年最大1d、3d、5d、7d、15d、30d、45d、60d洪量等，水利部水文局《流域性洪水定义及量化指标研究》中，针对长江流域，下游代表站汉口水文站高水位（26.30m）持续时间超过45d时，即为流域性洪水。

2）频率曲线分析法

用频率大小推求洪水的重现期，如水利部水文局《流域性洪水定义及量化指标研究》对流域洪水量级划分指标为：重现期≥50a为特大洪水，50a＞重现期≥20a为大洪水。

3）百分位阈值法

参照极端气候事件的定义来界定极端水文事件，利用百分位法计算极端水文事件的阈值（如95%、99%等），当径流超过阈值时，即认为发生了极端水文事件。

10.1.2　流域超标准洪水定义

（1）超标准洪水定义

《中国水利百科全书》超标准洪水防御措施条目对超标准洪水的定义是超过防洪工程的设计标准或超过防洪工程体系能力的洪水。同时解释：人类抗御洪水的能力受自然和技术经济条件的限制，只能达到一定程度。一个防洪工程体系或一项工程，也往往受技术经济条件的限制，只能按一定的洪水标准进行设计。因此，可能遭遇超过设计标准的洪水。从以上定义和解读可以理解：随着人类抗御洪水能力的增加，超标准洪水要素（洪峰、洪量、防洪设计水位等）在不同年代（不同防洪工程体系）是变化的。如嫩江1998年发生超标准洪水，对2005年建成运行的尼尔基水库而言，相同量级的洪水在尼尔基水库建成后有可能不定义为超标准或者重现期发生变化。

在是否发生超标准洪水判断方面,目前我国通常以频率法计算某一重现期的设计洪水,或某一实际发生的历史典型洪水(或将其适当放大)作为防洪标准,或以河道水位是否超过堤防保证水位作为超标准的判别条件。

超标准洪水指超出现状防洪工程体系设防标准的洪水,从水利工程调度实践和流域防洪实践考虑,对于防洪标准不达标的河流,其超标准洪水建议为超过现状防御能力的洪水,对于防洪能力达到或者超过规划防洪标准的河流,其超标准洪水指超过防洪标准的洪水。

(2)流域超标准洪水定义

流域超标准洪水指超出常规的特大型洪水。2009年由水利部水文局组织国家防汛抗旱总指挥办公室、水利部水文局以及七大流域机构参加完成了《流域性洪水定义及量化指标研究》,主要研究了流域性洪水定义、洪水量级划分和洪水重现期确定三大问题。该文对流域性和区域性洪水进行了界定:

1)流域性洪水

洪水来源区覆盖流域全部或大部,干支流洪水遭遇,形成中下游河段较大以上量级的洪水。

2)区域性洪水

洪水来源区覆盖流域部分区域,形成部分干流河段或支流较大以上量级的洪水。

但是量化指标还是取决为流域干流和支流的具体站点洪水特性。如长江流域的流域性大洪水指标为:当中下游代表站汉口水文站高水位(26.30m)持续时间超过45d,即为流域性洪水。长江流域洪水量级以螺山站、汉口站、大通站30d洪量重现期的最大者为评价指标:重现期大于等于50a,为流域性特大洪水;重现期大于等于20a且小于50a为流域性大洪水。1954年洪水为流域性特大洪水,1998年、1931年洪水为流域性大洪水。《流域性洪水定义及量化指标研究》凝聚了水利部水文局和各大流域机构专家的研究成果,对界定流域超标准洪水具有很强的借鉴意义。

针对流域超标准洪水界定问题,本书于2019年6月17日在南京召开了专家咨询会,南京水利科学研究院张建云院士等水利专家对流域超标准洪水的定义和内涵提出的意见为:对于一个流域而言,视防洪对象的重要性,其控制断面的洪水标准应视为流域洪水标准,其防洪应该是流域的防控重点,建议各个示范流域应讨论确定某一(或上、中、下游几个)控制断面作为识别流域超标准洪水的标准。

我国超标准洪水多数是在大气环流背景下,长时间、多过程、高强度降雨所形成,具有雨区广而稳、暴雨强度大、暴雨历时长、累计雨量大等特点。如1954年汛期大气环流形势异常,从5月上旬至7月下旬,副热带高压脊线一直停滞在北纬20°~22°;7月份鄂霍次克海维持着一个阻塞高压,使长江、淮河流域上空成为冷暖空气长时间交绥地区,形成连续的降雨过程;因大气环流异常,雨带长期徘徊在长江、淮河流域,长江中下游整个梅雨期长达60多天,5—7月3个月内共有12次降雨过程,其中6月中旬至7月中旬发生5次暴雨,强度和范围都比较大。1998年我国气候异常,在厄尔尼诺事件、高原积雪偏多、西太平洋副热带高压异常、亚洲中纬度环流异常等大气环流背景下,主汛期长江流域降水频繁、强度大、覆盖范围广、持续时间长,松花江流域雨季提前,降水量明显偏多,先后发生3次大洪水。1957年西欧环流稳定少动,但波动频繁,乌拉尔山地区阻塞高压稳定维持,冷空气不断从贝加尔湖西部分裂南下,整个7月西太平洋副热带高压面积偏小、强度偏弱、西伸脊点偏东、脊线偏北,致使7月降水中心位置相对稳定在沂沭泗流域中北部山丘地区,7月6—27日持续22d降水,造成了沂沭泗大洪水。1974年8月10—13日沂沭泗强降水主要由12号台风"露薇"造成,"露薇"在我国福建登陆后进入内陆变为台风低压并继续北上,台风倒槽与西风槽相连造成苏、鲁、皖连续3~5d的特大暴雨;500hPa东亚沿海维持一个槽区,槽前盛行偏南气流;200hPa10~13d,110°E~120°E出现一支西南风急流,有利于低压迅速北上,以上为1974年沂沭泗大洪水发生的气候背景。

超标准洪水是强降雨所致、超出防洪工程体系现状防御标准的洪水,往往具有上下游、干支流遭遇叠加、峰高量大、超过河道安全宣泄能力、洪水位高且持续时间长等特点。如长江1870年洪水主要由长江上游北岸和干流区间洪水遭遇叠加造成:嘉陵江、渠江、涪江洪水汇合致使嘉陵江下游洪水暴涨,金沙江、岷沱江、长江干流寸滩以上区间洪水下泄至重庆与嘉陵江洪水遭遇,洪水下行过程中又有乌江、清江洪水加入,多重叠加过程致使宜昌站和枝城站最高水位分别达到了59.50m和51.90m。1954年长江特大洪水是因为雨季来得早,暴雨过程频繁,持续时间长,降雨强度大,笼罩面积广,长江干支流洪水遭遇,长江中下游洪水峰高量大,高水位持续时间长,沙市站超警戒水位29d,城陵矶超警戒水位69d,超保证水位40d;汉口站超警戒水位100d,超保证水位52d。

综合调研、专家咨询和分析,定义流域超标准洪水为:流域超标准洪水是在大气环流背景下,维持长时间、高强度、多过程降水导致峰高量大、洪水历时长,长时间维持在超警戒水位以上,且超过流域重点防洪区域防洪工程的设计标准或防洪工程体系(工程与非工程措施联合应用)现状防御能力的超大洪水。

(3)研究示范区超标准洪水的界定

依据流域超标准洪水定义,考虑超标准洪水的暴雨、洪水及洪灾特点,结合专家意见,将长江流域荆江河段的沙市站,淮河沂沭泗流域的沭阳、临沂、大官庄站,嫩江流域的齐齐哈尔站超过防洪设计标准(水位、流量、洪量)作为研究示范区流域超标准洪水的界定标准。因此研究示范区流域超标准洪水为:长江流域1954、1998年洪水,淮河沂沭泗流域1957、1974年洪水,嫩江流域1998、2013年洪水。

10.2　洪水地区组成和演进方法

10.2.1　洪水地区组成方法

根据我国相关规范推荐,洪水地区组成一般采用典型年组成法和同频率组成法。对于单库,一般采用同频率组成法及典型年组成法;梯级水库则大多采用典型年组成,或通过自下而上逐级分析的方法拟定,即各级设计洪量可以采用不同的典型洪水进行分配,也可混合采用典型年法及同频率组成法分配洪量。

上述方法在工程实践中都有应用,但都存在较明显的缺陷。规范中的地区组成法虽然简便易行,但人为不确定性较大;频率组合法需要对分区的频率曲线进行离散求和,在独立性转换中难免出现数据失真;对于复杂的梯级水库群,随机模拟法难以保持各分区的洪水涨落特性。基于 Copula 函数的梯级水库设计洪水方法具有较强的统计基础,且所得设计结果客观合理,但其应用也存在一些问题,如当梯级水库较多时,基于 Copula 函数的最可能地区组成法需要应用高维 Copula 函数,计算难度较大。此外,当上下游水库距离较远时,现有的马斯京根洪水演进方法的精度难以满足要求。

地区组成法概念清晰、计算简便,是计算梯级水库设计洪水最常采用的方法之一。典型年法的设计成果人为性大,选择恰当的洪水典型是其关键问题;同频率组成法假设某一分区与设计断面洪水同频率,是否符合洪水地区组成规律要视该分区与设计断面洪水的密切程度而定。频率组合法研究各分区洪水的所有可能情况,能够较好地反映上游水库对不同概率洪水的调洪效应,但该法对洪水频率曲线的精度要求较高,且计算工作量随着水库数量的增加呈幂指数增加。随机模拟法利用随机生成足够长系列的多站同步洪水过程线直接进行调洪计算得出水库下游洪水的概率分布,不必简化调洪函数,也不必处理复杂的洪水组合遭遇问题,其精度主要取决于所建立的随机模型是否能反映设计流域洪水的客观规律。

10.2.2　基于 Copula 函数的最可能地区组成计算通式及求解

图 10-1 中 C 为设计断面,其上游有 n 个水库 $A_1,A_2,\cdots,A_{n-1},A_n$;$n$ 个区间流域 $B_1,B_2,\cdots,B_{n-1},B_n$。随机变量 X,Y_i 和 Z 分别表示水库 A_1、区间流域 B_i 和断面 C 的天然来水量,取值依次为 x、y_i 和 $z(i=1,2,\cdots,n)$。

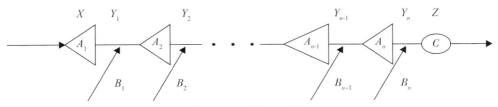

图 10-1　梯级水库示意

受上游 $A_1, A_2, \cdots, A_{n-1}, A_n$ 梯级水库的影响,分析断面 C 设计洪水的地区组成需要研究天然情况下水库 A_1 断面和 n 个区间 $B_1, B_2, \cdots, B_{n-1}, B_n$ 共 $(n+1)$ 个部分洪水的组合。受河网调节等因素的影响,往往难以推求设计洪峰流量的地区组成,对于调洪能力大的水库,洪量起主要作用。因此,通常将断面 C 某一设计频率 P 的时段洪量 z_p 分配给上游 $(n+1)$ 个组成部分,以研究梯级水库的调洪作用。由水量平衡原理得

$$x + \sum_{i=1}^{n} y_i = z_p \tag{10-1}$$

式中:z_p——断面 C 的天然设计洪量;

x, y_i——水库 A_1、区间 B_i 相应的天然洪量。

设计洪水的地区组成本质上是给定断面 C 的设计洪量 z_p,在满足式(10-1)约束条件下分配 z_p,得到组合 $(x, y_1, y_2, \cdots, y_{n-1}, y_n)$。得到洪量分配结果后,可以从实际系列中选择有代表性的典型年,放大该典型年各分区的洪水过程线得到各分区相应的设计洪水过程线,然后输入 $A_1, A_2, \cdots, A_{n-1}, A_n$ 梯级水库系统进行调洪演算,就可以推求同一频率 p 断面 C 受上游梯级水库调度影响的设计洪水值。

理论上,满足式(10-1)约束的洪量组合 $(x, y_1, y_2, \cdots, y_{n-1}, y_n)$ 有无数种可能,但不同组合推求的断面 C 受上游梯级水库影响的设计洪水值不同。因此,如何选择合理的地区组成方法计算洪量组合至关重要。同频率组成法是目前使用最为广泛的方法,但该法只是一种人为假设,其结果与设计断面洪水密切相关。此外,随着水库数量的增加,需要拟定的地区组成方案数呈指数倍增长,计算工作量将急剧增加,难以满足复杂梯级水库设计洪水计算的实际需要。在工程设计中,人们通过对实际发生洪水的时空特性规律分析,通常关心最可能发生且对下游防洪不利的地区组成。最可能地区组成因以下特征而具有较强代表性:在所有可能的地区组成方案中,其发生的可能性最大;其方案数唯一,不随水库数目的增加而增加。

不同洪水组合发生的相对可能性大小可以用 X 和 Y_i $(i=1,2,\cdots,n)$ 的联合概率密度函数值 $f(x, y_1, y_2, \cdots, y_{n-1}, y_n)$ 大小来度量。联合概率密度函数值越大,表明该地区组成发生的可能性越大。欲得到最可能地区组成,即为求解 $f(x, y_1, y_2, \cdots, y_{n-1}, y_n)$ 在满足水量平衡约束下的最大值,即

$$\left. \begin{aligned} \max f(x, y_1, y_2, \cdots, y_{n-1}, y_n) &= c(u, v_1, v_2, \cdots, v_{n-1}, v_n) f_x(x) \prod_{i=1}^{n} f_{Y_i}(y_i) \\ \text{s. t.} \quad & x + \sum_{i=1}^{n} y_i = z_p \end{aligned} \right\} \tag{10-2}$$

式中:$c(u, v_1, v_2, \cdots, v_{n-1}, v_n)$——Copula 的概率密度函数;

f_x, f_{Y_i}——X 和 Y_i $(i=1,2,\cdots,n)$ 的概率密度函数。

通过数学推导,得到最可能地区组成的计算通式为

$$
\begin{cases}
c_1 f_X(x) - c_2 f_{Y_i}(y_1) + c \cdot \left[\dfrac{f_X{}'(x)}{f_X(x)} - \dfrac{f_{Y_1}{}'(y_1)}{f_{Y_1}(y_1)} \right] = 0 \\[4mm]
c_1 f_X(x) - c_3 f_{Y_2}(y_2) + c \cdot \left[\dfrac{f_X{}'(x)}{f_X(x)} - \dfrac{f_{Y_2}{}'(y_2)}{f_{Y_2}(y_2)} \right] = 0 \\[4mm]
c_1 f_X(x) - c_{n+1} f_{Y_n}(y_n) + c \cdot \left[\dfrac{f_X{}'(x)}{f_X(x)} - \dfrac{f_{Y_n}{}'(y_n)}{f_{Y_n}(y_n)} \right] = 0 \\[4mm]
x + \sum_{i=1}^{n} y_i = z_p
\end{cases}
\tag{10-3}
$$

式中：$c_1 = \partial c / \partial u$，$c_{i+1} = \partial c / \partial v_i (i = 1, 2, \cdots, n)$；

$f'_X(x)$、$f'_{Y_i}(y_i)$——相应密度函数的导函数。

求解式(10-3)，首先需要选择 Copula 函数构建联合分布，当研究对象仅有 2～3 座梯级水库时，推荐采用 Gumbel-Hougaard 极值型 Copula 函数。该函数适合描述水文极值变量的相关结构，其数学表达式为

$$
C(u, v) = \exp\{ - [(-\ln u)^\theta + (-\ln v)^\theta] \}^{1/\theta}, \theta = 1/(1-\tau), \theta \geqslant 1 \tag{10-4}
$$

式中：τ——两变量的 Kendall 相关系数；

当 $\theta = 1$ 时，两变量 u、v 相互独立，$C(u, v) = uv$。

当水库数目较多时($n \geqslant 4$)，非对称 Archimedean Copula 嵌套方式的不确定性和误差随水库数目的增加而显著增大，会对分析结果产生较大影响；求解高维非线性方程组的解不稳健。推荐采用 t-Copula 函数建立各分区的联合分布，其分布函数的表达式为：

$$
C(u, \sum, v) = \int_{-\infty}^{\Phi^{-1}} \cdots \int_{-\infty}^{\Phi^{-1}} \frac{\Gamma\left(\dfrac{v+n}{v}\right)}{\Gamma\left(\dfrac{v}{2}\sqrt{(\pi v)^n | \sum |}\right)} \left(1 + \frac{1}{v}\omega^T \sum{}^{-1}\omega\right)^{\frac{v+n}{2}} \mathrm{d}\omega \tag{10-5}
$$

式中：$\sum$——相关性矩阵；

ω——被积函数变量矩阵；

Φ^{-1}——t 分布的反函数；

$\Gamma(\cdot)$——伽马函数；

v——自由度。

在高维情况下，可采用蒙特卡洛法和遗传算法(GA)求解最可能组成。蒙特卡洛法属于统计试验方法，通过随机抽样来求解复杂的优化问题。当试验次数足够大时，其理论上可以获得问题的精确解；GA 法是一种有效的全局并行优化搜索工具，具有简单、通用、鲁棒性强等优点。当迭代搜索次数足够大时，理论上可以求得全局最优解。通过这 2 种方法求解最可能组成，以增强结果的可靠性。

通过蒙特卡洛法求解最可能地区组成的步骤如下：

①根据样本确定各分区的边缘分布和联合分布；

②生成 M 组服从[0,1]均匀分布随机数组合$[u_1, u_2, \cdots, u_{n-1}]$作为区间 $Y_1, \cdots, Y_{n-1}$ 的洪水频率，由 $Y_1, \cdots, Y_{n-1}$ 的边缘分布模型计算其设计洪水值 $y_1, \cdots, y_{n-1}$；

③由水量平衡约束 $x+\sum\limits_{i=1}^{n}y_i=z_p$ 推求每一组 X 的设计洪水值,并由 X 的边缘分布模型计算其经验频率 u_x,由此可得 M 组的地区组成 $[x,y_1,\cdots,y_{n-1}]$ 及其对应的频率 $[u_x,u_1,u_2,\cdots,u_{n-1}]$;

④计算每一组地区组成的联合概率密度函数值;

⑤考虑到蒙特卡洛法的随机性,将步骤①~④重复 K 次,其中概率密度最大的地区组成即为最可能地区组成。

基于 GA 法求解最可能地区组成的步骤如下:

①根据样本确定各分区的边缘分布和联合分布;

②考虑水量平衡约束,以最小化联合概率密度函数的负值为目标函数进行优化求解:

$$\begin{cases} \min \quad -f(x,y_1,y_2,\cdots,y_{n-1},y_n)=-c(u,v_1,v_2,\cdots,v_{n-1},v_n)f_x(x)\prod\limits_{i=1}^{n}f_{Y_i}(y_i) \\ \text{s.t.} \quad x+\sum\limits_{i=1}^{n}y_i=z_p \end{cases} \tag{10-6}$$

其中优化变量为各分区的频率组合,即 $[u,v_1,v_2,\cdots,v_{n-1},v_n]$;

③由求解得到的最优频率组合及各分区的边缘分布推求最可能地区组成。

10.2.3　洪水演进模型和方法

由于各站的洪水传播时间均较长,若采用马斯京根法把屏山站、高场站、富顺站、北碚站、武隆站的洪水过程演进到宜昌站,计算较为困难且精度较差。现采用多输入单输出模型(MISO)方法模拟宜昌站的洪水过程。MISO 模型属于系统模型的一种,该模型能够处理许多具有复杂因果关系和高维非线性映射的问题,因此在实践中被广泛采用。向家坝—三峡区间可视为一个系统。宜昌站流量为承纳上游向家坝出库流量、支流入流以及区间降雨径流的输出结果。向家坝—三峡未控区间流域 MISO 模型结构见图 10-2。

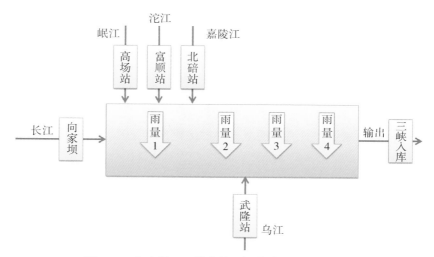

图 10-2　向家坝—三峡未控区间流域 MISO 模型结构

采用屏山站、高场站、富顺站、北碚站、武隆站流量及区间面净雨量作为输入,宜昌站流量为输出。MISO 模型的产汇流计算方法为

$$y_i = \sum_{j=1}^{m} x_{i-j+1} h_{ij} \tag{10-7}$$

式中:x、y——输入、输出;

　　h——单位冲激响应的大小。

由于降水径流模型中存在损失,上下游水量平衡难以完全满足,引入增益因子 G 表征降水—径流的转换比例如下:

$$G = \int_0^\infty h(\tau) \mathrm{d}\tau \tag{10-8}$$

单位冲激响应值 h 归一化后为

$$u_j = \frac{h_j}{G} \tag{10-9}$$

则方程(10-7)可表示为

$$y_t = G \sum_{j=1}^{n} \sum_{k=1}^{m(j)} u_k^{(j)} x_{t-k+1}^{(j)} + e_t \tag{10-10}$$

式中:$u_k^{(j)}$ 和 $m(j)$——标准单位冲激响应值和纳入考虑的输入变量时序数;

　　e_t——残差。

通常基于最小二乘法求解单位冲激响应 $\hat{\boldsymbol{H}}$。其最小二乘解为

$$\hat{\boldsymbol{H}} = [\boldsymbol{X}^{\mathrm{T}}\boldsymbol{X}]^{-1}\boldsymbol{X}^{\mathrm{T}}\boldsymbol{Y} \tag{10-11}$$

MISO 模型可以写成矩阵形式:

$$\boldsymbol{Y} = X^{(1)}H^{(1)} + X^{(2)}H^{(2)} + \cdots, + X^{(J)}H^{(J)} + e \tag{10-12}$$

式中:$\boldsymbol{H} = H^{(1)}H^{(2)}\cdots H^{(J)\mathrm{T}}$。

通过约束 J 个输入,构造得到 $\boldsymbol{H}$ 的估算式为

$$F = e^{\mathrm{T}}e + \lambda_1 X^{(1)}H^{(1)} + \lambda_2 X^{(2)}H^{(2)} + \cdots, + \lambda_J X^{(J)}H^{(J)} \tag{10-13}$$

式中:$\lambda_1, \lambda_2, \cdots, \lambda_J$——限制系数,其最优值点为

$$\frac{\partial F}{\partial H_1} = \frac{\partial F}{\partial H_2} = \cdots = \frac{\partial F}{\partial H_J} = 0 \tag{10-14}$$

则响应函数的识别式为

$$\hat{\boldsymbol{H}} = (\boldsymbol{X}^{\mathrm{T}}\boldsymbol{X} + \boldsymbol{A})^{-1}\boldsymbol{X}^{\mathrm{T}}\boldsymbol{Y} \tag{10-15}$$

$$A = \begin{bmatrix} \lambda_1 & I_1 & & & & \\ & \lambda_2 & I_2 & & & \\ & \cdots & \cdots & & & \\ & & & \lambda_j & I_j & \\ & & & \cdots & \cdots & \\ & & & & \lambda_J & I_J \end{bmatrix} \tag{10-16}$$

式中：I_j——某 j 阶单位矩阵。

响应函数识别的目标函数式为

$$abj = \min\left(\frac{1}{2}\boldsymbol{H}^{\mathrm{T}}\boldsymbol{X}^{\mathrm{T}}\boldsymbol{X}\boldsymbol{H} - \boldsymbol{H}^{\mathrm{T}}\boldsymbol{X}^{\mathrm{T}}\boldsymbol{Y}\right) \tag{10-17}$$

纳入考虑的输入变量时序数 m 通常与汇流时间有关，一般可通过试算法进行优化。根据各输入至三峡的传播时间，可将 m 大致定为 $4\sim12$ 不等。

通过前期雨量指数（API）模型推求净雨量。API 模型是三峡水库实际作业预报采用的主要预报模型。实践中查算降水 P、前期影响雨量 P_a 和净雨量 R 三者的经验关系，通过插值法计算净雨量 R。

前期影响雨量 P_a 计算式为：

$$P_{a,t} = kP_{t-1} + k^2 P_{t-2} + k^3 P_{t-3} + \cdots + k^{15} P_{t-15} \tag{10-18}$$

式中：$P_{a,t}$——t 日开始时的土壤含水量；

P_{t-i}——前 i 日的降水量；

k——常系数。

通常将式（10-18）变换为如下递归形式：

$$P_{a,t+1} = k(P_{a,t} + P_t) \tag{10-19}$$

$$P_{a,t+1} \leqslant I_m \tag{10-20}$$

式中：I_m——最大初损值。

采用纳什效率系数（NSE）和水量平衡相对误差（Re）对 MISO 模型精度进行评定，计算式分别如下：

$$\mathrm{NSE} = 1 - \frac{\sum\limits_{i=1}^{N}(y_c(i) - y_o(i))^2}{\sum\limits_{i=1}^{N}(y_o(i) - \overline{y_o})^2} \tag{10-21}$$

$$Re = \frac{\sum\limits_{i=1}^{N}(y_c(i) - y_o(i))}{\sum\limits_{i=1}^{N} y_o(i)} \times 100\% \tag{10-22}$$

式中：$y_o(i)$ 和 $\overline{y_o}$——实测值及其均值；

$y_c(i)$——模拟值。

10.3 三峡水库受水库群调度影响的超标准洪水分析计算

10.3.1 三峡水库洪水地区组成

宜昌以上为长江上游，河道全长 4500km，控制流域面积约 100 万 km^2，约占全流域面积的 55% 以上。长江上游的主要支流多位于左岸，包括金沙江段的雅砻江，川江段的岷江、沱江、嘉陵江;右岸仅有乌江入汇。长江上游的出口控制站为宜昌水文站。采用宜昌站1882—2008年(其中2003年6月至2008年资料为还原后资料)和寸滩站1892—2008年、屏山站1950—2008年、高场站1939—2008年、富顺站1952—2008年、北碚站1939—2008年、武隆站1951—2008年的日平均流量资料进行统计分析。

首先,分析了金沙江屏山站、岷江高场站、嘉陵江北碚站、乌江武隆站之间年最大洪水间的秩相关关系,以7d时段为例,见表10-1。结果表明,各站年最大7d洪量间的相关性均较低,有的呈现较弱的负相关关系,因此各站年最大洪水可以认为近似独立。从物理成因来看,原因在于各个支流属于不同暴雨区,具有不同的暴雨、洪水形成机制。因此,各个分区的洪水可以视为相互独立。

表10-1 各分区年最大7d洪量的秩相关关系

水文站	屏山	高场	富顺	北碚	武隆
屏山	—	0.15	0.16	−0.04	0.11
高场	0.15	—	0.27	0.07	0.09
富顺	0.16	0.27	—	0.16	−0.16
北碚	−0.04	0.07	0.16	—	−0.19
武隆	0.11	0.09	−0.16	−0.19	—

宜昌洪水地区组成复杂,且各分区洪水无明显相关性,因此其地区组成不宜采用同频率组成法或最可能地区组成法。采用1954、1981、1982典型年和1998典型年的地区组成来表征三峡水库洪水的地区组成特性。宜昌站典型年的洪水地区组成见表10-2。

表10-2 宜昌站典型年的洪水地区组成

典型年	时段	屏山	高场	富顺	北碚	武隆	屏山—寸滩	寸滩—宜宜
1954年	7d	0.308	0.115	0.014	0.096	0.164	0.147	0.157
	15d	0.303	0.116	0.018	0.109	0.189	0.125	0.141
	30d	0.287	0.155	0.029	0.149	0.147	0.107	0.126
1981年	7d	0.205	0.211	0.109	0.414	0.018	0.034	0.008
	15d	0.282	0.231	0.081	0.327	0.022	0.040	0.017
	30d	0.312	0.204	0.055	0.278	0.053	0.065	0.033
1982年	7d	0.273	0.131	0.013	0.250	0.115	0.037	0.180
	15d	0.267	0.141	0.013	0.252	0.08	0.034	0.212
	30d	0.305	0.151	0.031	0.217	0.07	0.033	0.193
1998年	7d	0.361	0.078	0.024	0.102	0.084	0.132	0.218
	15d	0.353	0.106	0.026	0.105	0.11	0.107	0.192
	30d	0.366	0.126	0.034	0.152	0.104	0.096	0.123

由表10-2可见,不同典型年的地区组成结果有所差异。1954年洪水过程中,金沙江屏

山站来水占比在各时段洪量中均位于第一位,岷江高场站和嘉陵江北碚站来水所占比例均比多年均值偏小;乌江武隆站、屏山—寸滩区间、寸兴—宜昌区间各时段洪量占比相对于多年均值明显偏大,未控区间洪水对1954年洪水的形成起到的作用不可忽视。1981年洪水主要来自金沙江、岷江、嘉陵江。其中嘉陵江各时段洪量占比相比于多年平均显著偏大;屏山—寸滩区间及寸兴—宜昌区间来水占比均很小。1982年洪水金沙江、岷江、沱江、屏山—寸滩区间各时段洪量占宜昌比例较多年平均值明显偏小;嘉陵江、寸兴—宜昌区间各时段洪量占比明显偏大,1982年洪水是嘉陵江洪水与寸兴—宜昌区间洪水遭遇的典型。1998年洪水中金沙江、屏山—寸滩区间、寸兴—宜昌区间来水占宜昌水量比例较多年平均值偏大,岷江、沱江及嘉陵江来水所占比例较多年平均值偏小。屏山—寸滩区间和寸兴—宜昌区间来水对1998年洪水洪峰作用较大。

综上所述,三峡水库洪水的地区组成较为复杂,不同年份之间各分区洪水的占比均有较大差异。所选取的1954年、1981年、1982年和1998年4个典型年在洪水来源组成方面具有较强的代表性,包含了不同的防洪边界条件,能基本反映三峡水库洪水的地区组成规律。

采用最可能地区组成法分析各个支流水文控制站的洪水地区组成及运行期设计洪水。该方法统计基础较强,组成方案数唯一,适用于梯级水库洪水地区组成的分析计算,相比于规范中的同频率法,其设计成果更为客观合理。成果见表10-3至表10-6。

表 10-3　　　　　　　　　　金沙江下游梯级水库运行期千年一遇设计洪水

变量	时期	乌东德	白鹤滩	溪洛渡	向家坝
Q_{max}	建设期	35800	38800	43300	43700
(m³/s)	运行期	25450(-28.9%)	27134(-30%)	29149(-32.7%)	26807(-38.7%)
W_{3d}	建设期	87.4	95.2	106	108
(亿 m³)	运行期	66.7(-23.7%)	69.8(-26.7%)	72.1(-32%)	67.6(-37.4%)
W_{7d}	建设期	181	202	235	237
(亿 m³)	运行期	148.2(-18.1%)	160.8(-20.4%)	165.9(-29.4%)	155.9(-34.2%)
W_{30d}	建设期	542	682	752	759
(亿 m³)	运行期	521.9(-3.7%)	652.7(-4.3%)	694.1(-7.7%)	654.3(-13.8%)

注:括号中数据表示运行期相比建设期的变化;Q_{max}、W_{3d}、W_{7d}、W_{30d} 分别表示千年一遇洪水对应的洪峰流量、3d洪量、7d洪量、30d洪量,下同。

表 10-4　　　　　　　　　　岷江梯级水库运行期千年一遇设计洪水

变量	时期	下尔呷	双江口	瀑布沟	紫坪铺
Q_{max}	建设期	4287	10870	18947	6279
(m³/s)	运行期	4287	9820(-9.7%)	16143(-14.8%)	6279
W_{3d}	建设期	8.6	21.8	38.1	12.6
(亿 m³)	运行期	8.6	20.4(-6.6%)	33.6(-11.1%)	12.6

续表

变量	时期	下尔呷	双江口	瀑布沟	紫坪铺
W_{7d}	建设期	15.8	39	68.1	22.5
（亿 m^3）	运行期	15.8	37.4（-4.1%）	63.3（-7%）	22.5

注：括号中为运行期相比建设期的变化。

表 10-5　　嘉陵江梯级水库建设期和运行期千年一遇设计洪水特征值及削减率

变量	时期	碧口	宝珠寺	亭子口	草街
Q_{max}	建设期	6500	7800	37200	63400
（m^3/s）	运行期	6500	7402（-5.1%）	33591（-9.7%）	51943（-18%）
W_{3d}	建设期	13.65	14.98	56.51	109.87
（亿 m^3）	运行期	13.65	14.98（-0%）	54.98（-2.7%）	96.36（-12.3%）
W_{7d}	建设期	23.44	25.63	87.99	209.37
（亿 m^3）	运行期	23.44	25.63（-0%）	87.02（-1.1%）	198.25（-5.3%）

注：括号中为运行期相比建设期的变化。

表 10-6　　　　　　　　　乌江梯级水库运行期 500 年一遇设计洪水

变量	时期	洪家渡	东风	乌江渡	构皮滩	思林	沙沱	彭水
Q_{max}	建设期	8450	13400	19200	26100	26800	27580	31600
（m^3/s）	运行期	8450	12569（-6.2%）	17752（-7.5%）	23698（-9.2%）	23450（-12.5%）	23718（-14%）	26740（-15.4%）
W_{3d}	建设期	12.9	20.5	29.4	39.9	45.7	52.1	67.9
（亿 m^3）	运行期	12.9	20.5（-0%）	29.2（-0.7%）	39.1（-2%）	43.8（-4.1%）	49.4（-5.2%）	63.4（-6.6%）
W_{7d}	建设期	31.6	50.2	71.9	97.7	105.5	110.1	122
（亿 m^3）	运行期	31.6	50.2（-0%）	71.8（-0.1%）	97.4（-0.3%）	104.7（-0.7%）	109.2（-0.8%）	120.9（-0.9%）

注：括号中为运行期相比建设期的变化。

10.3.2　MISO 模型率定验证结果

采用 2003—2016 年向家坝（屏山站）出库流量和高场站、富顺站、北碚站、武隆站、宜昌站的汛期 6h 洪水资料进行分析计算。其中宜昌站 2003—2016 年洪水序列由三峡同时段入库洪水资料（视为清溪场站流量资料）采用马斯京根法演进至宜昌站得到。需要模拟的重点是大洪水过程，因此采样宜昌站 2003—2016 年流量超过 40000m^3/s 的洪水过程（共计 16 场，其中前 11 场洪水用来率定模型，后 5 场洪水检验模拟效果）。采用纳什效率系数（NSE）

和水量平衡相对误差(Re)来衡量模型的模拟效果。模型在率定期和检验期的 NSE 分别为 0.94 和 0.9,Re 分别为 −0.4% 和 −1.4%,表明 MISO 模型的模拟效果较好。

由 MISO 得到的部分场次洪水模拟效果见图 10-3。由图可见,MISO 模型能较好地模拟屏山站、高场站、富顺站、北碚站、武隆站来水并演进到三峡坝址宜昌站的流量过程,洪峰及峰现时间的模拟均较为准确。需指出的是,由于测量误差,实测洪水中含有锯齿过程,模拟的洪水过程中也出现了一些锯齿过程。总体而言,MISO 模型满足本书的洪水模拟精度需求。

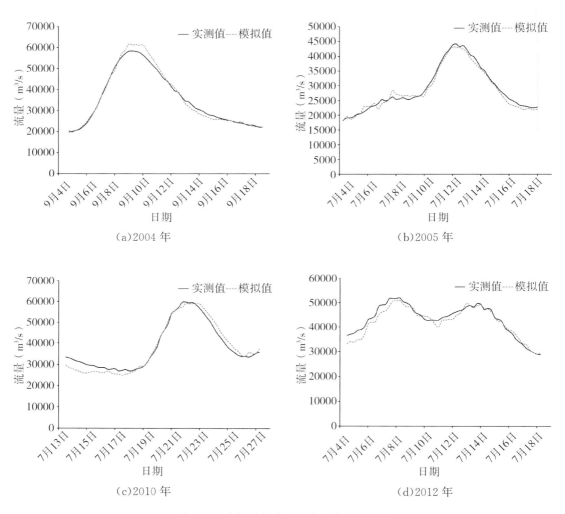

图 10-3 宜昌站部分大洪水过程模拟结果

10.3.3 三峡水库受上游梯级水库调度影响的超标准洪水

采用以下步骤推求三峡水库受上游梯级水库调度影响的超标准洪水:

①采用典型年法求解宜昌站地区组成,采用最可能地区组成法求解各分区(屏山站、高

场站、北碚站、武隆站)洪水地区组成。

②推求各分区设计洪水过程线,并通过 MISO 模型将其演进到宜昌站,由水量平衡原理推求区间洪水过程线。

③推求各分区受调度影响后的设计洪水过程线,将其演进到宜昌站,并与区间洪水过程线叠加得到宜昌站受调度影响的设计洪水过程线。

基于向家坝—三峡未控区间的洪水地区组成以及第 3 章中干支流梯级水库的洪水地区组成结果,按各支流子分区分配所得洪量同频率放大得到其 1954 年、1981 年、1982 年和 1998 典型年洪水过程线,并基于各支流梯级水库调度规则计算各分区经调蓄后的过程线。结果见图 10-4。从图中可以看出:

①各站洪水经联合调度后均有所削减。

②金沙江梯级水库防洪库容超过 200 亿 m³,对三峡设计洪水的影响最为显著。

以 1954 典型年为例计算了 4 条支流不同洪水特征变量的变化,见表 10-7。研究表明,各支流受调蓄影响均显著,屏山站 1954 典型年过程中不同特征变量的削减率均高于 40%,高场站和北碚站的洪峰和短时段洪量削减率均高于 20%。

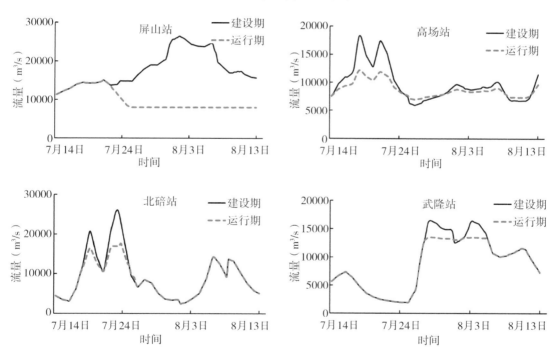

(a)1954 典型年

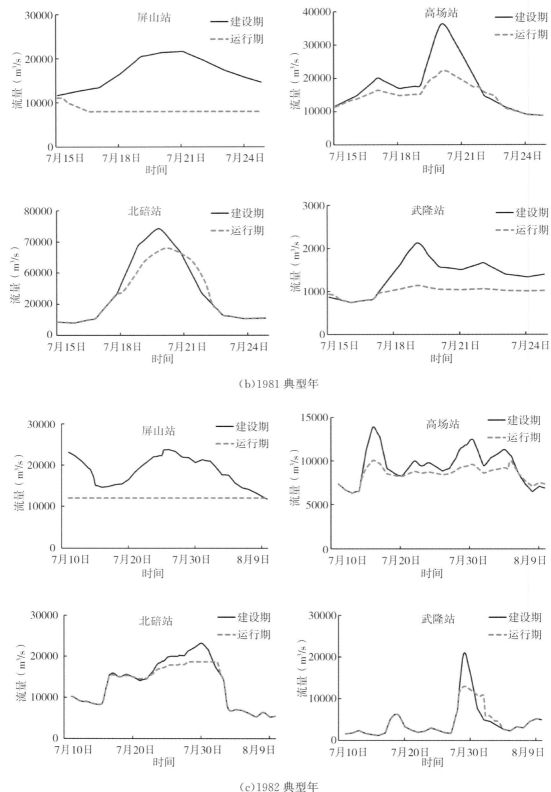

(b)1981 典型年

(c)1982 典型年

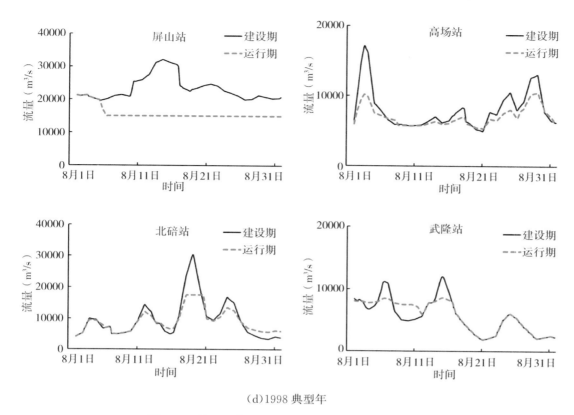

(d)1998 典型年

图 10-4 长江上游干支流水库运行期设计洪水过程线

表 10-7 长江上游干支流控制断面水库运行期设计洪水特征值(1954 典型年)

变量	时期	屏山	高场	北碚	武隆
Q_{max}	建设期	26500	18307	26136	16485
(m³/s)	运行期	15038(−43.3%)	12176(−33.5%)	17718(−32.2%)	13563(−17.7%)
W_{3d}	建设期	66.7	39.7	55.1	40.7
(亿 m³)	运行期	37.5(−43.8%)	29(−26.9%)	41.6(−24.5%)	34.8(−14.3%)
W_{7d}	建设期	149.9	87.3	106.7	90.4
(亿 m³)	运行期	84.7(−43.5%)	65.6(−24.9%)	87(−18.4%)	80.9(−10.5%)
W_{15d}	建设期	278.5	141.5	151.6	173.1
(亿 m³)	运行期	149.9(−46.2%)	119.9(−15.3%)	132.2(−12.7%)	161.1(−7%)
W_{30d}	建设期	465.7	252.1	246.6	235.8
(亿 m³)	运行期	253.6(−45.5%)	226.4(−10.2%)	227.3(−7.8%)	223.8(−5.1%)

注:括号中数据表示运行期相比建设期的变化。

最终可得三峡水库受水库群调度影响的千年一遇设计洪水过程线,见图 10-5,可以看出不同典型年洪峰和洪量均有一定削减。

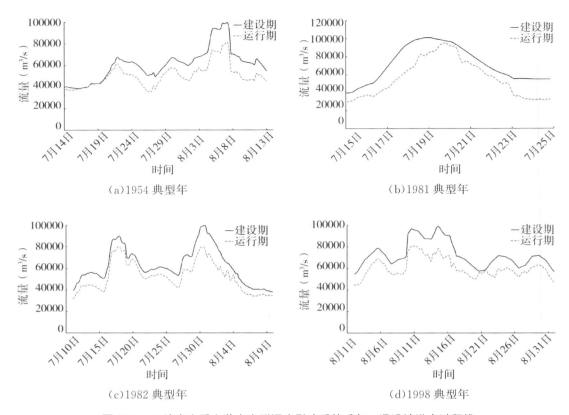

图 10-5　三峡水库受上游水库群调度影响后的千年一遇设计洪水过程线

表 10-8 汇总了各个典型年的设计洪水,可以看出:

①由于洪水地区组成不同,不同典型年上游梯级水库起到的拦蓄作用不同。1954 年和 1982 典型年的 3d、7d 洪量削减较多,均高于 20%;1954 年和 1998 典型年的 30d 洪量削减亦较多,均高于 16%;而 1981 典型年洪峰削减较少,仅为 5.9%。各个典型年特征变量受联合调度影响的变化具有一定差异。

②不同典型年来水情况下,三峡水库洪峰、不同时段设计洪量均有一定程度的削减。其设计洪水受联合调度影响很大,4 个典型年洪峰和 3d、7d、15d、30d 洪量的平均削减量分别为 15247m³/s 和 47.1 亿 m³、98.5 亿 m³、156.1 亿 m³、263.2 亿 m³。

最终计算得到三峡水库受上游梯级水库群调度影响的千年一遇设计洪峰为 83553m³/s,3d、7d、15d、30d 洪量为 199.9 亿 m³、388.3 亿 m³、755.7 亿 m³、1326.8 亿 m³,相比初设阶段分别减少了 15.4%、19.1%、20.2%、17.1% 和 16.6%。研究表明三峡水库超标准洪水受长江上游梯级水库群调度影响巨大。

表 10-8 三峡水库原设计和运行期千年一遇设计洪水比较

洪水要素		1954 典型年	1981 典型年	1982 典型年	1998 典型年
Q_{max}	原设计	99208	101000	99300	98800
(m^3/s)	运行期	81136(−18.2%)	95035(−5.9%)	80331(−19.1%)	80818(−18.2%)
W_{3d}	原设计	247.0	251.1	239.0	247
(亿 m^3)	运行期	188.2(−23.8%)	215.0(−14.4%)	190.1(−20.5%)	202.5(−18%)
W_{7d}	原设计	486.8	489.2	489.0	486.9
(亿 m^3)	运行期	386.3(−20.6%)	394.3(−19.4%)	391.3(−20.0%)	386.1(−16.3%)
W_{15d}	原设计	911.8	—	910.6	912
(亿 m^3)	运行期	727.4(−20.2%)	—	796.7(−14.4%)	741.8(−17.9%)
W_{30d}	原设计	1590.0	—	1589.8	1590.2
(亿 m^3)	运行期	1320.9(−16.9%)	—	1337.0(−15.9%)	1322.5(−16.4%)

注:括号中数据表示运行期对比原设计的变化。

10.4 气候变化和水利工程综合影响下的三峡水库超标准设计洪水

10.4.1 气候变化影响下的三峡水库超标准设计洪水

对未来降水事件的预估选取 21 世纪初期(2021—2040 年),浓度排放情景选择 RCP4.5 情景。采用分位数校正法,将 1966—1985 年作为控制时段,分别对 1986—2005 年(历史参考时段)、2021—2040 年(21 世纪初期)时段内每个格点的日降水量进行校正。未来气候变化状态取经动力降尺度模型校正后 3 套气候模式结果的平均值。

采用降水强度(年总降水量/有雨天数)的变化来评估气候变化对未来降水产生的影响。预测得到的 RCP4.5 情景下的 21 世纪初期长江上游流域降水强度变化率的空间分布见图 10-6,统计得到的各个分区的降水强度变化率见表 10-9。可以看出,相对于基准期而言,长江上游各个分区的降水强度均有一定程度的增强。岷江流域和屏山—宜昌未控区间流域改变程度较小,而嘉陵江流域和乌江流域改变程度相对较大。但总体而言,RCP4.5 情景下 21 世纪初期长江上游各分区流域降水强度的改变程度不大,均小于 8%。

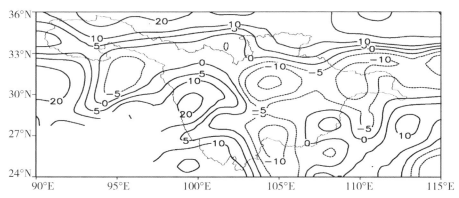

图 10-6　RCP4.5 情景下长江上游流域 21 世纪初期降水强度变化率(%)

表 10-9　　　　　　RCP4.5 情景下长江上游各分区 21 世纪初期降水强度变化率(%)

金沙江 (屏山)	岷江 (高场)	沱江 (富顺)	嘉陵江 (北碚)	乌江 (武隆)	屏山—宜昌 未控区间
4.8	2.1	4.3	7.8	6.8	2.4

　　根据降水强度的变化同倍比放大各分区的洪水过程线,并输入 MISO 模型,可以得到气候变化条件下三峡水库的超标准设计洪水。以千年一遇设计洪水为例,三峡水库受气候变化条件影响下的 1954、1981、1982 和 1998 典型年洪水过程线见图 10-7。可以看出 1954、1982 和 1998 典型年的设计洪水过程线受气候变化的影响相对较小。而 1981 典型年来水主要来源是嘉陵江,该典型年设计洪水过程线受气候变化的影响最大。

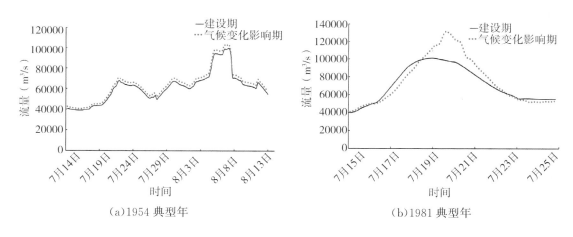

(a)1954 典型年　　　　　　　　　　　(b)1981 典型年

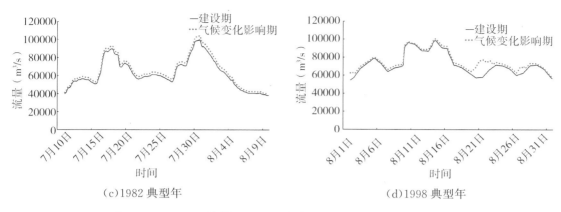

(c)1982 典型年　　　　　　　　　　(d)1998 典型年

图 10-7　RCP4.5 情景下 21 世纪初期三峡水库千年一遇设计洪水

10.4.2　综合影响下的三峡水库超标准设计洪水

分析计算不同典型年受气候变化和水利工程综合影响下的各支流设计洪水过程线,结果见图 10-8。从图中可以看出,干支流控制站受气候变化影响的设计洪水均略大于建设期设计洪水值,而经过梯级水库调蓄后均变得平缓。可以看出气候变化后长江上游梯级水库群的调节作用仍能起到显著削减各分区设计洪水的作用。

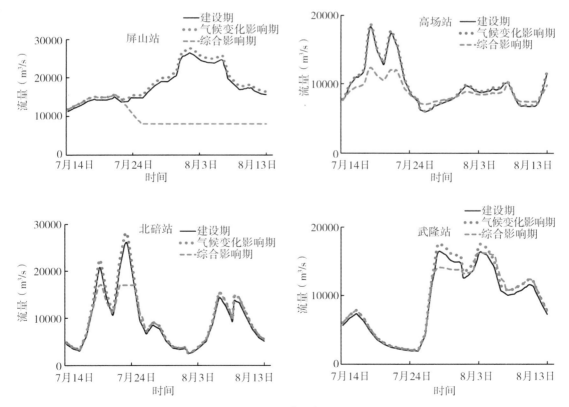

（a)1954 典型年

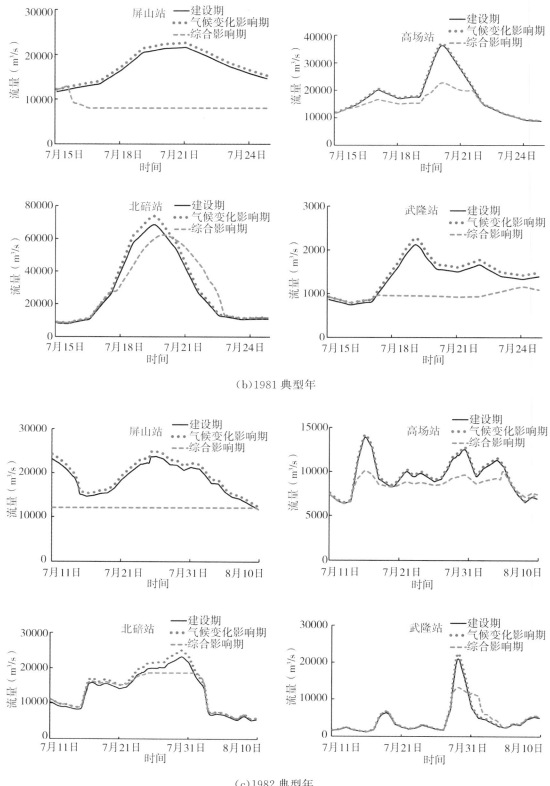

（b）1981 典型年

（c）1982 典型年

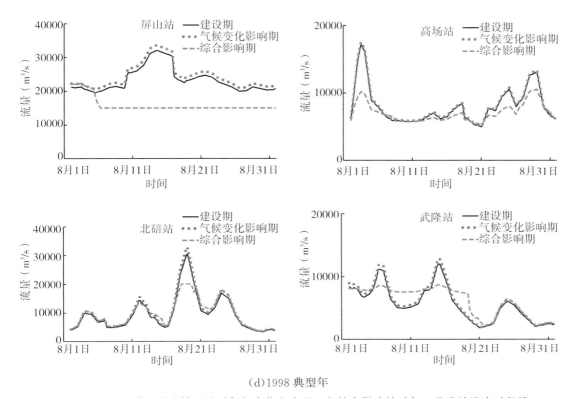

(d) 1998 典型年

图 10-8　长江上游干支流控制站受气候变化和水利工程综合影响的千年一遇设计洪水过程线

将干支流受气候变化和水利工程综合影响后的过程线和未控区间的降雨过程输入 MISO 模型，计算三峡受气候变化和水利工程综合影响的超标准设计洪水。屏山—宜昌未控区间的降雨过程亦按照表 10-9 的降水强度变化结果同倍比放大输入 MISO 模型。三峡水库不同典型年受气候变化和水利工程综合影响的千年一遇设计洪水过程线见图 10-9，可以看出：

①受综合影响的各典型年过程线均有所平缓。

②各过程线受综合影响的变化程度差异较大。1981 典型年过程线受综合影响后洪峰和洪量变化均较小，峰现时间有所滞后。

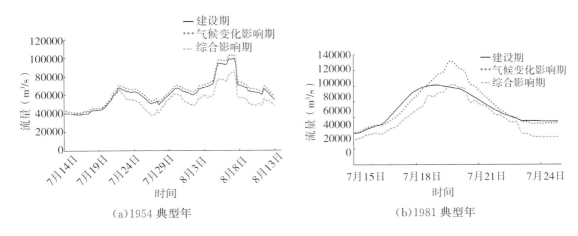

(a) 1954 典型年　　　　　　　　　　　　　(b) 1981 典型年

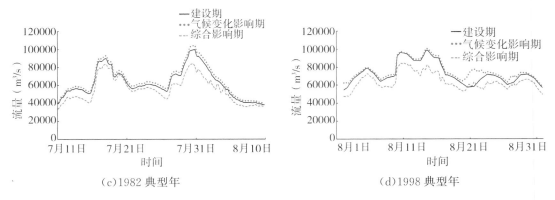

图 10-9　三峡水库不同典型年受气候变化和水利工程综合影响的千年一遇设计洪水过程线

表 10-10 汇总了各个典型年的综合影响期设计洪水,可以看出:

①不同典型年情况下,气候变化和水利工程对设计洪水产生的综合影响具有一定差异。1954 典型年的洪峰及 3d、7d、15d 洪量削减相对较多,均高于 16%;而 1981、1982 典型年和 1998 典型年的 3d 洪量削减相对较少,均为 9%左右。各个典型年特征变量受气候变化和水利工程综合影响的变化具有明显差异。

②除 1981 典型年千年一遇设计洪峰流量受气候变化和水利工程综合影响的改变率为 0 之外,其他典型年设计洪水洪峰和不同时段洪量均有一定程度的削减。4 个典型年在综合影响期千年一遇设计洪峰及 3d、7d、15d 和 30d 洪量的平均削减量分别为 11477m^3/s、30.2 亿 m^3、64.4 亿 m^3、121.6 亿 m^3 和 191.2 亿 m^3。

表 10-10　　　　　　三峡水库综合影响期不同典型年千年一遇设计洪水削减量

变量	时期	1954 典型年	1981 典型年	1982 典型年	1998 典型年	平均削减量
Q_{max} (m³/s)	建设期	99208	101000	99300	98800	11477
	综合影响期	83064 (−16.3%)	10100 (−0%)	83959 (−15.4%)	84375 (−14.6%)	
W_{3d} (亿 m³)	建设期	247.0	251.1	239.0	247	30.2
	综合影响期	195.0 (−21.1%)	229.9 (−8.4%)	217.5 (−9.0%)	221.1 (−10.5%)	
W_{7d} (亿 m³)	建设期	486.8	489.2	489.0	486.9	64.4
	综合影响期	404.5 (−16.9%)	425.4 (−13.0%)	419.1 (−14.3%)	445.4 (−8.5%)	
W_{15d} (亿 m³)	建设期	911.8	—	910.6	912	121.6
	综合影响期	764.8 (−16.1%)	—	788.6 (−13.4%)	816.1 (−10.5%)	

续表

变量	时期	1954 典型年	1981 典型年	1982 典型年	1998 典型年	平均削减量
W_{30d} (亿 m³)	建设期	1590.0	—	1589.8	1590.2	191.2
	综合影响期	1393.2 (−12.4%)		1406.1 (−11.6%)	1397.1 (−12.1%)	

注:括号中数据表示综合影响期对比建设期变化。

根据 4 个典型年设计洪水特征值的削减率,统计给出三峡水库受气候变化和水利工程综合影响的千年一遇设计洪水特征值,见表 10-11。

表 10-11 　　　　　　　　　　三峡水库综合影响期千年一遇设计洪水

变量	建设期	综合影响	削减率(%)
Q_{max}(m³/s)	98800	87323	11.6
W_{3d}(亿 m³)	247	216.8	12.2
W_{7d}(亿 m³)	486.8	422.4	13.2
W_{15d}(亿 m³)	911.8	790.2	13.3
W_{30d}(亿 m³)	1590	1398.9	12.0

从表 10-11 中可见,三峡水库受综合影响的千年一遇设计洪峰流量为 87323m³/s,3d、7d、15d 和 30d 洪量分别为 216.8 亿 m³、422.4 亿 m³、790.2 亿 m³ 和 1398.9 亿 m³,相比建设期设计值的削减率分别为 11.6%、12.2%、13.2%、13.3% 和 12.0%。

研究结果表明,气候变化对三峡水库超标准设计洪水有增加作用,长江上游干支流大型水库群的调蓄作用对三峡水库超标准设计洪水有削减作用,水库调蓄影响要显著高于气候变化产生的影响。

10.5　本章小结

受气候变化和梯级水库联合调度的影响,下游洪水的时程分配和量级均发生了很大的变化。因此,下游断面的设计洪水、防洪标准及水库特征水位等都将随之改变。本章基于洪水地区组成理论,开展了长江上游梯级水库群受气候变化和水利工程综合影响的超标准设计洪水研究,主要结论如下。

①基于 t-Copula 函数建立了高维情况下各分区洪水的联合分布,采用蒙特卡洛法和 GA 法推求了高维情况下洪水的最可能地区组成。分析计算了长江上游金沙江梯级水库受联合调度影响的超标准设计洪水。研究发现,t-Copula 能很好地模拟多个分区年最大洪水的联合分布,采用蒙特卡洛法和 GA 法推求得到的最可能地区组成结果可靠。梯级水库的联合调度对下游洪水有一定的削减作用。可用防洪库容越大时,削减率也越大。设计洪峰流量的削减率受可用防洪库容的影响较大,受长时段设计洪量的影响较小。例如,向家坝水

库运行期千年一遇设计洪峰和 3d、7d 和 30d 洪量的削减率分别为 38.7%、37.4%、34.2% 和 13.8%。

②耦合洪水模拟和地区组成方法,分析计算了三峡水库受上游梯级水库联合调度影响的超标准设计洪水。研究发现,三峡洪水地区组成复杂,选取的 1954、1981、1982 典型年和 1998 典型年的洪水来源各有差异,在一定程度上可以表征其发生恶劣洪水时的主要水情特点。多输入单输出模型能够很好地模拟三峡入库洪水,洪峰及峰现时间的模拟均较为准确。三峡水库设计洪水受联合调度影响显著,其运行期千年一遇设计洪峰为 83553m³/s,3d、7d、15d、30d 洪量分别为 199.9 亿、388.3 亿、755.7 亿和 1326.8 亿 m³;相对于初设阶段分别减少了 15.4%、19.1%、20.2%、17.1% 和 16.6%。

③采用动力降尺度模型模拟未来气候变化情景下三峡水库以上各分区的降水强度变化,并基于气候变化影响的降水预测结果分析计算三峡水库受气候变化和水利工程综合影响下的超标准设计洪水。研究结果表明,气候变化对三峡水库超标准设计洪水有增加作用,长江上游干支流大型水库群的调蓄对其有削减作用,梯级水库群的调蓄影响要显著高于气候变化影响。气候变化后长江上游梯级水库群的调节作用仍能起到显著削减各分区设计洪水的作用。三峡水库在综合影响期千年一遇设计洪峰流量 3d、7d、15d 和 30d 洪量分别为 87323m³/s、216.8 亿 m³、422.4 亿 m³、790.2 亿 m³ 和 1398.9 亿 m³;相比建设期的设计值,分别削减了 11.6%、12.2%、13.2%、13.3% 和 12.0%。

④当发生超标准设计洪水时,可能会引起小型水库工程溃坝。溃坝洪水一般发生时间短,洪峰流量大,淹没范围广,具有低概率、高风险的特征。坝体一旦溃决,将对下游人民生命财产安全造成极大的威胁。因此,有必要进一步开展超标准洪水条件下水库溃坝洪水风险分析研究。

第11章 极端洪水孕灾环境变化

在气候变化与人类活动的综合影响下,流域暴雨洪水规律、水利工程建设、土地利用和社会经济发展水平等洪水灾害的孕灾环境发生了极大变化,同时超标准洪水的致灾原因和过程等机理在区域上也有显著的差别,需要通过历史超标准洪水典型案例调研和分析,深入开展流域超标准洪水的孕灾环境变化与致灾机理研究。超标准洪水孕灾环境变化主要体现在气候变化和人类活动2个方面,气候变化主要是极端暴雨的频率和强度发生了变化,人类活动主要分为河湖围垦(加大洪水灾害风险)和水利工程建设(降低洪水灾害风险)。研究区气候变化规律在前述章节中已有详细研究。本章主要针对河湖围垦、水利工程建设以及土地利用变化等方面进行分析研究。

11.1 变化环境对极端洪水的影响

变化环境一般指气候变化、水利工程和土地利用变化等,这些都是影响暴雨洪水的主要因素。土地利用变化中城市化与水面面积变化严重影响着暴雨洪水过程中产流与调蓄作用。

全球变暖导致水文循环加剧,改变了全球水循环的现状。不断增加的大气温度提高了大气的持水能力,进而影响了全球和区域的降水、蒸发、径流等水文要素。不断加剧的人类活动,如城市化、植树种草、农田开垦、大型水利工程的建设等,对流域的下垫面也产生了显著的影响,自然条件下的流域水循环和产汇流特性发生了改变,使得水文循环不再是一个单纯的自然过程。在全球变化的大背景下,极端降水、洪水等极端水文气象事件频发,其强度、频率和历时也发生了显著的变化,对全球和区域防洪安全构成了严重威胁。近年来,全球所经历的极端事件是前所未有的,中国每年因极端水文气象事件所造成的直接经济损失达近千亿元且呈上升趋势。

11.1.1 气候变化对极端洪水的影响

气候变化是当今人类社会面临的最大挑战之一,全球气候变化加剧了极端洪水的发生。暴雨是流域洪水主要的致灾因子,在气候变化作用下,极端降水事件时空格局及水循环发生了变异,暴雨频次、强度、历时和范围增加显著,水文节律非平稳性加剧,特大洪涝灾害发生概率进一步提高。在全球变暖背景下,全球每升温1℃,大气中可容纳的水汽含量增加约7%,更频繁地出现经向环流,使冷暖空气和干湿气流更易发生强烈的南北交换。受气候变化与人类活动的交互影响,21世纪全球年度洪水威胁较20世纪增加了4～14倍,洪涝灾害也进入了多发、群发时期。不断提升流域超标准洪水灾害的防范和应对能力是我国经济社会发展中一项重大而又艰巨的战略任务。

2020年长江、淮河、松花江、太湖同时出现流域性洪水,其中长江中下游梅雨量为1960年以来最多,中国气象局连续41d发布暴雨预警,2020年"超级暴力梅"引发鄱阳湖流域、长江上游川渝河段超标准洪水,造成严重洪灾损失。研究表明,在相似环流下,达到2020年强度的降水事件发生概率由过去气候下的1.23%增长至现代气候下的6.25%,其中80%可归因为气候变化的作用,气候变化使"超级暴力梅"发生的概率增加近4倍。2021年7月,中国河南出现持续性强降水天气,多地遭受暴雨、大暴雨甚至特大暴雨侵袭,其中,郑州1h降水量达201.9mm,超过了我国有气象记载以来小时雨强的极值,河南省20个河段流量超20a一遇,62个河段流量超50a一遇。

不同区域的洪水对气候变化的响应不同,洪水极值事件的变化趋势和空间变化特征也不尽相同。Schmocker-Fackel和Naef在对瑞士洪水事件的研究中发现,1968年之后的洪水发生频率越来越大。在美国中部区域,同样发现洪水频率显著增加的现象,但是其洪水量级没有发生显著的趋势性变化。Caspary和Bardossy分析了德国恩兹河2个水文站点1930—1994年的年最大流量序列,发现洪水的发生风险呈增加趋势,并把这种增加的趋势归因为气候变暖导致了更加湿润的大气,进而带来了更多水分。陈亚宁等人在研究气候变化对新疆区域洪水的影响时,发现新疆大部分河流洪峰量级增加,洪水的发生次数也明显增多。珠江流域的洪水事件也有同样的趋势特征,1980年以后的洪水发生次数增多,特别是在1990年以后,其增加的趋势显著。肖恒等人利用GCM的输出对珠江流域未来30a的洪水事件进行了趋势性分析,研究发现西江和粤西桂南沿海诸河在2011—2040年的最大洪峰流量和洪水总量可能有增加的趋势。然而在一些国家和地区,呈减小或者没有趋势的洪水事件也常有报道。

气候变化对洪水的影响主要体现在:全球升温增加了大气中可容纳水汽含量,大气环流特征和ENSO等海温异常,使得流域或区域暴雨强度、暴雨频度、暴雨历时发生变化,直接导致极端洪水的强度、频率和历时也发生显著的变化。

11.1.2　水利工程对极端洪水的影响

水利工程泛指为解决水资源时空分配不均造成的供需矛盾而修建的各项水利工程的总称,通过开发、控制和调配等方式对水资源进行再分配,以期达到除害兴利的目的,服务于防洪、灌溉、发电、航运、旅游等多项行业。然而,这些水利工程的修建也极大地破坏了天然流域状况,在一定程度上改变了流域自然条件的水文循环过程。据统计,目前世界上60%以上的河流均修建有水利工程,估计到2050年会增加至70%,美国和欧盟60%～65%的河流受到大坝影响,亚洲地区50%的河流受到闸坝调控。我国一直高度重视河流水利工程修建,水利水电工程发展迅猛。据全国水利普查统计,至2013年我国已建设库容10万 m^3 及以上水库98002万座,水电站46758座。这些水利水电工程的修建对河道连续性造成了较大影响,改变了河流天然水文要素,使流域水循环过程更为复杂,对流域洪水形成与转化过程产生了深刻影响。

水利工程对洪水的影响主要是水利工程的蓄水可拦洪滞洪,使洪峰坦化、洪量减小、峰现时间滞后等,在暴雨洪水灾害防御中起着重要作用。我国学者通过水库拦蓄量分析了水库对洪水的影响,如程海云和葛守西的统计分明表明,长江24座主要水库在1998年7月、8月汛期拦洪量高达100亿 m^3,削峰系数为0.26~0.81,拦洪削峰作用突出。Braga等通过对比分析发现,巴西Sobradinho大坝巨大的防洪库容使1979年大洪水的洪峰流量从17800 m^3/s 削减为13700 m^3/s,削减率达23%。除了对洪峰的影响外,水利工程还对洪水频率、强度有一定的影响。水利工程建设使流域防洪能力显著增强,水库群建设极大地降低了流域中下游超额洪量,堤防建设增强了极端洪水的防御能力。

水利工程对洪水的影响主要有削减洪峰、拦蓄洪量和调度错峰等作用,对极端洪水有消减的作用,对区域防洪减灾起着重要作用。

11.1.3　土地利用变化对极端洪水的影响

土地利用变化对极端洪水的影响主要包括城市化的增洪作用,林地、草地对流域蓄水调节作用,河湖围垦对洪水的蓄泄消减作用。

（1）城市化对极端洪水的影响

城市化作为人类活动对水循环影响的重要表现形式,一方面通过改变下垫面属性,对地表产汇流特征产生直接影响,另一方面通过地表能量分配及其他城市环境要素改变区域降水特性,从而对地表的水文过程产生间接影响。随着城市化进程的加速,城市建设规模不断扩大,不透水面积大量增加,排涝压力显著加大,而城市化过程中河湖围垦、湖塘、沟渠填埋等行为减小了洪水调蓄空间,极大地降低了城市洪水调蓄能力。

城市化是下垫面变化的一种典型形式,城市下垫面对流域水文过程的直接影响已经得到了极为广泛的研究。通常认为城市化使不透水面积增加,降水入渗能力降低,降水产流量增加;同时水流在城市地表运动的粗糙率较小,从而缩短了流域汇流时间,最终会引发"峰高、量大、历时短"的洪水过程。因此在城市化背景下,城市地区的洪水频率会发生显著改变,而洪水频率是水利工程设计、施工以及安全运行的重要指标。除了城市化导致的不透水面积增加这个因素,流域的洪水响应也取决于不透水面的空间分布特征、降水特性等因素。基于数学解析模型分析了美国马里兰州流域的不透水面以及降水空间分布特征对流域洪水响应的影响,研究表明,不透水面以及降水空间分布的组合方式可以通过影响流域产流机制显著增加流域的总径流量。

（2）河湖围垦对极端洪水的影响

河湖围垦直接减小了湖泊的调蓄库容,影响洪水的出路和调蓄减缓作用。对长江中下游洪水有重要调节作用的洞庭湖在 19 世纪初尚有水面面积 $6270km^2$,1949 年还剩 $4350km^2$,由于围湖造田和泥沙淤积,到 1997 年水面面积仅存 $2670km^2$,调蓄洪水的容量减小了 40%。1954 年鄱阳湖水面为 $5050km^2$,2020 年监测鄱阳湖主体及附近水域面积为 $4403km^2$,其他湖泊和洞庭湖大同小异。新中国成立以来,长江中下游通江湖泊面积减小了约 1 万 km^2,鄱阳湖、洞庭湖因淤积围垦而减小的容积在 180 亿 m^3 以上。1998 年长江发生流域性洪水,长江中下游干流螺山、汉口、大通等站最大流量和最大 30d、60d 洪量均小于 1954 年,但年最高水位却大大高于 1954 年,导致长江中下游水位偏高,1998 年分蓄洪量与 1954 年相比大幅减小,1954 年长江中下游分洪溃口总达 1023 亿 m^3,而 1998 年只有 100 亿 m^3;河湖围垦、泥沙淤积、三口分流减小、大量涝水排江、荆江河段裁弯取直等也是其原因。1996 年黄河 1 号洪峰在花园口的流量为 $7600m^3/s$,仅相当于 1958 年洪峰流量 $22300m^3/s$ 的 1/3,而水位却超过了 1958 年水位近 1m,堤坝频频出险,滩区大量漫水,豫鲁两省 40 个县市 100 多万人受灾。1996 年湖南沅江、资水的流量都比 1969 年的小,水位却比 1969 年高出 1.5m 和 0.82m,洞庭湖区 1996 年的洪水总量低于 1954 年,水位却比 1954 年高 1.06m。

11.2 流域洪水孕灾环境变化

我国幅员辽阔,洪涝灾害致灾因子多样,洪水孕灾环境复杂,本节针对长江流域、淮河沂沭泗流域和嫩江流域分别进行洪水孕灾环境变化分析。

11.2.1 长江流域孕灾环境

长江流域防洪的核心是河湖关系,其中主要的调蓄湖泊为洞庭湖和鄱阳湖,近几十年来,受人类活动影响,两湖面积及湖容呈减小趋势,致使长江流域天然调蓄场所减小,严重影响防洪安全。同时长江流域的水利工程建设极大地提升了防御区域应对流域性大洪水和减小洪涝灾害的能力。因此长江流域孕灾环境变化分析重点在湖泊围垦和水利工程建设 2 个方面。

（1）鄱阳湖湖泊面积和水位变化特征

许多学者对鄱阳湖围垦和面积变化及其对洪水影响进行了研究[1-2],闵骞[3] 根据 1954 年、1957 年、1961 年、1965 年、1967 年、1976 年、1984 年测量的鄱阳湖高程与面积、容积关系,分析了鄱阳湖不同时期的形态参数及其变化特征,探讨围垦对洪水位的影响。结果表明 1954—1992 年鄱阳湖调节系数由 17.3% 降为 13.7%,降低了 3.6%,对洪水的调蓄能力减小了近 20%。分析鄱阳湖枯水期 1973—2018 年面积,可知其呈显著下降趋势($Z = -3.76$),结合不同年代面积变化的特征值可知,不同年代湖区面积的变化情况不同。整个研究时段内水体面积的平均值为 1516.64km²,最大值为 1975 年的 3728.32km²,最小值为 2014 年的 715.26km²。1970 年代,枯水期湖泊面积的平均值为 2125.27km²,C_v 值和极值比相对其他年代来说较大,说明这一时期湖泊面积变化剧烈;1980 年代湖泊面积开始减小并且波动程度降低,1990 年代到 21 世纪最初十年湖泊面积的年均值相对稳定,但 20 世纪最初十年湖区枯水期面积的 C_v 值及极值比显著高于 1990 年代,说明 21 世纪最初十年湖区面积的波动情况较 1990 年代剧烈;进入 21 世纪第二个十年后,鄱阳湖枯水期湖区面积进一步减小,面积平均值已减至 1970 年代湖区平均值的 1/2,面积低于 1000km² 以下的年份接近 1/2,C_v 值及极值比较小,面积变化不显著。鄱阳湖枯水期面积变化趋势见图 11-1 和表 11-1,总体来说鄱阳湖面积呈显著减小趋势。

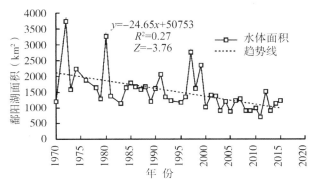

图 11-1 鄱阳湖枯水期面积变化趋势

表 11-1 鄱阳湖 1973—2018 年枯水期面积

时间	最小值(km²)	最大值(km²)	极值比	平均值(km²)	变差系数 C_v
1973—1979	1194.98	3728.32	2.12	2125.27	0.41
1980—1989	1149.20	3269.61	1.85	1731.27	0.36
1990—1999	1075.53	2065.40	0.76	1471.23	0.19
2000—2009	868.20	2773.39	2.19	1478.63	0.4
2010—2018	715.26	1523.22	1.13	1075.37	0.22
多年平均	1000.63	2671.99	4.21	1516.64	0.41

1973—2018 年,鄱阳湖枯水期面积变化总体呈极显著下降趋势($P<0.01$),在 2002 年发生突变($P<0.01$)。枯水期时,面积从中心向周围逐渐递减,空间变化表现为西南部分最先开始减小,随后中部、东北部大部分水面消失,水量最少的时候只剩中心蜿蜒的河道。1980—2015 年鄱阳湖流域各土地利用类型变化情况表现为城乡工建用地持续增加($K=1.36\%$),耕地、林地、草地及未利用地面积整体呈减小趋势,说明在研究时段内,土地利用的变化对流域的影响逐渐加强。土地利用方式的改变一方面影响流域的水文情势,另一方面随着城镇化的发展,流域取水量不断增加,进而影响湖泊的径流补给,致使湖区面积减小。

分析结果显示,鄱阳湖面积和水位变化主要受人类活动影响。鄱阳湖在1980年代前经历了长时间围垦开发,1991年后无新的围垦。在围垦期间,面积呈现持续减小的趋势,而洪水位则呈现显著增加趋势,鄱阳湖调蓄洪水能力下降。随着围垦程度的提高,围垦对洪水的影响越来越大,对洪水位的抬升作用更大。

(2)洞庭湖围垦对防洪的影响

1)洞庭湖面积变化特征

通过历史地图和遥感监测资料,学者[4-8]分析了1896—2014年洞庭湖面积变化,结果表明(表11-2),1896—2014年,洞庭湖面积从5146.71km² 减小到2680.29km²,减小了2466.42km²,减小了1896年湖盆面积的47.92%。

表 11-2 　　　　　　　1896—2014 年洞庭湖面积遥感监测数据 　　　　　　　　单位:km²

时间	数据源	东洞庭湖	南洞庭湖	目平湖	七里湖	大通湖	合计
1896 年	历史地图	—	—	—	—	—	5146.71
1954 年 12 月至 1955 年 2 月	黑白航片	1985.15	1119.90	434.47	106.10	272.26	3917.88
1967 年 10 月	KH-8	1640.17	955.62	334.23	86.92	134.52	3151.46
1973 年 1 月 27 日	MSS	1421.47	925.55	326.72	79.27	86.31	2839.31
1978 年 10 月 17 日	MSS	1300.52	924.42	325.91	74.90	86.31	2712.06
1987 年 12 月 6 日	TM5	1304.37	902.46	323.01	72.16	82.53	2684.53
1994 年 1 月 23 日	TM5	1304.37	900.68	323.01	73.05	82.34	2683.46
2002 年 1 月 5 日	ETM	1304.37	900.68	323.01	73.05	79.17	2680.29
2007 年 12 月 23 日	CBERS-1	1304.37	900.68	323.01	73.05	79.17	2680.29
2014 年 1 月 14 日	ETM	1304.37	900.68	323.01	73.05	79.17	2680.29

从图11-2可知洞庭湖面积呈先减后趋于稳定的变化趋势。1896—1978年是洞庭湖面积的锐减时期,面积减小了2434.65km²,约为1896—2014年面积减小总量的98.71%。其中,1896—1954年面积减小了1228.83km²;1954—1978年面积减小了1205.82km²。1978—1998年洞庭湖面积略有减小,减小量为31.77km²。1998年洞庭湖特大洪涝灾害之后,洞庭湖面积基本稳定,为2680.29km²。

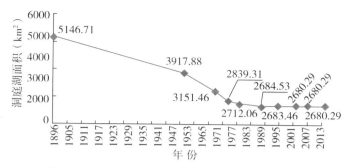

图 11-2　1896—2014 年以来洞庭湖面积变化趋势

2）洞庭湖萎缩原因分析

洞庭湖萎缩的原因是多方面的，有政治、经济、卫生防疫等方面的诸多因素。但对比各时相遥感影像后认为，围湖造田不仅是遥感图像上最鲜明的表现，也是导致洞庭湖萎缩的直接原因。洲滩围垦是当地民众利用洲土谋求生存的一种手段，是在特定历史条件下抵御自然灾害的一种措施。

清朝初期，荆江有调弦、虎渡 2 口分洪入湖；1852 年和 1870 年藕池、松滋溃口后，形成 4口南流入湖局面，其水量大增，洞庭湖面积扩大（根据《洞庭湖全图》量算，1896 年其面积达5146.71km²）。由于 4 口分流入湖的洪水夹带大量泥沙，致使湖盆与入湖水道不断淤浅。光绪 25 年（1899 年），湖南布政司以"息争端而裕库收"为名，"召民纳资承垦"，鼓励滥围滥垦，使洞庭湖的围垦随着洲土的增长而不断发展。1918 年，省长张敬尧发布命令："凡愿领亩开垦者，可缴费领照，筑堤围垸"，使湖区围垦又一次出现高潮。至 1954 年，洞庭湖面积减至 3917.88km²。

1950 年代后期，在"大跃进"运动"以粮为纲"的思想指导下，先后围垦了建新、洋淘湖、钱粮湖、屈原、千山红和茶盘洲等 6 个农场。1960 年代，又围垦了君山、北洲子、金盆、贺家山和南湾湖等 5 个农场。1970 年代，湖区围垦以结合血防灭螺的矮围为主，其中 1976 年沅江矮围漉湖 3.2 万 hm²，岳阳、汨罗合围中洲垸 13 万亩；高围则有华容团洲垸 8 万亩、湘阴横岭湖围垦 2.53hm²。上述围垦工程中，沅江漉湖矮围及湘阴横岭湖围堤均在围成后的第一个汛期即发生溃决，表明洞庭湖区的外湖围垦已发展到极限。1980 年 5 月，水利部召开长江中下游防洪座谈会，会上做出停止围垦的决定，湖区堤垸数目及耕地面积自 1979 年以后未再发生变化，当时的洞庭湖面积为 2712.06km²。1978 年改革开放后进行了农业结构调整，部分区域围堰建鱼池，又使洞庭湖面积略有减小，至 1998 年为 2680.29km²。1998 年长江特大洪涝灾害后，国务院明确"退田还湖"的治湖对策，才使洞庭湖面积得以稳定。

河湖围垦对极端洪水的影响主要体现在调蓄洪水能力降低，洪水水位抬升，洪灾风险增加。如 1998 年长江流域性洪水中，长江中下游干流螺山、汉口、大通等站最大流量和最大30d、60d 洪量均小于 1954 年，但年最高水位却大大高于 1954 年，导致长江中下游水位偏高。

（3）水利工程建设

水利工程建设主要包括水库、堤防和蓄滞洪区建设。新中国成立以来，长江上游已经初步形成了由干支流水库、河道整治、堤防护岸等组成的防洪工程体系；长江中下游形成了以堤防为基础、三峡水库为骨干，其他干支流水库、蓄滞洪区、河道整治工程、平垸行洪、退田还湖等相配合的防洪工程体系，极大地提高了流域大洪水的应急处置能力。长江流域建成了三峡水库、丹江口水库等流域控制性水利工程，干支流已建成水库 5.2 万座，其中大型水库 300 余座，已建、在建重要防洪水库 58 座，纳入 2021 年度长江流域联合调度范围的控制性水库 40 座；中下游国家蓄滞洪区 46 个，总蓄洪容积约 591 亿 m^3；实施了平垸行洪、退田还湖，共平退 1442 个圩垸，恢复调蓄容积约 178 亿 m^3。截至 2020 年，长江上游（宜昌以上）已建成大型水库 112 座，总调节库容 800 多亿 m^3、防洪库容 421 亿 m^3，改变了三峡入库洪水原有形态，极大提高了下游荆江地区防洪减灾能力。长江流域防洪形势已得到显著改善，标准内洪水调控的主动性和灵活性显著增加，调度方案、技术、措施相对较为齐全。目前长江上游干流现状防洪能力为：川渝河段堤防总体可防御 20a 一遇洪水；重庆城区河段堤防总体可防御 50a 一遇洪水，局部堤段防洪能力仅为 10～20a 一遇；通过水库群联合调度，宜宾和泸州城区总体可防御 50a 一遇洪水，重庆主城区总体可防御 70～100a 一遇洪水。长江中下游干流现状防洪能力为：荆江河段堤防可防御 10a 一遇洪水，通过三峡水库及上游控制性水库的调节，遇 100a 一遇及以下洪水可使沙市水位不超过 44.50m，不需启用荆江地区蓄滞洪区；遇千年一遇或 1870 年洪水，可控制枝城泄量不超过 80000m^3/s，配合荆江分蓄滞洪区的运用，可控制沙市水位不超过 45.0m，保证荆江河段行洪安全。通过三峡及上中游水库群的调节，结合蓄滞洪区的运用，可防御 1954 年洪水。

长江流域水利工程建设极大地改善了长江流域防洪形势，降低了流域超标准洪水灾害风险。

11.2.2　沂沭泗流域孕灾环境

由于沂沭河流域处于南北气候过渡地区，暴雨兼有南北地区的特性。主要的暴雨特性为雨强大、时间短、突发性强，天气变化剧烈，降水集中。沂沭河流域的洪水一般发生在 7—8 月。沂河、沭河上中游均为山丘区，洪水陡涨陡落，往往暴雨过后几小时，主要控制站便可出现洪峰。

（1）沂沭泗流域土地利用变化

沂沭泗流域属于淮河流域沂沭泗水系，本书采用 1970—2020 年卫星影像资料反演土地利用情况，分类提取 1980 年、1995 年和 2005 年土地利用空间分布（图 11-3 至图 11-5），并在此基础上，重点分析对产汇流具有重要影响作用的不透水面积和水域面积的演变规律。

根据土地利用变化统计分析，随着流域内社会经济和城市化快速发展，沂沭泗流域水域面积呈现出总体上升的趋势，不透水面积呈现总体上升的趋势（表 11-3），而透水面积呈现总体下降的趋势，相应的面积变化见图 11-6 至图 11-8。

表 11-3   沂沭泗流域水域面积/不透水面积信息统计

时间	水域面积（km²）	不透水面积（km²）
1970 年	3543.45	9410.98
1980 年	2930.41	10109.59
1995 年	3552.66	9915.49
2000 年	3464.53	10063.03
2005 年	3618.91	10421.3
2010 年	3627.98	10888.56
2015 年	3629.3	11246.88
2018 年	4408.19	13287.94
2020 年	4074.99	13286.81

图 11-3   沂沭泗流域 1980 年土地利用图

图 11-4   沂沭泗流域 1995 年土地利用图

图 11-5   沂沭泗流域 2005 年土地利用图

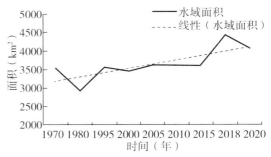

图 11-6   沂沭泗流域水域面积变化过程线

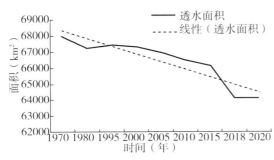

图 11-7   沂沭泗流域透水面积变化过程线

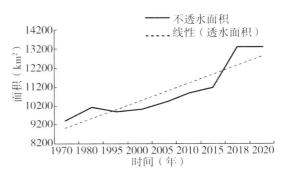

图 11-8   沂沭泗流域不透水面积变化过程线

沂沭泗流域土地利用变化中,水域面积的减小和不透水面积的增加,增加了暴雨洪水灾害风险。

(2)水利工程建设

沂沭泗流域的防洪工程体系主要由河道堤防、分洪水道、水库、蓄滞洪区和大型湖泊等组成。目前,沂沭泗河洪水"东调南下"一期工程以及续建工程已基本完成,沂沭泗中下游地区的防洪标准达到了50a一遇。

1)河道堤防

沂沭河流域骨干河道中一、二级堤防长度为938km,其中一级堤防435km,二级堤防503km。骆马湖二线堤防、新沂河堤防、分淮入沂东堤等为一级堤防,保护区人口为2213万,耕地面积为197.7万 hm^2。

2)分洪水道

沂沭泗流域人工开挖的主要分洪水道有分沂入沭、新沭河、新沂河、邳苍分洪道以及分淮入沂水道等。分沂入沭水道、新沭河是沂沭泗河流域的东调工程。分沂入沭是将沂河部分洪水分泄至沭河;新沭河是将沭河部分洪水分泄直接入海;新沂河是分泄骆马湖洪水和沭河部分洪水入海的主要通道。邳苍分洪道是在沂河彭家道口以下武河口分泄沂河洪水入中运河的分洪水道。分淮入沂水道南起二河闸,经淮阴闸、沭阳闸至沂沭泗流域的新沂河,是淮河大水时洪泽湖向新沂河分洪的人工水道。

3)大中型水库

沂沭泗流域现有大型水库19座,控制面积为9401km²,总库容48.91亿 m³。这些大型水库均为1957年沂沭泗河大水后至1960年代初所建;中型水库60座,控制面积为4352km²,总库容25.20亿 m³。

4)蓄滞洪区和大型湖泊

沂沭泗流域内主要的蓄滞洪区为黄墩湖滞洪区,位于骆马湖西侧,经2009年国务院批复的《全国蓄滞洪区建设与管理规划》调整后的黄墩湖滞洪区滞洪范围包括徐洪河以东,中运河以西,废黄河以北,房亭河以南,面积约230km²,区域内地面高程约21.5m,最低19.0m,滞洪水位达到26.0m时,有效滞洪库容可达11.1亿 m³,是滞蓄骆马湖以上洪水的重要工程。

骆马湖汇蓄中运河及沂河来水,1949年开挖了出口水道新沂河,1961年4月建成的嶂山闸设计过闸流量8000m³/s,是骆马湖的最大出口控制闸。1958年又相继兴建了一线工程(皂河闸控制)和二线工程(宿迁闸控制)。

沂沭泗流域共有10多处大型和重要的排涝工程,合计装机台数226台,装机容量达到75000kW,设计排涝能力为770m³/s,其中大部分还兼具调水和灌溉等功能。

5)沂沭泗东调工程

1971年,国务院治淮规划小组提出了沂沭泗河洪水东调南下工程,其"东调"指扩大沂沭河洪水出路,利用原有的分沂入沭河道和新沭河,通过扩大河道和建闸控制,使大部分洪水由新沭河直接东调入海。自此规划了各项建设项目并进行设计、施工。1991年淮河大水后,在《国务院关于进一步治理淮河和太湖的决定》中又明确了续建沂沭泗河洪水东调南下工程。要求在"八五"期间达到20a一遇的防洪标准,"九五"期间达到50a一遇的防洪标准。东调工程自1971年11月动工,先后建成了沂河彭道口分洪闸、新沭河泄洪闸;1991年以后又实施了分沂入沭调尾工程,兴建了人民胜利堰闸;在进行上述工程的同时又完成分沂入沭、新沭河扩大及修建了桥梁、涵洞等工程;2010年刘家道口节制闸工程完成竣工。

6)水利枢纽、橡胶坝

刘家道口水利枢纽:控制沂河洪水东调入海的关键性工程,主要由刘家道口节制闸、盛口放水洞、刘家道口放水洞、姜墩放水洞、李公河防倒漾闸、分沂入沭彭家道口分洪闸等组成。主要任务是调控沂河上游部分洪水,经由新沭河东调入海,为骆马湖腾出部分防洪库容以纳蓄南四湖洪水,兼顾蓄水和灌溉。刘家道口节制闸竣工于2010年,设计流量12000m³/s,校核流量14000m³/s;彭道口闸竣工于1974年,设计流量4000m³/s,校核流量5000m³/s。

大官庄水利枢纽:沂沭河洪水东调入海的控制工程,沭河和分沂入沭的洪水经大官庄站后分成两股,一股经老沭河南下入江苏新沂等县,另一股经新沭河向东入江苏省石梁河水库。1977年建成新沭河泄洪闸,设计流量6000m³/s,校核流量7000m³/s。1951—1952年在老沭河上建设了人民胜利堰,1995年改建为人民胜利堰闸,设计流量2500m³/s,校核流量3000m³/s。

沂河临沂以上流域于1996—2011年共新建和改建拦河坝、橡胶坝10座,总蓄水量1.23亿m³。沭河大官庄以上流域于2007—2010年共新建和改建拦河坝、橡胶坝7座,总蓄水量为0.60亿m³,1958年10月建成石拉渊拦河坝,蓄水量为90万m³。

沂沭泗流域已初步形成了防洪除涝减灾体系。流域防洪工程体系由19座大型水库、2个湖泊(南四湖总容量59.58亿m³、蓄洪容量43.52亿m³;骆马湖总容量21.39亿m³、蓄洪容量3.87亿m³)、河湖堤防、控制性水闸(包括二级坝、韩庄闸、宿迁大控制、嶂山闸、刘家道口、大官庄六大控制枢纽)、分洪河道(包括沂河、沭河、泗运河、新沂河、新沭河、分沂入沭水道、邳苍分洪道等7条主干河道)及蓄滞洪区(包括湖东、黄墩湖2个滞洪区,分沂入沭水道以北、大官庄上游2个应急处理区)等水利工程组成(图11-9)。

防洪工程体系在历次大洪水中发挥了巨大作用。2020年,沂沭河上游发生洪水,沂河临沂站洪峰流量10900m³/s,刘家道口闸最大泄量7900m³/s,彭道口闸最大泄量3360m³/s;沭河重构站出现洪峰流量6320m³/s,大官庄人民胜利堰最大泄量2800m³/s,新沭河泄洪闸最大泄量6500m³/s,均超历史。沂河、沭河同时遭遇较大洪水,是有记载以来第一次,沭河人民胜利堰及新沭河泄洪流量超设计标准,通过科学调度,沭河、新沭河均未发生较大险情。

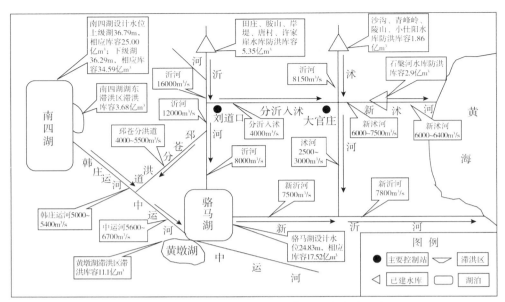

图 11-9　沂沭泗流域现状防洪工程体系洪水安排示意图

11.2.3　嫩江流域孕灾环境

围绕嫩江流域(齐齐哈尔以上)开展孕灾环境演变规律分析,并以此为典型流域进行孕灾环境变化与超标准洪水驱动响应关系研究,需要对致灾因子(降水)、孕灾环境(下垫面)和抗灾能力(水利工程)进行全面分析。

(1)研究区概况

嫩江为松花江北源,发源于大兴安岭伊勒呼里山南坡,由北向南流经黑河市、大兴安岭地区、嫩江县、讷河市、富裕县、齐齐哈尔市、大庆市等市县区,在肇源县三岔河附近与第二松花江汇合后,流入松花江干流,河道全长 1370km,流域面积 29.85 万 km^2,约占松花江全流域面积的 52%。行政区划属黑龙江省、内蒙古自治区和吉林省。嫩江干流左岸位于黑龙江省境内,右岸诺敏河以上段、雅鲁河—绰尔河段为黑龙江省与内蒙古自治区界河,白沙滩水文站—三岔河口段为黑龙江省与吉林省的界河,其余段位于黑龙江省境内。

嫩江流域西部以大兴安岭与额尔古纳河分界,海拔高程 700~1700m。北部以小兴安岭与黑龙江分界,海拔高程 1000~2000m。东部以明青坡地与呼兰河分界,南至三岔河与松花江干流和第二松花江分界,东南部为广阔的松嫩平原,海拔高程 110~160m,整个地形由西北向东南倾斜,三面环山,呈喇叭口状。

嫩江支流众多,右岸纳入多布库伦河、甘河、诺敏河、阿伦河、雅鲁河、绰尔河、洮儿河以及霍林河等支流,左岸有门鲁河、科洛河、讷谟尔河、乌裕尔河、双阳河等支流注入。在松嫩低平原部分,存在大小不等的泡沼群,成为天然草场与渔业基地。在嫩江流域的下游,有乌裕尔河、双阳河、霍林河等无尾河,形成大片的湿地,过去为闭流区,面积约 8.6 万 km^2。

嫩江在齐齐哈尔(以富拉尔基为控制断面)以上集水面积12.39万 km²,其中尼尔基水库以上面积6.64万 km²,尼尔基—齐齐哈尔区间面积5.75万 km²。

尼尔基水库以上主要为山区,河长785km,河谷狭窄,两岸森林茂盛,沟谷相间,河道平均比降在0.3‰以上。两岸支流众多,左侧支流主要有卧都河、固固河、门鲁河、科洛河,右侧支流主要有罕诺河、那都里河、多布库尔河、甘河等。

尼尔基水库坝址至齐齐哈尔区间为山区与平原过渡地带,河道长199km,左岸地势平坦,右岸地势略有起伏。滩地宽一般为8~10km,河道比降为0.1‰~0.2‰,河道坡降变幅大,主河道蜿蜒曲折。河床多为砂砾石结构。该段支流数量较多,左侧支流主要有讷漠尔河,右侧支流有诺敏河、阿伦河、音河等,干流洪水受支流控制影响较大。嫩江水系图见图11-10。

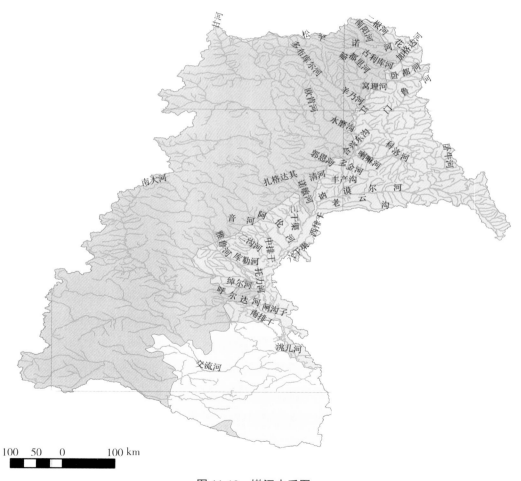

图 11-10 嫩江水系图

（2）极端降水变化

嫩江流域具有典型的大陆性气候特点，春季干燥风沙多，夏季炎热降水量大，秋季相对短暂，但昼夜温差很大，冬季漫长且寒冷，年内温差较大，冬季河流基本上处于封冻状态。流域内地形起伏大，因此降水时空分布差异性强，时间上，年内汛期 6—9 月降水占年降水量的 60％以上，暴雨一般发生在 7、8 两月，约占 84％，6 月和 9 月也有暴雨发生，但场次较少，约占 16％。从点暴雨资料系列可以看出，一次降水过程大约持续 3d。年降水存在周期性变化特点，丰水年、枯水年交替变化，空间上，山丘区降水比平原降水多。

1）极端降水指数

降水是径流产生的重要来源，因此，研究流域内的超标准洪水，首先需分析极端降水的时空分布变化情况。随着全球气候的不断变化以及人类活动的影响，极端降水发生的次数越来越多，强度越来越大，直接导致洪水发生概率增加，分析极端降水趋势性及跳跃性有助于认识研究区极端降水变化情况。ETCCDMI（Expert Team on Climate Change Detection and Indices）定义了 27 个极端气候指数，常被用来评价区域极端气候状况，而在这 27 个极端气候指数中，关于极端降水的指数有 11 个，其余是极端气温指数，本次从中选择了 4 个极端降水指数，见表 11-4。

表 11-4　　　　　　　　　　　　　　　极端降水指数选取及含义

指数	名称	含义
RX1d	最大 1d 降水量（mm）	一年中最大 1d 降水量
RX5d	最大 5d 降水量（mm）	一年中连续 5d 降水量之和的最大值
R20	大雨日数（d）	一年中日降水量＞20mm 的日数
R50	暴水日数（d）	一年中日降水量＞50mm 的日数

本次在研究区内选取雨量站 30 个，分布图及泰森多边形划分情况见图 11-11，各站面积权重见表 11-5。其中具有长系列 1977—2017 年日降水资料的站点有 7 个，其余 23 站点降水资料系列在 1998—2017 年，计算 1998—2017 年 30 站点与 7 站点的年均降水量分别为 413.3mm 和 463.5mm，若利用 7 站点计算流域面雨量系列可能导致面雨量偏大，本次利用线性回归法建立 7 站点与 30 站点资料平行期相关关系，以延长流域面雨量系列。

首先利用泰森多边形法计算出 7 站点及 30 站点的逐日流域平均面雨量，每年选取多个 1d 面雨量、连续 3d 面雨量、连续 5d 面雨量，建立观测平行期 1998—2017 年相关关系，结果见图 11-12 至图 11-14。由图可见，7 个站的 1d、3d、5d 面雨量与 30 个站 1d、3d、5d 面雨量具有较好的相关性，相关系数约为 0.8，因此可利用 7 个站点计算的面雨量将流域面雨量插补延长之后进行趋势性、突变性分析及设计暴雨的计算，本书将流域面雨量系列延长至 1977 年。

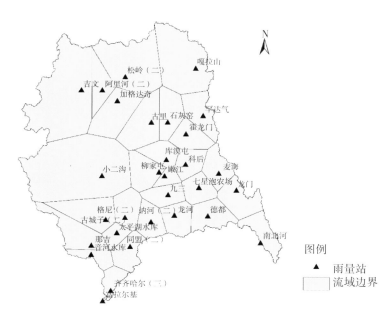

图 11-11　气象站分布示意

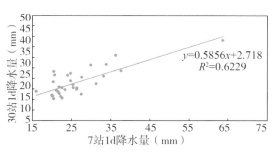

图 11-12　降水量相关关系

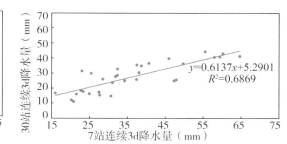

图 11-13　连续 3d 降水量相关关系

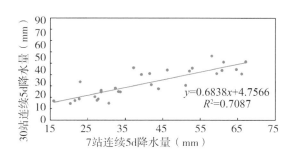

图 11-14　连续 5d 降水量相关关系

表 11-5　　　　　　　　　　　　　　　　　各气象站面积权重

站名	面积（km²）	权重	站名	面积（km²）	权重
同盟（二）	2613.048	0.0216	龙门	3441.109	0.0285
南北河	2650.043	0.0219	七星泡农场	2440.026	0.0202

站名	面积(km²)	权重	站名	面积(km²)	权重
麦海	2768.593	0.0229	德都	3265.830	0.0270
小二沟	18187.56	0.1505	科后	2307.023	0.0191
加格达奇	4969.922	0.0411	库漠屯	2257.742	0.0187
罕达气	3257.193	0.0269	古城子(二)	2786.176	0.0231
音河水库	1564.505	0.0129	柳家屯	3023.520	0.0250
那吉	3956.889	0.0327	嫩江	985.4627	0.0082
太平湖水库	1374.577	0.0114	阿里河(二)	2679.080	0.0222
格尼(二)	4544.122	0.0376	吉文	14331.450	0.1186
讷河(二)	2518.583	0.0208	古里	5013.464	0.0415
富拉尔基	72.770	0.0006	松岭(二)	8706.495	0.07201
齐齐哈尔(三)	1460.675	0.0121	嘎拉山	8834.303	0.0731
龙河	2650.435	0.0219	霍龙门	2703.339	0.0224
九三	2344.189	0.0194	石灰窑	3161.835	0.0262

采用前文延长之后的年最大1d、最大5d系列,对大雨日数、暴雨日数采用的7个站面雨量计算结果进行分析,而各站点基本上仅有20a资料,本次仅进行初步趋势性分析。

2)极端降水特性分析

选用研究区内30个代表性气象站和4个极端降水指数,采用Mann-Kendall检验、Spearman秩相关检验、Pettitt检验、滑动t检验分析研究区极端降水的趋势性及跳跃性情况,流域内各气象站极端降水指数趋势性结果计算见表11-6。

表11-6   M-K、Spearman趋势性分析结果

站名	M-K				Spearman			
	RX1d	RX5d	R20	R50	RX1d	RX5d	R20	R50
石灰窑	−1.1	−1.72	0.94	−0.23	1.05	1.7	−0.85	0.96
库漠屯	0.03	−0.26	−0.13	1.07	−0.1	0.2	0.21	−0.29
同盟(二)	−0.81	−0.19	1.3	−0.78	0.7	0.25	−1.46	1.05
富拉尔基	0.88	−0.62	0.32	0.78	−0.78	0.46	−0.42	−0.41
松岭(二)	1.17	1.2	1.56	1.56	−1.03	−1.16	−1.52	−1.27
霍龙门	0.65	0.19	1.04	1.3	−0.65	−0.08	−0.83	−0.61
科后	0.97	−0.1	1.2	0.97	−1.12	0.27	−1.05	−0.42
吉文	0	−0.16	0.49	−0.52	0.1	0.41	−0.19	0.99
柳家屯	0.68	−0.1	−0.68	1.1	−0.9	0.13	0.74	−0.62

站名	M-K				Spearman			
	RX1d	RX5d	R20	R50	RX1d	RX5d	R20	R50
阿里河(二)	−0.71	−0.26	0.81	−1.2	0.58	0.29	−0.77	1.88
德都	−0.81	−0.84	−0.23	−0.26	0.82	0.71	0.25	1
小二沟	0.49	0.06	1.46	0.16	−0.39	−0.09	−1.28	0.27
古城子(二)	−0.94	−0.49	0.45	−0.58	1.03	0.55	−0.24	0.98
格尼(二)	−0.62	−1.36	−0.06	0.03	0.79	1.29	0.3	0.49
太平湖水库	0.13	0.81	0.78	1.1	−0.12	−1.01	−0.74	−0.79
音河水库	0.03	0.68	1.33	0.13	0.07	−0.78	−1.16	0.56
那吉	0.39	0.36	0.78	0	−0.31	−0.66	−0.72	0.61
嫩江	2.21*	0.39	0.39	2.63*	−2.39*	−0.34	−0.22	−2.04*
齐齐哈尔(三)	−0.97	−1.4	0.39	−0.42	1.17	1.32	−0.35	0.72
加格达奇	−0.26	−1.1	−0.16	0.81	0.26	1.04	0.14	−0.13
面雨量	0.35	−1.92	−0.81	0.68	−0.31	1.92	0.99	−0.62

注：*表示通过了0.05的显著性检验。

当选定显著性水平为5%时，M-K检验临界值为1.96，自由度为39时，Spearman检验临界值为2.02，自由度为18时，Spearman检验临界值为2.10。采用2种方法检验4项极端降水指标得出结果较为一致。由表11-6可知，4项极端降水指数均未能通过显著性检验，无明显上升或下降趋势，最大1d降水量和暴雨日数呈不显著的上升趋势，最大5d降水量、大雨日数呈不显著的下降趋势。

最大1d降水量、最大5d降水量反映的是强降水的集中度，就最大1d降水量而言，增减趋势无明显的地区分布特点，除嫩江站呈明显的上升趋势外，其他站趋势性不明显。就最大5d降水量而言，均没有通过显著性0.05检验，可见各站上升或下降趋势不明显。

大雨日数、暴雨日数表征强降水发生的频率，就大雨日数而言，各站均没有通过显著性0.05检验，表明各站上升或下降趋势不显著，就暴雨日数而言，嫩江站M-K检验通过了显著性检验，暴雨日数呈明显增加趋势，该站强降水发生次数有增加的趋势。

平均面雨量的4个极端降水指数M-K突变检验中（图11-15），Pettitt检验及滑动t检验在1977—2017年未检验出显著变异点，对比结果见表11-7。

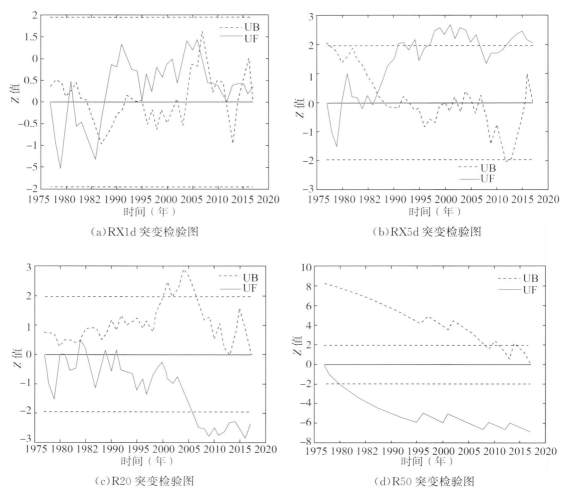

（a）RX1d 突变检验图　　　　　　　　（b）RX5d 突变检验图

（c）R20 突变检验图　　　　　　　　　（d）R50 突变检验图

图 11-15　面雨量 M-K 突变检验结果

表 11-7　　　　　　　　　　　　　　3 种方法突变点检验结果

极端降水指数	M-K	Pettitt	滑动 t 检验
最大 1d 降水量	1987 年、2006 年等	不显著	不显著
最大 5d 降水量	1987 年	不显著	不显著
大雨日数	1985 年	不显著	不显著
暴雨日数	不显著	不显著	不显著

由表 11-7 中结果可看出研究区最大 1d 降水量、最大 5d 降水量、大雨日数、暴雨日数突变情况不显著。

（3）土地利用变化

土地利用方式的改变使流域下垫面不透水面积发生了变化，从而影响了流域的水文过程。为提取研究区下垫面特征信息，本书借助遥感影像处理软件 ENVI 对研究区 1995 年、

2006 年、2015 年 3 个代表时期遥感影像图进行解译,采用方法为监督分类中的极大似然法(Maximum Like lood Classification)。极大似然法又称贝叶斯法,它基于图像统计的原理进行监督分类,建立在贝叶斯准则的基础上,偏重于集群分布的统计特性,应用十分广泛。本次所采用的影像分辨率为 60～70m,将土地利用方式分为林草地、水域、城镇用地、耕地四大类。在进行精度评定时,运用 ENVI 的混淆矩阵计算,得到各期土地分类结果的 Kappa 系数均在 0.75 以上,满足分类精度要求,因此认为本次分类结果可以接受。分类结果见图11-16。

（a）1995 年土地利用类型图

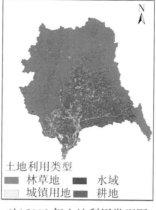
（b）2006 年土地利用类型图

（c）2015 年土地利用类型图

图 11-16 研究区土地利用类型变化图

不同时期土地利用类型变化不同,根据解译结果统计得到研究区 3 个代表年份各土地利用类型占比,见表 11-8,2 个变化时期各土地利用类型变化情况见表 11-9。

表 11-8　　　　　　　　　　研究区不同年代土地利用类型占比情况　　　　　　　　单位:%

类别	1995 年	2006 年	2015 年
林草地	61.41	58.86	52.72
水域	4.38	3.48	1.63
城镇用地	4.80	7.00	8.99
耕地	29.41	30.67	36.66
合计	100.00	100.00	100.00

表 11-9　　　　　　　　　　2 个变化时期土地利用类型变化情况　　　　　　　　单位:%

类别	1995—2006 年	2006—2015 年
林草地	−2.55	−6.14
水域	−0.90	−1.84

类别	1995—2006 年	2006—2015 年
城镇用地	2.20	1.99
耕地	1.25	5.99

由表 11-8 各时期土地利用类型面积占比及表 11-9 各土地利用类型占比变化可分析得到：

①1995—2015 年研究区土地利用类型按面积占比由大到小排序,始终为林草地、耕地、城镇用地、水域,林草地始终是研究区的主要土地利用类型,在 3 个时期分别占比 61.41%、58.86%、52.72%。其次是耕地,分别占比 29.41%、30.67%、36.66%,第三是城镇用地,分别占比 4.80%、7.00%、8.99%,水域最小,分别为 4.38%、3.48%、1.63%。

②从各类土地利用类型面积占比在 2 个时期之间的变化来看,林草地面积在 1995—2015 年逐渐减小,2006—2015 年减小了 6.14%,约 7246km²;水域面积在 1995—2015 年也逐渐减小,在 1995—2006 年减小了 0.90%,约 1087km²,在 2006—2015 年减小了 1.84%,约 2229km²;城镇用地面积在 1995—2015 年逐渐增加,1995—2006 年增加了 2.20%,约 2659km²,在 2006—2015 年增加了 1.99%,约 2411km²;耕地面积在逐渐增加,1995—2006 年增加了 1.25%,约 1514km²,在 2006—2015 年增加了 5.99%,约 7243km²。

③在 2 个变化时期中,林草地、水域转耕地、城镇用地情况较为明显,其中以林草地面积减小,耕地面积增加尤为明显,而城市化也使水域面积减小、城镇逐渐扩张。这反映了在土地利用方式的变化过程中,人类开发的影响较为明显,对流域各类土地利用产生了巨大影响。

④从图中也可看出大兴安岭、呼伦贝尔一带原本林草地居多,逐渐被开发,城镇用地增加较多,同时中下游城市尤其是齐齐哈尔市周边城镇用地增加明显,对研究区的产汇流产生了一定影响。

(4)水利工程

嫩江流域防洪工程保护松嫩平原腹地,保护区内既有历史悠久的工业基地齐齐哈尔,又有以石油、石化为支柱产业的著名工业城市大庆。嫩江流域齐齐哈尔以上现状防洪工程体系主要由尼尔基水库等大型水库和干支流堤防组成。尼尔基水库拦截嫩江上游地区来水,尼尔基水库以下堤防分左右岸,齐齐哈尔市城区堤防及齐富堤防为一级堤防,齐富堤防是嫩江干流堤防中唯一一段一级堤防。

松花江流域内大型水库共有 38 座,总库容 444.69 亿 m³,承担防洪任务的水库有 25 座,总库容 338.69 亿 m³;不承担防洪任务的水库有 13 座,总库容 106 亿 m³。中型水库 142 座,总库容 43.6 亿 m³。流域防洪重要工程有尼尔基(嫩江)水库、白山水库、丰满水库、察尔森水库,总库容达 267.61 亿 m³,占流域内有防洪任务的大型水库总库容的 79%。松花江流域干支流修建了众多堤防,其中干流(嫩江尼尔基水库以下、第二松花江干流丰满水库以下和松干堤防)堤防总长约 3370km。尼尔基水库是嫩江上最重要的防洪工程,除此之外还有音河水库、山口水库等共同承担嫩江的防洪任务,3座水库在嫩江流域的分布见图11-17。

图 11-17　嫩江流域齐齐哈尔以上现状防洪工程体系

1)尼尔基水库

尼尔基水库是嫩江干流控制性工程,坝址以上集水面积 6.64 万 km²,占嫩江流域面积的 22.4%,位于齐齐哈尔市上游 130km 处,以防洪、城镇工农业供水为主要任务,同时具有发电、航运以及改善水生态、水环境等功能,为松辽地区的防洪与水资源配置发挥了巨大作用,产生了巨大效益。

尼尔基水库按照千年一遇洪水设计,万年一遇洪水校核,水库正常蓄水位 216m,相应库容 64.56 亿 m³,防洪高水位 218.15m,相应库容 75.88 亿 m³,校核洪水位 219.9m,相应库容 86.08 亿 m³,汛限水位 213.37m,相应库容 52.2 亿 m³,防洪库容 23.68 亿 m³,调洪库容 33.91 亿 m³,死水位 195m,相应库容 4.88 亿 m³。

尼尔基水库承担的防洪任务是提高尼尔基水库—齐齐哈尔区间以及齐齐哈尔市的防洪标准,将嫩江尼尔基—齐齐哈尔江段两岸地区的防洪标准由原 20a 一遇提高到 50a 一遇;而齐齐哈尔市的防洪标准由原 50a 一遇提高到 100a 一遇。一般情况下尼尔基水库的调度规则见表 11-10,遇到 1998 年特殊暴雨类型,即讷谟尔河上德都站,诺敏河上古城子站以及尼尔基—齐齐哈尔区间近 3d 降水超过 25mm,同时尼尔基—齐齐哈尔区间近 3d 雨量是齐齐哈尔以上同期 2 倍以上时的调度规则见表 11-11。

表 11-10 一般情况下尼尔基水库调度规则

日期	水库水位 Z(m)	情况(m^3/s)	出库流量 $Q_出$(m^3/s)
6 月 21 日—8 月 20 日	$Z<218.15$	$Q_总 \leqslant 5800$	$Q_出 = Q_入$
		$5800 < Q_总 \leqslant 13100$	$Q_出 = 5800 - Q_古 - Q_德$
		$5800 < Q_总 \leqslant 13100$ 且 3 站合成流量洪峰出现 3d 以后	$Q_出 = 7400 - Q_古 - Q_德$
		$Q_总 > 13100$	$Q_出 = 9200 - Q_古 - Q_德$
	$Z \geqslant 218.15$	$Q_入 \leqslant 18000$	$Q_出 = Q_入$
		$Q_入 > 18000$	泄流能力
8 月 21 日—9 月 5 日	根据该段时间的水雨情合理确定调度方式		
6 月 1 日—6 月 20 日，9 月 6 日—9 月 30 日	出库流量等于入库流量及水库当前水位对应泄洪能力较小者		

表 11-11 遇 1998 年特殊暴雨类型尼尔基水库调度规则

日期	水库水位 Z(m)	情况(m^3/s)	出库流量 $Q_出$(m^3/s)
6 月 21 日—8 月 20 日	$Z<218.15$	$Q_总 \leqslant 4000$	$Q_出 = Q_入$
		$4000 < Q_总 \leqslant 11200$	$Q_出 = 4000 - Q_古 - Q_德$
		$4000 < Q_总 \leqslant 11200$ 且 3 站合成流量洪峰出现 2d 以后	$Q_出 = 8000 - Q_古 - Q_德$
		$Q_总 > 11200$	$Q_出 = 6340 - Q_古 - Q_德$
		$Q_总 > 11200$ 且 3 站合成流量洪峰出现 2d 以后	$Q_出 = 1000 - Q_古 - Q_德$
		$Z = Z_{max}$	$Q = Q_{Zmax}$ 且 $Q_出 - Q_入 \leqslant 1200$
	$Z \geqslant 218.15$	$Q_入 \leqslant 18000$	$Q_出 = Q_入$
		$Q_入 > 18000$	泄流能力
8 月 21 日—9 月 5 日	根据该段时间的水雨情合理确定调度方式		
6 月 1 日—6 月 20 日，9 月 6 日—9 月 30 日	出库流量等于入库流量及水库当前水位对应泄洪能力较小者		

注：表中 3 站合成流量 $Q_总$ 指上一时段德都、古城子和尼尔基入库流量之和，$Q_古$ 指古城子站上一时段流量，$Q_德$ 指德都站上一时段流量，Q_{Zmax} 指水库水位达到最大值时的泄流量。

2）音河水库

音河水库位于嫩江中游右侧支流音河上，靠近黑龙江省甘南县，距齐齐哈尔市 70km，水库集水面积 1660km²，占音河流域面积的 34.7%。音河水库是一座综合利用型水库，主要任务是防洪与灌溉，同时兼具发电等，1958 年开工建设，1988 年建成运行，1998 年特大洪水后进行了除险加固。

水库按 100a 一遇洪水设计,2000a 一遇洪水校核,设计洪水位 206.10m,校核洪水位 208.1m,总库容 2.56 亿 m³。正常蓄水位 205.1m,相应库容 1.61 亿 m³,汛限水位 204.35m,防洪库容 0.36 亿 m³。

3)山口水库

山口水库在嫩江中游左岸一级支流讷漠尔河上,坝址位于黑龙江省五大连池市龙镇山口村。水库坝址以上集水面积 3745km²,占讷漠尔河流域面积的 26.6%,山口水库与音河水库一样,是一座综合利用型水库,主要任务是防洪、灌溉,兼顾供水、发电等,于 1995 年开工,1999 年开始蓄水,2000 年大致完工。

山口水库按 500a 一遇洪水设计,5000a 一遇洪水校核,设计洪水位 313.96m,校核洪水位 315.47m,总库容 9.95 亿 m³,正常蓄水位 313.00m,相应库容 7.40 亿 m³,汛限水位 312.40m,防洪库容 0.48 亿 m³。

4)干流堤防

尼尔基水库—齐齐哈尔段干流堤防长约 450km。左岸堤防分二克浅、太和、拉哈、团结、富裕牧场、讷富、齐富段共计 7 段,保护讷河市、富裕牧场、富裕县沿江农村地区及齐齐哈尔市城区等。其中齐富堤防规划防洪标准最高,为 100a 一遇,保护大庆油田和齐齐哈尔市。齐富堤防为嫩江干流齐富保护区一级堤防,位于嫩江干流中游左岸富裕县南部塔哈乡境内,堤防北起东塔哈村 315km 处的放马山,途径塔哈乡、西塔哈、大高粱、小高粱、大马蹄岗、小马蹄岗、西塔哈村,与齐齐哈尔城区相接。其他堤段防洪标准为 50a 一遇。右岸堤防分尼尔基、博荣、汉古尔、东阳、巨宝、莽格吐、额尔门沁、东卧牛吐、西卧牛吐、雅尔塞、梅里斯段共计 11 段,保护内蒙古莫旗及黑龙江甘南县沿江农村地区和齐齐哈尔市梅里斯区,防洪标准为 50a 一遇。

11.2.4 典型研究区孕灾环境演变规律

通过分析长江流域、淮河沂沭泗流域和嫩江上游流域的洪水灾害孕灾环境变化,各流域具有不同特性。结合已有的研究成果,总结如下。

(1)极端降水变化

针对 3 个研究区分别进行了年降水量变化和极端降水指数变化时空分析。结果表明:

①长江监利以上流域和沂沭泗流域年均降水量总体无明显变化趋势,都具有明显的年代际变化特征;嫩江流域年均降水量整体呈每 10a 增加 11.2mm 的变化趋势,年代际变化特征明显。

②长江监利以上流域极端降水日数、暴雨日数和极端降水量均无明显变化趋势;金沙江大部、嘉陵江流域中下游、乌江流域大部最大 3d 降水量呈增加趋势,其他流域以减小趋势为主;沂沭泗流域夏季极端日面雨量事件发生频次及极端日面雨量均无明显变化趋势,极端降

水量呈微弱下降趋势,但夏季极端降水发生时间呈提前趋势,2000 年以来平均发生时间提前速率为 2.4d/10a;嫩江流域极端降水量高值区主要位于流域下游西北部,流域北部及西部极端降水较为频发。嫩江流域年和夏季极端日面雨量事件发生频次及极端日面雨量均无明显变化趋势。

(2)水利工程

自 1980 年代以来,陆续在乌江、嘉陵江、清江、雅砻江、岷江和金沙江进行了水利工程建设。至 2020 年,长江上游(宜昌以上)已建成大型水库 112 座,总调节库容 800 多亿 m³、防洪库容 421 亿 m³,改变了三峡入库洪水原有形态,极大地提高了下游荆江地区防洪减灾的能力。标准内洪水调控的主动性和灵活性显著增加,调度方案、技术、措施相对较为齐全。遇千年一遇或 1870 年洪水,可控制枝城泄量不超过 80000m³/s,配合荆江地区蓄滞洪区的运用,可控制沙市水位不超过 45.0m,保证荆江河段行洪安全。通过三峡及上中游水库群的调节,结合蓄滞洪区的运用,可防御 1954 年洪水。长江上游 27 个骨干水库调节库容变化过程见图 11-18。

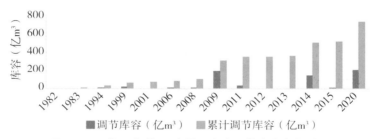

图 11-18 长江上游 27 个骨干水库调节库容变化过程

沂沭泗流域已形成了拦、蓄、分、泄相结合的防洪工程体系,在上游兴建水库和塘坝,在中游整治河道、湖泊,兴建控制性水闸,在下游开辟入海通道,抗御洪涝灾害的能力有了明显提高。

1)水库

沂沭泗流域现有大型水库 19 座,控制面积为 9401km²,总库容 48.91 亿 m³。这些大型水库除石梁河水库(1962 年 12 月建成)和贺庄水库(1976 年 1 月建成)外,其余都在 1958—1960 年建成。

2)分洪水道

沂沭泗流域人工开挖的主要分洪水道有分沂入沭、新沭河、邳苍分洪道、新沂河以及分淮入沂水道等。

3)沂沭泗东调工程

1971 年,国务院治淮规划小组提出了沂沭泗河洪水东调南下工程,其"东调"指扩大沂沭河洪水出路,利用原有的分沂入沭河道和新沭河,通过河道扩大和建闸控制,使大部分洪水由新沭河直接东调入海；1991年淮河大水后，在《国务院关于进一步治理淮河和太湖的决定》中又明确了续建沂沭泗河洪水东调南下工程，先后建成了沂河彭道口分洪闸、新沭河泄洪闸；在进行上述工程的同时又完成分沂入沭、新沭河扩大及修建了桥梁、涵洞等工程；2010年刘家道口节制闸工程完成竣工验收。目前沂沭泗流域建成了由河道堤防、分洪水道、水库、蓄滞洪区和大型湖泊等组成的防洪工程体系，沂沭河中下游地区的防洪标准达到了50a一遇。

嫩江干流尼尔基以下河段防洪标准为50a一遇，齐齐哈尔市主城区的防洪标准为100a一遇，即以防御富拉尔基站50～100a一遇设计洪峰流（12000～14300m^3/s）为目标。经过多年建设，嫩江流域尼尔基水库—齐齐哈尔河段已基本形成由尼尔基等大型水库和干支流堤防组成的防洪工程体系。齐齐哈尔城区堤防总长度为103.02km，其中西堤长24.75km，南堤长26.6km，东堤长38.95km，富拉尔基堤长12.72km。防御嫩江洪水的西堤、南堤和富拉尔基堤防堤身断面达到50a一遇标准，经尼尔基水库调蓄后防洪能力达到100a一遇；防御乌裕尔河洪水的东堤防洪标准基本达到50a一遇。尼尔基水库是嫩江上最重要的防洪工程，于2005年蓄水，与音河水库、山口水库等共同承担嫩江的防洪任务。

（3）湖泊围垦

土地利用方式改变了流域调蓄能力和产汇流规律，进而影响超标准洪水的形成、发展及致灾。对各典型流域而言，总体均呈现水面率下降和不透水面积增加的特点。其中，水面率下降主要归因于人水争地活动导致（主要是湖泊围垦）；不透水面积增加主要归因于为大规模的城市化。

长江流域土地利用典型变化体现在湖泊围垦，特别是鄱阳湖和洞庭湖的围垦。鄱阳湖在1980年代前经历了长时间围垦开发，湖泊面积锐减，1991年后无新的围垦。1978—1998年洞庭湖面积略有减小，减小量为31.77km²。1998年洞庭湖特大洪涝灾害之后，洞庭湖面积基本稳定为2680.29km。总之，湖泊经历了新中国成立后大规模的围垦，面积在1990年代基本稳定，但总体上流域调蓄洪水场所减小，加大了长江干流防洪压力[9-11]。

近年来，城市化进程改变了洪水产汇流条件，导致洪峰和洪量增大、峰现时间提前。然而，对于空间尺度较大的流域而言，城市化改变的不透水面占全流域比例较小，对超标准洪水量级的影响较小。因此，对于本书研究的大尺度流域超标准洪水，在土地利用改变方面，湖泊围垦或其他人类活动导致的洪水调蓄空间减小为孕灾环境变化的主要因素。

针对典型流域的历史超标准洪水，分别从气候变化和人类活动影响2个角度分析其演变特征，综合情况见表11-12。

表11-12　典型流域孕灾环境变化分析综合情况

典型流域	历史超标准洪水	孕灾环境变化					孕灾环境变化对超标准洪水的主要影响因素
		气候变化	人类活动				
			水利工程	洪水调蓄空间侵占	城市化		
长江流域上游	1954年、1998年	极端降水事件发生频率无明显增减趋势，年极端降水量无明显变化趋势，年际变率较大	长江上游（宜昌以上）已建成大型水库112座，总调节库容800多亿m³，防洪库容421亿m³，可防御1954年洪水	1960—1990年，洞庭湖和鄱阳湖围湖圈地活动，1990年之后开展部分清退；侵占江心洲滩，过水断面束窄	—		水利工程调节能力增加和洪水调蓄空间侵占
沂沭泗流域	1957年、1963年、1974年	极端降水事件发生频率无明显增减趋势，年极端降水量呈略小趋势，速率为-2.8mm/10a；极端降水发生时间有所提前，2000年后提前速率达2.4d/10a	现有大型水库19座，总库容48.91亿m³，主要在1960年之前修建；随后，开挖分洪水道利东调南下工程，形成了拦、蓄、分、泄相结合的防洪工程体系。中下游防洪标准达到50a一遇	1970年代开始，骆马湖开展了大量的围湖圈地活动，2018年启动退圩还湖工程	城镇用地约以3%/10a增加，增大了局地洪水		分洪工程体系修建及运用，骆马湖围圈与退圩
嫩江流域	1957年、1998年	极端降水事件发生频率无明显增减趋势，年极端降水量呈弱增加趋势，速率为2.6mm/10a；极端降水发生时间有所提前，2000年后提前速率达1.1d/10a	2005年修建了尼尔基水库，总库容约86亿m³，与音河水库、山口水库等共同承担嫩江的防洪任务。齐齐哈尔市主城区的防洪标准为100a一遇		城镇用地约以2%/10a增加，增大了局地洪水		尼尔基水库修建及运用

11.3　本章小结

以长江流域、沂沭泗流域和嫩江流域为典型流域,本章开展了孕灾环境演变规律分析,得到主要结论如下:

(1)水域及林草地减小、城市建设及耕地面积增大

以嫩江流域为例,随着城市化进程和人类社会的开发建设,不断侵占水域和林草地,致使流域调蓄能力较低,改变了流域产汇流机制,导致相同降水产生更大洪峰。但对于大流域而言,这种占比总体较小,对流域性大洪水致灾规律很难产生较大量级的影响。

(2)长江流域主要湖泊萎缩,洪水天然调蓄能力降低

长江流域湖泊围垦较严重,有研究证明,湖泊库容萎缩了1/3,大大降低了流域调蓄能力,增加了洪涝风险。此外,支流防洪标准提高、入江通道阻断均增大了干流防洪压力。

(3)水利工程增多,调蓄能力增强

在应对洪水方面,我国修建了大量的水利工程,如水库、堤防、蓄滞洪区等,提高了流域的防洪能力,此外,科学调度方法的应用进一步提高了洪水调蓄能力,降低了超标准洪水灾害。

本章主要参考文献

[1] 吴常雪,田碧青,高鹏,等.近40年鄱阳湖枯水期水体面积变化特征及驱动因素分析[J].水土保持学报,2021,35(3):177-84,89.

[2] 朱鹤,黄诗峰,杨昆,等.鄱阳湖近五十年变迁遥感监测与分析[J].卫星应用,2019,(11):29-35.

[3] 闵骞.近50年鄱阳湖形态和水情的变化及其与围垦的关系[J].水科学进展,2000,(1):76-81.

[4] 彭焕华,张静,梁继,等.东洞庭湖水面面积变化监测及其与水位的关系[J].长江流域资源与环境,2020,29(12):2770-2780.

[5] 王威,隋兵,林南,等.基于长时间序列的洞庭湖面积变化与气候响应关系研究[J].湖北农业科学,2020,59(17):38-42,45.

[6] 胡金金,张艳,李鹏.基于MODIS数据的洞庭湖水体面积变化分析[J].黑龙江工程学院学报,2017,31(2):25-29.

[7] 余德清,余姝辰,贺秋华,等.联合历史地图与遥感技术的洞庭湖百年萎缩监测[J].国土资源遥感,2016,28(3):116-22.

[8] 易波琳.三峡水库运行前后洞庭湖湖容变化遥感研究[J].科学技术创新,2018(30):10-2.

[9] 闵骞.鄱阳湖围垦对洪水影响的分析[J].江西水利科技,1998(3):51-59.

[10] 吉红霞,吴桂平,刘元波. 近百年来洞庭湖堤垸空间变化及成因分析[J]. 长江流域资源与环境,2014,23(4):566-572.

[11] 李景保,钟赛香,杨燕,等. 泥沙沉积与围垦对洞庭湖生态系统服务功能的影响[J]. 中国生态农业学报,2005(2):179-182.

第 12 章　超标准洪水致灾机理

　　本章在梳理长江流域、淮河沂沭泗流域、嫩江流域历史典型超标准洪水的基础上,分析超标准洪水致灾特征,并与一般洪水致灾特征开展对比分析,然后采用灾害链理论,以"源→路径→承灾体"为主线,围绕致灾路径、淹没机理、抗灾救灾等角度开展超标准洪水致灾机理研究。

12.1　长江流域超标准洪水

　　新中国成立后,长江流域的超标准洪水为 1954 年和 1998 年洪水。国内学者对这两次超标准洪水的基本情况、特点、成因等做了大量研究[1-8],综合流域机构内部调研报告及国内学者研究成果,超标准洪水基本情况、洪水特点、洪灾成因等简述如下。

12.1.1　超标准洪水

　　(1)基本情况

　　受天气和降雨的影响,1998 年我国全国范围内的大部分地区都发生了洪水灾害或受到洪水影响,全国七大江河均发生了不同程度的暴雨洪水,其中长江流域发生了仅次于 1954 年的全流域性大洪水,上游来水量约 100a 一遇。

　　(2)洪水发展过程

　　1998 年长江洪水的发展过程分为 3 个阶段:

　　第 1 阶段为 6 月中下旬至 7 月上旬。主要表现为两湖尤其是鄱阳湖水系发生大洪水,鄱阳湖基本蓄满,长江中下游水位迅速抬高,和长江上游来水初步形成相互顶托之势,监利、武穴、九江站水位于 7 月初首次超过历史最高纪录。

　　第 2 阶段为 7 月中旬至 7 月下旬。主要表现为洞庭湖、鄱阳湖及沿江两岸发生暴雨洪水,特别是洞庭湖的澧水和沅江发生了特大洪水或大洪水,洞庭湖迅速蓄满,湖水位超过历史最高纪录。长江中下游河段水位进一步抬升,上游来水宣泄不畅加剧,增加了上游与中下游洪水、干流和支流洪水的相互顶托影响,为后来长江中下游出现历史罕见的高水位奠定了基础。

　　第 3 阶段为 7 月下旬至 8 月下旬。在长江中下游水位久涨不落、不断攀升的情况下,长江上游又连续出现 6 次洪峰,使长江中下游干流水位一涨再涨,轮番上升,沙市—螺山、武

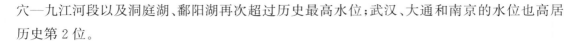
穴—九江河段以及洞庭湖、鄱阳湖再次超过历史最高水位;武汉、大通和南京的水位也高居历史第2位。

（3）洪水级别（排位）

长江干支流各主要站最高水位、最大流量统计及排位见表12-1。从表12-1可见,1998年长江中下游从沙市到大通,除汉口、黄石、安庆、大通水位排历史第2位外,其余各站创历史纪录。中下游干流各站洪峰流量除沙市、监利等站大于1954年外,其余均小于1954年;支流部分站流量超历史纪录。除宜昌、汉口、黄石、安庆、大通等站外,长江中下游洪水位均大大超过1954年。

表 12-1　　　　长江干支流各主要站最高水位(m)/最大流量(m³/s)统计

站名	最高水位/最大流量	出现时间	1954年纪录	历史最高纪录/时间	水位/流量排位
宜昌	54.50/63300	8月17日/8月16日	66800	71100/1896年	15/9
沙市	45.22/53700	8月17日/8月17日	44.67	44.67/1954年	1/—
监利	38.31/46300	8月17日/8月17日	36.57	37.06/1996年	1/1
城陵矶	35.94/35900	8月20日/7月31日	34.55	35.31/1996年	1/11
莲花塘	35.80/—	8月20日/—	33.95	35.01/1996年	1/—
螺山	34.95/67800	8月20日/7月26日	33.17	34.18/1996年	1/2
汉口	29.43/71100	8月20日/8月19日	29.73	29.73/1954年	2/2
黄石	26.31/—	8月10日/—	26.39	26.39/1954年	2/—
九江	23.03/73100	8月2日/8月22日	22.08	22.20/1995年	1/—
安庆	18.50/—	8月2日/—	18.74	18.74/1954年	2/—
湖口	22.95/31900	7月31日/6月26日	21.68	21.80/1995年	1/1
大通	16.32/82300	8月2日/8月1日	16.64	16.64/1954年	2/2

（4）洪水组成

表12-2列出了宜昌以上30d、60d洪量地区组成统计值。从宜昌30d、60d洪量地区组成看,各大支流洪量所占宜昌洪量比例相差不大,金沙江屏山站洪量所占比例最大,金沙江屏山、屏山—寸滩、寸滩—宜昌区间洪量所占比例高于多年平均水平,其余各支流比例基本相当于多年平均值。

表12-3列出了干流汉口以上总入流洪量地区组成的统计值。汉口以上总入流为干流宜昌站、清江长阳站、洞庭湖水系的四水(湘江、资水、沅江、澧水)、汉江皇庄站、宜昌—汉口区间流量,考虑错开洪水传播时间予以叠加。从表12-3看,无论是30d、60d洪量,汉口以上总入流组成以干流宜昌来水为主。宜昌站洪量所占汉口相应洪量的百分比均接近70%,远高于多年平均水平,洞庭湖四水洪量所占比例均小于20%,低于多年平均水平,分别比1954

年低 4.6%、5.2%。洞庭湖水系 1998 年洪水较大,但由于宜昌、长阳及汉口 3 站最大洪量出现时间基本同步,而洞庭湖水系的主要来水已先于上游出现,因而不是汉口总入流的主要来源。

表 12-4 列出了大通以上总入流洪量地区组成的统计值。大通总入流为上游汉口站入流、汉口—九江区间水量、鄱阳湖水系及九江—大通区间过程考虑洪水传播时间叠加。从表中可以看出,大通总入流组成以汉口以上来水为主。汉口站来水占大通以上总入流 30d、60d 洪量的比例高达 83.8% 和 79.7%,远高于多年平均水平,分别比 1954 年高出 7.1%、3.9%。鄱阳湖五河 30d、60d 水量占大通比例接近正常情况,小于 1954 年比例。1998 年鄱阳湖水系虽属大洪水,但与上游洪水比较,其主洪段早于上游,因此相应洪量显得不够突出。

表 12-2　　　　　　**1998 年宜昌以上 30d、60d 洪量地区组成统计成果**

河名	站名	30d		60d	
		洪量(亿 m³)	占宜昌(%)	洪量(亿 m³)	占比(%)
金沙江	屏山	504.8	36.6	933.9	36.7
岷江	高场	174.3	12.6	351.9	13.8
沱江	李家湾	48.2	3.5	78.4	3.1
嘉陵江	北碚	210.3	15.3	409.3	16.1
乌江	武隆	143.3	10.4	254.6	10.0
屏山—寸滩区间		127.7	9.2	262.5	10.3
寸滩—宜昌区间		170.6	12.4	252.4	9.9
长江	宜昌	1379.2	100.0	2544.7	100.0

表 12-3　　　　　　**1998 年汉口以上总入流 30d、60d 洪量地区组成统计成果**

河名	站名	30d		60d	
		洪量(亿 m³)	占宜昌(%)	洪量(亿 m³)	占比(%)
长江	宜昌	1279.3	67.9	2430.5	68.7
清江	长阳	59.8	3.2	96.6	2.7
洞庭湖水系的四水		331.4	17.6	657.6	18.6
汉江	皇庄	128.0	6.8	223.2	6.3
宜昌—汉口区间		86.3	4.5	128.4	3.7
汉口总入流		1884.8	100.0	3535.3	100.0

表 12-4　　　　　　**1998 年大通以上总入流 30d、60d 洪量地区组成统计成果**

河名	站名	30d		60d	
		洪量(亿 m³)	占宜昌(%)	洪量(亿 m³)	占比(%)
长江	汉口	1838.1	83.8	3328.2	79.7

续表

河名	站名	30d 洪量		60d 洪量	
		洪量(亿 m³)	占宜昌(%)	洪量(亿 m³)	占比(%)
汉口—九江区间		48.1	2.2	113.8	2.7
鄱阳湖	湖口	283.9	12.9	680.3	16.3
九江—大通区间		23.2	1.1	52.2	1.3
大通总入流		2193.3	100.0	4174.5	100.0

12.1.2 洪水特点分析

长江是雨洪河流,洪水主要由暴雨产生。由于气候反常,1998 年长江流域发生了 20 世纪以来仅次于 1954 年的又一次流域性大洪水。概括地说,1998 年长江洪水有以下特点。

(1)全流域性暴雨洪水

1998 年主汛期,长江流域降水强度大、降水集中,雨带(上、下游)为拉锯式,长江上中游干流、两湖流域总降水量明显偏多,致使两湖流域部分支流出现超纪录洪水,长江中下游干流沙市—螺山、武穴—九江河段水位创历史纪录。因此,1998 年长江洪水是一次流域性的洪水。

(2)洪量大

干流主要控制站 1998 年洪量与 1954 年相比,宜昌站最大 60d 洪量、6—8 月总径流量超过 1954 年,其余接近 1954 年。从汉口站、大通站最大 30d、60d 洪量组成看,宜昌站占总径流量的比例明显高于正常年份。

(3)洪水遭遇较恶劣

6 月下旬、7 月中旬,鄱阳湖、洞庭湖相继发生洪水,随后,上游洪水又与中下游洪水遭遇;8 月上、中旬,长江上游洪峰向下传播时多次与三峡区间洪水和清江流域的暴雨洪水遭遇;第 6 次洪峰向下游推进时与洞庭湖沅江、澧水洪峰遭遇,至武汉江段时,又与先期到达的汉水洪峰遭遇。

(4)洪水水位高、高水位维持时间长

由于雨量大、水量丰,洪水频繁遭遇,再加上长江中下游干流河道比降平缓,其泄流能力与江湖中巨大的蓄水量相比又显不足,其结果是洪峰形成峰连峰、峰叠峰,洪水位上涨迅速,高水位居高不下,持续时间长。中下游干流主要站警戒水位以上水位维持时间大都在 80d 以上。

12.1.3 洪灾及成因分析

(1)洪灾灾情

1998 年汛期长江流域发生了近年来少见的特大暴雨,并由此形成全流域性大洪水,长江流域遭受溃垸、山洪、泥石流、山体滑塌等灾害,受灾范围之广,灾情程度之重,是 1954 年以来最严重的一次。据初步调查资料统计,本次淹没耕地 23.9 万 hm^2,受灾人口 231.6 万,其中死亡 1526 人,倒塌房屋 212.85 万间,上游四川省发生泥石流、滑坡等山地灾害上千处。

（2）灾害成因分析

1）暴雨频繁,降水强度大

1998 年长江流域进入梅雨季节后,各地暴雨频繁,湖南省自 3 月上旬起先后连续出现 8 次暴雨过程。从 6 月 11 日至 8 月 20 日,全省平均降水 637mm,较历史同期偏多 73%。湖北省共出现 13 次区域性的大到暴雨,7 月降水量大于 500mm 的市县有 14 个。江西省 7—10 月平均降水量达 1971mm,比同期多年平均值多 29%。四川省大部分地区 5—9 月总降水量在 700～1000mm。可见暴雨频繁是 1998 年洪灾的主要原因。

2）防洪标准不高,堤防隐患多

长江中下游平原湖泊河网区的地面高程普遍低于洪水位,完全依赖堤防保护。虽然近 40a 来对堤防进行除险加固,防洪能力有了显著提高,但防洪标准不高,堤防隐患多的问题依然没有得到解决,特别是堤身、堤基存在的隐患在 1998 年洪水中暴露得更充分。从 1998 年防洪抢险情况可知,基础险情尤其突出,1998 年九江市城区长江大堤安造垸、孟溪大垸、竺牌洲湾合镇垸的溃决都是基础隐患造成的。可见防洪标准不高,堤防隐患多是造成洪灾的重要原因。

3）洲滩民垸未适时弃守,加重洪灾程度

长江中下游平原河网地区分布着近千处大小洲滩民垸。凡属洲滩民垸,在长江中下游防洪规划中根据各种控制水位应相继计划扒口行蓄洪。但是由于各种复杂因素,要做到这一点十分困难。1998 年,绝大部分洲滩民垸花了大量的人力、物力、财力死守死保,最终因人力难以抗御洪水而溃决,带来的损失比计划扒口弃守更大。

4）山洪山地灾害突发性强,灾害损失大

长江上游暴雨诱发的泥石流和山体滑坡是造成其严重灾情的主要原因,而长江中下游各支流的小河流也多次发生山洪、山地灾害,造成多处铁路、公路、通信中断,人员伤亡,水利设施破坏严重,农田被毁,房屋冲毁,加重了灾情。在山地灾害中,除河谷深切卸荷、裂隙卸荷、岩土体结构松散等自然因素外,也有筑路劈山的工程措施不当,矿山弃土、矿渣任意堆放及毁林开荒等人为因素加重灾情。

12.1.4　致灾路径分析

长江流域 1954 年和 1998 年超标准大洪水均由强降水导致,并出现了山体滑坡、泥石流等次生灾害。总体致灾路径为:强降水→水位暴涨→水位高于堤防（或管涌破坏）→堤防溃决→洪水淹没,或强降水→山体滑坡/泥石流→冲击居民及财产。一般而言,河道堤防溃决常见的原因有两种:①水位高于堤防,出现漫溢溃决;②河道水位升高,浸泡堤防,险工险段（如穿堤建筑物）发生管涌、渗水、漏洞、滑坡、裂缝、塌陷、陷坑等,并发生堤防溃决。

12.2 沂沭泗流域超标准洪水

新中国成立后,沂沭泗流域的超标准洪水为 1957 年、1963 年和 1974 年洪水。国内学者对这三次超标准洪水的基本情况、特点、成因等做了大量研究[9-11],综合流域机构内部调研报告及国内学者研究成果,超标准洪水基本情况、洪水特点、洪灾成因等简述如下。

12.2.1 超标准洪水

(1)超标准洪水水情特征值

沂沭河流域的洪水一般发生在 7—8 月。沂、沭河上中游均为山丘区,洪水陡涨陡落,往往暴雨过后几小时,主要控制站便可出现洪峰。邳苍地区河道坡陡、源短,洪水也较迅猛。洪水汇集至中下游后,河道比降减小,行洪不畅,洪水清退缓慢。

1949 年以来,流域性大洪水年份有 1957 年、1963 年、1974 年,其中 1957 年沂河临沂站洪峰流量 15400m³/s,重现期近 20a;1974 年沭河大官庄还原后洪峰流量 11100m³/s,重现期约为 100a。

沂沭河流域主要控制站水文特征值统计见表 12-5。

表 12-5　　　　　　　　沂沭河流域主要控制站水文特征值统计

河名	站名	集水面积（km²）	年均流量（m³/s）	历史最高水位		历史最大流量		设计防洪标准	
				水位（m）	出现时间	流量（m³/s）	出现时间	水位（m）	流量（m³/s）
沂河	临沂	10315	67.7	65.65	1957 年 7 月 19 日	15400	1957 年 7 月 19 日	65.65	12000
分沂入沭	彭道口闸			60.48	1957 年 7 月 20 日	3180	1957 年 7 月 20 日	59.48	2500
邳苍分洪道	江风口闸			58.56	1957 年 7 月 19 日	3380	1957 年 7 月 20 日	57.66	3000
沂河	堆上	10522		35.59	1974 年 8 月 14 日	7800	1960 年 8 月 17 日	35.66	7000
新沭河	大官庄闸		19.9	56.51	1962 年 7 月 14 日	4250	1974 年 8 月 14 日		5000
老沭河	人民胜利堰闸	4529	11.5	54.32	1974 年 8 月 14 日	2140	1962 年 7 月 14 日	52.44	2500
老沭河	新安			30.94	1950 年 8 月 19 日	3320	1974 年 8 月 14 日	30.88	2500
中运河	运河	38600	106.8	26.42	1974 年 8 月 15 日	3790	1974 年 8 月 15 日	26.50	5500
六塘河	洋河滩			25.47	1974 年 8 月 16 日			25.00	
新沂河	嶂山闸	51200	69.1	22.98	1974 年 8 月 16 日	5760	1974 年 8 月 16 日		
中运河	皂河闸		55.7	25.46	1974 年 8 月 15 日	1240	1974 年 8 月 15 日		
新沂河	沭阳			10.76	1974 年 8 月 16 日	6900	1974 年 8 月 16 日	11.20	7000

续表

河名	站名	集水面积（km²）	年均流量（m³/s）	历史最高水位		历史最大流量		设计防洪标准	
				水位（m）	出现时间	流量（m³/s）	出现时间	水位（m）	流量（m³/s）
中运河	宿迁闸		66	24.88	1974年8月17日	1040	1974年8月14日		

（2）1957年洪水

1957年7月，西太平洋副热带高压位置偏北，副热带高压西南侧偏南温湿气流与北侧的西风带偏西气流在淮河流域北部长期交汇，连续出现3次低空涡切变，造成沂沭泗流域上游大范围连续降雨。

从7月6日到26日，沂沭泗流域出现7次暴雨，最大降水量点蒋自崖达975.2mm，角沂、鲁山、复程点降水量分别为874.3mm、862.0、846.4mm，降水量600mm以上的面积达3.5万km²。相应沂河、沭河连续出现数次洪峰。7月6—8日暴雨中心位于沂河、沭河上中游。沭河崖庄降水量208.9mm，该次降水基本集中在7月6日这一天。7月9—16日出现一次更大范围的降水，出现大片暴雨区，降水量普遍达300mm以上，沂沭河地区出现多处降水量超过500mm的暴雨区，角沂、蒋自崖降水量分别达561.0mm、530.8mm。7月17—26日在前次降水尚未全部停止时又出现强降水过程。暴雨最早出现在淮河水系沙颍河上游，随后向东扩展到沂沭河地区。最大暴雨中心出现在南四湖湖东泗水、蒋自崖、邹县，降水量分别为404.2mm、329.5mm和285.8mm。

沂沭泗河出现新中国成立以来最大洪水，沂河、沭河连续出现6、7次洪峰。沂河临沂站7月13、15、19日3次洪峰流量均在10000m³/s左右，其中19日最大洪峰流量达15400m³/s。经分沂入沭和邳苍分洪道分洪后，沂河华沂站20日洪峰流量为6420m³/s。沭河彭古庄（大官庄）11日出现最大洪峰流量4910m³/s，经新沭河分泄2950m³/s后，新安站最大洪峰流量为2820m³/s。南四湖汇集湖东、湖西同时来水，最大入湖流量约为10000m³/s。泗河书院站24日最大洪峰流量为4020m³/s，远远大于新中国成立后该站各年最大洪峰。南四湖南阳站25日出现最高水位为36.48m，微山站8月3日最高水位为36.28m。由于洪水来不及下泄，南四湖周围出现严重洪涝。中运河承汇南四湖下泄洪水及邳苍区间部分来水，7月23日运河站出现最高水位26.18m，相应的洪峰流量1660m³/s。骆马湖在无闸坝控制、又经黄墩湖蓄洪的情况下，7月21日出现最高水位23.15m。新沂河沭阳站21日出现最大流量3710m³/s。根据水文分析计算，本年南四湖30d洪量为114亿m³，相当于91a一遇。沂河临沂3d、7d、15d洪量分别为13.2亿m³、26.5亿m³和44.6亿m³，均为新中国成立以来最大。沭河大官庄3d、7d、15d洪量分别为6.32亿m³、12.25亿m³和18.5亿m³，除3d洪量小于1974年以外，其他均为历年最大。骆马湖15d、30d洪量分别达191.2亿m³和214亿m³，均居新中国成立以后首位。

(3)1963 年洪水

沂沭泗流域 7、8 两月连续阴雨且接连出现大雨、暴雨,造成沂沭泗流域大洪涝。

7 月份,江苏徐淮地区及山东沂沭河月降水量超过 400mm,暴雨中心区分布于沂蒙山区,最大雨量点蒙阴附近前城子月降水量为 1021.1mm;上述地区普遍出现了连续 5d 以上暴雨,其中 7 月 18—22 日台风低压造成的暴雨强度最大,沂河东里店、大棉厂次降水量分别为 437.3mm 和 385.8mm,其中大棉厂 19 日一天降水量 272.5mm。8 月,南四湖周围、邳苍地区连续多次暴雨,南四湖、邳苍地区月降水量均在 300mm 以上。

全流域 7、8 两个月的总降水量为历年同期最大,占汛期总降水量的 90%。1963 年暴雨时空分布不一,又因 1958 年以来山区修建了不少水库,虽然洪峰流量不是最大,但洪量很大,所以对全流域造成的洪涝成灾面积是新中国成立以来最大。沂河、沭河洪水主要发生在 7 月中旬至 8 月上旬。沂河临沂站 7 月 20 日出现最大洪峰流量为 9090m³/s(经水库还原计算后为 15400m³/s),7 月下旬后又连续出现第 6、7 次洪峰,但流量均在 4000m³/s 以下。沭河大官庄 7 月 20 日洪峰流量(总)为 2570m³/s(经水库还原后为 4980m³/s)。根据水文分析计算,临沂站 3d、7d、30d 洪水量分别达 13.1 亿 m³、20.3 亿 m³ 和 40.2 亿 m³,仅次于 1957年;沭河大官庄 15d、30d 洪量分别为 11.1 亿 m³ 和 14.5 亿 m³,仅次于 1957 年、1974 年。南四湖各支流 1963 年洪峰流量均不大,泗河书院站最大洪峰流量为 691m³/s,但南四湖 30d 洪量达 50 亿 m³,仅次于 1957 年、1958 年。1963 年南四湖二级坝已经建成,南阳站 8 月 9 日最高水位为 36.08m,微山站 8 月 17 日最高水位 34.68m,均仅次于 1957 年。邳苍地区 1963 年 30d 洪量为 49.0 亿 m³,比 1957 年多 20 亿 m³,仅比 1974 年少 0.1 亿 m³。中运河运河站 8 月 5 日最大流量为 2620m³/s。骆马湖 8 月 3 日在退守宿迁控制后出现最高水位 23.87m,汛期实测来水量为 150 亿 m³,大于 1957 年同期来水量。还原后骆马湖 30d 洪量为 147 亿 m³,仅次于 1957 年。嶂山闸 8 月 3 日最大泄量 2640m³/s,新沂河沭阳站 7 月 21 日出现最大洪峰流量 4150m³/s,7 月 31 日洪峰流量为 4080m³/s。

(4)1974 年洪水

8 月份,受 12 号台风(从福建莆田登陆)影响,沂沭河、邳苍地区出现大洪水。降水过程从 8 月 10 日起至 14 日结束,暴雨集中在 11—13 日,沂沭河出现南北向的大片暴雨区,最大点蒲旺降水量达 435.6mm。12 日暴雨强度最大,13 日暴雨中心区移至沂沭河,李家庄日降水为 295.3mm,14 日降水逐渐停止。

8 月中旬的暴雨造成沂沭泗流域大洪水,洪水主要来自沂河、沭河、邳苍地区,与 1957 年和 1963 年相比,沂河、沭河本年同时大水,且沭河洪水为新中国成立以来最大洪水。7 月份及 8 月上旬,沂沭河降水比常年偏多,暴雨后沂河临沂 8 月 13 日早上从 79m³/s 起涨,14 日凌晨出现洪峰流量 10600m³/s,当天经彭家道口闸和江风口闸先后开闸分洪后,沂河港上站同日出现洪峰,流量为 6380m³/s。沭河大官庄站 14 日与沂河同时出现洪峰,新沭河流量为

4250m³/s,老沭河胜利堰流量为1150m³/s。由于沭河暴雨中心出现在中游,莒县洪峰流量小于1957年、1956年,而大官庄洪峰为历年最大。老沭河新安站在上游及分沂入沭来水情况下,14日出现洪峰,流量为3320m³/s。邳苍地区处于暴雨中心边缘,加上邳苍分洪道分泄沂河来水,中运河站出现新中国成立后最大洪峰流量3790m³/s,最高水位26.42m。骆马湖在沂河及邳苍地区同时来水的情况下,嶂山闸16日最大下泄流量为5760m³/s,同日骆马湖退守宿迁大控制,16日晨骆马湖杨河滩出现历年最高水位25.47m,新沂河沭阳站16日晚出现历年最高水位10.76m,相应的最大流量6900m³/s。1974年沂沭泗流域洪水历时较短,南四湖来水不大。根据水文分析计算,沂河临沂站还原后的洪峰流量为13900m³/s,3d洪量与1957年、1963年接近,而7d、15d洪量相差较大。沭河大官庄还原后的洪峰流量为11100m³/s,相当于100a一遇,3d洪量为历年最大,7d、15d洪量仅次于1957年。邳苍地区7d、15d洪量均超过1957年、1963年,为历年最大。

12.2.2　洪灾及成因分析

1957年,暴雨集中,量大面广。7月6—20日,15d内降水量大于400mm的雨区达7390km²,沂沭河及各支流漫溢决口7350处,受灾面积为40.33万m²,伤亡742人,倒房19万间。南四湖地区受灾面积为1233万hm²,倒房230万间。

1963年,7、8两月沂沭泗流域连续阴雨且接连出现大雨、暴雨,造成流域性大洪涝。全流域7、8两个月的总降水量为历年同期最大,占汛期总降水量的90%。2021年暴雨时空分布不一,又因自1958年以来山区修建了不少水库,虽然洪峰流量不是最大,但洪量很大,所以对全流域造成的洪涝成灾面积为199万hm²,是新中国成立以来最大。

1974年,洪水发生在沂沭河,主要是沭河。8月11—14日流域平均降水量241mm,大官庄实测最大洪峰流量5400m³/s,经水文计算,如无上游水库拦蓄及上游68处决口漫溢,大官庄洪峰流量将为11100m³/s,相当于沭河100a一遇洪水。这次洪水造成山东临沂地区受灾面积37.1万hm²,其中绝产6.53万hm²,倒塌房屋21.4万间,死92人、伤4705人。江苏徐州、淮阴、连云港3市受灾面积27.8万km²,倒塌房屋20.9万间,死39人。

12.2.3　致灾路径分析

与长江流域超标准洪水较为类似,沂沭泗流域1957、1963年和1974年超标准大洪水均由长历时强降水所致。总体致灾路径为:强降水→水位暴涨→水位高于堤防漫溢(或管涌破坏)→堤防溃决→洪水淹没。一般而言,河道堤防溃决常见的原因有2种:①水位高于堤防,出现漫溢溃决;②河道水位升高,浸泡堤防,险工险段(如穿堤建筑物)发生管涌、渗水、漏洞、滑坡、裂缝、塌陷、陷坑等,并发生堤防溃决。

12.3 嫩江流域超标准洪水

新中国成立后,嫩江流域发生的超标准洪水有 1957 年和 1998 年洪水。国内学者对这 2 次超标准洪水的基本情况、特点、成因等做了大量研究[12-16],综合流域机构内部调研报告及国内学者研究成果,超标准洪水基本情况、洪水特点、洪灾成因等简述如下。

12.3.1 超标准洪水

(1)1957 年洪水

嫩江各支流 7 月初先后开始涨水,8 月初雅鲁河、绰尔河、洮儿河等出现洪峰。干流大赉站 8 月 9 日以后水位显著上涨,至 8 月 29 日最大流量达到 $7790 \text{m}^3/\text{s}$,而后徐徐消退,消退过程十分缓慢,至 10 月 8 日流量才消退到 $2000 \text{m}^3/\text{s}$,前后过程历时近两个月。

(2)1998 年洪水

1)基本情况

1998 年 6 月上旬至 8 月中旬,嫩江流域上游地区发生 4 次强降水过程,形成嫩江流域、松花江干流特大洪水。嫩江干流先后 4 次出现洪峰,松花江干流 3 次出现洪峰,洪峰量级一次比一次大,一次比一次猛,连续 2 次突破历史纪录。嫩江、松花江干流有 13 个水文站发生了有记载以来的第一位大洪水,成为黑龙江省历史上极为罕见的历史性特大洪水。

2)洪水过程

受嫩江各支流洪水的影响,嫩江干流先后发生了 3 次洪水。

第一次洪水发生在 6 月底至 7 月初,洪水主要来源于上游。受嫩江流域 6 月 14—24 日降水过程影响,嫩江上游干流石灰窑水文站于 6 月 6 日起涨,6 月 25 日 0 时洪峰水位 250.93m,相应流量 $1630 \text{m}^3/\text{s}$。同时多布库尔河 $469 \text{m}^3/\text{s}$ 的洪峰流量和泥鳅河 $306 \text{m}^3/\text{s}$ 的洪峰流量也汇入干流,使干流库漠屯水文站 6 月 25 日 20 时出现洪峰,洪峰水位 234.69m,超保证水位 0.19m,相应流量 $3340 \text{m}^3/\text{s}$,为 1950 年建站以来第 3 位洪水。接纳支流甘河和科洛河来水后,阿彦浅水文站 6 月 27 日 2 时洪峰水位 198.73m,相应流量 $7040 \text{m}^3/\text{s}$,列有实测记载以来的第 1 位。受上游干流和诺敏河等支流洪水影响,同盟水文站水位于 6 月 10 日起涨,6 月 27 日 14 时洪峰水位 170.36m,超过保证水位 0.51m,相应流量 $9270 \text{m}^3/\text{s}$,为 1951 年建站以来第 2 位洪水。齐齐哈尔水位站水位于 6 月 11 日起涨,6 月 29 日 2 时洪峰水位 148.43m,仅低于 1969 年洪水位 0.18m,超保证水位 0.23m。齐齐哈尔洪水在向富拉尔基演进中,因为齐甘公路过水路面大量过水,水量汇至跃进路、齐甘路和富梅路所构成的三角区,不仅降低了峰量,同时也由于三角区的水量通过跃进路滩桥回归的影响而延滞了洪峰传播时间,所以齐齐哈尔洪水经过 34h 才到达富拉尔基,6 月 30 日 12 时出现洪峰,洪峰水位 145.47m,相应流量 $7880 \text{m}^3/\text{s}$,仅低于 1969 年洪水位 0.19m,超保证水位 0.47m。洪水在向江桥演进时,受几处堤防决口影响,7月2日水位达140.65m时,出现2次回落,于7月3日16时出现洪峰,洪峰水位140.72m,相应流量7430m³/s,仅低于1969年洪水位0.04m,超保证水位0.32m。洪峰于7月10日14时到达大赉水文站,洪峰水位129.17m,相应流量4630m³/s,已衰减成5a一遇的一般洪水。

第二次洪水发生在7月底至8月初,洪水主要来自同盟以下的嫩江中下游支流阿伦河、雅鲁河、绰尔河。嫩江干流江桥站7月30日10时出现洪峰,洪峰水位141.27m,超过保证水位0.87m,列1949年有实测记录以来的第1位;洪峰流量9510m³/s,列有实测记载以来的第2位。大赉水文站8月2日20时洪峰水位130.10m,超过保证水位0.42m,洪峰流量8080m³/s,列有实测记载以来的第2位。

第3次洪水发生在8月中旬,为全流域性特大洪水。本次洪水致使松花江干流发生特大洪水。受嫩江流域8月2—13日降水过程影响,嫩江各支流都出现大洪水。阿彦浅水文站8月7日2时洪峰水位197.01m,相应流量3900m³/s;8月14日11时再次出现洪峰水位197.49m,相应流量4640m³/s。同盟水文站8月12日6时洪峰水位170.69m,超过历史实测最高水位0.26m,相应流量12200m³/s,为1951年建站以来的最大洪水,略小于1932年调查洪水(洪峰流量13500m³/s)。齐齐哈尔水位站8月13日6时出现洪峰,洪峰水位149.30m,超过历史实测最高水位0.69m,相应流量14800m³/s,为1952年建站以来的最大洪水。富拉尔基水文站8月13日9时洪峰水位146.06m,相应流量15500m³/s,虽有分流影响,富拉尔基洪峰水位仍高于1969年洪水位0.40m,超过保证水位1.06m,为1950年建站以来的第1位特大洪水,而且大于1932年调查洪水(洪峰流量10200m³/s)。干流洪水与雅鲁河、罕达罕河、绰尔河洪水汇合后,8月14日11时30分江桥水文站出现洪峰,洪峰水位142.37m,相应流量26400m³/s。该次洪水虽受齐平铁路5处决口分流影响,但洪峰水位仍超警戒水位2.67m,超保证水位1.97m,高出1969年洪水位1.61m,为1949年建站以来的最大洪水,并超过1932年调查洪水(洪峰流量15600m³/s)。在嫩江洪水向下游演进过程中,嫩江干堤江桥—大赉段有多处堤防段决口,大大削减了嫩江下游的洪峰。在上游决口分洪的情况下,大赉水文站8月15日3时洪峰水位仍高达131.47m,超过历史实测最高水位1.27m,相应流量达16100m³/s,为1949年建站以来的最大洪水,并超过1932年调查洪水(洪峰流量14600m³/s)。

综上所述,1998年嫩江干流出现了3次大洪水,而且一次比一次大,最大的8月下旬第3场洪水在同盟以下超过了1932年的特大洪水,特别在富拉尔基以下河段,由于干流和雅鲁河、绰尔河支流洪水的不利组合,江桥河段洪峰流量骤增,达26400m³/s,是1932年洪水(洪峰流量15600m³/s)的1.69倍,大赉河段还原洪峰流量达22100m³/s,是1932年洪水(洪峰流量14600m³/s)的1.51倍。

3)级别(排位)

新中国成立后,嫩江发生多次洪水,以江桥水文站为代表站进行洪水频率分析计算,该站具有 1951—2008 年流量系列资料,以矩法初步计算参数值,采用 P-Ⅲ型理论频率曲线适线,取 $C_s = 2.5C_v$, $C_v = 1.10$,流量均值为 3900m³/s;不同重现期 10a、20a、50a、100a 设计流量分别为 9120m³/s、12500m³/s、17200m³/s、20800m³/s。1998 年嫩江流域发生特大洪水,洪峰水位为 142.37m,相应流量为 26400m³/s,是新中国成立后有实测资料以来第一位大洪水,超过 250a 一遇,超警戒水位 2.67m,超保证水位 1.97m。

4)洪水组成

①嫩江洪水。

入汛以来,嫩江流域"受东北低涡影响",降水量明显偏多,6 月 1 日至 8 月中旬嫩江流域一般降水 400~700mm,降水量比历年同期偏多 50%~100%,其中以黑龙江甘南县古城子站 826mm 为最大。受降水影响,嫩江先后发生了 3 次大洪水,其中以第 3 次洪水为最大。

②松花江洪水。

受嫩江洪水影响,松花江干流也发生了特大洪水,下岱吉、哈尔滨、通河、富锦等水文(位)站的洪峰水位分别为 100.74m、120.89m、106.14m 和 61.11m,分别超过历史最高水位 0.53m、0.84m、0.54m 和 0.09m,其洪峰流量均突破历史最大纪录,列历史实测第一位。其中哈尔滨水文站的实测洪峰流量为 16600m³/s,超过 1957 年洪水的洪峰流量(实测 12200m³/s,还原流量为 14800m³/s)和 1932 年调查洪水的洪峰流量(还原流量为 16200m³/s)重现期超过 100a 一遇。依兰、佳木斯水文站的洪峰水位和洪峰流量也高居历史第二位。需要指出的是,这是单独由嫩江洪水所形成的松花江特大洪水。

5)洪水特点分析

①发生时间早。

6 月中下旬嫩江上游干支流就发生了大洪水,比正常年份提前 1 个月左右。

②洪水次数多。

嫩江支流多次性发生洪水,嫩江干流连续发生了 3 次大洪水。

③暴雨洪水集中。

暴雨洪水主要发生在嫩江流域,第二松花江、拉林河及松花江其他支流没有出现明显的洪水过程。

④洪水量级大。

嫩江干流 3 次洪水一次比一次大,第 3 次洪水各主要控制站洪峰水位和流量均超过了历史记录,齐齐哈尔站洪水重现期为 250a 一遇,江桥站洪水重现期超过千年一遇,大赉站在上游堤防多处溃口的情况下洪水重现期为 250a 一遇,松花江干流哈尔滨站洪水重现期为 130a 一遇。

⑤高水位持续时间长。

嫩江干流江桥水文站洪峰水位持续时间长达12h;松花江干流哈尔滨水文站洪峰水位持续长达31h,通河水文站洪峰水位持续时间长达22h。自6月份发生洪水至9月初,嫩江、松花江主要控制站超过警戒水位时间长达1个月。

12.3.2　洪灾及成因分析

(1)洪灾灾情

1)1957年洪水

黑龙江省受灾农田面积约645万亩,冲倒房屋22878间,受灾人口约370万,死亡75人,减产粮食约12亿kg,直接和间接损失约2.4亿元。

吉林省第二松花江流域受灾农田达10.2万 hm^2 ,受灾人口约36万,死亡6人,冲倒房屋1980间,冲毁各种桥梁154座,水利建筑物20座。

2)1980年洪水

松花江流域黑龙江省境内有52个县市、778个乡镇、6763个村屯遭受了不同程度的洪涝灾害,受灾人口超过513万,占全省总人数的15%,被洪水位围困人口36万,紧急转移人口超过118万,积水城镇2个,损坏房屋53万多间,面积近1482万 m^2 ,倒塌房屋36万多间、面积近961万 m^2 。全省总的直接经济损失达230.222亿元,为全省国民生产总值的9%。

①农林牧渔业方面。

农作物受灾较重,受灾面积达298万 hm^2 ,占34%;其中成灾面积234万 hm^2 ,占27%;绝收面积近132万 hm^2 ,占15%;毁坏耕地面积227029 hm^2 ,其中灌溉面积52309 hm^2 ,减产粮食约6270735t;损坏粮食1829196t;死亡牲畜326582头(只);水产养殖损失面积近44314 hm^2 ,79353t;农林牧渔业直接经济损失136.371多亿元,占全省农业生产总值的19%。

②工业交通运输业方面。

企业全停工停产的有937家,其中乡镇企业795家;停工停产的有398家,其中乡镇企业230家;洪水淹没油气井1372口,铁路中断8条次,中断时间1729h,航道中断311条次,公路中断445条次,冲毁船闸及航运梯级12个,冲毁铁路、公路桥涵2991座,毁坏路基3747km,供电中断331条次、4928h,损坏输电线路4674km,电杆25805根,损坏通信线路1210km,9630根,工业交通运输业直接经济损失近22.093亿元,占全省工业生产总值的1%。

③水利设施方面。

水利工程设施水毁非常严重,洪水损坏大中型水库7座、小型水库92座,水库垮坝中型1座、小型19座;毁坏堤防1866km,堤防决口358处,长174km,损坏护岸383处、水闸623座、渡槽65座、桥涵4886座、机电井20148眼;冲毁塘坝557座,渠道决口1288km;损坏水文测站 24 个,损坏管理设施 57 处;损坏机电泵站 206 座,装机容量共计 1.279 万 kW,损坏水电站 7 座,装机容量共计 0.037 万 kW。水利设施直接经济损失达 21.281 亿元。

（2）成因分析

1）东北冷涡天气降水是造成嫩江、松花江特大洪水的主要原因

据统计,从 7 月初到 8 月中旬,曾有 6～7 次强冷空气入侵,形成冷涡降水天气,个别地区暴雨不断。据气象部门反映,嫩江流域夏季降水量相当于往年的全年降水量,如此集中降水,汇流入江,使嫩江一次又一次出现洪峰。

2）植被破坏,径流量增大是嫩江发生特大洪水的重要因素

据有关部门统计,1970 年代以前,嫩江流域（包括大兴安岭）的植被覆盖率在 80％以上,森林覆盖率在 45％以上。由于近 20 多年来森林过量采伐,草原被开荒种地,植被锐减,生态环境遭到破坏,往日树草繁茂的原野山岭已变成了到处裸露泥土、风沙肆虐的荒山秃岭,植被率不足 50％。1998 年 6 月份,本就雨水偏多的嫩江流域水土饱和,植被储蓄水分的能力锐减,径流量加大,之后的冷涡强集中降水从四面八方奔流直入堤防,嫩江干流江水泛滥,洪水肆虐。

3）嫩江、松花江中上游缺少控制性的水利工程

1998 年产生嫩江、松花江两江发生洪水的又一个原因是其流域内缺少能够调节水势的控制性水利工程。多年来,由于嫩江、松花江水利工程欠账太多,流域内库、坝建设太少,暴雨使江水暴涨,得不到拦截、蓄积和调节,加之堤防标准偏低,难以抑制洪水泛滥。

12.3.3　致灾路径分析

嫩江流域超标准洪水致灾路径与沂沭泗流域的超标准洪水致灾路径较为类似,也是长历时降水所致,嫩江流域典型超标准洪水出现较为不利的洪水遭遇,且为多次洪水过程,最终结果是在控制性水利工程能力不足的情况下,出现河水暴涨,河道堤防溃决,淹没农田,冲毁房屋,致使交通瘫痪,百姓流离失所。

12.4　超标准洪水致灾特征分析

12.4.1　典型超标准洪水灾害

（1）流域超标准洪水的暴雨特点

我国大部分地区为季风气候区,雨量年内分配极不均匀,最大 1 个月降水量占全年的 25％～50％,流域重大灾害性洪水都是由大面积暴雨产生的,暴雨的时、面和量配置方式对洪水量级影响极大。从历史上曾发生过的流域超标准洪水暴雨资料来看,我国流域超标准洪水的暴雨覆盖面广、雨区相对稳定、强度大、历时长、累计雨量大。

（2）流域超标准洪水的洪水特点

在上述暴雨条件下,我国流域超标准洪水往往具有上下游、干支流遭遇恶劣,峰高量大、超过河道安全宣泄能力的流量和洪量都很大,洪水位高、高水位持续时间长、水面比降平缓、泄水不畅等特点。

受上游、中下游雨季和暴雨发生时间不同的影响,上、中、下游洪水发生的时间往往错开,上游的大洪水与中下游大洪水一般不相遭遇。但遇气候反常,形成范围广而又稳定的长历时降水,上、中下游洪水时间重叠,干支流及区间洪水过程恶劣叠加,流域超标准洪水因此形成。

（3）流域超标准洪水的灾害特点

从防洪角度来说,暴雨洪水主要分布于大江大河的中下游,我国七大江河中下游和东南沿海平原约占国土面积的8%,这些地区居住着全国40%的人口,分布着35%的耕地,拥有60%的工农业产值,是中国财富集中的地区,但地面高程普遍在江河洪水位以下,主要依靠堤防束水,一遇流域超标准洪水,受灾将极为严重。其中,长江中下游受堤防保护的11.81万km^2防洪保护区是我国经济最发达的地区之一,分布有长江三角洲城市群、长江中游城市群,是长江经济带的精华所在,在国家总体战略布局中具有重要地位,但其地面高程一般低于洪水位5～6m,部分达10余米,洪灾频繁且严重,一旦堤防溃决,淹没面积大、历时长、损失重。历史上曾发生过的1860年、1870年流域超标准洪水,相继冲开荆江南岸藕池、松滋两口,从此形成了荆江四口分流格局,这种洪水一旦重现,将对荆江地区造成毁灭性灾害。

12.4.2 超标准洪水致灾特征

流域超标准洪水超过流域防洪能力,其致灾往往存在成灾范围大、损失极为严重等特点。然而,随着经济社会的发展和防洪体系的完善,洪涝灾害导致的死亡人口大大降低,绝对经济损失不断增长,相对经济损失趋向减少。流域洪涝灾害多发频发,人口集中、经济增长、城镇化推进进一步增加了洪涝灾害的复杂性、衍生性、严重性,给人民的生产生活和经济社会发展带来的冲击和影响更加广泛和深远。在城镇化大潮的冲击下,洪涝灾害威胁对象、致灾机理、成灾模式、损失构成与风险特性均在发生显著变化,导致洪涝灾害损失连锁性与突变性持续上升。

在当代中国,超标洪水致灾除了具备直接淹没导致财产损失外,还会出现因生命线系统瘫痪、生产链或资产链中断而受损,孕灾环境被人为改良或恶化,致灾外力被人为放大或削弱;承灾体的暴露性与脆弱性成为灾情加重或减轻的要因,水质恶化成为加重洪涝威胁的要素。

损失主要表现为直接损失和间接损失,随着社会经济的发展,衍生灾害往往导致间接损失比例增大,生命线系损失、信息产品损失、景观与生态系统损失增大。日益复杂的社会—经济—生态系统对超标准洪水灾害风险的传递和放大,由洪灾事件引发的灾害链式反应将造成更大的影响和破坏,导致巨大的经济损失。

12.4.3　超标准与标准以内洪水致灾对比分析

在实际中,标准以内的洪水也有可能导致洪涝灾害,但其灾害特点及致灾特点与超标准洪水均存在明显的区别,具体表现在以下几个方面。

(1)超标准洪水灾害更严重

在工程条件达标和水利工程运用调度科学的前提下,标准以内洪水理论上不应导致洪涝灾害。然而,现实情况较为复杂,标准以内洪水也会出现致灾现象。

与标准以内的洪涝灾害相比,超标准洪水往往是流域性的,具有空间尺度大、淹没范围广、持续时间长、灾害种类多、灾害损失大、灾害恢复难度大、间接损失多等特点。相应地,标准以内的洪水灾害具有淹没范围小、持续时间短、灾害相对单一、恢复重建或补偿相对简单等特点。

此外,超标准洪水影响范围更大,且受土地覆盖(孕灾环境要素)改变的影响相对较小。相应地,标准以内的洪水对孕灾环境要素改变响应更为明显和敏感,以城市化为例,常出现"小水大灾"的现象。

(2)超标准洪水影响持续时间更长

超标准洪水突破工程防洪能力,往往导致更为严重的洪涝灾害,洪水淹没时间、致灾时间、救灾时间、灾区恢复重建时间更长。与超标准洪水相比,由于标准以内的洪涝灾害洪水量级较小,洪水影响持续时间相对较短。

(3)超标准洪水灾害链更长

前文已总结了超标准洪水多种灾害链。超标准洪水灾害链往往较长,存在灾害链串联及并联的现象。特别地,洪涝灾害可能会沿着生命线工程(供水、供电、供气、交通、网络等)传递,可能导致更严重的间接损失。相对地,标准内洪水灾害链相对单一和简单。

(4)标准以内洪水也有可能发生突发洪水

受地质条件、工程条件、材料条件和人类活动等影响,标准以内洪水也可能转变成突发性洪水,并导致堤坝溃决等严重的洪涝灾害。此类事件的致灾机理表现与超标准洪水致灾机理较为接近。

(5)超标准洪水致灾后果难以控制

超标准洪水发生时,部分水利工程防洪作用失效,经常形成巨灾,难以控制其后果。而标准以内的洪水量级较小,洪灾级别小,可以通过其他工程措施与非工程措施的联合运用,将洪涝灾害控制在可接受的范围内。

根据灾害风险系统理论,分别从致灾因子、承灾体、孕灾环境及抗灾能力对标准内洪水和超标准洪水进行对比分析,此外,综合考虑了灾害损失、路径及恢复重建等,对两类洪水进行对比分析,具体见表12-6。

表12-6 　　　　　　　　　　　　标准内洪水与超标准洪水致灾特征对比分析

对比要素	标准内洪水	超标准洪水	灾害风险系统因子
致灾原因	暴雨直接或间接导致的主动分洪或工程失事	超标准暴雨洪水	致灾因子
	大暴雨笼罩范围相对较小、历时短；发生概率相对较大	暴雨强度大、大暴雨笼罩范围大、历时长；发生概率相对较小	
影响范围	空间范围相对较小、具有局地性，孕灾环境相对简单	空间范围较大、具有区域性或流域性，孕灾环境复杂	承灾体及孕灾环境
	涉及社会生产力要素总量少，结构单一	涉及社会生产力要素总量多，结构复杂	
孕灾环境影响	受城市化、河道侵占类的小空间尺度活动等影响较大	受湖泊围垦、洪泛区开发等洪水调蓄空间侵占类的大空间尺度活动影响较大	
可预测性	可预测、容易预测	后果不可预测或难以预测	抗灾能力
可控性	整体工程安全，能主动调度或调度有序，后果可控	突破整体工程防洪能力，部分调度失灵，后果难以控制	
灾害损失	灾害损失总体较小，一般以直接经济损失为主，灾害类型相对单一；水毁工程少或者没有	灾害损失总量很大，间接损失占比增大，生命线工程对灾害有放大效应，并产生较大的社会、环境、生态及人民生命财产损失；水毁工程多；民众心理可能会留下创伤，可能会导致社会产业布局或经济布局洗牌	—
灾害路径	灾害链相对单一	灾害链复杂，存在多种致灾路径并发或耦发的现象	—
灾后恢复	恢复难度较小，历时相对较短，主动分洪受灾可按照相关规范及标准获得补偿，财政来源以政府补贴为主	恢复难度较大，恢复时空跨度大；恢复费用通过政府补贴、社会捐款、相邻省份点对点支援等多种方式	—

12.5　基于灾害链的流域超标准洪水致灾机理分析

12.5.1　分析思路

流域超标准洪水往往涵盖上文所述典型流域超标准洪水类型，因此，可在对典型流域超标准洪水灾害过程分析的基础上，结合近年来流域超标准洪水的致灾特点，分析基于灾害链

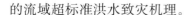

的流域超标准洪水致灾机理。

（1）灾害系统理论

根据灾害风险系统理论,洪水灾害风险包括致灾因子、孕灾环境、承灾体和抗灾能力4种要素。为揭示超标准洪水致灾机制,本书重点考虑致灾因子对承灾体的作用机制。超标准洪水致灾机制分析框架以"源→路径→承灾体"为主线,分析洪灾发生机制。

一般采用4个维度来综合描述洪水灾害风险系统,即致灾因子的危险性、孕灾环境的脆弱性、承灾体的易损性和防洪能力。

依据灾害系统论的观点,灾害是由致灾因子、孕灾环境和承灾体三者共同组成的复杂系统,灾情是这个系统中各子系统相互作用的产物。可知,灾害风险研究对象是一个复杂系统,构成要素复杂。从目前国内外研究现状来看,一般认为洪灾风险由致灾因子的危险性、孕灾环境的脆弱性和承灾体的易损性3个因素共同组成。

1）致灾因子的危险性

致灾因子的危险性是指一定区域范围内在某一时段或时期遭遇某种程度的灾害发生的可能性,反映的是灾害发生的时空范围及造成该场灾害的自然变异因素（致灾因子）的可能严重程度和发生频次。

2）孕灾环境的脆弱性

孕灾环境的脆弱性指在一定自然环境、社会政治、经济背景条件下,某孕灾环境区域内特定承灾体对某种灾害表现出的易于受到伤害和损失的性质。洪灾风险中,孕灾环境的脆弱性主要取决于自然地理条件和气候等因素,还与产业结构、社会经济发展水平、基础防洪设施建设、防洪保障体系建设、人们防旱抗旱意识的强弱、各地区组织机构的应急预案等抗旱能力方面的因素有关。通常认为脆弱性越大,致灾后越易形成灾情;反之,脆弱性越小,则致灾后不易形成灾情。

3）承灾体的易损性

孕灾体的易损性,通俗地讲,是易于遭受灾害破坏和损害的特性,是区域自然孕灾环境与各种人类社会活动相互作用的产物。通常情况下,易损性越低,灾害损失越小,相应的灾害风险也越小;反之亦然。

灾害风险中,危险性、脆弱性和易损性是紧密相关的,三者缺一不可,只有在致灾危险性存在的情况下,承灾体暴露于该危险因素之中,且有可能遭受潜在损害或破坏,此时才有灾害风险可言,其形成机制示意图见图12-1。

根据灾害系统理论,洪灾风险亦可视为一个系统,将干洪灾害的危险性作为系统的输入,脆弱性和易损性作为系统转换,可能发生的灾情作为系统输出。

根据灾害风险的形成机制,要降低灾害风险,就是要在风险分析的基础上采取有效措施,使人和财产远离灾害危险因素,从而降低脆弱程度和易损性,达到减灾的目的。

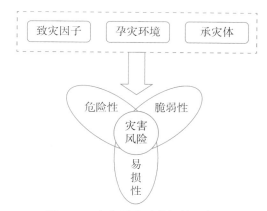

图 12-1 灾害风险形成机制示意图

（2）灾害链理论

灾害链是一个复杂灾害系统，包含孕灾环境、致灾因子链、承灾体等多个要素在时空上的综合作用，见图 12-2。

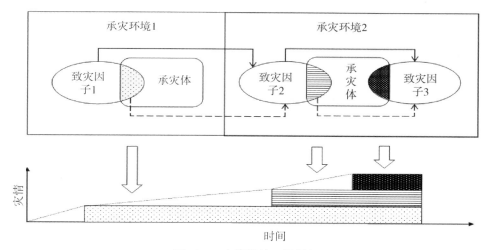

图 12-2 灾害链的一般框架

根据史培军、余瀚[17-18]等学者的研究，灾害链一般可分为串联结构和并联结构两种形式，具体表现为某一事件对另外一种事件的触发。

12.5.2 超标准洪水灾害链

（1）超标准洪水宏观灾害链

根据近年来发生的超标准洪水，总结分析超标准洪水宏观灾害链，具体表现为 3 种形式：暴雨→次生灾害（滑坡/泥石流/堰塞湖溃决）→淹没/冲击承灾体，暴雨→（河道、水库）水位暴涨→漫溢/溃决→淹没/冲击承灾体，暴雨→水位暴涨→河水倒灌城市。在宏观机制方面，洪涝灾害主要以淹没和冲击两种方式致使承灾体受灾，其中，影响淹没致灾的敏感水力要素为淹没水深、淹没历时、淹没对象内外水位差；影响冲击致灾的敏感水力要素为洪水流速和历时。典型灾害链见图 12-3 至图 12-5。

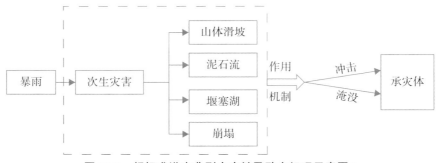

图 12-3　超标准洪水典型灾害链及致灾机理示意图 1

图 12-4　超标准洪水典型灾害链及致灾机理示意图 2

图 12-5　超标准洪水典型灾害链及致灾机理示意图 3

（2）超标准洪水微观灾害链

从微观而言，超标准洪水致灾主要通过淹没浸泡或冲击等形式对承灾体造成损坏。超标准洪水微观灾害链及致灾机理示意图见图 12-6。从图中可知，按照洪水致灾对象，可以分为 4 类，即个人及家庭、企业与单位、社会公共财产及水利工程、生命线工程。超标准洪水微观灾害链呈现的是直接关系，在实际生活中，还有进一步的延伸链条，并导致间接损失。

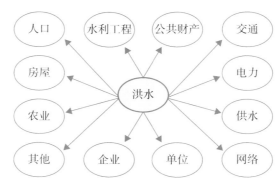

图 12-6　超标准洪水微观灾害链及致灾机理示意图

12.6　本章小结

本章以长江流域、沂沭泗流域和嫩江流域为典型流域,开展了超标准洪水致灾机理研究,得到如下结论。

以历史典型超标准洪水为研究对象,按照"源→路径→承灾体(作用机制及敏感因子)",结合灾害链理论,研究提出超标准洪水致灾机理。超标准洪水致灾宏观机制及灾害链为:暴雨→次生灾害(滑坡/泥石流/堰塞湖溃决)→淹没/冲击承灾体,暴雨→(河道、水库)水位暴涨→漫溢/溃决→淹没/冲击承灾体,暴雨→水位暴涨→河水倒灌城市。在微观机制方面,洪涝灾害主要以淹没和冲击两种方式致使承灾体受灾,其中,影响淹没致灾的敏感水力要素为淹没水深、淹没历时、淹没对象内外水位差;影响冲击致灾的敏感水力要素为洪水流速和历时。超标准洪水微观灾害链一般为"淹没要素→承灾体"(如个人及家庭、企业与单位、社会公共财产及水利工程、生命线工程),呈现的是直接关系,在实际生活中,还有进一步的延伸链条,并导致间接损失。

本章主要参考文献

[1] 张小玲,陶诗言,卫捷.20世纪长江流域3次全流域灾害性洪水事件的气象成因分析[J].气候与环境研究,2006(6):669-682.

[2] 曾刚,孔翔.1954、1998年长江两次特大洪灾形成原因及防治对策初探[J].灾害学,1999(4):23-27.

[3] 章淹,李月洪,毕慕莹.1983年长江流域的异常大雨与海洋异常[J].海洋学报(中文版),1985(1):21-33.

[4] 孙继昌,刘金平,周国良.1998年暴雨洪水[J].水文,1998(S1):97-103.

[5] 程海云,葛守西,郭海晋.1998年长江洪水初析[J].水文,1999(3):57-60.

[6] 冯铁忱,吴群英.1998年长江流域洪水灾情[J].人民长江,1999(2):28-29.

[7] 柳艳香,赵振国,朱艳峰,等.2000年以来夏季长江流域降水异常研究[J].高原气象,2008(4):807-813.

[8] 徐霞,王静爱,王文宇.自然灾害案例数据库的建立与应用——以中国1998年洪水灾害案例数据库为例[J].北京师范大学学报(自然科学版),2000(2):274-280.

[9] 尹学绵.从1998大洪水回首1957[J].黑龙江气象,1999(1):40.

[10] 徐光逼.从沂沭泗洪水的变迁,看加速完成东调南下工程的迫切性[J].治淮,1984(6):23-25.

[11] 郭其祥,潘云泉.准确预报科学调度——沂沭泗流域安全通过1974年以来最大洪水[J].治淮,1991(1):22-23.

[12] 张明,高伟民,谢永刚.98'嫩江、松花江流域特大洪水灾害及其对黑龙江省社会经济的

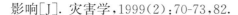

影响[J]. 灾害学,1999(2):70-73,82.

[13] 赵殿坤,吴长亮.1998年嫩江江桥站洪水分析[J].现代农业科技,2011(9):260-262.

[14] 隋长玉,蒋春侠.1998年嫩江松花江特大洪水灾害分析[J].东北水利水电,2001(2):18-29.

[15] 王秋媛.2013年8月嫩江上游洪水分析[J].黑龙江水利科技,2017,45(9):50-52.

[16] 朱传保,王光生.嫩江、松花江1998年洪水初步分析[J].防汛与抗旱,1998(4):39-43.

[17] 史培军,吕丽莉,汪明,等.灾害系统:灾害群、灾害链、灾害遭遇[J].自然灾害学报,2014,23(6):1-12.

[18] 余瀚,王静爱,柴玫,等.灾害链灾情累积放大研究方法进展[J].地理科学进展,2014,33(11):1498-1511.